Einführung in die Probleme des elektrischen Lichtbogen- und Widerstandsofens

Von

Dr.-Ing. Erich Kluss

Mit 163 Abbildungen

Springer-Verlag

Berlin / Göttingen / Heidelberg

1951

ISBN-13: 978-3-642-49021-7   e-ISBN-13: 978-3-642-92551-1
DOI: 10.1007/978-3-642-92551-1

Vorwort.

Das vorliegende Werk soll das sein, was sein Titel besagt: Eine Einführung in die elektrischen Probleme des Lichtbogen- und Widerstandsofens. Der elektrische Ofen hat in neuerer Zeit als Großverbraucher an elektrischer Energie große Bedeutung gewonnen. In seiner Konstruktion gegenüber anderen Energieverbrauchern einfach, birgt er eine Summe von elektrischen Problemen, die hauptsächlich auf die physikalischen Erscheinungen der bei diesem Konsumenten auftretenden großen Wechselströme zurückzuführen sind.

Die wichtigsten dieser Probleme aufzuzeigen und den Leser in die einzelnen Fragen der Hochstromtechnik einzuführen, ist ein Zweck dieses Buches. Doch damit soll seine Aufgabe noch nicht erfüllt sein. Der Entwurf großer Öfen erfordert immer dringender eine möglichst genaue Ermittlung ihrer elektrischen Kenngrößen, wie z. B. die Induktivitäten der Hochstromleitungen und ihren Einfluß auf die elektrische Unsymmetrie des Ofens usw.; ebenso wichtig sind die Stromverdrängungseffekte, Wirbelstromerscheinungen und nicht zuletzt die elektrischen Vorgänge im Ofen selbst. Über viele dieser Probleme finden sich im Schrifttum wertvolle Arbeiten, sie sind jedoch oft dem einzelnen nicht zugänglich oder für eine praktische Anwendung schwer zu gebrauchen. Hier unterstützend einzuspringen, ist das Hauptziel dieses Buches.

Das Buch ist für den rechnenden Ingenieur geschrieben. Es soll ihm die Möglichkeit bieten, die wichtigsten Probleme rechnerisch zu erfassen, um sie dann für seinen gegebenen Fall beim Entwurf elektrischer Öfen oder auch im Betrieb der Öfen anzuwenden.

An mathematischem Können wird nur das jedem rechnenden Ingenieur Geläufige vorausgesetzt. Stellenweise sind die mathematischen Ableitungen sehr ausführlich und breit gebracht, um auch bei anderen Gelegenheiten ein tieferes Eindringen in bestimmte Teilgebiete zu ermöglichen.

An vielen Stellen wurde auf entsprechende Arbeiten im Schrifttum hingewiesen. Der Vollständigkeit halber wurden noch einige Arbeiten angegegeben, auf die im Buch nicht besonders verwiesen ist, die jedoch eine Ergänzung der vorliegenden Zusammenstellung bilden.

Es ist mir eine liebe Pflicht, meiner Mitarbeiterin, Fräulein ELISABETH KUNNES, herzlichst zu danken. Sie hat den Text des Buches niedergeschrieben und durch ihre eifrige und geschickte Mitarbeit bei der Korrektur einen wesentlichen Anteil an der Fertigstellung des Buches.

Weiter möchte ich auch dem Springer-Verlag danken für die sorgfältige Ausstattung des Buches und dafür, daß er meinen Wünschen hinsichtlich der Drucklegung und Ausführung freundlichst entgegengekommen ist.

Krefeld, Mai 1950.   **Erich Kluss.**

Inhaltsverzeichnis.

Seite

Einleitung.

Zu den Großverbrauchern an elektrischer Energie zählen vor allem die elektrischen Widerstandsöfen. Ihr prinzipieller Aufbau ist relativ einfach, beispielsweise beim Karbidofen: Eine aus feuerfestem Material hergestellte Wanne, die einen elektrisch leitenden, aus fest aneinander gefügten Kohlenblöcken gebildeten, Boden besitzt. In dieser Wanne wird dem Schmelzgut durch Kohlenelektroden die elektrische Energie zugeführt. In ihr erfolgt unter Erzeugung höchster praktisch herstellbarer Temperaturen das Einschmelzen des Schmelzgutes bzw. die Umsetzung der elektrischen Energie in chemische. Die elektrische Leistung, die bei Großöfen dieser Art Beträge von 20000 kW und darüber aufweist, wird dem Ofen mit relativ niedrigen Spannungen und daher mit hohen Strömen in der Größenordnung von 100000 A zugeführt. Gerade so, wie bei der Steigerung der Übertragsspannung neue Probleme erwuchsen, die in einem speziellen Gebiet der Elektrotechnik, der Hochspannungstechnik, ihre Bearbeitung erfuhren, so treten hier beim Bau und Betrieb solcher Großöfen Probleme und Aufgaben auf, die in einem neuen Gebiet der Elektrotechnik, der Hochstromtechnik, abgegrenzt erscheinen. Gleichwohl ist diese Abgrenzung keine absolute. Elektrische Vorgänge auf der Niederspannungsseite des Ofentransformators werden durch die Transformatorenkupplung auf die Hochspannungsseite des Ofentransformators bzw. in das speisende Netz übertragen, und damit treten bei diesen Hochstromverbrauchern auch Hochspannungsprobleme auf.

Es gibt im Schrifttum bereits eine große Anzahl von Werken, die den Aufbau und den Betrieb der elektrischen Schmelzöfen zusammenfassend darbieten. Dabei möchte ich ganz besonders auf das Werk WOTSCHKE, „Grundlagen des elektrischen Schmelzofens", Halle 1933, hinweisen, das unter anderem besonders die elektrotechnischen Probleme ausführlicher behandelt und in diesem Gebiet bahnbrechend wirkt.

Vorliegendes Buch will das Schrifttum nur insofern bereichern, als es eine Einführung in die wichtigsten elektrotechnischen Probleme gibt, die dem Ingenieur begegnen, der als Rechner und Theoretiker Aufgaben im Elektroofenbau zu lösen hat.

Erstes Kapitel.

Der elektrische Stromkreis. Das Kreisdiagramm.

Wir beginnen unsere Betrachtung mit dem Stromkreis an einem Einphasenofen. Von den Klemmen des Ofentransformators wird der Strom über die Stromschleife, weiters über bewegliche, die Lageänderung der Elektroden ermöglichende, Stromleiter den Elektroden und damit dem Schmelzgut zugeführt.

Vorerst soll von dem Widerstand der Zuleitung R_v abgesehen werden. Dann besteht der Stromkreis aus der Hintereinanderschaltung eines

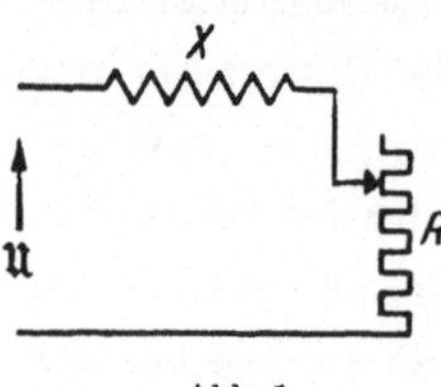

Abb. 1.
Der Stromkreis des Ofens.

praktisch konstanten induktiven Widerstandes X, bewirkt durch die Streuinduktivität des Transformators, die Induktivität der Ofenleitung einschließlich der Elektroden und eines veränderlichen Ohmschen Widerstandes, des sogenannten Herdwiderstandes R. Dieser Herdwiderstand kann vorwiegend Lichtbogenwiderstand sein (bei ausgesprochenen Lichtbogenöfen), er kann jedoch auch in erster Linie durch den Ohmschen Widerstand des Schmelzgutes bestimmt sein (Widerstandsofen). Er ist nicht konstant,

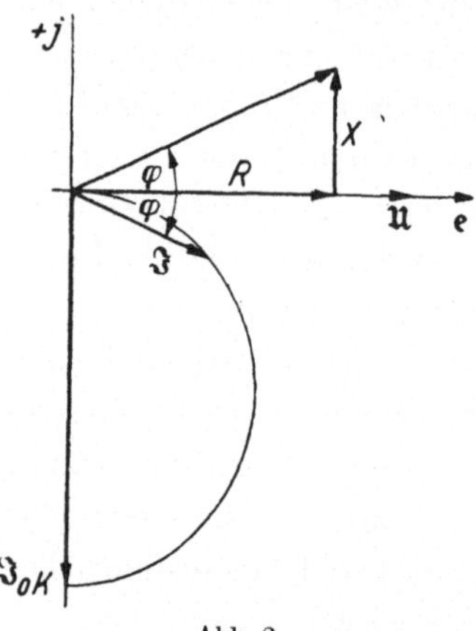

Abb. 2.
Ortskurve des Stromvektors $\mathfrak{J}$.

sondern in Anpassung an die jeweiligen Betriebsbedingungen veränderlich (Änderung der Arbeitshöhe der Elektroden, Änderung der Leitfähigkeit des Schmelzgutes und seiner Menge).

Abb. 1 zeigt das prinzipielle Schaltbild des Ofenkreises. Die Spannung $\mathfrak{U}$, die bei einem konstanten Effektivwert eine einfach harmonische Zeitfunktion sei, treibt durch den aus X und R gebildeten Stromkreis den Strom $\mathfrak{J}$. Die Größe des Stromes $\mathfrak{J}$ ist bei gegebenen Werten von $\mathfrak{U}$, R und X nach dem Ohmschen Gesetz leicht zu finden. Wir bedienen uns hier zur Ermittlung des Stromes der komplexen Rechenmethode, die Einfachheit und Übersichtlichkeit bietet [1].

Abb. 2. Wir legen in einem Gaußschen Koordinatensystem den Vektor der Spannung $\mathfrak{U}$ in die positive Richtung der reellen Achse $+ e$. Tragen wir den Ohmschen Widerstand R auf der reellen Achse und senkrecht dazu in Richtung der positiven imaginären Achse $+j$ den induktiven Widerstand X (die Reaktanz) auf, so ist uns damit der Vektor des Scheinwiderstandes $\mathfrak{Z}$ des Stromkreises der Größe und Phasenlage nach gegeben.

$$\mathfrak{Z} = R + jX \tag{1}$$

oder

$$\mathfrak{Z} = Z \cos \varphi + jZ \sin \varphi, \tag{1a}$$

wobei Z der Absolutbetrag des Vektors $\mathfrak{Z}$

und

$$\varphi = \operatorname{arc} \mathfrak{Z} \tag{1b}$$

die Phase von $\mathfrak{Z}$ bedeutet. Weiteres ist

$$Z = \sqrt{R^2 + X^2}. \tag{1c}$$

Dividieren wir den Vektor der Spannung $\mathfrak{U}$ durch den Vektor des Scheinwiderstandes $\mathfrak{Z}$, so finden wir nach dem Ohmschen Gesetz den Vektor des Stromes $\mathfrak{I}$ der Größe und Phasenlage nach

$$\mathfrak{I} = \frac{\mathfrak{U}}{\mathfrak{Z}} = \frac{\mathfrak{U}}{R + jX}. \tag{2}$$

Diese Division wird derart ausgeführt, daß von dem Phasenwinkel des Vektors $\mathfrak{U}$ der Phasenwinkel des Vektors $\mathfrak{Z}$ abgezogen und auf diesem so ermittelten Richtstrahl die absolute Größe des Quotienten U/Z maßstäblich aufgetragen wird. Wir erhalten damit die Größe und Phasenlage des Stromes $\mathfrak{I}$. Ändern wir bei sonst konstanten Größen des Stromkreises den Wert des Widerstandes R auf R_1, so erhalten wir nach Ablauf eines Ausgleichsvorganges einen, dem neuen Widerstandswert R_1 entsprechenden Stromwert $\mathfrak{I}_1$. Bei laufender Änderung des Widerstandswertes R_i liegen die Spitzen der diesen Werten zugeordneten Stromvektoren $\mathfrak{I}_i$ auf einem Kreisbogen (Abb. 2). Diese Tatsache ergibt sich aus der Gl. (2), welche nach der Ortskurventheorie [2, 3] einen speziellen Fall der allgemeinen vektoriellen Kreisgleichung

$$\mathfrak{R} = \frac{\mathfrak{A} + p\,\mathfrak{B}}{\mathfrak{C} + p\,\mathfrak{D}} \tag{2a}$$

darstellt. $\mathfrak{A}$, $\mathfrak{B}$, $\mathfrak{C}$, $\mathfrak{D}$ sind konstante Vektoren, p ein Parameter. In unserem Fall ist $\mathfrak{A} = \mathfrak{U}$, $\mathfrak{B} = 0$, $\mathfrak{C} = jX$, $\mathfrak{D} = R$ und p ein veränderlicher reeller Zahlenwert.

Der der Gl. (2) entsprechende Kreis geht durch den Nullpunkt des Koordinatensystems: Für $R = \infty$, also bei ausgeschaltetem Stromkreis, ist der Strom $\mathfrak{I} = 0$. Ein weiterer Extremwert tritt auf, wenn der Herdwiderstand $R = 0$ ist (Kurzschluß); dann ist

$$\mathfrak{I} = \frac{\mathfrak{U}}{jX} = \mathfrak{I}_{0\,K} \tag{3}$$

der theoretische Kurzschlußstrom des Ofenstromkreises. Er ist dargestellt durch den Durchmesser des Kreises und liegt auf der negativen j-Achse. Dieser Kurzschlußstrom eilt der ihn erzeugenden Spannung $\mathfrak{U}$ um den Phasenwinkel $\pi/2$ nach, er ist reiner Blindstrom.

Es wird von nun an der Kreis derart orientiert, daß sein Durchmesser, der theoretische Kurzschlußstrom $I_{0\,K}$, die horizontale Achse eines Kartesischen Koordinatensystems $(x,\,y)$ bildet (Abb. 3a). Irgendein bestimmter Strom I hat die Wirkkomponente $I_w = I\cos\varphi$ und die Blind-

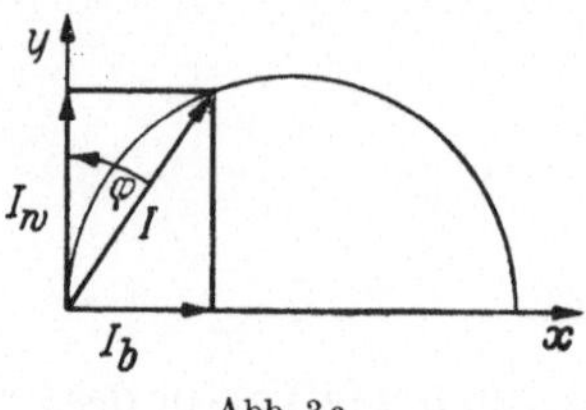

Abb. 3a.
Kreisdiagramm des Stromes.

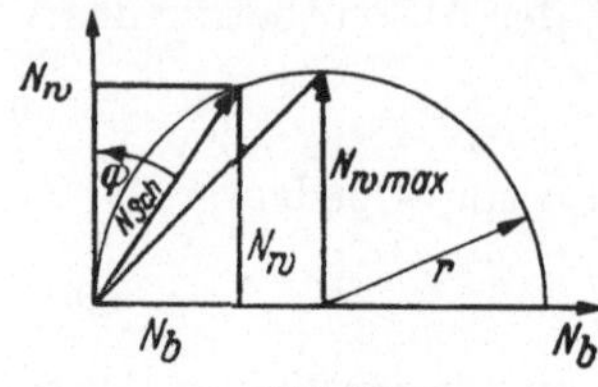

Abb. 3b.
Kreisdiagramm der Leistung.

komponente $I_b = I\sin\varphi$. Multipliziert man nun die Stromwerte mit dem Spannungswert U, so erhält man Leistungswerte, und zwar entspricht jetzt dem Blindstrom die Blindleistung N_b, dem Wirkstrom die Wirkleistung N_w und dem Scheinstrom I die Scheinleistung N_{Sch}. Die Abb. 3b stellt also das Leistungsdiagramm unseres Stromkreises dar. Eine Änderung des Wirkwiderstandes R hat auch eine Änderung der im Stromkreis umgesetzten Wirkleistung N_w zur Folge. Die im Stromkreis maximal auftretende Wirkleistung ergibt sich wie folgt:

Es ist

$$N_w = I^2 R = \frac{U^2}{R^2 + X^2} \cdot R. \tag{4}$$

Es muß sein:

$$\frac{dN_w}{dR} = 0 = U^2 \frac{R^2 + X^2 - 2R^2}{(R^2 + X^2)^2} = 0$$

und daraus

$$R = X. \tag{5}$$

Damit wird aus Gl. (4)

$$N_{w\,\max} = \frac{U^2}{2X} \tag{6}$$

und

$$\cos\varphi_{N_{w\,\max}} = \frac{R}{\sqrt{R^2 + X^2}} = \frac{1}{\sqrt{2}} = \frac{1}{2}\sqrt{2} = 0{,}707.$$

Die größtmögliche Wirkleistung tritt also bei einem $\cos\varphi = 0{,}707$ auf (Phasenwinkel 45°). Die maximale Wirkleistung ist halb so groß wie die theoretisch mögliche Kurzschlußblindleistung.

Die Beziehung (6) ermöglicht bei gegebener Reaktanz X eine einfache Konstruktion des Kreisdiagramms.

Der Halbmesser des einer Spannung U zugeordneten Kreises ist

$$r = N_{w\,\mathrm{max}} = \frac{U^2}{2\,X}\,. \tag{6a}$$

Entsprechend den bei regelbaren Ofentransformatoren auftretenden Spannungsstufen U_i erhält man eine Kreisschar mit den Halbmessern (Abb. 4).

$$r_i = \frac{U_i^2}{2\,X}\,. \tag{6b}$$

Der Blindwiderstand X ist bekanntlich

$$X = \omega L\,, \tag{7}$$

wobei $\omega = 2\,\pi f$ die Kreisfrequenz des Wechselstromes (f Periodenzahl in Hz) und L die Induktivität des Stromkreises bedeuten.

Für die im Ofen zur Verfügung stehende Wirkleistung ergibt sich aus Gl. (4) noch ein anderer Ausdruck:

Da

$$I = \frac{U}{Z}\,,\quad \sin\varphi = \frac{X}{Z}\,,\quad \cos\varphi = \frac{R}{Z}\,,$$

daher

$$\operatorname{tg}\varphi = \frac{X}{R}\,,$$

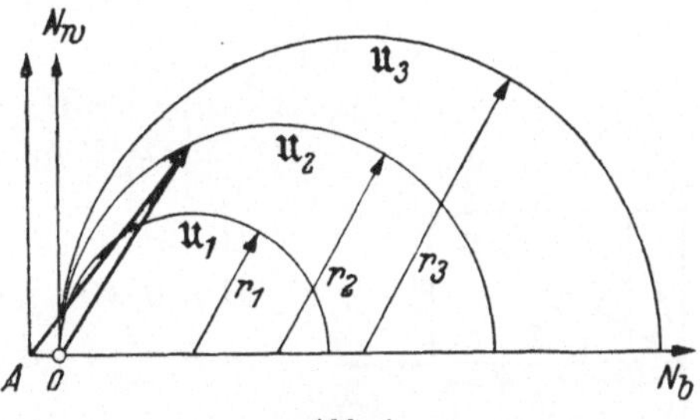

Abb. 4.
Kreisdiagramm bei verschiedenen Ofenspannungen.

wird aus Gl. (4)

$$N_w = I^2 R = \frac{U^2}{Z^2}\,\frac{X}{\operatorname{tg}\varphi} = \frac{U^2}{X^2}\,\sin^2\varphi\,\frac{X}{\operatorname{tg}\varphi} = \frac{U^2}{X}\,\sin\varphi\,\cos\varphi\,. \tag{8}$$

Hier ist bei bekannter Spannung die Wirkleistung als Funktion der Reaktanz und des Phasenwinkels gegeben.

Will man im Kreisdiagramm (Abb. 4) die Magnetisierungsblindleistung $N_{b\,\mathrm{Tr}}$ des Ofentransformators noch mit berücksichtigen, so trägt man diese maßstäblich in der Strecke OA zusätzlich auf. Es ist

$$N_{b\,\mathrm{Tr}} = i_m U\,, \tag{9}$$

wobei i_m der Magnetisierungsstrom des Transformators bedeutet. Ebenso einfach läßt sich das Kreisdiagramm für einen symmetrischen Drehstromofen entwerfen [4]. Hier gilt für die maximale Leistung einer Phase, wenn U_φ die Phasenspannung bedeutet,

$$N_{w\,\mathrm{max}_\varphi} = \frac{U_\varphi^2}{2\,X}\,. \tag{10}$$

Die gesamte Leistung des symmetrischen Drehstromofens beträgt

$$N_{w\,\max} = 3\,N_{w\,\max_\varphi} = \frac{3\,U_\varphi^2}{2\,X} = \frac{U_r^2}{2\,X}, \tag{11}$$

wobei $U_r = \sqrt{3}\,U_\varphi$ die verkettete Spannung bedeutet.

Es soll nun auch der Einfluß des Ohmschen Leitungswiderstandes R_v und des in ihm auftretenden Leistungsverlustes berücksichtigt werden. Eine eingehendere Behandlung desselben, sowie des Kreisdiagramms, findet sich bei WOTSCHKE [5, 6, 28].

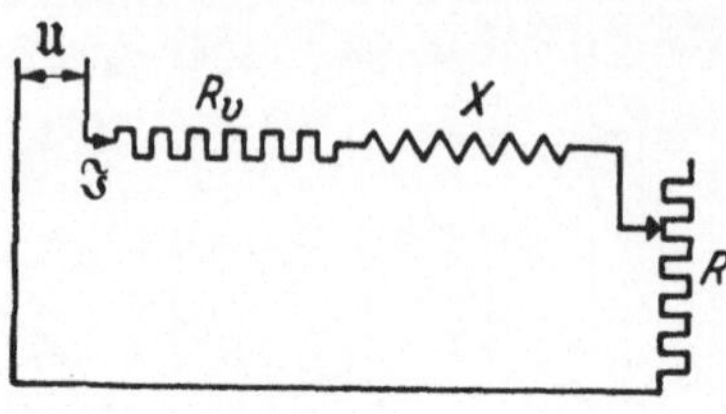

Abb. 5.
Verlustwiderstand R_v im Ofenstromkreis.

In Abb. 5 bedeutet R_v den Ohmschen Widerstand, X, wie vorher, die Reaktanz der Ofenleitung einschließlich der Elektroden und R den Herdwiderstand. Die Größe des Stromes, den die Spannung U durch den Stromkreis treibt, beträgt

$$I = \frac{U}{\sqrt{(R_v + R)^2 + X^2}} = \frac{U}{Z}. \tag{12}$$

Der praktisch auftretende Kurzschlußstrom bei $R = 0$ wird jetzt

$$I_K = \frac{U}{\sqrt{R_v^2 + X^2}}. \tag{13}$$

Er ist kleiner als der theoretische Kurzschlußstrom $I_{0\,K}$ und eilt der Spannung U um den Winkel $\varphi_K < \dfrac{\pi}{2}$ nach (Abb. 6). Die Wirkleistung im Ofen $N_{w\,0}$ findet man aus dem Ausdruck

$$N_{w\,0} = I^2\,R = \frac{U^2}{(R_v + R)^2 + X^2}\cdot R.$$

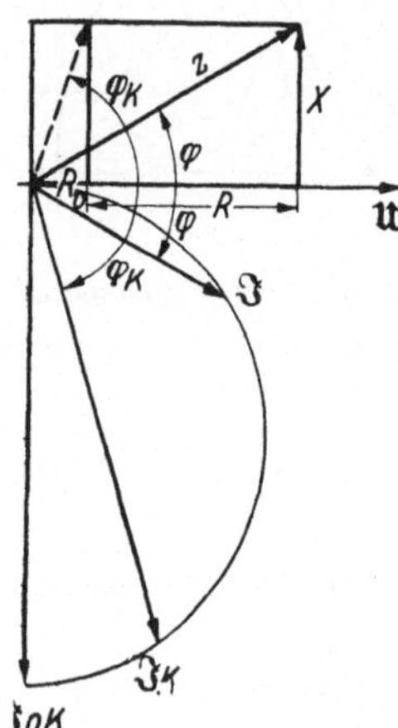

Abb. 6.
Das Kreisdiagramm unter Berücksichtigung des Verlustwiderstandes.

Ihr Maximalwert, der sich bei einer bestimmten Größe des Herdwiderstandes einstellt, ergibt sich wiederum durch Nullsetzen des Differentialquotienten $d\,N_{w\,0}/dR$

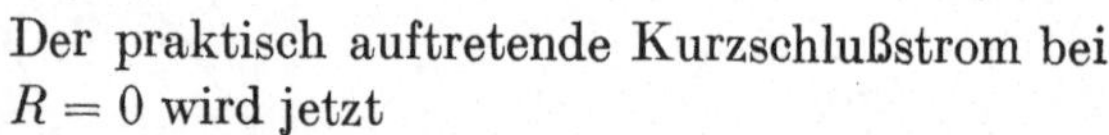

$$\frac{d\,N_{w\,0}}{d\,R} = U^2\,\frac{(R_v + R)^2 + X^2 - 2\,R\,(R_v + R)}{[(R_v + R)^2 + X^2]^2} = 0$$

$$(R_v + R)^2 + X^2 - 2\,R\,R_v - 2\,R^2 = 0$$

und daraus

$$R = \sqrt{R_v^2 + X^2}. \tag{14}$$

Mithin:

$$N_{w0\,\mathrm{max}} = \frac{U^2\,\sqrt{R_r^2 + X^2}}{(R_r + R)^2 + X^2} = \frac{U^2\,\sqrt{R_v^2 + X^2}}{R_r^2 + 2\,R_r R + R^2 + X^2} =$$

$$= \frac{U^2\,\sqrt{R_v^2 + X^2}}{R_v^2 + 2\,R_r\,\sqrt{R_r^2 + X^2} + R_r^2 + X^2 + X^2} = \frac{U^2}{2}\;\frac{\sqrt{R_v^2 + X^2}}{(R_v^2 + X^2 + R_r\,\sqrt{R_r^2 + X^2})} =$$

$$= \frac{U^2}{2} \cdot \frac{1}{(\sqrt{R_r^2 + X^2} + R_v)} \,. \tag{15}$$

Setzen wir aus Gl. (14) für $X^2 = R^2 - R_v^2$, dann folgt:

$$N_{w_0\,\mathrm{max}} = \frac{U^2}{2}\,\frac{1}{R + R_r} \,. \tag{16}$$

Für den $\cos\varphi$ erhält man

$$\cos\varphi = \frac{R_r + R}{\sqrt{(R_r + R)^2 + X^2}} \,. \tag{17}$$

Für R den Wert aus Gl. (14) eingesetzt, erhält man für den $\cos\varphi$ bei Maximallast nach einer kleinen Zwischenrechnung den Ausdruck

$$\cos\varphi_{N_{w_0}\,\mathrm{max}} = \frac{1}{\sqrt{2}}\,\sqrt{1 + \frac{R_r}{\sqrt{R_r^2 + X^2}}} \,. \tag{18}$$

Beträgt beispielsweise bei einem Karbidofen $X = 700 \cdot 10^{-6}\,\varOmega$, $R = 1200 \cdot 10^{-6}\,\varOmega$, $R_r = 120 \cdot 10^{-6}\,\varOmega$, so erhält man

$$\cos\varphi_{N_{w_0}\,\mathrm{max}} = \frac{1}{\sqrt{2}}\,\sqrt{1 + \frac{120 \cdot 10^{-6}}{10^{-6} \cdot 100\,\sqrt{49 + 1{,}24}}} = 0{,}766$$

gegenüber dem Wert $\cos\varphi_{N_{w_0}\,\mathrm{max}} = \dfrac{1}{\sqrt{2}} = 0{,}707$ bei $R_v = 0$. Eine Beziehung zwischen dem $\cos\varphi$ und dem Ofenstrom I ergibt sich aus folgender Ableitung:

Es ist

$$\cos^2\varphi = 1 - \sin^2\varphi = 1 - \left(\frac{X}{Z}\right)^2 = 1 - \left(\frac{X\,I}{U}\right)^2,$$

daher

$$\cos\varphi = \sqrt{1 - \left(\frac{X\,I}{U}\right)^2} \,. \tag{19}$$

Der $\cos\varphi$ ist abhängig von dem Verhältnis des induktiven Spannungsabfalls zur Gesamtspannung; er nimmt mit zunehmendem Strom ab, und zwar ergibt das Bild der Abnahme den zwischen den positiven Ästen eines Kartesischen Koordinatensystems liegenden Teil einer Ellipse, deren Mittelpunkt im Ursprung liegt.

Die Ofenspannung U_0 ist gegeben durch

$$U_0 = I \cdot R = \frac{U R}{\sqrt{(R_v + R)^2 + X^2}} \; . \qquad (20)$$

Setzt man für R wieder die Beziehung (14) ein, so erhält man für die der Maximallast zugeordnete Ofenspannung nach einer kleinen Umrechnung

$$U_{0_{N_{w_0} \max}} = \frac{U}{\sqrt{2}} \sqrt{\frac{\sqrt{R_v^2 + X^2}}{\sqrt{R_v^2 + X^2} + R_v}} \; . \qquad (21)$$

Aus Gl. (12) bekommt man mit Berücksichtigung von Gl. (14) für den bei maximaler Ofenleistung sich einstellenden Strom den Ausdruck

$$I_{N_{w_0} \max} = \frac{U}{\sqrt{2}} \frac{1}{\sqrt{\sqrt{R_v^2 + X^2}\,(\sqrt{R_v^2 + X^2} + R_v)}} \; . \qquad (22)$$

Für $R_v = 0$ folgt aus den Gl. (21) und (22)

$$U_0 = \frac{U}{\sqrt{2}} \; ; \quad I_0 = \frac{U}{\sqrt{2}\,X} \quad \text{für} \quad N_{w_0} \max \, . \qquad (21\,\text{a})$$

Die Abhängigkeit der Ofenleistung vom Ofenstrom zeigt nachstehende Beziehung:

$$N_{w_0} = U I \cos\varphi - I^2 R_v = U I \left[\sqrt{1 - \left(\frac{X I}{U}\right)^2} - \frac{I R_v}{U} \right] . \qquad (23)$$

Diese Beziehung gibt uns einen Einblick über die Wege, die zur Erhöhung der Ofenleistung zu betreten sind. Zwei Wege sind es:

1. Die Erhöhung der Klemmspannung U, sie bringt zwangsläufig damit auch eine Vergrößerung der Ofenspannung. Da diese nicht in das Unermeßliche gesteigert werden kann, ist der Spannungserhöhung eine bestimmte Grenze gesetzt.

2. Eine Verbesserung der Zuleitung durch Verminderung des Verlustwiderstandes R_v und Verkleinerung der Reaktanz X. Der Einfluß der Größe X auf die Spannungs- und Leistungsgrößen des Ofens ist so maßgeblich, daß diese Größe im Bau und Betrieb des elektrischen Ofens eine universelle Bedeutung erhält.

Oft liegt die Aufgabe vor, aus den Betriebsangaben eines Ofens den induktiven, wie auch den Ohmschen Widerstand (hauptsächlich Herdwiderstand) zu ermitteln. Diese Ermittlung kann sowohl rechnerisch wie auch aus dem Kreisdiagramm erfolgen. Es soll dies an einem Zahlenbeispiel gebracht werden:

Ein 20000 kW Drehstromkarbidofen, dessen Transformator in Δ/Δ geschaltet sei, weise nachstehende Betriebsdaten auf:

Primäre verkettete Spannung (Netzspannung)	U =	6000 V
Primärer verketteter Strom (Symmetrie vorhanden)	I =	2300 A
Aufgenommene Leistung	N_w =	19000 kW
Sekundäre verkettete Ofenspannung	U_s =	165 V

Der Leistungsfaktor ergibt sich aus der Beziehung

$$\cos\varphi = \frac{N_w}{\sqrt{3}\,U\,I} = \frac{19 \cdot 10^6}{\sqrt{3} \cdot 6 \cdot 2,3 \cdot 10^6} = 0,795 \,.$$

Der Ofenstrom I_0 beträgt

$$I_0 = \frac{N_w}{\sqrt{3}\,U_s \cos\varphi} = \frac{19\,000 \cdot 10^3}{\sqrt{3} \cdot 165 \cdot 0,795} = 83,7 \cdot 10^3 \,\text{A} \,.$$

Die Blindleistung erhält man aus

$$N_b = N_w \operatorname{tg}\varphi = 14520 \,\text{kVA} \,.$$

Es ist nun der induktive Widerstand

$$X = \frac{N_b}{3\,I_0^2} \cong 690 \cdot 10^{-6} \,\Omega$$

und der Herdwiderstand

$$R = \frac{N_w}{3\,I_0^2} \cong 900 \cdot 10^{-6} \,\Omega \,.$$

In Abb. 7a ist das Kreisdiagramm des Ofens gezeigt. Der Ofen nimmt bei einer sekundären Spannung $U_s = 165$ V 19000 kW auf (Betriebspunkt P), der Leistungsfaktor wird am $\cos\varphi$-Kreis abgelesen.

Zur Ermittlung von X benötigt man den Halbmesser des Spannungskreises U_s. Dieser kann leicht gefunden werden. Man errichtet auf dem Richtstrahl OP in seinem Mittelpunkt M die Senkrechte, ihr Schnittpunkt mit der Achse der Blindleistung ergibt den Halbmesser r des gesuchten Spannungskreises, und damit ist aus Formel (6) der induktive Widerstand des Ofenkreises zu ermitteln. Trägt man diese Widerstandsgröße in irgendeinem Maßstab auf der Blindleistungsachse auf, so ist auf der dazu senkrechten Geraden der dem Betriebspunkt zugehörige Herdwiderstand R in dem gleichen Maßstab abzulesen.

Im allgemeinen ge-

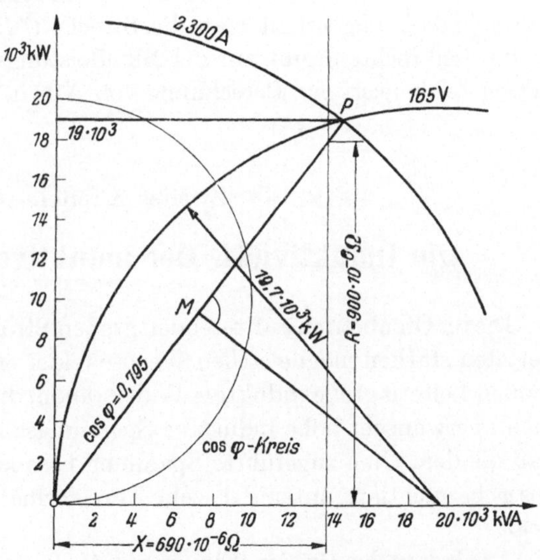

Abb. 7a. Zur Bestimmung von X ohne Berücksichtigung der Magnetisierungsblindleistung des Transformators.

nügt diese Art der Ermittlung von X und R. Will man genauere Werte erhalten, so muß von der aus den Betriebsangaben ermittelten Blindleistung die Magnetisierungsblindleistung des Transformators abgezogen werden. Letztere ergibt sich aus der Beziehung (9).

In unserem Beispiel beträgt der Magnetisierungsstrom pro Phase I_m = 49,1 A, der verkettete daher 85 A, die Magnetisierungsblindleistung des Transformators

$$N_{b\,\mathrm{Tr}} = 49{,}1 \cdot 6000 \cdot 3 = 885 \text{ kVA} \,.$$

Es ist $I = 2300$ A, $I_w = I \cos\varphi = 1830$, $I_{bl} = I \sin\varphi = 1400$. Nach Abzug des Magnetisierungsblindstromes erhält man:

$$I_w = 1830, \quad I'_{bl} = I_{bl} - I_m = 1400 - 85 = 1315 \text{ A} \,,$$

$$I' = \sqrt{J_w^2 + J'^2_{bl}} = 2230 \text{ A} \,.$$

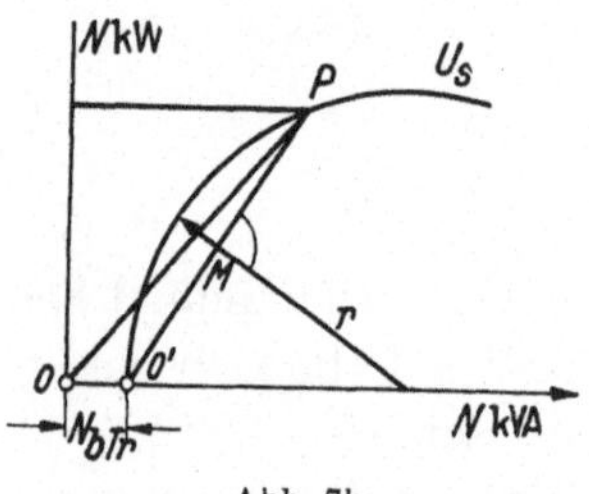

Abb. 7b.
Zur Bestimmung von X bei Berücksichtigung der Magnetisierungsblindleistung des Transformators.

Das Übersetzungsverhältnis beträgt $\ddot{u} =$ = 6000/165 = 36,4, somit der Ofenstrom $I_0 = 2230 \cdot 36{,}4 = 82{,}2 \cdot 10^3$ A.

Die Blindleistung des Ofens hat den Wert $14520 - 885 = 13635$ kVA. Und daraus ergibt sich für den induktiven Widerstand

$$X = \frac{13\,635 \cdot 10^3}{3 \cdot (82{,}2 \cdot 10^3)^2} = 674 \cdot 10^{-6}\,\Omega \,.$$

Die Ermittlung aus dem Kreisdiagramm zeigt Abb. 7 b. Nach Abzug der Magnetisierungsblindleistung erhält man die Strecke $O'P$. Die im Mittelpunkt M zu ihr Senkrechte ergibt auf der Blindleistungsachse den Halbmesser r, dessen Zahlenwert zur Berechnung von X benötigt wird.

Zweites Kapitel.

Die Induktivität. Der induktive Widerstand.

Die im Ofenbetrieb auftretenden großen Ströme und die mit ihnen verketteten starken magnetischen Wechselfelder erzeugen in den stromführenden Leitern große induktive Widerstände, die ihrerseits mit den Strömen unerwünscht hohe induktive Spannungsabfälle zur Folge haben, so daß die dem Ofen zugeführte Spannung besonders bei einem schlechten $\cos\varphi$ beträchtlich unter der vom Transformator gelieferten Spannung liegt.

An einer in der Größenordnung von $1000 \cdot 10^{-6}\,\Omega$ liegenden Reaktanz tritt beispielsweise bei einem Strom von 100000 A ein induktiver Spannungsabfall von $1000 \cdot 10^{-6} \cdot 100\,000 = 100$ V auf; bei einem $\cos \varphi = 0,7$ ($\sin \varphi = 0,7$) beträgt der induktive Spannungsverlust $100 \cdot \sin \varphi = 70$ V, bei $\cos \varphi = 0,8$ ($\sin \varphi = 0,6$) macht er immerhin noch 60 V aus. Eine Verringerung der Reaktanz auf ein praktisch erreichbares Mindestmaß ist also mit allen Mitteln anzustreben. Da im allgemeinen die Frequenz des Netzes vorgegeben ist, ist eine kleine Reaktanz nur durch eine möglichst kleine Induktivität aller stromführenden Teile zu erreichen. Eine möglichst genaue Ermittlung der Induktivität der Leitung, so wie die Untersuchung der Beziehungen zwischen dem Wert der Induktivität und den geometrischen Faktoren, um daraus den praktisch günstigsten Wert zu finden, gehört daher zu den wichtigsten Aufgaben, die beim Entwurf eines elektrischen Ofens zu lösen sind. Es soll deshalb in dem folgenden Kapitel die Berechnung der Induktivität von Leitungen eingehender behandelt werden.

§ 1. Ableitung des allgemeinen Ausdrucks für die Induktivität.

In Abb. 8 ist ein Teil einer vom Strom I_i durchflossenen linearen Leiterschleife $i\,k$ gezeichnet. Der Querschnitt der Leiter sei praktisch so klein, daß wir von einem „Stromfaden" sprechen können. Der Strom bildet ein magnetisches Feld Φ_{ik}Vs aus. Beträgt die Induktion dieses Feldes $\mathfrak{B}$ Vs/cm², die Feldstärke $\mathfrak{H}$ A/cm, μ H/cm die absolute Permeabilität des Raumes, so berechnet sich dieses Feld zu

$$\Phi_{ik} = \int \mathfrak{B}\,df. \qquad (1)$$

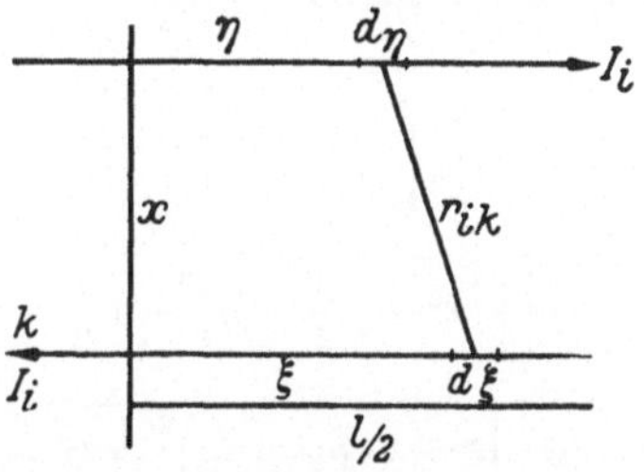

Abb. 8.
Zur Berechnung der Induktivität eines geraden Stromfadens.

Wir führen das Vektorenpotential $\mathfrak{A}$ [7, 8, 9] ein durch die Beziehung

$$\mathfrak{B} = \operatorname{rot} \mathfrak{A}, * \qquad (2)$$

wobei

$$\mathfrak{A} = \frac{\mu}{4\pi} I_i \oint \frac{d\,l_i}{r_{ik}} \qquad \text{ist.} \qquad (3)$$

$d\,l_i$ ist ein Linienelement der Linie i, r_{ik} der Abstand dieses Linienelementes von einem Punkt auf der Linie k. Aus dem Stokesschen Satz folgt

$$\int \operatorname{rot} \mathfrak{A}\,df = \oint \mathfrak{A}\,dl_k. \qquad (4)$$

Hierin ist $d\,l_k$ ein Linienelement der Linie k.

---

* Gewöhnlich wird geschrieben (siehe auch im Kapitel über das magnetische Feld der Ströme):

$$\mathfrak{H} = \operatorname{rot} \mathfrak{A}; \quad \mathfrak{A} = \frac{1}{4\pi} I_i \oint \frac{d\,l_i}{r_{ik}}; \quad \mathfrak{B} = \mu\,\mathfrak{H}.$$

Setzen wir die Beziehungen (2), (3) und (4) in (1) ein, so erhalten wir

$$\Phi_{ik} = \int \operatorname{rot} \mathfrak{A}\, df = \oint \mathfrak{A}\, dl_k = \frac{\mu}{4\pi} I_i \oint_{l_i} \oint_{l_k} \frac{dl_i\, dl_k}{r_{ik}} = L_{ik} I_i .$$

Daraus bekommen wir schließlich für die Berechnung der Induktivität den Ausdruck

$$L_{ik} = \frac{\mu}{4\pi} \oint_{l_i} \oint_{l_k} \frac{dl_i\, dl_k}{r_{ik}} = L_{ki} . \tag{5}$$

Dieses Doppelintegral führt den Namen „Neumannsche Formel"" Sie dient allgemein zur Berechnung der Induktionskoeffizienten L_{ik} für lineare Stromkreise bei konstanter Permeabilität.

Zur Berechnung des gegenseitigen Induktionskoeffizienten L_{ik} der in Abb. 8 gezeichneten linearen Leiter erhalten wir in Anwendung der Formel (5), da $dl_i = d\eta$; $dl_k = d\xi$; $r_{ik} = \sqrt{x^2 + (\xi - \eta)^2}$.

$$L_{ik} = \frac{\mu}{4\pi} \int_{-l/2}^{+l/2} d\eta \int_{-l/2}^{+l/2} \frac{d\xi}{\sqrt{x^2 + (\xi - \eta)^2}} . \tag{5a}$$

Es ist zunächst

$$\int_{-l/2}^{+l/2} \frac{d\xi}{\sqrt{x^2 + (\xi - \eta)^2}} = \ln\left[\sqrt{x^2 + (\xi - \eta)^2} + (\xi - \eta) \right]_{-l/2}^{+l/2} =$$

$$= \ln\left[\sqrt{x^2 + \left(\frac{l}{2} - \eta\right)^2} + \left(\frac{l}{2} - \eta\right) \right] - \ln\left[\sqrt{x^2 - \left(-\frac{l}{2} - \eta\right)^2} + \left(-\frac{l}{2} - \eta\right) \right] =$$

$$= \ln\left[\sqrt{x^2 + \left(\eta - \frac{l}{2}\right)^2} - (\eta - l/2) \right] - \ln\left[\sqrt{x^2 + (\eta + l/2)^2} - (\eta + l/2) \right]$$

$$\int_{-l/2}^{+l/2} d\eta \int_{-l/2}^{+l/2} \frac{d\xi}{\sqrt{x^2 + (\xi - \eta)^2}} = \int_{-l/2}^{+l/2} \ln\left[\sqrt{x^2 + (\eta - l/2)^2} - (\eta - l/2) \right] d\eta -$$

$$- \int_{-l/2}^{+l/2} \ln\left[\sqrt{x^2 + (\eta + l/2)^2} - (\eta + l/2) \right] d\eta .$$

Wir bezeichnen mit

$$J_1 = \int_{-l/2}^{+l/2} \ln\left[\sqrt{x^2 + (\eta - l/2)^2} - (\eta - l/2) \right] d\eta$$

mit

$$J_2 = \int_{-l/2}^{+l/2} \ln\left[\sqrt{x^2 + (\eta + l/2)^2} - (\eta + l/2) \right] d\eta .$$

Berechnung des Integrals J_1: Es wird substituiert: $(\eta - l/2) = y$; $d\eta = dy$

$$J_1 = \int\limits_{\eta - l/2,\; y = -l}^{\eta = l/2,\; y = 0} \ln\left[\sqrt{x^2 + y^2} - y\right] dy; \quad \ln\left[\sqrt{x^2 + y^2} - y\right] = u,$$

$$du = \frac{1}{\sqrt{x^2 + y^2} - y}\left(\frac{y}{\sqrt{x^2 + y^2}} - 1\right) dy = -\frac{1}{\sqrt{x^2 + y^2}} dy; \quad dy = dv,$$

$$J_1 = \ln\left[\sqrt{x^2 + y^2} - y\right] y + \int \frac{y}{\sqrt{x^2 + y^2}} dy,$$

$$J_1' = \int \frac{y}{\sqrt{x^2 + y^2}} dy; \quad x^2 + y^2 = u^2; \quad 2\, y\, dy = 2\, u\, du,$$

$$J_1' = \int \frac{u\, du}{u} = u = \sqrt{x^2 + y^2},$$

daher

$$J_1 = \ln\left[\sqrt{x^2 + y^2} - y\right] y + \sqrt{x^2 + y^2}\,\Big|_{-l}^{0} = x - \left[\ln\left(\sqrt{x^2 + l^2} + l\right) \cdot -l + \sqrt{x^2 + l^2}\right] =$$

$$= l \ln\left(\sqrt{x^2 + l^2} + l\right) + x - \sqrt{x^2 + l^2}.$$

Die Berechnung des Integrals J_2 erfolgt in der gleichen Weise. Es wird gesetzt: $\eta + l/2 = y$; $d\eta = dy$

$$J_2 = \int\limits_{\eta = -l/2,\; y = 0}^{\eta = +l/2,\; y = l} \ln\left[\sqrt{x^2 + y^2} - y\right] dy = \ln\left[\sqrt{x^2 + y^2} - y\right] y + \sqrt{x^2 + y^2}\,\Big|_{0}^{l} =$$

$$= \ln\left[\sqrt{x^2 + l^2} - l\right] \cdot l + \sqrt{x^2 + y^2} - x.$$

Nun ist

$$\int\limits_{-l/2}^{+l/2} d\eta \int\limits_{-l/2}^{+l/2} \frac{d\xi}{\sqrt{x^2 + (\xi - \eta)^2}} = J_1 - J_2 = l \ln\left[\sqrt{x^2 + l^2} + l\right] + x - \sqrt{x^2 + l^2} -$$

$$- l \ln\left[\sqrt{x^2 + l^2} - l\right] + x - \sqrt{x^2 + l^2} = l \ln \frac{\sqrt{x^2 + l^2} + l}{\sqrt{x^2 + l^2} - l} - 2\left(\sqrt{x^2 + l^2} - x\right).$$

Damit errechnet sich der Induktionskoeffizient von 2 Leitern der Länge l nach der Formel (5a) zu

$$L_{ik} = \frac{\mu}{4\pi}\left[l \ln \frac{\sqrt{x^2 + l^2} + l}{\sqrt{x^2 + l^2} - l} - 2\left(\sqrt{x^2 + l^2} - x\right)\right]. \tag{6}$$

Ein gleichwertiger Ausdruck lautet:

$$L = \frac{\mu}{4\pi} \cdot 2\left[l \ln \frac{\sqrt{l^2 + x^2} + l}{x} - \sqrt{l^2 + x^2} + x\right]. \tag{6'}$$

Ist l sehr groß gegenüber dem Abstand x ($l \gg x$), dann vereinfacht sich der Ausdruck (6) wesentlich. Es wird

$$\frac{\sqrt{l^2 + x^2} + l}{\sqrt{l^2 + x^2} - l} \cong \frac{l + \dfrac{x^2}{2l} + l}{l + \dfrac{x^2}{2l} - l} \sim \frac{2l}{\dfrac{x^2}{2l}} \left(\frac{2l}{x}\right)^2,$$

daher

$$L_{ik} = \frac{\mu}{4\pi} \cdot 2l \left[\ln \frac{2l}{x} - 1\right]. \tag{6a}$$

Setzt man für μ den bekannten Wert

$$\mu = \frac{4\pi}{10} \cdot 10^{-8} \, \text{H/cm} \tag{7}$$

ein, wobei

$$\mu = \mu_0 \mu_r \quad \text{und} \quad \mu_r = 1, \tag{7a}$$

so ergibt sich schließlich (alle Längenmaße in cm)

$$L_{ik} = 2l \left[\ln \frac{2l}{x} - 1\right] 10^{-9} \, \text{Henry}. \tag{6b}$$

Die Formel (5) gestattet die Berechnung des Induktionskoeffizienten für „Stromfäden", d. h. praktisch für Leiter mit sehr kleinem Querschnitt. Diese Formel kann, wie folgt, auch zur Berechnung von Leitern mit gegebenen Querschnittsformen verwendet werden, sie bedarf nur nachstehender Erweiterung. Dabei setzen wir voraus, daß der Strom über den Querschnitt gleichmäßig verteilt und μ konstant ist. Die Querschnitte der Leiter i und k betragen q_i und q_k. Es wird der Ausdruck (5) erweitert zu

$$L_{ik} = \frac{1}{q_i q_k} \int dq_i \int dq_k \frac{\mu}{4\pi} \oint_{l_i} \oint_{l_k} \frac{dl_i \, dl_k}{r_{ik}},$$

für den Ausdruck

$$\frac{\mu}{4\pi} \oint_{l_i} \oint_{l_k} \frac{dl_i \, dl_k}{r_{ik}}$$

kann man bei im Verhältnis zur Lineardimension der Querschnitte sehr langen Leitern den Wert

$$\frac{\mu}{4\pi} 2l \left[\ln \frac{2l}{x} - 1\right]$$

setzen, dann wird

$$L_{ik} = 2l \left[\ln 2l - \frac{1}{q_i q_k} \int \int \ln x \, dq_i \, dq_k - 1\right].$$

Es wird für das Doppelintegral eine neue Bezeichnung eingeführt, es ist

$$\frac{1}{q_i q_k} \int\!\!\int \ln x\, dq_i dq_k = \ln x_{ik}, \tag{8}$$

und man nennt x_{ik} den „mittleren geometrischen Abstand (m. g. A.) der beiden Querschnittsflächen $q_i q_k$ voneinander" [10].

Damit erhält man für den Induktionskoeffizienten langer Leiter, indem man für μ noch den Wert aus Gl. (7) nimmt, den endgültigen Ausdruck

$$L_{ik} = 2l \left[\ln \frac{2l}{x_{ik}} - 1 \right] 10^{-9} \text{ Henry}. \tag{9}$$

Bedeuten $dq\, dq'$ zwei Flächenelemente derselben Querschnittsfläche q, x ihr Abstand voneinander, so erhält man nach Gl. (8) sinngemäß als „mittleren geometrischen Abstand einer Querschnittsfläche q von sich selbst" den Ausdruck

$$\ln x_{ii} = \frac{1}{q^2} \int\!\!\int \ln x\, dq\, dq'. \tag{8a}$$

Strenggenommen setzt, wie schon hingewiesen wurde, die Einführung des m. g. A. unendlich lange Leiterlängen voraus, sie ist aber in der Praxis überall dort gerechtfertigt, wo die linearen Längen der Leiter ungleich größer als die Lineardimensionen ihrer Querschnittsflächen (Durchmesser) sind. Je nachdem in die Formeln (9) der m. g. A. von sich selbst (x_{ii}) oder voneinander (x_{ik}) eingesetzt wird, erhält man den Selbstinduktionskoeffizienten eines Leiters L_{ii} oder den Koeffizienten der gegenseitigen Induktion dieses Leiters L_{ik}.

Die m. g. A. lassen sich aus den Formeln (8) bzw. (8a) für einzelne Querschnittsformeln errechnen [10].

Nachstehend sind die m. g. A. für die wichtigsten Querschnittsformen angegeben.

Für den m. g. A. einer Kreisringfläche (r_2 großer, r_1 kleiner Halbmesser) von sich selbst ergibt sich die Beziehung

$$\ln x_{ii} = \ln r_2 - \frac{r_1^4}{(r_2^2 - r_1^2)^2} \ln \frac{r_2}{r_1} + \frac{1}{4} \frac{3r_1^2 - r_2^2}{r_2^2 - r_1^2}. \tag{10}$$

Setzt man darin $r_1 = 0$, so erhält man den m. g. A. einer Kreisfläche von sich selbst

$$\ln x_{ii} = \ln r_2 - \frac{1}{4}; \quad x_{ii} = r_2\, e^{-\frac{1}{4}} = 0{,}77880\, r_2. \tag{10a}$$

Der m. g. A. von sich selbst eines Kreisringsquerschnitts kann als Funktion seines Außenhalbmessers r_2 auch nachstehend dargestellt werden

$$x_{ii} = \varkappa r_2,$$

wobei der Faktor $\varkappa$ die in Abb. 9 gezeichnete Abhängigkeit vom Halbmesserverhältnis aufweist [5, 11, 14].

Der m. g. A. zweier Kreisringe bzw. Kreise voneinander, deren Mittelpunkte den Abstand d voneinander haben, ist gleich diesem Abstand

$$x_{ik} = d. \tag{10b}$$

Der m. g. A. einer, innerhalb eines Kreisringes befindlichen, Figur folgt der Gleichung

$$\ln x_{ik} = \frac{r_2^2 \ln r_2 - r_1^2 \ln r_1}{r_2^2 - r_1^2} - \frac{1}{2}. \tag{10c}$$

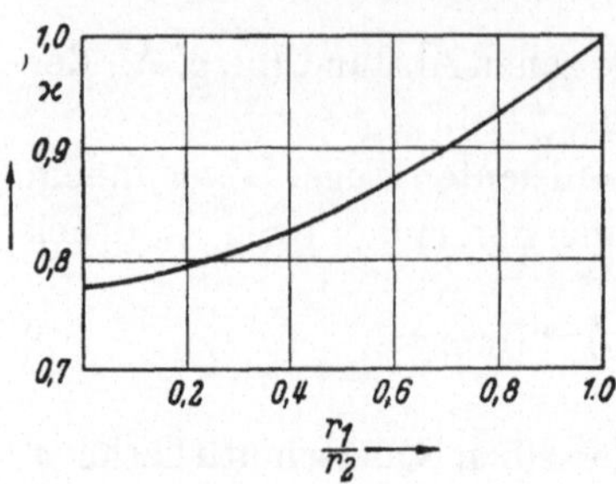

Abb. 9. Faktor $\varkappa$ zur Berechnung des m. g. A. eines Hohlleiters mit kreisringförmigem Querschnitt von sich selbst.

Dabei ist r_2 der äußere, r_1 der innere Halbmesser des Ringes. Der m. g. A. eines Rechteckquerschnittes mit den Seiten a und b ist angenähert [12, 13]

$$x_{ii} = k\,(a+b), \quad \text{wobei} \quad k = 0{,}2235 \ \text{ist.} \tag{11}$$

Der Faktor k ist abhängig von dem Verhältnis der Breite zur Höhe (b/a) des Querschnittes, sein niedrigster Wert beträgt bei $\sqrt{b/a} \Rightarrow 0$ $0{,}22315$, seinen Höchstwert erreicht er bei $\sqrt{b/a} = 0{,}5$ zu $0{,}22369$. Angenähert kann unabhängig vom Querschnitt k als konstante Größe mit $k \sim 0{,}2235$ eingesetzt werden [12, 13].

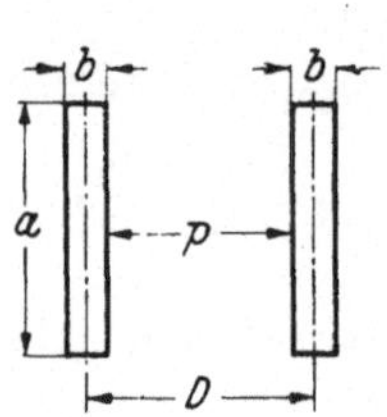

Abb. 10. Zwei parallele Leiter mit Rechteckquerschnitten.

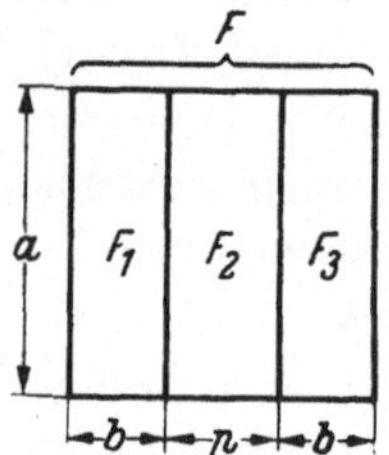

Abb. 11. Zur Berechnung des m. g. A. zweier Rechteckflächen.

Der m. g. A. zweier Rechtecksquerschnitte mit den in Abb. 10 eingeführten geometrischen Maßverhältnissen wird, wie folgt, ermittelt: Aus der Theorie der m. g. A. ergibt sich folgende Beziehung

$$\left.\begin{aligned} F^2 \ln g = {}& F_1^2 \ln g_1 + F_2^2 \ln g_2 + F_3^2 \ln g_3 + 2F_1F_2 \ln g_{12} + \\ & + 2F_1F_3 \ln g_{13} + 2F_2F_3 \ln g_{23}. \end{aligned}\right\} \tag{12}$$

Dabei bedeutet F eine kontinuierliche Fläche, die in 3 Teile F_1, F_2, F_3 (Abb. 11) unterteilt ist; g, g_1, g_2, g_3 sind die m. g. A. der Flächen F, F_1,

F_2, F_3 von sich selbst, g_{12}, g_{13}, g_{23} sind die m. g. A. zwischen den entsprechenden Flächen.

Wir wenden nun die Beziehung (12) auf die Flächen der Abb. 11 an. Es wird mit Gl. (12)

$$\left.\begin{aligned}a^2(2b+p)^2\ln g &= a^2 b^2 \ln g_1 + a^2 p^2 \ln g_2 + a^2 b^2 \ln \dot{g_1} + \\ &\quad + 2a^2 b p \ln g_{12} + 2a^2 b^2 \ln g_{13} + 2a^2 b p \ln g_{23} \\ (2b+p)^2 \ln g_{(2b+p)} &= 2b^2 \ln g_{(b)} + p^2 \ln g_{(p)} + 4bp \ln g_{(b+p)} + \\ &\quad + 2b^2 \ln g_{(bb)},\end{aligned}\right\} \quad (12\,\mathrm{a})$$

ebenso folgt

$$(b+p)^2 \ln g_{(b+p)} = b^2 \ln g_{(b)} + p^2 \ln g_{(p)} + 2bp \ln g_{(b+p)}. \quad (12\,\mathrm{b})$$

Wir multiplizieren die Gl. (12 b) mit 2 und subtrahieren sie von Gl. (12 a)

$$(2b+p)^2 \ln g_{(2b+p)} - 2(b+p)^2 \ln g_{(b+p)} = -p^2 \ln g_{(p)} + 2b^2 \ln g_{(bb)}$$

und daraus

$$\ln g_{(bb)} = \frac{(2b+p)^2}{2b^2}\ln g_{(2b+p)} - \frac{(b+p)^2}{b^2}\ln g_{(b+p)} + \frac{p^2}{2b^2}\ln g_{(p)}. \quad (12\,\mathrm{c})$$

Nun ist nach Gl. (11) allgemein

$$\ln g = \ln k + \ln(a+b),$$

setzt man diese Beziehung sinngemäß in die Gl. (12 c) ein, so erhält man

$$\ln g_{(bb)} = \frac{1}{2}\left(\frac{2b+p}{b}\right)^2 [\ln k + \ln(a+2b+p)] -$$

$$\left(\frac{b+p}{b}\right)^2 [\ln k + \ln(a+b+p)] + \frac{1}{2}\left(\frac{p}{b}\right)^2 [\ln k + \ln(a+p)] =$$

$$= \ln k \left[\frac{1}{2}\left(\frac{2b+p}{b}\right)^2 - \left(\frac{b+p}{b}\right)^2 + \frac{1}{2}\left(\frac{p}{b}\right)^2\right] + \frac{1}{2}\left(\frac{2b+p}{b}\right)^2 \ln(a+2b+p) -$$

$$- \left(\frac{b+p}{b}\right)^2 \ln(a+b+p) + \frac{1}{2}\left(\frac{p}{b}\right)^2 \ln(a+p).$$

Es gibt nun

$$\left[\frac{1}{2}\left(\frac{2b+p}{b}\right)^2 - \left(\frac{b+p}{b}\right)^2 + \frac{1}{2}\left(\frac{p}{b}\right)^2\right] = 1,$$

somit wird

$$\left.\begin{aligned}\ln g_{bb} = \ln x_{ik} &= \ln k + \frac{1}{2}\left(\frac{p+2b}{b}\right)^2 \ln(a+2b+p) - \\ &\quad - \left(\frac{p+b}{b}\right)^2 \ln(a+b+p) + \frac{1}{2}\left(\frac{p}{b}\right)^2 \ln(a+p).\end{aligned}\right\} \quad (13)$$

Bei komplizierten Querschnitten kann man den m. g. A. nach DEBYE auf Grund folgenden Satzes finden:

Sind $x_A\, x_B \ldots$ die m. g. A. verschiedener Teile mit den Flächeninhalten $A\, B \ldots$ einer Figur von einer anderen N, so ist der m. g. A. x der ganzen aus A, $B \ldots$ zusammengesetzten Figur von N gegeben durch

$$(A + B + \cdots) \ln x = A \ln x_A + B \ln x_B + \cdots. \tag{14}$$

§ 2. Berechnung der Induktivität einer Einphasenleitung [16—19].

1. Leiter mit kreisförmigem Querschnitt.

Der Leiter besitze den Halbmesser r, sein Mittelpunktsabstand von einem Nachbarleiter sei d (Abb. 12).

Fließt in dem Leiter 1 ein Strom mit dem Augenblickswert i_1, im Leiter 2 der Strom i_2, so erhält man für den induktiven Spannungsabfall, der Länge l des Leiters 1 entlang, die Beziehung

$$-\frac{\partial u_1}{\partial x} \cdot l = L_{11} \frac{\partial i_1}{\partial t} + L_{12} \frac{\partial i_2}{\partial t}. \tag{15}$$

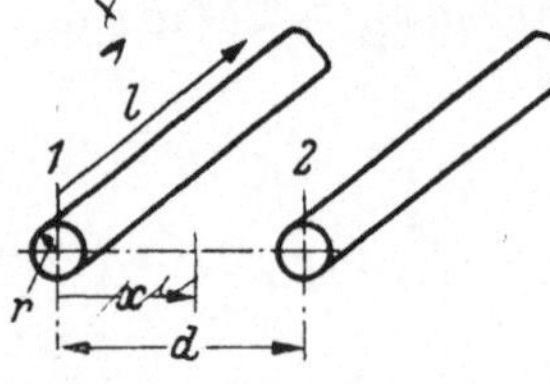

Abb. 12.
Leiter mit Kreisquerschnitten.

Dabei bedeutet L_{11} den Selbstinduktionskoeffizienten des Leiters 1, L_{12} den Koeffizienten der gegenseitigen Induktion der Leiter 1—2. Der Strom i_1 befolge ein einfaches harmonisches Zeitgesetz

$$i_1 = I_1 e^{j\omega t} \tag{16}$$

mit I_1 als Maximalwert, der Strom i_2 sei als Rückstrom gleichgroß und entgegengesetzt gerichtet, also

$$i_2 = -\,i_1. \tag{17}$$

Aus Gl. (16) und Gl. (17) folgt für die zeitliche Stromänderung

$$\frac{\partial i_1}{\partial t} = I_1 j\,\omega\, e^{j\omega t}; \quad \frac{\partial i_2}{\partial t} = -\,I_1 j\,\omega\, e^{j\omega t}.$$

In Gl. (15) eingesetzt:

$$\left. \begin{aligned} -\frac{\partial u_1}{\partial x}\, e^{j\omega t} \cdot l &= I_1 j\omega L_{11} e^{j\omega t} - I_1 j\omega L_{12} e^{j\omega t} \\ &= j\omega\, I_1 (L_{11} - L_{12}) = j\omega\, I_1 L_1. \end{aligned} \right\} \tag{15a}$$

Es ist

$$\omega L_1 = X_1 \tag{15b}$$

die Reaktanz des Leiters 1 mit der Länge l und

$$L_1 = L_{11} - L_{12}. \tag{18}$$

Entsprechend dem Strom ist auch die Spannung eine harmonische Zeitfunktion, sie führt als Faktor deshalb auch die Größe $e^{j\omega t}$.

Für Leiter von größeren Längen $(l \gg d)$ können wir die Größen L_{11} und L_{12} durch die Formel (9) ausdrücken. Wir erhalten somit für die Induktivität des Leiters 1

$$\left.\begin{aligned} L_1 = L_{11} - L_{12} &= (2l\,[\ln 2l - \ln x_{11} - 1] - 2l\,[\ln 2l - \ln x_{12} - 1])\,10^{-9} \\ &= L_1 = 2l \ln \frac{x_{12}}{x_{11}} 10^{-9}\ \text{Henry}. \end{aligned}\right\} \quad (19)$$

Für den Kreisquerschnitt wird nach Gl. (10a), (10b)

$$\ln x_{11} = \ln r - \frac{1}{4}; \quad \ln x_{12} = \ln d,$$

daher

$$L = 2l \left(\ln \frac{d}{r} + \frac{1}{4}\right) \cdot 10^{-9}\ \text{Henry}. \tag{19a}$$

Dies ist der allgemein bekannte Ausdruck der Induktivität eines Leiters von kreisförmigem Querschnitt.

2. Leiter mit rechteckigem Querschnitt (Abb. 10).

Aus den Formeln (9), (11) und (13) ergibt sich:

$$\left.\begin{aligned} L_{11} &= 2l \left(\ln \frac{2l}{x_{11}} - 1\right) 10^{-9} \\ &= 2l\,\{\ln 2l - [\ln k + \ln(a+b)] - 1\}\,10^{-9}\ \text{Henry} \end{aligned}\right\} \quad (20)$$

$$\left.\begin{aligned} L_{12} = 2l &\left(\ln \frac{2l}{x_{12}} - 1\right) 10^{-9} = 2l \left\{\ln 2l - \left[\ln k + \right.\right. \\ &+ \frac{1}{2}\left(\frac{p+2b}{b}\right)^2 \ln(a+2b+p) - \left(\frac{p+b}{b}\right)^2 \ln(a+b+p) + \\ &+ \frac{1}{2}\left(\frac{p}{b}\right)^2 \ln(a+p)\Big] - 1\Big\}\,10^{-9}\ \text{Henry}. \end{aligned}\right\} \quad (20a)$$

Damit folgt für die Induktivität eines Leiters von der Länge l aus Gl. (18)

$$\left.\begin{aligned} L_1 = L_{11} - L_{12} = 2l &\left[\frac{1}{2}\left(\frac{p+2b}{b}\right)^2 \ln(a+2b+p) - \right. \\ &- \left(\frac{p+b}{b}\right)^2 \ln(a+b+p) - \ln(a+b) + \\ &+ \frac{1}{2}\left(\frac{p}{b}\right)^2 \ln(a+p)\Big]\,10^{-9}\ \text{Henry}. \end{aligned}\right\} \quad (21)$$

Führt man statt des Abstandes p den Mittelabstand D ein, so ändert sich der Ausdruck (21) in den nachstehenden um:

$$\left.\begin{aligned} L_1 = 2l &\left[\frac{1}{2}\left(\frac{D+b}{b}\right)^2 \ln(a+b+D) - \left(\frac{D}{b}\right)^2 \ln(a+D) - \right. \\ &- \ln(a+b) + \frac{1}{2}\left(\frac{D-b}{b}\right)^2 \ln(a-b+D)\Big]\,10^{-9}\ \text{Henry}. \end{aligned}\right\} \quad (21a)$$

Die praktische Anwendung dieser Formel ist etwas umständlich, man verwendet für überschlägige Ermittlungen statt ihrer nachstehenden, im Schrifttum [20] angegebenen, etwas einfacheren Ausdruck:

$$L = 2l\left[\ln 2\,\frac{\pi D + a}{\pi b + 2a} + 0{,}03\right]10^{-9}\ \text{Henry}. \tag{21b}$$

3. Induktivität eines konzentrischen Leitersystems (Abb. 13).

Wir gehen vorerst nochmals von der Gl. (15) aus. Der induktive Spannungsabfall im Leiter 1 (Abb. 12) auf der Länge l beträgt nach Gl. (15)

$$-\frac{\partial u_1}{\partial x}\,l = L_{11}\frac{\partial i_1}{\partial t} + L_{12}\frac{\partial i_2}{\partial t} = I_1\,j\omega L_{11} - I_1\,j\omega L_{12} = j\omega\,I_1\,(L_{11} - L_{12}),$$

längs des Leiters 2 auf der gleichen Länge l beträgt der Spannungsabfall sinngemäß

$$-\frac{\partial u_2}{\partial x}\cdot l = L_{21}\frac{\partial i_1}{\partial t} + L_{22}\frac{\partial i_2}{\partial t} = j\omega\,I_1\,(L_{21} - L_{22}).$$

Der gesamte Spannungsabfall in der Schleife 1—2 beträgt somit

$$\left.\begin{aligned}\Delta u &= \left(\frac{\partial u_2}{\partial x} - \frac{\partial u_1}{\partial x}\right)l = j\omega\,I_1\,(L_{11} - L_{12} + L_{22} - L_{12})\\ &= j\omega\,I_1\,(L_{11} + L_{22} - 2L_{12}),\end{aligned}\right\} \tag{22}$$

da $L_{21} = L_{12}$ ist. Ist $L_{22} = L_{11}$, dann wird

$$\Delta u = j\,2\omega\,I_1\,(L_{11} - L_{12}) \tag{22a}$$

also doppelt so groß wie der Spannungsabfall in einem Leiter Gl. (15a). Es hat also die Reaktanz der Schleife von der Länge l die Größe

$$X = 2\omega L_1\ \Omega. \tag{22b}$$

Bekanntlich ist

$$L_{11} = 2l\left(\ln\frac{2l}{x_{11}} - 1\right)10^{-9}\ \text{H},$$

$$L_{12} = 2l\left(\ln\frac{2l}{x_{12}} - 1\right)10^{-9}\ \text{H},$$

$$L_{22} = 2l\left(\ln\frac{2l}{x_{22}} - 1\right)10^{-9}\ \text{H}.$$

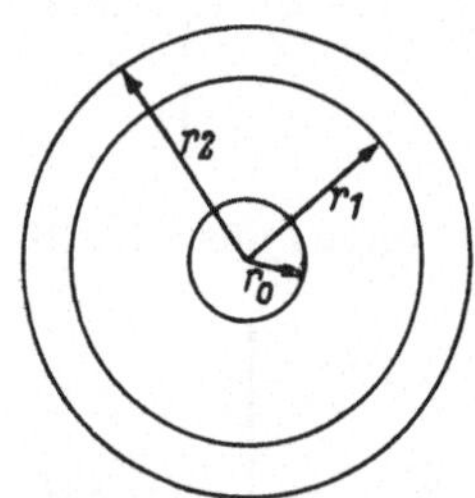

Abb. 13.
Konzentrische Leiter.

Bei einem konzentrischen Leitersystem (Abb. 13) ist nun

$$x_{11} = r_0\,e^{-1/4}\ \text{Gl. (10a)}, \quad \ln x_{11} = \ln r_0 - \frac{1}{4}$$

$$x_{12} = r_1 \cong x_{21}.$$

Nach Gl. (10c) ist

$$\ln x_{12} = \frac{r_2^2\ln r_2 - r_1^2\ln r_1}{r_2^2 - r_1^2} - \frac{1}{2},$$

für $r_2 = r_1$ folgt

$$\ln x_{12} = \frac{0}{0} - \frac{1}{2} = \frac{-2\,r_1 \ln r_1 - r_1}{-2\,r_1} - \frac{1}{2} = \ln r_1\,,$$

ist also der Unterschied $r_2 - r_1$ klein, $r_2 \sim r_1$, so ist $\ln x_{12} \sim \ln r_1$.

$$\ln x_{22} = \ln r_2 - \frac{r_1^4}{(r_2^2 - r_1^2)^2} \ln \frac{r_2}{r_1} + \frac{1}{4}\frac{3\,r_1^2 - r_2^2}{r_2^2 - r_1^2}\,. \tag{10}$$

Damit wird nach Gl. (22)

$$\left.\begin{aligned}
L_{11} - 2L_{12} + L_{22} = L = 2l\Big[\ln 2l - \ln r_0 + \frac{1}{4} - 1 - \\
- 2\ln 2l + 2\ln r_1 + 2 + \ln 2l - \ln r_2 + \frac{r_1^4}{(r_2^2 - r_1^2)^2}\ln\frac{r_2}{r_1} - \\
- \frac{1}{4}\frac{3\,r_1^2 - r_2^2}{r_2^2 - r_1^2} - 1\Big]\,10^{-9}\,\text{H}\,;\quad L = 2l\Big[\frac{1}{4} + \ln\frac{r_1}{r_0} - \ln\frac{r_2}{r_1} + \\
+ \frac{r_1^4}{(r_2^2 - r_1^2)^2}\ln\frac{r_2}{r_1} - \frac{1}{4}\frac{3\,r_1^2 - r_2^2}{r_2^2 - r_1^2}\Big]\,10^{-9}\,\text{H}.
\end{aligned}\right\} \tag{23}$$

Die Induktivität eines Leiters wurde bisher aus den Induktionskoeffizienten und dem m. g. A. abgeleitet. Eine andere Ableitung geht von der Erfassung der im Leiterinneren auftretenden inneren Induktivität und der durch das Feld zwischen dem Leiter und seinem Rückleiter bedingten äußeren Induktivität aus. Diese Ableitung soll für einen Leiter mit Kreisquerschnitt der Vollständigkeit halber gebracht werden. Auch hier wird konstante Stromdichte über den Querschnitt und konstantes μ vorausgesetzt. Die Stromdichte werde mit $\mathfrak{G}$ A/cm² bezeichnet. Aus ihr folgt für die Feldstärke im Inneren des Leiters:

$$\int \mathfrak{H}_i\,d\mathfrak{s} = \mathfrak{H}_i\,2\,x_i\,\pi = \mathfrak{G}\,x_i^2\,\pi\,;\quad \mathfrak{G} = \frac{I}{\pi\,r^2}$$

$$\mathfrak{H}_i = \frac{\mathfrak{G}}{2}\,x_i = \frac{I}{2\,\pi\,r^2}\,x_i\,. \tag{24}$$

Die magnetische Energie im Leiter von der Länge l cm mit dem Volumelement dv ist gegeben durch den Ausdruck

$$W_i = \frac{\mu}{2}\int_0^r \mathfrak{H}_i^2\,dv\,, \tag{25}$$

wobei $dv = l\,2\,\pi\,x_i\,dx_i$ ist.

Setzen wir hier für $\mathfrak{H}_i$ den Wert aus der Beziehung (24) ein und führen wir die Integration aus, so erhalten wir

$$W_i = \frac{\mu\,l}{2}\int_0^r \frac{I^2}{4\,\pi^2\,r^4}\,x_i^2\,dx_i \cdot 2\,\pi\,x_i = \frac{I^2}{2}\,l\frac{\mu}{8\,\pi}\,.$$

Da andererseits die magnetische Energie durch den Ausdruck

$$W_i = \frac{I^2}{2} L_i \qquad (26)$$

gegeben ist, beträgt die innere Induktivität des Leiters

$$L_i = \frac{l\,\mu}{8\,\pi} = \frac{l}{2}\,\mu_r\,10^{-9}\,\mathrm{H}, \qquad (27)$$

sie ist also unabhängig von der Größe des Kreisquerschnittes. Das magnetische Feld im Inneren des Leiters, der den Strom I führt, hat die Größe

$$\Phi_i = L_i\,I = \frac{l\,\mu}{8\,\pi}\,I\,. \qquad (28)$$

Die Feldstärke bei einem Leiterstrom I im Außenraum in der Entfernung x vom Leitermittel beträgt (Abb. 12)

$$\mathfrak{H}_a = \frac{I}{2\,\pi\,x}\,. \qquad (29)$$

Die Induktion $\mathfrak{B}_a$ daher

$$\mathfrak{B}_a = \mu\,\frac{I}{2\,\pi\,x}\,. \qquad (30)$$

Das gesamte äußere Feld, das vom Strom I zwischen dem Leiter und seinem Rückleiter im Abstand d erzeugt wird, ergibt sich daraus durch Integration des Ausdruckes

$$\Phi_a = \frac{\mu\,l\,I}{2\,\pi}\int\limits_r^d \frac{1}{x}\,d\,x = \mu\,\frac{l\,I}{2\,\pi}\ln\frac{d}{r}\,. \qquad (31)$$

Somit erhalten wir für die äußere Induktivität L_a den Wert

$$L_a = \frac{\mu\,l}{2\,\pi}\ln\frac{d}{r} = 2\,l\ln\frac{d}{r}\cdot 10^{-9}\,\mathrm{H}\,. \qquad (32)$$

Die gesamte Induktivität des Leiters wird damit

$$L = L_i + L_a = \left(\frac{l}{2}\,\mu_r + 2\,l\ln\frac{d}{r}\right)10^{-9} = 2\,l\left(\ln\frac{d}{r} + \frac{\mu_r}{4}\right)10^{-9}\,\mathrm{Henry}\,. \qquad (33)$$

Für nicht ferromagnetische Metalle ist die relative Permeabilität $\mu_r \sim 1$, daher wird

$$L = 2\,l\left(\ln\frac{d}{r} + \frac{1}{4}\right)10^{-9}\,\mathrm{Henry}\,. \qquad (33\,\mathrm{a})$$

Diese Formel ist identisch mit der Formel (19a).

Zur Berechnung der Induktivität von Leitern mit hohlen oder unterteilten Querschnitten rechnet man diese (Gesamtumfang U und Gesamtquerschnitt q) zweckmäßig auf gleichwertige röhrenförmige Querschnitte um, derart, daß

$$R = \frac{U}{2\,\pi}; \quad q = \pi\,(R^2 - r^2)$$

ist.

4. Induktivität von Einphasen-Bündelleitern.

Bei den im elektrischen Ofenbetrieb auftretenden großen Strömen genügt zur Fortleitung des Ofenstromes nicht ein einfacher Leiter, auch kann man den Querschnitt eines einfachen Leiters infolge der bei Wechselstrom auftretenden Stromverdrängungseffekte nicht beliebig vergrößern. Man ist also gezwungen, als Hochstromleitung zu Bündeln parallelgeschaltete Einzelleiter, sogenannte Bündelleiter, zu verwenden. Im allgemeinen teilt sich dabei der Gesamtstrom nicht gleichmäßig auf die einzelnen Einzelleiter auf, vielmehr sind die Ströme in den einzelnen Leitern verschieden groß und haben auch verschiedene Phasenlagen zueinander [11]. Bei richtiger gegenseitiger Anordnung der Einzelleiter (Verschachtelung) kann jedoch eine praktisch genügend genaue, gleichmäßige Aufteilung der Einzelströme erzielt werden.

Zur Berechnung der Induktivität von Bündelleitern setzen wir gleichmäßige Stromaufteilung, sowohl der Größe wie der Phasenlage nach, voraus.

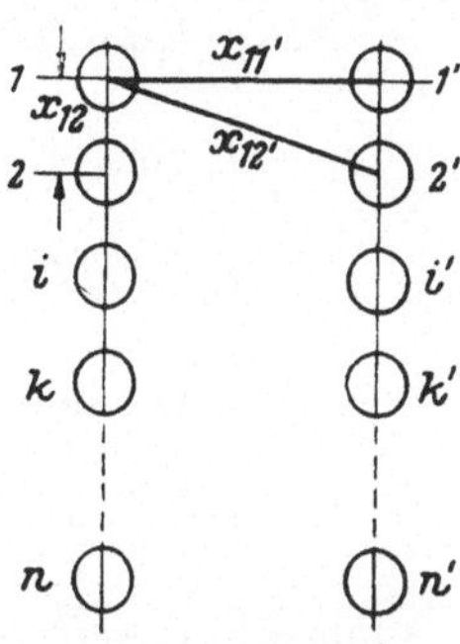

Abb. 14. Bündelleiter.

In Abb. 14 ist ein Bündelleiter gezeigt. Er möge aus n Hin- und ebenso vielen n' Rückleitern bestehen. Die Maximalwerte der Ströme in den einzelnen Leitern seien mit $I_1, I_2, \cdots I_i, \cdots I_n$ bezeichnet. Sie befolgen wieder ein einfach harmonisches Zeitgesetz in der Form

$$i_1 = I_i e^{j\omega t}.$$

Es ist nun:

$$I_1 = -I_1', \quad I_2 = -I_2' \cdots I_i = -I_i' \cdots I_n = -I_n'$$

$$I_1 = I_2 = \cdots I_i = \cdots I_n \tag{34}$$

und

$$I_1 + I_2 + \cdots I_i + \cdots I_n = \sum_1^n I_i = I. \tag{35}$$

Für die Berechnung des induktiven Spannungsabfalls entlang des Leiters 1 auf einer Länge l cm erhält man folgende Gleichung:

$$\left. \begin{aligned} -\frac{\partial u_1}{\partial x} \cdot l &= L_{11}\frac{\partial i_1}{\partial t} + L_{12}\frac{\partial i_2}{\partial t} + \cdots L_{1i}\frac{\partial i_i}{\partial t} + \cdots L_{1n}\frac{\partial i_n}{\partial t} + \\ &\quad + L_{11'}\frac{\partial i_1'}{\partial t} + L_{12'}\frac{\partial i_2'}{\partial t} + \cdots L_{1i'}\frac{\partial i_i'}{\partial t} + \cdots L_{1n'}\frac{\partial i_n'}{\partial t}, \end{aligned} \right\} \tag{36}$$

wobei allgemein die Größen L_{ik} die Induktionskoeffizienten bezeichnen. Setzt man die aus den Zeitfunktionen gebildeten Differentialquotienten ein und berücksichtigt man die Gl. (34), so ergibt sich aus Gl. (36) nach Weglassung des Zeitfaktors

$$-\frac{\partial u_1}{\partial x} \cdot l = I_1 j\omega L_{11} + I_2 j\omega L_{12} + \cdots I_n j\omega L_{1n}$$
$$- I_1 j\omega L_{11'} - I_2 j\omega L_{12'} \cdots I_n j\omega L_{1n'}.$$

Setzt man für die einzelnen Induktionskoeffizienten L_{ik} den Ausdruck der Formel (9) ein, so wird

$$\begin{aligned}
-\frac{\partial u_1}{\partial x} l &= \left[I_1 j\omega 2l\left(\ln\frac{2l}{x_{11}} - 1\right) + I_2 j\omega 2l\left(\ln\frac{2l}{x_{12}} - 1\right) + \cdots + \right. \\
&\quad + I_n j\omega 2l\left(\ln\frac{2l}{x_{1n}} - 1\right) - I_1 j\omega 2l\left(\ln\frac{2l}{x_{11'}} - 1\right) - \\
&\quad \left. - I_2 j\omega 2l\left(\ln\frac{2l}{x_{12'}} - 1\right) - \cdots - I_n j\omega 2l\left(\ln\frac{2l}{x_{1n'}} - 1\right)\right] 10^{-9} \\
&= 2l\left(j I_1\omega \ln\frac{x_{11'}}{x_{11}} + j I_2\omega \ln\frac{x_{12'}}{x_{12}} + \cdots + j I_n\omega \ln\frac{x_{1n'}}{x_{1n}}\right) 10^{-9} \\
&= -\frac{\partial u_1}{\partial x} l = 2l j\omega I_1 \ln\frac{x_{11'} x_{12'} \cdots x_{1n'}}{x_{11} x_{12} \cdots x_{1n}} \cdot 10^{-9}\ \text{V}.
\end{aligned} \tag{37}$$

Somit erhält man für die Induktivität des Leiters 1 den Wert:

$$L_1 = 2l \ln\frac{x_{11'} x_{12'} \cdots x_{1n'}}{x_{11} x_{12} \cdots x_{1n}} \cdot 10^{-9}\ \text{Henry}. \tag{38}$$

Bei kreisförmigen Leiterquerschnitten beträgt nach Gl. (10a)

$$\ln x_{11} = \ln r - \frac{1}{4},$$

daher

$$L_1 = 2l\left(\ln\frac{x_{11'} x_{12'} \cdots x_{1n'}}{r \cdot x_{12} \cdots x_{1n}} + \frac{1}{4}\right) 10^{-9}\ \text{Henry}. \tag{38a}$$

Dies ist die bekannte Formel von FISCHER-HINNEN. Allgemein ergibt sich für den i-ten Leiter die Induktivität zu

$$L_i = 2l \ln\frac{x_{ii'} x_{i2'} \cdots x_{ii'} \cdots x_{in'}}{x_{ii} x_{i1} x_{i2} \cdots x_{in}} 10^{-9}\ \text{Henry}. \tag{38b}$$

Um die mittlere Induktivität der gesamten Hinleitung eines Bündelleiters zu finden, ermittelt man die Induktivitätswerte der einzelnen Teilleiter 1 bis n und dividiert ihre Summe durch das Quadrat der Zahl der Einzelleiter.

$$L_m = \frac{L_1 + L_2 + \cdots L_n}{n^2}. \tag{39}$$

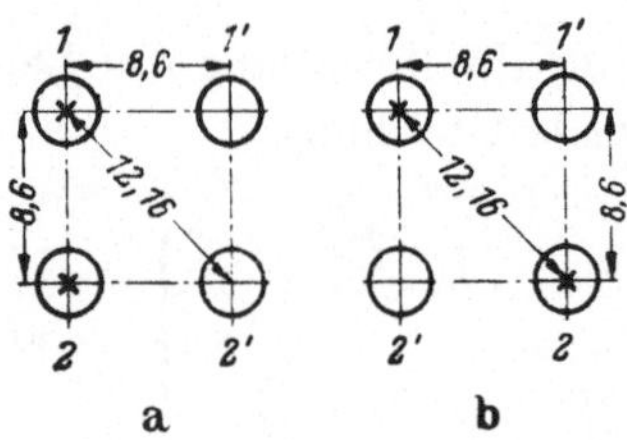

Abb. 15.
Berechnung des induktiven Spannungsabfalls im einfachsten Bündelleiter.

Beispiel:

Es ist die Induktivität pro lfd. Meter Hochstromleitung eines Einphasenofens zu errechnen, bei den in Abb. 15 gezeichneten zwei verschiedenen Verschachtelungsarten.

Die Leitung besteht aus 50/30 Rohrleitern, ihre m. g. A. von sich selbst betragen, aus Gl. (10) oder aus Abb. 15 ermittelt,

$$x_{11} = x_{22} = x_{1'1'} = x_{2'2'} = 2{,}185 \text{ cm}.$$

Die gegenseitigen Abstände sind aus der Abb. 15 ersichtlich.

Fall a): Hier ist

$$L_1 = 2l \ln \frac{x_{11}' \, x_{12}'}{x_{11} \, x_{12}} \cdot 10^{-9} \text{ H} = 2 \cdot 100 \ln \frac{8{,}6 \cdot 12{,}16}{2{,}185 \cdot 8{,}6} \cdot 10^{-9} \text{ H/m}$$

$$= 2 \cdot 100 \ln 5{,}56 \; 10^{-9} = 2 \cdot 100 \cdot 1{,}71 \cdot 10^{-9} = 342 \cdot 10^{-9} \text{ H/m}$$

$$= 0{,}342 \cdot 10^{-6} \text{ H/m},$$

daher

$$\omega L = 107{,}5 \cdot 10^{-6} \; \Omega/\text{m}, \quad \omega = 2\pi f = 314; \quad f = 50 \text{ Per/Sek}$$

$$L_2 = 2l \ln \frac{x_{21}' \, x_{22}'}{x_{22} \, x_{21}} \cdot 10^{-9} \text{ H} = 2 \cdot 100 \ln \frac{12{,}16 \cdot 8{,}6}{2{,}185 \cdot 8{,}6} \; 10^{-9} \text{ H} = 0{,}342 \; 10^{-6} \text{ H/m}.$$

Für die Induktivität der gesamten Hinleitung erhält man also

$$L = \frac{L_1}{2} = 0{,}171 \cdot 10^{-6} \text{ H/m} \quad \text{und} \quad \omega L = 53{,}7 \cdot 10^{-6} \; \Omega/\text{m}.$$

Fall b):

$$L_1 = 2l \ln \frac{x_{11}' \, x_{12}'}{x_{11} \, x_{12}} \cdot 10^{-9} \text{ H} = 2 \cdot 100 \ln \frac{8{,}6 \cdot 8{,}6}{2{,}185 \cdot 12{,}16} \; 10^{-9} \text{ H/m}$$

$$= 2 \cdot 100 \ln \frac{74}{26{,}57} \; 10^{-9} \text{ H} = 2 \cdot 100 \ln 2{,}785 \cdot 10^{-9} \text{ H} = 2 \cdot 100 \cdot 1{,}023$$

$$= 204{,}5 \; 10^{-9} = 0{,}2045 \cdot 10^{-6} \text{ H/m},$$

$$L_2 = 2l \ln \frac{x_{21}' \, x_{22}'}{x_{22} \, x_{21}} \cdot 10^{-9} \text{ H} = 2 \cdot 100 \ln \frac{8{,}6 \cdot 8{,}6}{2{,}185 \cdot 12{,}16} \cdot 10^{-9}$$

$$= 0{,}2045 \cdot 10^{-6} \text{ H/m}.$$

Daher wird die Induktivität der gesamten Hinleitung

$$L = \frac{L_1}{2} = 0{,}102\,25 \cdot 10^{-6} \text{ H/m} \quad \text{und} \quad \omega L = 32{,}1 \cdot 10^{-6} \; \Omega/\text{m}.$$

Man sieht, die Anordnung b) besitzt einen um rd. 40 % kleineren induktiven Widerstand als die Anordnung a).

§3. Die Induktivität bei Drehstromleitungen.

1. Leiter mit kreisförmigem Querschnitt.

Wir nehmen vorerst eine symmetrisch angeordnete Leitung an (Abb. 16). Drei Leiter im gleichseitigen Dreieck angeordnet, also mit

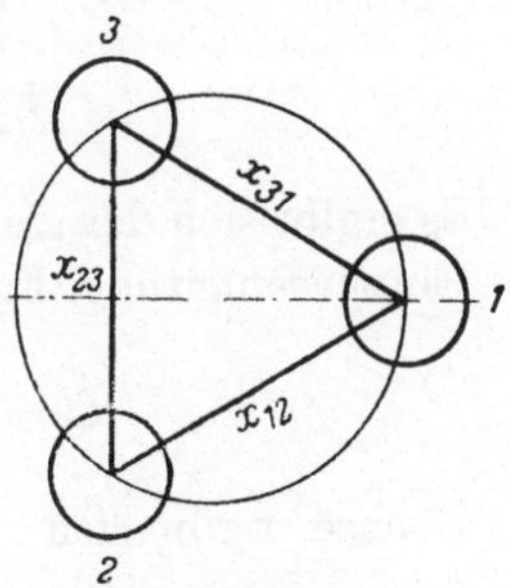

Abb. 16.
Symmetrische Drehstromleitung.

gleichen Abständen (Lagesymmetrie). Auch die drei Leiterströme $\mathfrak{J}_1$, $\mathfrak{J}_2$, $\mathfrak{J}_3$ sollen gleichgroß und um je 120° voneinander verschoben sein (Stromsymmetrie). Dann genügen die Ströme folgendem Ansatz.

Es ist

$$\left.\begin{aligned}\mathfrak{J}_1 &= I_1\, e^{j\,\omega\,t}\\ \mathfrak{J}_2 &= \mathfrak{a}^2 I_1\, e^{j\,\omega\,t}\\ \mathfrak{J}_3 &= \mathfrak{a}\, I_1\, e^{j\,\omega\,t},\end{aligned}\right\} \tag{40}$$

wobei für den Operator $\mathfrak{a}$ gilt [21]

$$\left.\begin{aligned}\mathfrak{a} &= -\frac{1}{2} + j\,\frac{1}{2}\,\sqrt{3} = e^{j\frac{2\pi}{3}}\\[4pt] a^2 &= -\frac{1}{2} - j\,\frac{1}{2}\,\sqrt{3} = e^{-j\frac{2\pi}{3}} = e^{j\frac{4\pi}{3}}\\[4pt] 1 + \mathfrak{a} &+ \mathfrak{a}^2 = 0.\end{aligned}\right\} \tag{41}$$

Für den induktiven Spannungsabfall auf der Länge l des Leiters 1 gilt

$$-\frac{\partial u_1}{\partial x}\cdot l = L_{11}\frac{\partial i_1}{\partial t} + L_{12}\frac{\partial i_2}{\partial t} + L_{13}\frac{\partial i_3}{\partial t}. \tag{42}$$

Unter Benutzung der Beziehung (40) formt sich diese Gleichung um in

$$-\frac{\partial u_1}{\partial x}\cdot l = j\omega\, I_1\,(L_{11} + \mathfrak{a}^2 L_{12} + \mathfrak{a} L_{13}). \tag{43}$$

Führt man für die einzelnen L_{ik} den Ausdruck (9) ein, so erhält man

$$-\frac{\partial u_1}{\partial x}\, l = 2j\omega\, I_1\, l\,[-\ln x_{11} - \mathfrak{a}^2 \ln x_{12} - \mathfrak{a}\,\ln x_{13}]\,10^{-9}\ \text{V}. \tag{44}$$

Bei der angenommenen Lagesymmetrie ist $x_{12} = x_{23} = x_{31} = d$. Mit Berücksichtigung der aus Gl. (41) ersichtlichen Beziehung $-\mathfrak{a} - \mathfrak{a}^2 = 1$ folgt aus Gl. (44)

$$-\frac{\partial u_1}{\partial x}\, l = 2j\omega\, I_1\, l\ln\frac{x_{12}}{x_{11}}\cdot 10^{-9}\ \text{V}$$

und daraus

$$L_1 = 2l\ln\frac{x_{12}}{x_{11}}\cdot 10^{-9}\ \text{Henry}. \tag{19}$$

Es ergibt sich der gleiche Wert wie bei der Induktivität eines Leiters der Einphasenleitung. Für Kreisquerschnitt der Leiter wird dann

$$L_1 = 2l\left(\ln\frac{d}{r} + \frac{1}{4}\right)10^{-9}\ \text{Henry}. \tag{19a}$$

Ebenso ergibt sich

$$-\frac{\partial u_2}{\partial x}\cdot l = L_{22}\frac{\partial i_2}{\partial t} + L_{21}\frac{\partial i_1}{\partial t} + L_{23}\frac{\partial i_3}{\partial t} \tag{42a}$$

mit

$$\mathfrak{J}_2 = I_2, \quad \mathfrak{J}_1 = \mathfrak{a}\, I_2, \quad \mathfrak{J}_3 = \mathfrak{a}^2\, I_2$$

wird

$$-\frac{\partial u_2}{\partial x} \cdot l = j\omega\, I_2 (L_{22} + \mathfrak{a}\, L_{21} + \mathfrak{a}^2 L_{23}) \tag{43a}$$

$$-\frac{\partial u_2}{\partial x} \cdot l = 2 j\omega\, I_2 l (-\ln x_{22} - \mathfrak{a}\ln x_{21} - \mathfrak{a}^2 \ln x_{23})\, 10^{-9} \tag{44a}$$

und

$$-\frac{\partial u_3}{\partial x} \cdot l = L_{33}\frac{\partial i_3}{\partial t} + L_{31}\frac{\partial i_1}{\partial t} + L_{32}\frac{\partial i_2}{\partial t} \tag{42b}$$

mit

$$\mathfrak{J}_3 = I_3; \quad \mathfrak{J}_1 = \mathfrak{a}^2\, I_3; \quad \mathfrak{J}_2 = \mathfrak{a}\, I_3$$

$$-\frac{\partial u_3}{\partial x} \cdot l = j\omega\, I_3 (L_{33} + \mathfrak{a}^2 L_{31} + \mathfrak{a}\, L_{32}) \tag{43b}$$

$$-\frac{\partial u_3}{\partial x} \cdot l = 2 j\omega\, I_3 l (-\ln x_{33} - \mathfrak{a}^2 \ln x_{31} - \mathfrak{a}\ln x_{32})\, 10^{-9}. \tag{44b}$$

Bei Lagensymmetrie ($x_{12} = x_{23} = x_{31}$) sowie bei gleichen Querschnitten ($x_{11} = x_{22} = x_{33}$) erhält man aus den Gl. (44a) und (44b) die gleichen Werte wie aus Gl. (44), es ist

$$L_1 = L_2 = L_3 = 2 l \ln \frac{x_{12}}{x_{11}} \cdot 10^{-9} \text{ Henry.} \tag{19}$$

Berücksichtigt man in den Vektoren $\mathfrak{a}$ und $\mathfrak{a}^2$ nur die reelle Komponente, so erhält man aus Gl. (43) folgende bekannte Beziehung. Es ist

$$-\frac{\partial u_1}{\partial x} \cdot l = j\omega\, I_1 \left(L_{11} - \frac{1}{2} L_{12} - \frac{1}{2} L_{13}\right) = j\omega\, I_1 \left[L_{11} - \frac{1}{2}(L_{12} + L_{13})\right]$$

$$L_1 = L_{11} - \frac{1}{2}(L_{12} + L_{13}), \tag{45}$$

ebenso aus den Gl. (43a), (43b)

$$L_2 = L_{22} - \frac{1}{2}(L_{21} + L_{23}), \tag{45a}$$

$$L_3 = L_{33} - \frac{1}{2}(L_{31} + L_{32}). \tag{45b}$$

Ist $L_{11} = L_{22} = L_{33}$, $L_{12} = L_{13} = L_{23}$ (Lagesymmetrie), dann folgt aus Gl. (45), (45a), (45b)

$$L_1 = L_{11} - L_{12},$$
$$L_2 = L_{11} - L_{12},$$
$$L_3 = L_{11} - L_{12}.$$

Bei Lageunsymmetrie erhält man aus den Gl. (44), (44a), (44b) für die Induktivität des betreffenden Leiters einen komplexen Ausdruck. Dafür nachstehendes Beispiel.

Es seien die Leiterachsen in einer Ebene angeordnet und es sei $x_{13} = 2\,x_{12}$ (Abb. 17). Dann folgt aus Gl. (44)

$$L_1 = 2l\,[-\ln x_{11} - \mathfrak{a}^2 \ln x_{12} - \mathfrak{a} \ln x_{13}]\,10^{-9}$$
$$= 2l\,[-\ln x_{11} - \mathfrak{a}^2 \ln x_{12} - \mathfrak{a} \ln x_{12}$$
$$- \mathfrak{a} \ln 2]\,10^{-9}$$
$$= 2l\left[\ln \frac{x_{12}}{x_{11}} - \ln 2^{\mathfrak{a}}\right] \cdot 10^{-9}.$$

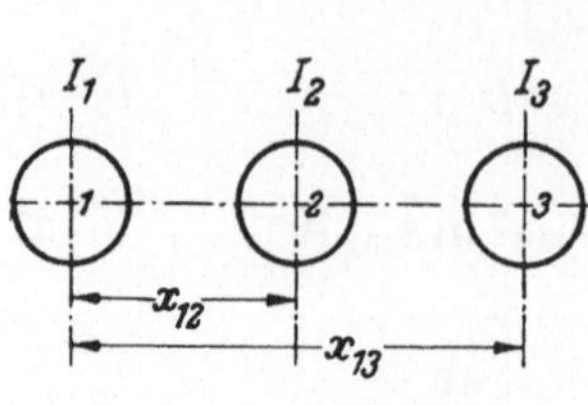

Abb. 17.
Unsymmetrische Drehstromleitung
mit Kreisquerschnitt.

Nun ist

$$2^{\mathfrak{a}} = 2^{-\frac{1}{2}} \cdot 2^{j\frac{1}{2}\sqrt{3}}$$

daher

$$L_1 = 2l\left[\ln \frac{x_{12}}{x_{11}} - \ln\left(2^{-\frac{1}{2}} \cdot 2^{j\frac{1}{2}\sqrt{3}}\right)\right] 10^{-9}$$

$$= 2l\left[\ln \frac{x_{12}}{x_{11}} + \frac{1}{2}\ln 2 - j\frac{1}{2}\sqrt{3}\ln 2\right] \cdot 10^{-9}$$

$$L_1 = 2l\left[\ln \frac{x_{12}\sqrt{2}}{x_{11}} - j\frac{1}{2}\sqrt{3}\ln 2\right] 10^{-9} \text{ Henry.} \tag{46}$$

Aus Gl. (44a) folgt

$$L_2 = 2l(-\ln x_{22} - \mathfrak{a}\ln x_{21} - \mathfrak{a}^2 \ln x_{23})\,10^{-9} = 2l\ln \frac{x_{21}}{x_{22}} \cdot 10^{-9} \text{ Henry.} \tag{46a}$$

Und weiters aus Gl. (44b)

$$L_3 = 2l(-\ln x_{33} - \mathfrak{a}^2 \ln x_{31} - \mathfrak{a}\ln x_{32})\,10^{-9}$$
$$= 2l(-\ln x_{33} - \mathfrak{a}^2 \ln x_{32} - \mathfrak{a}^2 \ln 2 - \mathfrak{a}\ln x_{32})\,10^{-9}$$
$$= 2l\left(\ln \frac{x_{32}}{x_{33}} - \mathfrak{a}^2 \ln 2\right) \cdot 10^{-9} = 2l\left(\ln \frac{x_{12}}{x_{33}} - \ln 2^{\mathfrak{a}^2}\right) 10^{-9}.$$

Es ist

$$2^{\mathfrak{a}^2} = 2^{-\frac{1}{2}} \cdot 2^{-j\frac{1}{2}\sqrt{3}},$$

daher

$$L_3 = 2l\left[\ln \frac{x_{12}}{x_{33}} + \frac{1}{2}\ln 2 + j\frac{1}{2}\sqrt{3}\ln 2\right] 10^{-9},$$

$$L_3 = 2l\left[\ln \frac{x_{12}\sqrt{2}}{x_{33}} + j\frac{1}{2}\sqrt{3}\ln 2\right] 10^{-9} \text{ Henry.} \tag{46b}$$

In den Gl. (46) und (46b) tritt L_1 bzw. L_3 als komplexe Größe auf. Das Auftreten der Leiterinduktivität als komplexe Größe führt zum Begriff der sogenannten „schiefen Reaktanzen" und hat im Betrieb von großen Strömen (Ofenströmen) Erscheinungen zur Folge, die dem Betriebsmann unter dem Wort „scharfe" und „tote" Phase bekannt sind [5, 6, 22, 23].

Es soll diese Erscheinung an der einfachen Anordnung der Abb. 17 rechnerisch untersucht werden. Wir berücksichtigen dabei noch den Ohmschen Spannungsabfall jedes Leiters. Der Widerstand jedes Leiters sei dazu bekannt und habe den Wert R. Es sei Stromsymmetrie vorausgesetzt, so daß das Gleichungstripel (40) erfüllt wird. Die durch die Ströme in den einzelnen Leitern von der Länge l verursachten Spannungsabfälle betragen:

$$\left.\begin{aligned}
-\frac{\partial u_1}{\partial x}\cdot l &= I_1 R + I_1 j\omega L_{11} + I_2 j\omega L_{12} + I_3 j\omega L_{13}\\[2mm]
-\frac{\partial u_2}{\partial x}\cdot l &= I_1 j\omega L_{21} + I_2 R + I_2 j\omega L_{22} + I_3 j\omega L_{23}\\[2mm]
-\frac{\partial u_3}{\partial x}\cdot l &= I_1 j\omega L_{31} + I_2 j\omega L_{32} + I_3 R + I_3 j\omega L_{33}.
\end{aligned}\right\} \qquad (47)$$

Es ist nun: $L_{11} = L_{22} = L_{33}$ (Leiter mit gleichen Querschnitten)

$$L_{12} = L_{21}; \quad L_{23} = L_{32}; \quad L_{31} = L_{13}.$$

Wir führen in das Gleichungssystem (47) für die Ströme die Beziehung (40) und sodann für die Operatoren $\mathfrak{a}$ und $\mathfrak{a}^2$ in Gl. (41) gegebenen Werte ein. Damit erhalten wir:

$$-\frac{\partial u_1}{\partial x}\cdot l = I_1 R + I_1 j\omega L_{11} + \mathfrak{a}^2 I_1 j\omega L_{12} + \mathfrak{a} I_1 j\omega L_{13} = I_1 R +$$

$$+ I_1 j\omega L_{11} + j\omega L_{12} I_1\left(-\frac{1}{2} - j\frac{1}{2}\sqrt{3}\right) + j\omega L_{13} I_1\left(-\frac{1}{2} + j\frac{1}{2}\sqrt{3}\right)$$

$$= I_1\left(R + \frac{1}{2}\sqrt{3}\,\omega L_{12} - \frac{1}{2}\sqrt{3}\,\omega L_{13}\right) + j\omega I_1\left(L_{11} - \frac{1}{2}L_{12} - \frac{1}{2}L_{13}\right)$$

$$\left.\begin{aligned}
R_\mathrm{I} &= \left(R + \frac{1}{2}\sqrt{3}\,\omega L_{12} - \frac{1}{2}\sqrt{3}\,\omega L_{13}\right)\\[2mm]
L_\mathrm{I} &= \left(L_{11} - \frac{1}{2}L_{12} - \frac{1}{2}L_{13}\right),
\end{aligned}\right\} \qquad (48)$$

ebenso

$$-\frac{\partial u_2}{\partial x}\cdot l = I_2 R + I_2 j\omega L_{22} + \mathfrak{a} I_2 j\omega L_{12} + \mathfrak{a}^2 I_2 j\omega L_{23}$$

$$= I_2 R + I_2 j\omega L_{22} + I_2 j\omega L_{12}\left(-\frac{1}{2} + j\frac{1}{2}\sqrt{3}\right) + I_2 j\omega L_{23}\left(-\frac{1}{2} - j\frac{1}{2}\sqrt{3}\right)$$

$$= I_2\left(R - \frac{1}{2}\sqrt{3}\,\omega L_{12} + \frac{1}{2}\sqrt{3}\,\omega L_{23}\right) + j\omega I_2\left(L_{22} - \frac{1}{2}L_{12} - \frac{1}{2}L_{23}\right)$$

$$\left.\begin{aligned}
R_\mathrm{II} &= \left(R - \frac{1}{2}\sqrt{3}\,\omega L_{12} + \frac{1}{2}\sqrt{3}\,\omega L_{23}\right)\\[2mm]
L_\mathrm{II} &= \left(L_{22} - \frac{1}{2}L_{12} - \frac{1}{2}L_{23}\right)
\end{aligned}\right\} \qquad (48\,\mathrm{a})$$

$$-\frac{\partial u_3}{\partial x} \cdot l = I_3 R + I_3 j\omega L_{33} + \mathfrak{a}\, I_3 j\omega L_{32} + \mathfrak{a}^2 I_3 j\omega L_{31}$$

$$= I_3 R + I_3 j\omega L_{33} + I_3 j\omega L_{23}\left(-\frac{1}{2}+j\frac{1}{2}\sqrt{3}\right) + I_3 j\omega L_{13}\left(-\frac{1}{2}-j\frac{1}{2}\sqrt{3}\right)$$

$$= I_3\left(R - \frac{1}{2}\sqrt{3}\,\omega L_{23} + \frac{1}{2}\sqrt{3}\,\omega L_{13}\right) + j\omega\, I_3\left(L_{33} - \frac{1}{2}L_{23} - \frac{1}{2}L_{13}\right).$$

$$\left.\begin{array}{l} R_{\rm III} = \left(R - \dfrac{1}{2}\sqrt{3}\,\omega L_{23} + \dfrac{1}{2}\sqrt{3}\,\omega L_{13}\right) \\[2ex] L_{\rm III} = \left(L_{33} - \dfrac{1}{2}L_{23} - \dfrac{1}{2}L_{13}\right). \end{array}\right\} \qquad (48\,\mathrm{b})$$

Setzt man nun in die Formeln (48), (48a), (48b) bei Berücksichtigung folgender Relationen $x_{11} = x_{22} = x_{33}$; $x_{13} = 2x_{12} = 2x_{23}$ für die Werte L_{11}, L_{12}, L_{13}, L_{23}, die Beziehung (9) ein, so erhält man für die Widerstände und die Induktionskoeffizienten der drei Phasenleiter nachstehende Werte:

$$\left.\begin{array}{l} R_{\rm I} = R + \dfrac{1}{2}\sqrt{3}\,\omega\,2l\ln 2\cdot 10^{-9}\ \varOmega \\[2ex] L_{\rm I} = 2l\ln\dfrac{x_{12}\sqrt{2}}{x_{11}}\cdot 10^{-9}\ \mathrm{H} \end{array}\right\} \qquad (48')$$

$$\left.\begin{array}{l} R_{\rm II} = R\ \varOmega \\[2ex] L_{\rm II} = 2l\ln\dfrac{x_{12}}{x_{11}}\cdot 10^{-9}\ \mathrm{H} \end{array}\right\} \qquad (48\,\mathrm{a}')$$

$$\left.\begin{array}{l} R_{\rm III} = R - \dfrac{1}{2}\sqrt{3}\,\omega\,2l\ln 2\cdot 10^{-9}\ \varOmega \\[2ex] L_{\rm III} = 2l\ln\dfrac{x_{12}\sqrt{2}}{x_{11}}\cdot 10^{-9}\ \mathrm{H}. \end{array}\right\} \qquad (48\,\mathrm{b}')$$

Man erkennt:

1. In den Ohmschen Widerständen der Außenphasen kommen additiv die imaginären Glieder der komplexen Induktivität hinzu, dafür erscheint in der Induktivität des Leiters nur ihre reelle Komponente.

2. Die Ohmschen Widerstände der einzelnen Phasen sind trotz gleicher R-Werte unterschiedlich, und zwar ist $R_{\rm I}$ größer als $R_{\rm II}$, das seinen Wert R beibehält, dieses ist wieder größer als $R_{\rm III}$.

3. Auch die Induktivitäten und damit die induktiven Widerstände weisen Unterschiede auf, und zwar sind bei dieser Anordnung die induktiven Widerstandswerte von Phase 1 und 3 gleichgroß, von der Phase 2 ist er jedoch kleiner.

Diese Unsymmetrie der Leitungswiderstände bedingt, daß bei gleichen Belastungswiderständen (im Ofen) und bei symmetrischen Phasenspannungen die Lastströme in den einzelnen Phasen unterschiedlich sind. In unserem Beispiel würde Phase 1 den kleinsten, Phase 3 den größten Strom führen. Phase 1 wäre die sog. „tote" Phase, Phase 3 die „scharfe". Diese Verhältnisse werden in einem späteren Kapitel besprochen werden.

2. Leiter mit rechteckigem Querschnitt (Abb. 18).

Aus der Gl. (43) ergibt sich

$$L_1 = L_{11} + \mathfrak{a}^2 L_{12} + \mathfrak{a} L_{13} = L_{11} + \left(-\frac{1}{2} - j\frac{1}{2}\sqrt{3}\right) L_{12} +$$

$$+ \left(-\frac{1}{2} + j\frac{1}{2}\sqrt{3}\right) L_{13} = L_{11} - \frac{1}{2}(L_{12} + L_{13}) + j\frac{1}{2}\sqrt{3}(L_{13} - L_{12}). \quad \Bigg\} \text{ (a)}$$

Führt man aus Gl. (20) für

$$L_{11} = 2l[\ln 2l - \ln k - \ln(a+b) - 1]\cdot 10^{-9}$$

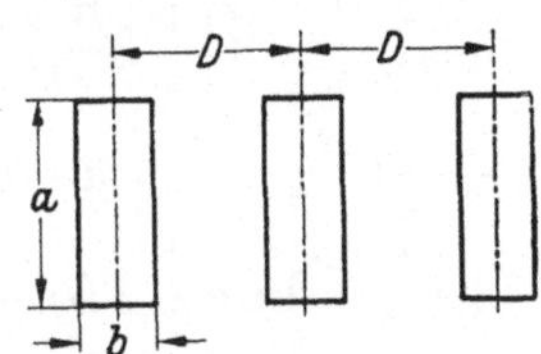

Abb. 18.
Unsymmetrische Drehstromleitung mit Rechteckquerschnitt.

ein, sowie aus Gl. (20a) L_{12}, wobei man statt der Größe p noch den Mittelabstand D verwendet, so daß

$$L_{12} = 2l\left[\ln 2l - \ln k - \frac{1}{2}\left(\frac{D+b}{b}\right)^2 \ln(a+b+D) + \left(\frac{D}{b}\right)^2 \ln(a+D) - \right.$$

$$\left. - \frac{1}{2}\left(\frac{D-b}{b}\right)^2 \ln(a-b-D) - 1\right] 10^{-9}$$

wird, so erhält man unter Berücksichtigung, daß die Querschnitte der drei Leiter gleichgroß sind und daß der Mittelabstand zwischen Leiter 1 und 3 gleich $2D$ ist, für L_1 nachstehenden Ausdruck:

$$L_1 = 2l\left\{\ln 2l - \ln k - \ln(a+b) - 1 - \frac{1}{2}\left[\ln 2l - \ln k - \right.\right.$$

$$- \frac{1}{2}\left(\frac{D+b}{b}\right)^2 \ln(a+b+D) + \left(\frac{D}{b}\right)^2 \ln(a+D) -$$

$$- \frac{1}{2}\left(\frac{D-b}{b}\right)^2 \ln(a-b+D) - 1 + \ln 2l - \ln k -$$

$$- \frac{1}{2}\left(\frac{2D+b}{b}\right)^2 \ln(a+b+2D) + \left(\frac{2D}{b}\right)^2 \ln(a+2D) -$$

$$- \frac{1}{2}\left(\frac{2D-b}{b}\right)^2 \ln(a-b+2D) - 1\bigg]\bigg\}\cdot 10^{-9} + 2lj\frac{1}{2}\sqrt{3}\left\{\bigg[\ln 2l - \right.$$

$$- \ln k - \frac{1}{2}\left(\frac{2D+b}{b}\right)^2 \ln(a+b+2D) + \left(\frac{2D}{b}\right)^2 \ln(a+2D) -$$

$$- \frac{1}{2}\left(\frac{2D-b}{b}\right)^2 \ln(a-b+2D) - 1 - \ln 2l + \ln k +$$

$$+ \frac{1}{2}\left(\frac{D+b}{b}\right)^2 \ln(a+b+D) - \left(\frac{D}{b}\right)^2 \ln(a+D) +$$

$$+ \frac{1}{2}\left(\frac{D-b}{b}\right)^2 \ln(a-b+D) + 1\bigg]\bigg\} 10^{-9}.$$

$$L_1 = 2l \left\{ - \ln(a+b) + \frac{1}{4} \left(\frac{D+b}{b}\right)^2 \ln(a+b+D) - \right.$$

$$- \frac{1}{2} \left(\frac{D}{b}\right)^2 \ln(a+D) + \frac{1}{4} \left(\frac{D-b}{b}\right)^2 \ln(a-b+D) +$$

$$+ \frac{1}{4} \left(\frac{2D+b}{b}\right)^2 \ln(a+b+2D) - \frac{1}{2} \left(\frac{2D}{b}\right)^2 \ln(a+2D) +$$

$$+ \frac{1}{4} \left(\frac{2D-b}{b}\right)^2 \ln(a-b+2D) \right\} 10^{-9} +$$

$$+ 2lj \frac{1}{2} \sqrt{3} \left\{ \frac{1}{2} \left(\frac{D+b}{b}\right)^2 \ln(a+b+D) - \left(\frac{D}{b}\right)^2 \ln(a+D) + \right.$$

$$+ \frac{1}{2} \left(\frac{D-b}{b}\right)^2 \ln(a-b+D) - \frac{1}{2} \left(\frac{2D+b}{b}\right)^2 \ln(a+b+2D) +$$

$$+ \left(\frac{2D}{b}\right)^2 \ln(a+2D) - \frac{1}{2} \left(\frac{2D-b}{b}\right)^2 \ln(a-b+2D) \right\} 10^{-9} \text{ Henry.} \tag{49}$$

Sie besteht ebenfalls aus einer reellen und einer dazu senkrecht stehenden imaginären Komponente.

Für die Induktivität des Mittelleiters 2 erhält man aus Gl. (43a) unter den oben gemachten Voraussetzungen

$$L_2 = L_{11} + \mathfrak{a} L_{12} + \mathfrak{a}^2 L_{23} = L_{11} + \left(-\frac{1}{2} + j \frac{1}{2} \sqrt{3}\right) L_{12} +$$

$$+ \left(-\frac{1}{2} - j \frac{1}{2} \sqrt{3}\right) L_{12} = L_{11} - L_{12} + j \frac{1}{2} \sqrt{3} \, (L_{12} - L_{12}) \tag{b}$$

$$L_2 = 2l \left\{ \ln 2l - \ln k - \ln(a+b) - 1 - \ln 2l + \ln k + \right.$$

$$+ \frac{1}{2} \left(\frac{D+b}{b}\right)^2 \ln(a+b+D) - \left(\frac{D}{b}\right)^2 \ln(a+D) +$$

$$+ \frac{1}{2} \left(\frac{D-b}{b}\right)^2 \ln(a-b+D) + 1 \right\} 10^{-9}$$

$$L_2 = 2l \left\{ \frac{1}{2} \left(\frac{D+b}{b}\right)^2 \ln(a+b+D) - \left(\frac{D}{b}\right)^2 \ln(a+D) + \right.$$

$$+ \frac{1}{2} \left(\frac{D-b}{b}\right)^2 \ln(a-b+D) - \ln(a+b) \right\} 10^{-9} \text{ Henry.} \tag{49a}$$

Für die Induktivität des Leiters 3 wird aus Gl. (43b)

$$L_3 = L_{33} + \mathfrak{a}^2 L_{31} + \mathfrak{a} L_{32} = L_{11} + \left(-\frac{1}{2} - j \frac{1}{2} \sqrt{3}\right) L_{13} +$$

$$+ \left(-\frac{1}{2} + j \frac{1}{2} \sqrt{3}\right) L_{12} = L_{11} - \frac{1}{2} (L_{13} + L_{12}) - j \frac{1}{2} \sqrt{3} \, (L_{13} - L_{12}). \tag{c}$$

Ein Vergleich mit der oben als Gl. (a) abgeleiteten Beziehung zeigt, daß der reelle Teil dieser Induktivität gleich der des Leiters 1 ist, während der imaginäre Teil dem Zahlenwert wohl gleichgroß, der Richtung nach jedoch entgegengesetzt der imaginären Induktivitätskomponente des Leiters 1 ist.

3. Induktivität eines dreiphasigen konzentrischen Rohrleiters.

Der Vollständigkeit halber soll die Induktivität eines dreiphasigen konzentrischen Rohrleiters berechnet werden (Abb. 19). Aus den Gl. (43), (43a), (43b) folgt, wie vorher abgeleitet

$$L_1 = L_{11} + \mathfrak{a}^2 L_{12} + \mathfrak{a} L_{13} = L_{11} - \frac{1}{2}(L_{12} + L_{13}) - j\frac{1}{2}\sqrt{3}\,(L_{12} - L_{13}),$$

$$L_2 = L_{22} + \mathfrak{a} L_{21} + \mathfrak{a}^2 L_{23} = L_{22} - \frac{1}{2}(L_{21} + L_{23}) - j\frac{1}{2}\sqrt{3}\,(L_{23} - L_{21}),$$

$$L_3 = L_{33} + \mathfrak{a}^2 L_{31} + \mathfrak{a} L_{32} = L_{33} - \frac{1}{2}(L_{31} + L_{32}) - j\frac{1}{2}\sqrt{3}\,(L_{31} - L_{32}).$$

Für die einzelnen L_{ik} wird die Beziehung (9) eingesetzt. Weiter ist

$$\ln x_{11} = \ln r_1 - \frac{r_0^4}{(r_1^2 - r_0^2)^2}\ln\frac{r_1}{r_0} + \frac{1}{4}\frac{3 r_0^2 - r_1^2}{r_1^2\, r_0^2}$$

$\ln x_{12} \cong \ln r_2; \quad \ln x_{13} \cong \ln r_4 \quad$ (folgt aus der Theorie

$\ln x_{23} \cong \ln r_4; \quad \ln x_{13} \cong \ln r_4.$ $\qquad$ der m. g. A.)

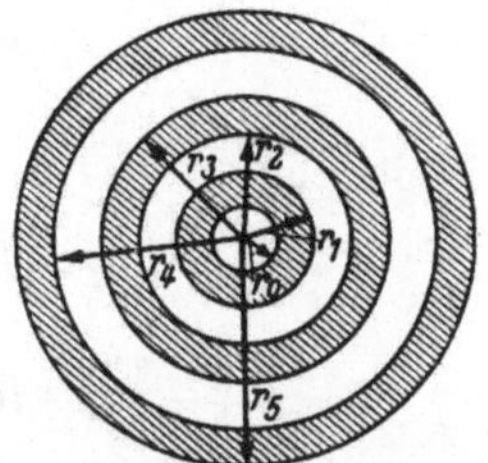

Abb. 19. Die konzentrische Drehstromleitung.

Damit wird schließlich:

$$L_1 = 2l\left[-\ln r_1 + \frac{r_0^4}{(r_1^2 - r_0^2)^2}\ln\frac{r_1}{r_0} - \frac{1}{4}\frac{3 r_0^2 - r_1^2}{r_1^2 - r_0^2} + \frac{1}{2}\ln(r_2 r_4)\right]10^{-9} - $$
$$-\, j\,2l\left[\frac{1}{2}\sqrt{3}\ln\frac{r_4}{r_2}\right]10^{-9}\,\mathrm{H}. \tag{50}$$

$$L_2 = 2l\left[-\ln r_3 + \frac{r_2^4}{(r_3^2 - r_2^2)^2}\ln\frac{r_3}{r_2} - \frac{1}{4}\frac{3 r_2^2 - r_3^2}{r_3^2 - r_2^2} + \frac{1}{2}\ln(r_2 r_4)\right]10^{-9} + $$
$$+\, j\,2l\left[\frac{1}{2}\sqrt{3}\ln\frac{r_4}{r_2}\right]10^{-9}\,\mathrm{H}. \tag{50a}$$

$$L_3 = 2l\left[-\ln r_5 + \frac{r_4^4}{(r_5^2 - r_4^2)^2}\ln\frac{r_5}{r_4} - \frac{1}{4}\frac{3 r_4^2 - r_5^2}{r_5^2 - r_4^2} + \ln r_4\right]10^{-9}\,\mathrm{H}. \tag{50b}$$

4. Unsymmetrische Stromsysteme.

Bisher haben wir die Annahme der Stromsymmetrie aufrechterhalten. Im allgemeinen sind die Ströme im Ofenbetrieb in den einzelnen Phasen ungleich, so daß wir ein unsymmetrisches Stromsystem vor uns haben. Ein solches System läßt sich bekanntlich allgemein in ein Mit-, Gegen- und Nullsystem zerlegen [21]. Es ist

$$\begin{aligned}\mathfrak{J}_1 &= \mathfrak{J}_{1m} + \mathfrak{J}_{1g} + \mathfrak{J}_n \\ \mathfrak{J}_2 &= \mathfrak{J}_{2m} + \mathfrak{J}_{2g} + \mathfrak{J}_n \\ \mathfrak{J}_3 &= \mathfrak{J}_{3m} + \mathfrak{J}_{3g} + \mathfrak{J}_n\end{aligned}\right\} \tag{51}$$

Hierin sind die Ströme des Mitsystems mit $\mathfrak{J}_{1m}$, $\mathfrak{J}_{2m}$, $\mathfrak{J}_{3m}$, die des Gegensystems mit $\mathfrak{J}_{1g}$, $\mathfrak{J}_{2g}$, $\mathfrak{J}_{3g}$ und der Nullstrom mit $\mathfrak{J}_n$ bezeichnet. Im allgemeinen tritt im Ofenbetrieb infolge Fehlens eines Nulleiters das Nullsystem nicht auf. Es ist also $\mathfrak{J}_n = 0$. Mit Einführung der Operatoren $\mathfrak{a}$ und $\mathfrak{a}^2$ wird aus den Gl. (51)

$$\left.\begin{aligned}
\mathfrak{J}_1 &= \mathfrak{J}_{1m} + \mathfrak{J}_{1g} \\
\mathfrak{J}_2 &= \mathfrak{a}^2\mathfrak{J}_{1m} + \mathfrak{a}\mathfrak{J}_{1g} \\
\mathfrak{J}_3 &= \mathfrak{a}\mathfrak{J}_{1m} + \mathfrak{a}^2\mathfrak{J}_{1g}.
\end{aligned}\right\} \tag{52}$$

Wir gehen weiter von Gl. (42) aus

$$-\frac{\partial u_1}{\partial x}\cdot l = L_{11}\frac{\partial i_1}{\partial t} + L_{12}\frac{\partial i_2}{\partial t} + L_{13}\frac{\partial i_3}{\partial t}.$$

Weiter ist

$$i_1 = I_1 e^{j\omega t} = I_{1m}e^{j\omega t} + I_{1g}e^{j\omega t} = \mathfrak{J}_{1m} + \mathfrak{J}_{1g}$$

$$\frac{\partial i_1}{\partial t} = j\omega(I_{1m} + I_{1g})e^{j\omega t} = j\,\omega(\mathfrak{J}_{1m} + \mathfrak{J}_{1g})$$

$$i_2 = I_2 e^{j\omega t} = \mathfrak{a}^2\mathfrak{J}_{1m} + \mathfrak{a}\mathfrak{J}_{1g}; \quad \frac{\partial i_2}{\partial t} = j\omega(\mathfrak{a}^2 I_{1m} + \mathfrak{a} I_{1g})$$

$$i_3 = I_3 e^{j\omega t} = \mathfrak{a}\mathfrak{J}_{1m} + \mathfrak{a}^2\mathfrak{J}_{1g}; \quad \frac{\partial i_3}{\partial t} = j\omega(\mathfrak{a} I_{1m} + \mathfrak{a}^2 I_{1g}),$$

daher:

$$\left.\begin{aligned}
-\frac{\partial u_1}{\partial x}\cdot l &= j\omega L_{11}(I_{1m} + I_{1g}) + j\omega L_{12}(\mathfrak{a}^2 I_{1m} + \mathfrak{a} I_{1g}) + \\
&\quad + j\omega L_{13}(\mathfrak{a} I_{1m} + \mathfrak{a}^2 I_{1g}) = j\omega I_{1m}(L_{11} + \\
&\quad + \mathfrak{a}^2 L_{12} + \mathfrak{a} L_{13}) + j\omega I_{1g}(L_{11} + \mathfrak{a} L_{12} + \mathfrak{a}^2 L_{13}).
\end{aligned}\right\} \tag{53}$$

Ebenso ergibt sich aus Gl. (42a) und mit

$$\mathfrak{J}_2 = \mathfrak{J}_{2m} + \mathfrak{J}_{2g}$$

$$i_2 = I_2 e^{j\omega t} = (I_{2m} + I_{2g})e^{j\omega t} = \mathfrak{J}_{2m} + \mathfrak{J}_{2g}$$

$$I_1 = \mathfrak{a} I_{2m} + \mathfrak{a}^2 I_{2g}$$

$$i_1 = I_1 e^{j\omega t} = (\mathfrak{a} I_{2m} + \mathfrak{a}^2 I_{2g})e^{j\omega t} = \mathfrak{a} I_{2m} + \mathfrak{a}^2 I_{2g}$$

$$\frac{\partial i_1}{\partial t} = j\omega(\mathfrak{a} I_{2m} + \mathfrak{a}^2 I_{2g})$$

$$I_3 = \mathfrak{a}^2 I_{2m} + \mathfrak{a} I_{2g}; \quad i_3 = (\mathfrak{a}^2 I_{2m} + \mathfrak{a} I_{2g})e^{j\omega t}; \quad \frac{\partial i_3}{\partial t} = j\omega(\mathfrak{a}^2 I_{2m} + \mathfrak{a} I_{2g});$$

$$-\frac{\partial u_2}{\partial x}\cdot l = j\omega I_{2m}(L_{22} + \mathfrak{a} L_{21} + \mathfrak{a}^2 L_{23}) + j\omega I_{2g}(L_{22} + \mathfrak{a}^2 L_{21} + \mathfrak{a} L_{23}), \tag{53a}$$

und schließlich aus Gl. (42b) mit

$$\mathfrak{I}_3 = \mathfrak{I}_{3m} + \mathfrak{I}_{3g}; \quad i_3 = I_3 e^{j\omega t} = (I_{3m} + I_{3g}) e^{j\omega t} = \mathfrak{I}_{3m} + \mathfrak{I}_{3g}$$

$$i_1 = I_1 e^{j\omega t} = (\mathfrak{a}^2 I_{3m} + \mathfrak{a} I_{3g}) e^{j\omega t}; \quad \frac{\partial i_1}{\partial t} = j\omega (\mathfrak{a}^2 I_{3m} + \mathfrak{a} I_{3g})$$

$$i_2 = I_2 e^{j\omega t} = (\mathfrak{a} I_{3m} + \mathfrak{a}^2 I_{3g}) e^{j\omega t}; \quad \frac{\partial i_2}{\partial t} = j\omega (\mathfrak{a} I_{3m} + \mathfrak{a}^2 I_{3g})$$

$$-\frac{\partial u_3}{\partial x} \cdot l = j\omega I_{3m}(L_{33} + \mathfrak{a}^2 L_{31} + \mathfrak{a} L_{32}) + j\omega I_{3g}(L_{33} + \mathfrak{a} L_{31} + \mathfrak{a}^2 L_{32}). \quad (53\,\mathrm{b})$$

Setzt man in diese Gleichungen (53), (53a), (53b) die Beziehung (9) ein, so erhält man folgendes Gleichungstripel:

$$\left. \begin{aligned} -\frac{\partial u_1}{\partial x} l &= 2j\omega l I_{1m}(- \ln x_{11} - \mathfrak{a}^2 \ln x_{12} - \mathfrak{a} \ln x_{13}) 10^{-9} \\ &+ 2j\omega l I_{1g}(- \ln x_{11} - \mathfrak{a} \ln x_{12} - \mathfrak{a}^2 \ln x_{13}) 10^{-9} \end{aligned} \right\} \quad (54)$$

$$\left. \begin{aligned} -\frac{\partial u_2}{\partial x} \cdot l &= 2j\omega l I_{2m}(- \ln x_{22} - \mathfrak{a} \ln x_{21} - \mathfrak{a}^2 \ln x_{23}) 10^{-9} \\ &+ 2j\omega l I_{2g}(- \ln x_{22} - \mathfrak{a}^2 \ln x_{21} - \mathfrak{a} \ln x_{23}) 10^{-9} \end{aligned} \right\} \quad (54\,\mathrm{a})$$

$$\left. \begin{aligned} -\frac{\partial u_3}{\partial x} \cdot l &= 2j\omega l I_{3m}(- \ln x_{33} - \mathfrak{a}^2 \ln x_{31} - \mathfrak{a} \ln x_{32}) 10^{-9} \\ &+ 2j\omega l I_{3g}(- \ln x_{33} - \mathfrak{a} \ln x_{31} - \mathfrak{a}^2 \ln x_{32}) 10^{-9}. \end{aligned} \right\} \quad (54\,\mathrm{b})$$

Als Beispiel soll wieder das unsymmetrische Leitersystem (Abb. 17) gebracht werden, das jetzt von einem unsymmetrischen Drehstromsystem belastet wird. Man erhält nach einigen Umrechnungen als Ergebnis:

$$-\frac{\partial u_1}{\partial x} l = 2j\omega l I_{1m}\left(\ln \frac{x_{12}\sqrt{2}}{x_{11}} - j\frac{1}{2}\sqrt{3} \ln 2\right) 10^{-9}$$

$$+ 2j\omega l I_{1g}\left(\ln \frac{x_{12}\sqrt{2}}{x_{11}} + j\frac{1}{2}\sqrt{3} \ln 2\right) 10^{-9}.$$

Wir erhalten, wie man sieht, zwei verschiedene Induktionswerte, die wir als die Induktionskoeffizienten des Mit- bzw. des Gegensystems ansprechen (L_m, L_g). Beide Werte sind komplexe Größen.

$$\left. \begin{aligned} L_{1m} &= 2l\left(\ln \frac{x_{12}\sqrt{2}}{x_{11}} - j\frac{1}{2}\sqrt{3} \ln 2\right) 10^{-9} \text{ Henry} \\ L_{1g} &= 2l\left(\ln \frac{x_{12}\sqrt{2}}{x_{11}} + j\frac{1}{2}\sqrt{3} \ln 2\right) 10^{-9} \text{ Henry}. \end{aligned} \right\} \quad (55)$$

In gleicher Weise ergeben sich für die Leiter 2 und 3

$$-\frac{\partial u_2}{\partial x} \cdot l = \left(2j\omega l I_{2m} \ln \frac{x_{21}}{x_{22}} + 2j\omega l I_{2g} \ln \frac{x_{21}}{x_{22}}\right) 10^{-9}$$

$$\left. \begin{aligned} L_{2m} &= 2l \ln \frac{x_{21}}{x_{22}} \cdot 10^{-9} \text{ Henry} \\ L_{2g} &= 2l \ln \frac{x_{21}}{x_{22}} \cdot 10^{-9} \text{ Henry} \end{aligned} \right\} \quad (55\,\mathrm{a})$$

$$-\frac{\partial u_3}{\partial x}\,l = 2j\omega l\,I_{3m}\left(\ln\frac{x_{12}\sqrt{2}}{x_{33}} + j\frac{1}{2}\sqrt{3}\,\ln 2\right)10^{-9}$$

$$+ 2j\omega l\,I_{3g}\left(\ln\frac{x_{12}\sqrt{2}}{x_{33}} - j\frac{1}{2}\sqrt{3}\,\ln 2\right)10^{-9}$$

$$\left.\begin{aligned}
L_{3m} &= 2l\left(\ln\frac{x_{12}\sqrt{2}}{x_{33}} + j\frac{1}{2}\sqrt{3}\,\ln 2\right)10^{-9}\ \text{H}\\[2mm]
L_{3g} &= 2l\left(\ln\frac{x_{12}\sqrt{2}}{x_{33}} - j\frac{1}{2}\sqrt{3}\,\ln 2\right)10^{-9}\ \text{H.}
\end{aligned}\right\}\qquad(55\,\mathrm{b})$$

Bei vollkommener Lagesymmetrie (Leiteranordnung ein gleichseitiges Dreieck) gleiche Querschnitte, $x_{12} = x_{23} = x_{31}$; $x_{11} = x_{22} = x_{33}$ wird

$$\left.\begin{aligned}
-\frac{\partial u_1}{\partial x}\,l &= 2j\omega l\,I_{1m}\ln\frac{x_{12}}{x_{11}}10^{-9} + 2j\omega l\,I_{1g}\ln\frac{x_{12}}{x_{11}}10^{-9}\\[2mm]
-\frac{\partial u_2}{\partial x}\,l &= 2j\omega l\,I_{2m}\ln\frac{x_{12}}{x_{11}}10^{-9} + 2j\omega l\,I_{2g}\ln\frac{x_{12}}{x_{11}}10^{-9}\\[2mm]
-\frac{\partial u_3}{\partial x}\,l &= 2j\omega l\,I_{3m}\ln\frac{x_{12}}{x_{11}}10^{-9} + 2j\omega l\,I_{3g}\ln\frac{x_{12}}{x_{11}}10^{-9}.
\end{aligned}\right\}\qquad(56)$$

5. Induktivität von Drehstrombündelleitern.

Aus den gleichen Gründen wie bei den Einphasenleitungen wird auch bei den Drehstromleitungen jeder Phasenleiter in mehrere Einzelleiter aufgeteilt und die gesamte Drehstromleitung vom Transformator zum Ofen zweckmäßig verschachtelt.

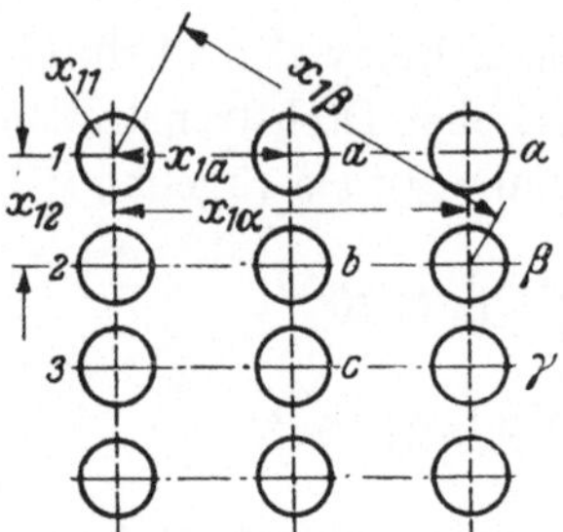

Abb. 20.   Drehstrombündelleiter.

Es wird hier die Berechnung der Induktivität des Einzelleiters abgeleitet. Die Ermittlung der Induktivität des gesamten Phasenleiters erfolgt daraus, so wie bei den Einphasenbündelleitern, durch Mitteln. In Abb. 20 führen die einzelnen Phasen die Ströme I_1, I_{11} und I_{111}. Jeder Phasenleiter besteht aus einer gleichen Anzahl von Einzelleitern 1, 2 $\cdots$ bzw. a, $b \ldots \alpha$, $\beta \ldots$, die die entsprechenden Teilströme I_1, $I_2 \ldots I_a$, $I_b \ldots I_\alpha$, $I_\beta \ldots$ führen. Wir setzen auch hier voraus, daß die einzelnen Teilströme jeder Phase untereinander gleichgroß und gleichphasig sind. Der gesamte Phasenstrom ergibt sich als skalare Summe aus den Teilströmen. Weiter soll auch hier ein einfach harmonisches Zeitgesetz für die Ströme, sowie Stromsymmetrie angenommen werden. Es ist also:

$$\left.\begin{aligned}
\mathfrak{I} &= I\,e^{j\omega t}, & \mathfrak{I}_1 &= I_1 & \mathfrak{I}_a &= \mathfrak{a}^2 I_1 & \mathfrak{I}_\alpha &= \mathfrak{a} I_1\\[2mm]
& & \mathfrak{I}_2 &= I_1 & \mathfrak{I}_b &= \mathfrak{I}_a = \mathfrak{a}^2 I_1 & \mathfrak{I}_\beta &= \mathfrak{I}_\alpha = \mathfrak{a} I_1\\
& & &\vdots & &\vdots & &\vdots\\
I_1 &= I_1 + I_2 + \cdots & I_{11} &= I_a + I_b + \cdots & I_{111} &= I_\alpha + I_\beta + \cdots
\end{aligned}\right\}\ (57)$$

Der induktive Spannungsabfall im Leiter 1 von der Länge l cm beträgt also

$$-\frac{\partial u_1}{\partial x} \cdot l = L_{11}\frac{\partial i_1}{\partial t} + L_{12}\frac{\partial i_2}{\partial t} + \cdots L_{1a}\frac{\partial i_a}{\partial t} + L_{1b}\frac{\partial i_b}{\partial t} + \cdots \left.\vphantom{\frac{\partial i_\alpha}{\partial t}}\right\} \tag{58}$$
$$+ L_{1\alpha}\frac{\partial i_\alpha}{\partial t} + L_{1\beta}\frac{\partial i_\beta}{\partial t} + \cdots$$

oder mit Berücksichtigung von Gl. (57)

$$-\frac{\partial u_1}{\partial x} l = I_1 j\omega L_{11} + I_2 j\omega L_{12} + \cdots I_a j\omega L_{1a} + I_b j\omega L_{1b} + \cdots$$
$$+ I_\alpha j\omega L_{1\alpha} + I_\beta j\omega L_{1\beta} + \cdots$$
$$= I_1 j\omega(L_{11} + L_{12} + \cdots) + I_a j\omega(L_{1a} + L_{1b} + \cdots) + I_\alpha j\omega(L_{1\alpha} + L_{1\beta} + \cdots)$$
$$= \left\{ I_1 j\omega 2l\left[\left(\ln\frac{2l}{x_{11}} - 1\right) + \left(\ln\frac{2l}{x_{12}} - 1\right) + \cdots\right.\right.$$
$$+ I_a j\omega 2l\left[\left(\ln\frac{2l}{x_{1a}} - 1\right) + \left(\ln\frac{2l}{x_{1b}} - 1\right) + \cdots\right.$$
$$+ I_\alpha j\omega 2l\left[\left(\ln\frac{2l}{x_{1\alpha}} - 1\right) + \left(\ln\frac{2l}{x_{1\beta}} - 1\right) + \cdots\right]\right\} 10^{-9}\,\text{Volt}$$
$$= [I_1 j\omega 2l(\ln 2l - \ln x_{11} - 1 + \ln 2l - \ln x_{12} - 1 + \cdots)$$
$$+ I_1 j\omega 2l(\mathfrak{a}^2\ln 2l - \mathfrak{a}^2\ln x_{1a} - \mathfrak{a}^2 + \mathfrak{a}^2\ln 2l - \mathfrak{a}^2\ln x_{1b} - \mathfrak{a}^2 + \cdots)$$
$$+ I_1 j\omega 2l(\mathfrak{a}\ln 2l - \mathfrak{a}\ln x_{1\alpha} - \mathfrak{a} + \mathfrak{a}\ln 2l - \mathfrak{a}\ln x_{1\beta} - \mathfrak{a} + \cdots)]10^{-9}\,\text{V}$$
$$= I_1 j\omega 2l(\ln x_{11} - \ln x_{12} \ldots - \mathfrak{a}^2\ln x_{1a} - \mathfrak{a}^2\ln x_{1b} \ldots -$$
$$- \mathfrak{a}\ln x_{1\alpha} - \mathfrak{a}\ln x_{1\beta} \ldots)]10^{-9}\,\text{Volt.}$$

Setzt man für die Operatoren $\mathfrak{a}$ und $\mathfrak{a}^2$ die in Gl. (41) angegebenen Ausdrücke ein, so wird weiter

$$-\frac{\partial u_1}{\partial x} l = I_1 j\omega 2l\left[-\ln x_{11} - \ln x_{12} \ldots + \frac{1}{2}(\ln x_{1a} + \ln x_{1b} + \cdots) +\right.$$
$$+ j\frac{1}{2}\sqrt{3}(\ln x_{1a} + \ln x_{1b} + \cdots) + \frac{1}{2}(\ln x_{1\alpha} + \ln x_{1\beta} + \cdots) -$$
$$\left. - j\frac{1}{2}\sqrt{3}(\ln x_{1\alpha} + \ln x_{1\beta} + \cdots)\right]10^{-9}$$
$$= I_1 j\omega 2l\left[\ln\frac{\sqrt{x_{1a}\,x_{1b}\cdots x_{1\alpha}\,x_{1\beta}\cdots}}{x_{11}\,x_{12}\cdots} + j\frac{1}{2}\sqrt{3}\ln\frac{x_{1a}\,x_{1b}\cdots}{x_{1\alpha}\,x_{1\beta}\cdots}\right]10^{-9}\,\text{Volt.} \tag{59}$$

Somit wird die Induktivität des Leiters 1

$$L_1 = 2l\left[\ln\frac{\sqrt{x_{1a}\,x_{1b}\cdots x_{1\alpha}\,x_{1\beta}\cdots}}{x_{11}\,x_{12}\cdots} + j\frac{1}{2}\sqrt{3}\ln\frac{x_{1a}\,x_{1b}\cdots}{x_{1\alpha}\,x_{1\beta}\cdots}\right]10^{-9}\,\text{Henry.} \tag{60}$$

Sie ist also eine komplexe Größe. Ihr reeller Teil ist als „FISCHER-HINNEN"-Formel für Drehstrombündelleiter aus dem Schrifttum bekannt. Entsprechende Berechnungsart führt zur Ermittlung der Induktivität des Leiters 2 ..., sowie $a, b \ldots, \alpha, \beta \ldots$

Die gesamte Induktivität einer Phase ergibt sich daraus als arithmetischer Mittelwert der Summe der Induktivitäten der Einzelleiter geteilt durch die Zahl der Einzelleiter.

Die komplexe Art dieser Induktivität bewirkt, daß der mit dieser Induktivität gerechnete Spannungsabfall $j\omega L_i I_i$ vektoriell nicht um 90° gegenüber dem Stromvektor I_i gedreht liegt, sondern mit seiner imaginären Komponente in der Stromrichtung liegt und daher einen zusätzlichen Ohmschen Spannungsabfall darstellt. Auf das Auftreten dieses Ohmschen Spannungsabfalls ist, wie schon früher gezeigt, die Erscheinung der scharfen und toten Phase zurückzuführen, d. h. die Erscheinung der scharfen und toten Phase ist letzten Endes bedingt durch den komplexen Charakter der Induktivität.

§ 4. Die Induktivität antiparalleler linearer Leiter.

Der Induktionskoeffizient zweier gerader Stromfädenstücke, deren Verlängerung sich unter einem bestimmten Winkel ε schneiden, läßt sich aus folgendem Doppelintegral

$$L_{ik} = \frac{\mu}{4\pi} \oint_{l_i} \oint_{l_k} \frac{d l_i\, d l_k}{r_{ik}} \cos\varepsilon \qquad (61)$$

berechnen (siehe auch Gl. 5). Das Ergebnis dieser Berechnung ist

$$L_{ik} = -l_i \cos\varepsilon \left\{ (1+m)\,\mathfrak{Ar}\mathfrak{Sin}\,\beta + \mathfrak{Ar}\mathfrak{Sin}\,\frac{m - \cos\varepsilon}{\sin\varepsilon} + \right.$$
$$\left. + m\,\mathfrak{Ar}\mathfrak{Sin}\,\frac{1 - m\cos\varepsilon}{m\sin\varepsilon} \right\}, \qquad (62)$$

hier ist

$$m = \frac{l_k}{l_i}\,; \quad \beta = \cot\mathrm{g}\,\varepsilon\ [15].$$

In der Praxis ist diese Formel schwer auszuwerten. Da aber in den Ofenleitungen auch antiparallele Stromführungen vorkommen, wird hier zur Berechnung der Induktivität solcher Leiter eine Näherungsformel abgeleitet, die praktisch genügend genaue Zahlenwerte gibt und leicht auszuwerten ist.

Wir legen die Achse des einen Leiters i vom Halbmesser r und der Länge l in die ξ-Achse eines rechtwinkligen Koordinatensystems $(\xi\eta)$ (Abb. 21). Die Endpunkte der Achse des zweiten Leiters k haben

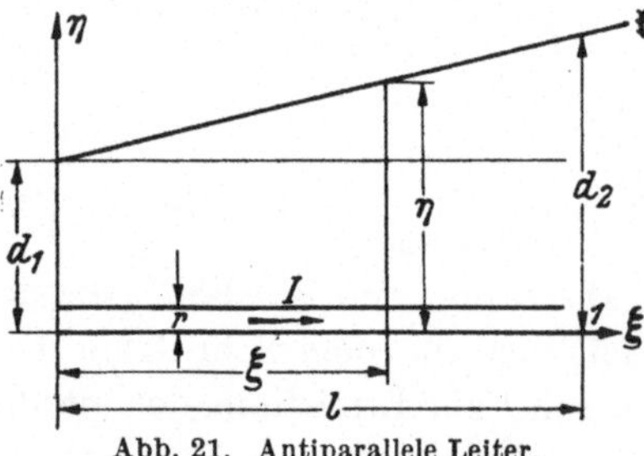

Abb. 21.   Antiparallele Leiter.

von der ξ-Achse die Abstände d_1 bzw. d_2. Für einen Punkt auf der Achse des Leiters k besteht die Beziehung

$$\frac{\eta - d_1}{\xi} = \frac{d_2 - d_1}{l} = a$$

und daraus

$$\eta = \frac{d_2 - d_1}{l}\,\xi + d_1\,.$$

Das magnetische Feld durchsetzt die von beiden Leitern gebildete Ebene rechtwinkelig. Seine Feldstärke $\mathfrak{H}$ im $(\xi\eta)$ beträgt, wenn entlang der ξ-Achse der Strom I fließt

$$\mathfrak{H} = \frac{I}{2\,\pi\,\eta}\,, \tag{63}$$

daher seine Induktion

$$\mathfrak{B} = \mu\,\frac{I}{2\,\pi\,\eta}\,. \tag{64}$$

Für das Feld im Flächenelement $df = d\eta\,d\xi$ erhalten wir

$$d\Phi = \mathfrak{B}\,df = \mu\,\frac{I}{2\,\pi\,\eta}\,d\eta\,d\xi\,.$$

Das gesamte Feld ergibt sich daraus durch Integration

$$\left.\begin{aligned}
\Phi &= \frac{\mu I}{2\,\pi} \int_0^l \int_r^\eta \frac{1}{\eta}\,d\eta\,d\xi = \frac{\mu I}{2\,\pi} \int_0^l \ln\frac{\eta}{r}\,d\xi = \frac{\mu I}{2\,\pi}\left[\int_0^l \ln\eta\,d\xi - \int_0^l \ln r\,d\xi\right] \\
&= \frac{\mu I}{2\,\pi}\left[\int_0^l \ln(a\xi + d_1)\,d\xi - \int_0^l \ln r\,d\xi\right].
\end{aligned}\right\} \tag{65}$$

Das erste Integral $\int_0^l \ln(a\xi + d_1)\,d\xi$ ist mittels partieller Integration zu lösen. Wir setzen:

$$\ln(a\xi + d_1) = u\,; \quad du = \frac{1}{a\xi + d_1}\,a\,d\xi\,; \quad dv = d\xi\,; \quad v = \xi$$

und erhalten

$$\int_0^l \ln(a\xi + d_1)\,d\xi = \ln(a\xi + d_1)\cdot\xi\,\Big|_0^l - \int_0^l \frac{a\xi\,d\xi}{a\xi + d_1}$$

$$= \ln(al + d_1)\cdot l - \int_0^l \frac{a\xi\,d\xi}{a\xi + d_1}\,.$$

Das letzte Integral läßt sich durch einfache Substitution lösen. Setzt man $a\xi + d_1 = u$, $du = a\,d\xi$, so wird

$$\int \frac{a\xi\,d\xi}{a\xi + d_1} = \int \frac{u - d_1}{u}\,\frac{du}{a} = \frac{1}{a}\left[\int du - \int \frac{d_1}{u}\,du\right] = \frac{1}{a}\left[u - d_1\ln u\right]$$

$$= \frac{1}{a}\left[(a\xi + d_1)\,\Big|_0^l - d_1\ln(a\xi + d_1)\,\Big|_0^l\right] = \frac{1}{a}\left[al + d_1 - d_1\ln(al + d_1) + d_1\ln d_1\right].$$

Damit ist das Integral (65) berechnet. Setzen wir für μ noch den Wert aus Gl. (7) ein, so erhalten wir für das Feld nachstehenden Ausdruck

$$\Phi = \frac{\mu\,I}{2\pi}\left[\ln(al+d_1)l - \frac{1}{a}[al - d_1\ln(al+d_1) + d_1\ln d_1] - (\ln r)l\right]$$

$$= I\,2\cdot 10^{-9}\left[\ln(al+d_1)l - l + \frac{d_1}{a}\ln(al+d_1) - \frac{d_1}{a}\ln d_1 - (\ln r)\cdot l\right].$$

Daraus folgt für die äußere Induktivität endgültig

$$L_1 = \frac{\Phi}{I} = 2\left[\ln(al+d_1)l - l + \frac{d_1}{a}\ln(al+d_1) - \frac{d_1}{a}\ln d_1 - (\ln r)l\right]10^{-9}\,\text{H.} \quad (66)$$

Die innere Induktivität ist nach Gl. (27)

$$L_i = \frac{1}{2}\,l\,10^{-9}\,\text{Henry.}$$

Damit ergibt sich für die gesamte Induktivität des Leiters von der Länge l

$$\left.\begin{aligned}L = L_a + L_i = 2\Big[&\ln(al+d_1)l - l + \frac{d_1}{a}\ln(al+d_1)\\ &- \frac{d_1}{a}\ln d_1 - (\ln r)\cdot l + \frac{1}{4}\,l\Big]10^{-9}\,\text{H.}\end{aligned}\right\} \quad (67)$$

Diese Formel (67) geht für den Grenzfall $a \to 0$, d. h. bei Parallelität der Strecken, in die schon bekannte Beziehung

$$L = 2l\left(\ln\frac{d}{r} + \frac{1}{4}\right)\cdot 10^{-9}\,\text{Henry} \quad (19\text{a})$$

über.

Ähnliche Verhältnisse ergeben sich bei Ecken, die im Zuge einer Leitung auftreten. Hier treten Feldverstärkungen und damit eine Erhöhung der Induktivität eines Leiters auf. Betrachten wir die Leitungsecke in Abb. 22. Offenbar wird in der Ecke das magnetische Feld des Leiterstückes EOA verstärkt. Es tritt eine teilweise Überlagerung des Feldes innerhalb der Fläche $OECD$ und der Fläche $OADC$ auf. Aus dieser Überlagerung errechnet sich das Gesamtfeld des Leiterstückes und somit auch der Induktionskoeffizient.

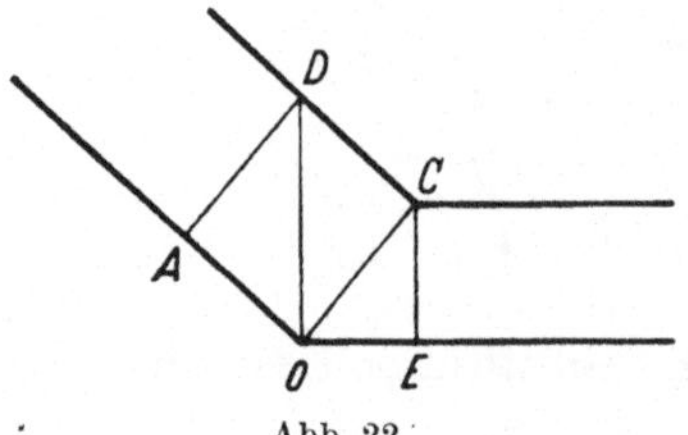

Abb. 22.
Leiteranordnung mit stumpfen Ecken.

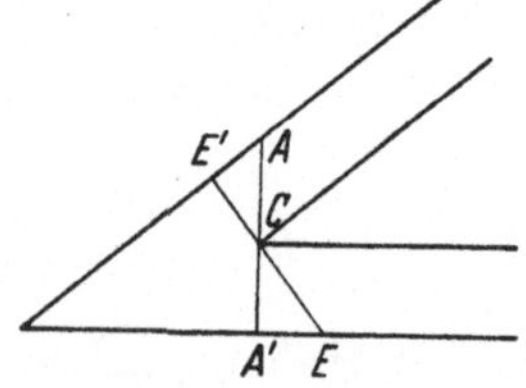

Abb. 23.
Leiteranordnung mit scharfen Ecken.

In der in Abb. 23 gezeichneten Leitungsecke tritt eine teilweise Überlagerung der Felder der Fläche EOE' und $A'OA$ auf, die bestimmend wirkt für die Induktivität des Leiterstückes EOA.

Bei der in Abb. 24 rechtwinklig abgebogenen Leitung besitzen die Leiterstücke Oa und Ob nur eine Selbstinduktivität L_{11}. Sie wäre für diese Teilstücke aus der Formel (6') zu errechnen, wobei $x = x_{11}$ zu setzen wäre.

Die Ermittlung der Induktionskoeffizienten läßt den Einfluß in der Nähe befindlicher metallischer oder magnetisierbarer Körper unberücksichtigt. Mit diesem Einfluß beschäftigt sich RANDALL, HAGUE [24, 25].

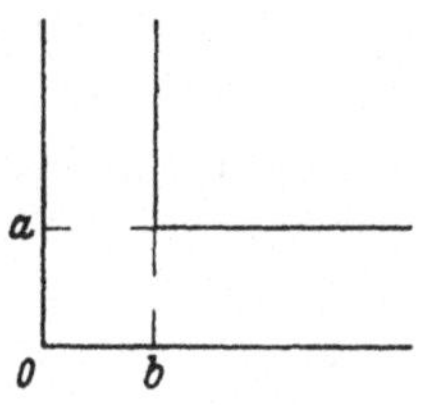

Abb. 24.
Rechtwinklig abgebogene Leiteranordnung.

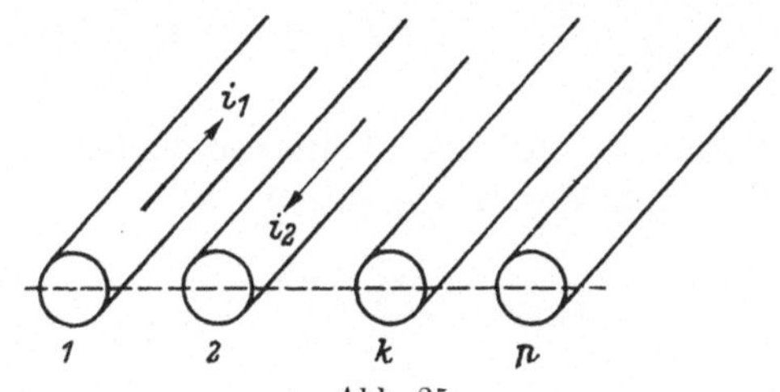

Abb. 25.
Zur Ermittlung der Induktionsspannung in der Leiterschleife $k-p$ durch den Strom in der Einphasenleitung $1-2$.

§ 5. Ermittlung von Induktionsspannungen.

Hand in Hand mit der Errechnung der Induktivität von Leitern geht auch die Ermittlung von Spannungen, die von fremden Strömen in einer bestimmten Stromschleife induziert werden (Abb. 25). In den Leitern 1 und 2 fließen in den angegebenen Richtungen die Ströme mit den Augenblickswerten i_1 und i_2. Zu ermitteln ist die Spannung, die in der von den Leitern k und p gebildeten Schleife auf 1 cm Leiterlänge, also in V/cm, von den Leiterströmen i_1 und i_2 induziert wird. Es ergeben sich dazu nachstehende Beziehungen:

$$-\frac{\partial u_1}{\partial x} = L_{11}\frac{\partial i_1}{\partial t} + L_{12}\frac{\partial i_2}{\partial t} + L_{1k}\frac{\partial i_k}{\partial t} + L_{1p}\frac{\partial i_p}{\partial t}$$

$$-\frac{\partial u_2}{\partial x} = L_{21}\frac{\partial i_1}{\partial t} + L_{22}\frac{\partial i_2}{\partial t} + L_{2k}\frac{\partial i_k}{\partial t} + L_{2p}\frac{\partial i_p}{\partial t}$$

$$-\frac{\partial u_k}{\partial x} = L_{k1}\frac{\partial i_1}{\partial t} + L_{k2}\frac{\partial i_2}{\partial t} + L_{kk}\frac{\partial i_k}{\partial t} + L_{kp}\frac{\partial i_p}{\partial t}$$

$$-\frac{\partial u_p}{\partial x} = L_{p1}\frac{\partial i_1}{\partial t} + L_{p2}\frac{\partial i_2}{\partial t} + L_{pk}\frac{\partial i_k}{\partial t} + L_{pp}\frac{\partial i_p}{\partial t}\,.$$

Nun ist $i_p = i_q = 0$; ferner sollen die Leiter 1 und 2 eine geschlossene Stromschleife bilden, also

$$i_1 = -i_2\,.$$

Der Strom befolge ein einfach harmonisches Zeitgesetz in der bekannten Form

$$i_1 = I_1 e^{j\omega t}\,.$$

Damit folgt für die dritte Gleichung

$$-\frac{\partial u_k}{\partial x} = j\omega I_1(L_{k1} - L_{k2}) = 2j\omega I_1 \ln \frac{x_{k2}}{x_{k1}} 10^{-9}\,\text{V/cm},$$

wenn wir für L_{k1} bzw. L_{k2} die Beziehung (9) anwenden.

Ebenso findet man für

$$-\frac{\partial u_p}{\partial x} = 2j\omega I_1 \ln \frac{x_{p2}}{x_{p1}} 10^{-9}\,\text{V/cm}.$$

Die gesamte, in beiden Leitern induzierte Spannung, ergibt sich aus der Differenz beider Werte, also

$$\Delta u_i = -\frac{\partial u_k}{\partial x} + \frac{\partial u_p}{\partial x} = 2j\omega I_1 \ln \frac{x_{k2}\, x_{p1}}{x_{k1}\, x_{p2}} 10^{-9}\,\text{V/cm}. \tag{68}$$

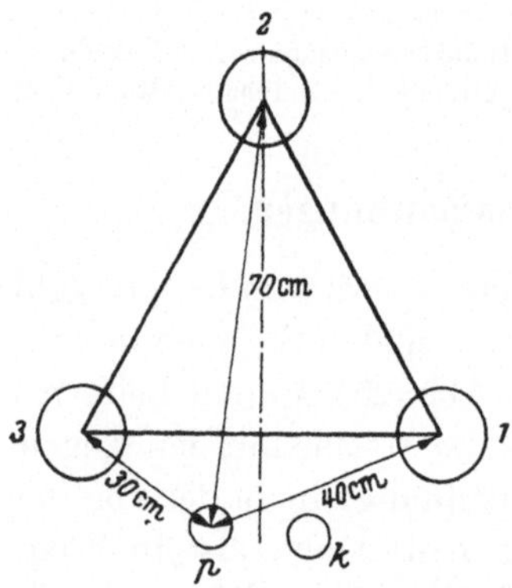

Abb. 26. Induktionsspannung in der Meßleitung k—p verursacht durch die Drehstromleitung.

Kennt man die Länge und den Ohmschen Widerstand der Stromschleife kp, so läßt sich sodann der induzierte Strom ermitteln.

Beispiel:

In der Nähe einer symmetrisch angeordneten Drehstromleitung von 100 m Länge sei eine Meßleitung gleicher Länge parallel laufend angeordnet. Die geometrische Anordnung der Leiter ist aus Abb. 26 ersichtlich. Die Leiter der Meßleitung pk liegen symmetrisch zu der eingezeichneten Achse des Drehstromsystems. Jeder Leiter des Drehstromsystems 1 2 3 führe einen Strom von 3500 A. Es ist die in der Meßleitung induzierte Spannung zu berechnen.

Man geht von nachstehenden bekannten Beziehungen aus

$$-\frac{\partial u_1}{\partial x} = L_{11}\frac{\partial i_1}{\partial t} + L_{12}\frac{\partial i_2}{\partial t} + L_{13}\frac{\partial i_3}{\partial t} + L_{1k}\frac{\partial i_k}{\partial t} + L_{1p}\frac{\partial i_p}{\partial t}$$

$$-\frac{\partial u_2}{\partial x} = L_{21}\frac{\partial i_1}{\partial t} + L_{22}\frac{\partial i_2}{\partial t} + L_{23}\frac{\partial i_3}{\partial t} + L_{2k}\frac{\partial i_k}{\partial t} + L_{2p}\frac{\partial i_p}{\partial t}$$

$$-\frac{\partial u_3}{\partial x} = L_{31}\frac{\partial i_1}{\partial t} + L_{32}\frac{\partial i_2}{\partial t} + L_{33}\frac{\partial i_3}{\partial t} + L_{3k}\frac{\partial i_k}{\partial t} + L_{3p}\frac{\partial i_p}{\partial t}$$

$$-\frac{\partial u_k}{\partial x} = L_{k1}\frac{\partial i_1}{\partial t} + L_{k2}\frac{\partial i_2}{\partial t} + L_{k3}\frac{\partial i_3}{\partial t} + L_{kk}\frac{\partial i_k}{\partial t} + L_{kp}\frac{\partial i_p}{\partial t}$$

$$-\frac{\partial u_p}{\partial x} = L_{p1}\frac{\partial i_1}{\partial t} + L_{p2}\frac{\partial i_2}{\partial t} + L_{p3}\frac{\partial i_3}{\partial t} + L_{pk}\frac{\partial i_k}{\partial t} + L_{pp}\frac{\partial i_p}{\partial t}.$$

Es ist $i_1 = I e^{j\omega t}$; $i_2 = \mathfrak{a}^2 I e^{j\omega t}$; $i_3 = \mathfrak{a} I e^{j\omega t}$

$$i_p = i_q = 0.$$

Damit wird

$$-\frac{\partial u_k}{\partial x} = L_{k1} I j\omega + L_{k2} \mathfrak{a}^2 I j\omega + L_{k3} \mathfrak{a} I j\omega = I j\omega (L_{k1} + \mathfrak{a}^2 L_{k2} + \mathfrak{a} L_{k3}).$$

Für die L_{ki} die Beziehung (9), für $\mathfrak{a}$, $\mathfrak{a}^2$ Gl. (41) eingesetzt, ergibt nach einer kleinen Zwischenrechnung

$$-\frac{\partial u_k}{\partial x} = 2 I j\omega \left[\ln \frac{\sqrt{x_{k2}\, x_{k3}}}{x_{k1}} + j\, \frac{1}{2} \sqrt{3} \ln \frac{x_{k2}}{x_{k3}} \right] 10^{-9}\ \text{V/cm}.$$

Ebenso folgt für die induzierte Spannung im Leiter p

$$-\frac{\partial u_p}{\partial x} = 2 I j\omega \left[\ln \frac{\sqrt{x_{p2}\, x_{p3}}}{x_{p1}} + j\, \frac{1}{2} \sqrt{3} \ln \frac{x_{p2}}{x_{p3}} \right] 10^{-9}\ \text{V/cm}$$

und daraus die in der Schleife $k p$ auf l cm Länge induzierte Spannung

$$\varDelta u = 2 j\omega I l \left[\ln \frac{\sqrt{x_{k2}\, x_{k3}}}{\sqrt{x_{p2}\, x_{p3}}}\, \frac{x_{p1}}{x_{k1}} + j\, \frac{1}{2} \sqrt{3} \ln \frac{x_{k2}\, x_{p3}}{x_{k3}\, x_{p2}} \right] 10^{-9}\ \text{V}. \qquad (69)$$

In unserem Beispiel ist: $x_{p1} = 40$ cm, $x_{p2} = 70$ cm, $x_{p3} = 30$ cm, $x_{k1} = 30$ cm, $x_{k2} = 70$ cm, $x_{k3} = 40$ cm, $l = 100\,\text{m} = 10^4$ cm, $I = 3500$ A. Damit wird

$$2 j\omega I l \ln \frac{\sqrt{x_{k2}\, x_{k3}}}{\sqrt{x_{p2}\, x_{p3}}}\, \frac{x_{p1}}{x_{k1}} = j\, 9{,}5$$

$$2 j\omega I l\, j\, \frac{1}{2} \sqrt{3} \ln \frac{x_{k2}\, x_{p3}}{x_{k3}\, x_{p2}} = -5{,}47$$

und schließlich

$$\varDelta U = \sqrt{9{,}5^2 + 5{,}47^2} = 11\ \text{V}.$$

Es sei nun der Strom der Phase 2 Null, so daß nur die Phasen 1 und 3 den Strom $I = 3500$ A führen (Einphasenbetrieb). Dann errechnet sich aus den vorliegenden Angaben nach Gl. (68)

$$\varDelta u = 2 j\omega I l \ln \frac{x_{k3}\, x_{p1}}{x_{k1}\, x_{p3}} \cdot 10^{-9} = 12{,}6\ \text{V}.$$

Man erkennt, daß die induzierten Spannungen Werte annehmen, die die Verwendung dieser Leitung als Meßleitung unmöglich machen. Die Meßleitung müßte verdrillt oder abgeschirmt verlegt werden, um die induzierten Spannungen zu unterdrücken.

Drittes Kapitel.

Das magnetische Feld der Ströme.

§ 1. Die magnetischen Grundgrößen und die elektromagnetischen Grundgesetze.

Es soll vorerst eine kurze Erläuterung und Zusammenstellung der wichtigsten Beziehungen, soweit sie hier in Verwendung treten, gebracht werden. Wir sehen zunächst von den Erscheinungen der Stromverdrängung in den Leitern ab.

Sowohl innerhalb wie außerhalb eines stromführenden Leiters erleidet der Raum bekanntlich einen Zwangszustand, den man magnetisches Feld nennt. Er ist gekennzeichnet durch zwei Wirkungen, die ohne besondere hypothetische Annahmen nicht aufeinander zurückgeführt werden können:

1. Die Kraftwirkungen auf andere stromführende Leiter oder Magnetpole; sie wird durch einen Vektor $\mathfrak{H}$, die magnetische Feldstärke, charakterisiert.

2. Die Induktionswirkung, deren quantitative Erfassung durch den Vektor $\mathfrak{B}$, die Induktion, beschrieben wird.

Die magnetische Feldstärke $\mathfrak{H}$ wird im praktischen Maßsystem in A/cm (Ampere/cm), die Induktion in Vs/cm^2 (Voltsekunden/cm^2) gemessen. Im ursprünglich technischen Maßsystem, das aus den elektromagnetischen c-g-s-Einheiten hervorgegangen ist, wird sowohl die Feldstärke als auch die Induktion in Gauß ausgedrückt. Dabei ist ein Gauß $= 10^{-8}$ Vs/cm^2 *. Im materiefreien — praktisch im Raum frei von ferromagnetischen Substanzen — besteht zwischen den beiden Vektoren folgende wichtige Verkettung:

$$\mathfrak{B} = \mu_0 \mathfrak{H}. \tag{1}$$

Die Konstante μ_0 ist eine Naturkonstante, welche die Permeabilität des leeren Raumes, oder auch Induktionskonstante, genannt wird.

Ihr durch Messung erfaßter Wert beträgt

$$\mu_0 = 1{,}2560 \cdot 10^{-8} \, \Omega\text{s/cm} = 1{,}2560 \, 10^{-8} \, \text{H/cm} \cong \frac{4\pi}{10} 10^{-8} \, \text{Henry/cm}. \tag{2}$$

Enthält der Raum Materie (isotrope Körper), so tritt an Stelle Gl. (1) als Verkettungsgleichung nachstehende Relation.

$$\mathfrak{B} = \mu_0 \mu_r \mathfrak{H} = \mu \mathfrak{H}. \tag{1a}$$

μ_r heißt die relative Permeabilität, sie ist eine unbenannte Zahl, das Produkt $\mu_0 \mu_r = \mu$ wird die absolute Permeabilität genannt, ihre Dimension ist ebenfalls H/cm. In diamagnetischen Körpern ist μ_r etwas kleiner als 1

---

* Es ergibt sich $\mathfrak{H}^{\text{Gauß}}/\mathfrak{H}^{\text{A/cm}} = 1{,}256$.

(z. B. Kupfer $\mu_r = 1 - 12 \cdot 10^{-6}$), in paramagnetischen Körpern etwas größer als 1 (z. B. Aluminium $\mu_r = 1 + 22 \cdot 10^{-6}$, Luft (1 at) $\mu_r = 1 + 0{,}35 \cdot 10^{-6}$).

In ferromagnetischen Körpern (Eisen, Kobald, Nickel) kann μ_r sehr hohe Werte annehmen (bis zu einigen 10000), es ist hier nicht mehr konstant, sondern eine Funktion der Feldstärke $\mathfrak{H}$. Der Vollständigkeit halber sei erwähnt, daß in anisotropen Körpern (z. B. Eisenkristallen) im Gegensatz zu den isotropen Körpern die Permeabilität μ keinen Skalar, sondern einen Tensor darstellt. Es bestehen in anisotropen Körpern folgende Beziehungen:

$$\left. \begin{aligned} \frac{\mathfrak{B}_x}{\mu_0} &= \mu_{r11}\,\mathfrak{H}_x + \mu_{r12}\,\mathfrak{H}_y + \mu_{r13}\,\mathfrak{H}_z \\[1ex] \frac{\mathfrak{B}_y}{\mu_0} &= \mu_{r21}\,\mathfrak{H}_x + \mu_{r22}\,\mathfrak{H}_y + \mu_{r23}\,\mathfrak{H}_z \\[1ex] \frac{\mathfrak{B}_z}{\mu_0} &= \mu_{r31}\,\mathfrak{H}_x + \mu_{r32}\,\mathfrak{H}_y + \mu_{r33}\,\mathfrak{H}_z. \end{aligned} \right\} \qquad (1\,\text{b})$$

Für das magnetische Feld elektrischer Ströme gibt uns die Erfahrung zunächst nur ein Integralgesetz, das Durchflutungsgesetz:

$$\oint \mathfrak{H}\,d\mathfrak{s} = \int \mathfrak{G}\,d\mathfrak{f} = \Sigma I. \qquad (3)$$

Es bedeutet darin $\mathfrak{f}$ eine beliebige, von der Kurve $\mathfrak{s}$ umrandete ebene Fläche, $\mathfrak{G}$ die Dichte der das Stück $d\mathfrak{f}$ dieser Fläche senkrecht durchfließenden Strömung.

Aus der Beziehung (3) läßt sich als differentiales Verknüpfungsgesetz von Leitungsstrom und magnetischem Feld folgende Gleichung aufstellen:

$$\operatorname{rot} \mathfrak{H} = \mathfrak{G} \qquad (4\,\text{a})$$

bzw.

$$\operatorname{rot} \mathfrak{H} = 0. \qquad (4\,\text{b})$$

Gl. (4a) gilt für das Feld im Leiterinnern, Gl. (4b) für das Außenfeld.

Das Feld des Vektors $\mathfrak{B}$ ist erfahrungsgemäß überall quellenfrei, es ist also

$$\operatorname{div} \mathfrak{B} = 0. \qquad (5)$$

$\mathfrak{B}$ leitet sich als quellenfreier Vektor von einem Vektorpotential $\mathfrak{A}$ ab, so daß angesetzt werden kann:

$$\mathfrak{B} = \mu \operatorname{rot} \mathfrak{A}, \qquad (6)$$

wobei

$$\mathfrak{A} = \frac{1}{4\pi} \int \mathfrak{G}\,\frac{dv}{r} \qquad (7)$$

mit den Komponenten

$$\left.\begin{aligned}
\mathfrak{A}_x &= \frac{1}{4\pi}\int \mathfrak{G}_x \frac{dv}{r} \\
\mathfrak{A}_y &= \frac{1}{4\pi}\int \mathfrak{G}_y \frac{dv}{r} \\
\mathfrak{A}_z &= \frac{1}{4\pi}\int \mathfrak{G}_z \frac{dv}{r},
\end{aligned}\right\} \tag{7a}$$

dabei ist $\mathfrak{G}$ die Stromdichte, r die Entfernung des Aufpunktes von der Wirbelstelle, dv ein Volumelement, das von $\mathfrak{G}$ durchflossen wird.

Der gesamte, die Fläche $\mathfrak{f}$ durchsetzende Kraftfluß ist gegeben durch

$$\Phi = \int \mathfrak{B}\,d\mathfrak{f} = \mu \int \operatorname{rot}\mathfrak{A}\,d\mathfrak{f} = \mu \oint \mathfrak{A}\,d\mathfrak{s}. \tag{8}$$

Der Kraftfluß kann unter Anwendung des Stokesschen Satzes durch ein Linienintegral des Vektorpotentials ausgedrückt werden. Manchmal ist es vorteilhaft, die magnetische Energie W_m aus dem Vektorpotential abzuleiten. Es ist bekanntlich $W_m = \frac{1}{2} L I^2$ und $I = \frac{\Phi}{L}$, daher

$$W_m = \frac{1}{2}\Phi I = \frac{1}{2}\int \mathfrak{B}\,d\mathfrak{f}\oint \mathfrak{H}\,d\mathfrak{s} = \frac{1}{2}\int \mathfrak{H}\,\mathfrak{B}\,dv$$

$$W_m = \frac{1}{2}\int \mathfrak{H}\,\mathfrak{B}\,dv = \frac{1}{2}\mu \int \mathfrak{H}\,\operatorname{rot}\mathfrak{A}\,dv. \tag{9}$$

Aus der Vektorrechnung folgt

$$\operatorname{div}[\mathfrak{A}\mathfrak{H}] = \mathfrak{H}\operatorname{rot}\mathfrak{A} - \mathfrak{A}\operatorname{rot}\mathfrak{H}. \tag{10}$$

Damit wird, wenn man noch Gl. (4a) berücksichtigt,

$$W_m = \frac{1}{2}\mu \int \mathfrak{A}\mathfrak{G}\,dv + \frac{1}{2}\mu \int \operatorname{div}[\mathfrak{A}\mathfrak{H}]\,dv$$

und mit Anwendung des Gaußschen Satzes auf das letzte Glied

$$W_m = \frac{1}{2}\mu \int \mathfrak{A}\mathfrak{G}\,dv + \frac{1}{2}\mu \oint [\mathfrak{A}\mathfrak{H}]\,d\mathfrak{f}.$$

Läßt man die Begrenzungsfläche des Feldes in das Unendliche wachsen, so verschwindet für ein jedes im Endlichen liegende Stromsystem dies letzte Integral und damit wird

$$W_m = \frac{1}{2}\mu \int \mathfrak{A}\mathfrak{G}\,dv. \tag{11}$$

Ein weiteres Erfahrungsgesetz der Elektrodynamik ist das Induktionsgesetz, daß in seiner integralen Form dargestellt wird durch

$$\oint \mathfrak{E}\,d\mathfrak{s} = -\frac{d}{dt}\int \mathfrak{B}\,d\mathfrak{f}. \tag{12}$$

Darin bedeutet $\mathfrak{f}$ eine Fläche, die von der Randkurve $\mathfrak{s}$ umschlossen wird, $\mathfrak{B}$ die Induktion des die Fläche senkrecht durchsetzenden Induktionsflusses und $\mathfrak{E}$ die in der Randlinie induzierte elektrische Feldstärke. Nachstehende Gleichung zeigt das Induktionsgesetz in seiner Differentialform

$$\operatorname{rot} \mathfrak{E} = -\frac{d\mathfrak{B}}{dt}. \qquad (13)$$

Der Querschnitt eines zylindrischen Leiters liege in der (xy)-Ebene eines kartesischen Koordinatensystems. Der Leiter sei von einem zeitlich konstanten Strom (Gleichstrom) mit der Stromdichte $\mathfrak{G}$ A/cm² durchflossen. Dann gilt nach früherem (innerhalb des Leiters)

$$\operatorname{rot} \mathfrak{H} = \mathfrak{G} \qquad (4\,\mathrm{a})$$

$$\operatorname{rot} \mathfrak{E} = -\frac{d\mathfrak{B}}{dt} = 0 \qquad (13)$$

oder

$$\left.\begin{aligned}
\operatorname{rot}_x \mathfrak{E} &= \frac{\partial \mathfrak{E}_z}{\partial y} - \frac{\partial \mathfrak{E}_y}{\partial z} = 0 \\[4pt]
\operatorname{rot}_y \mathfrak{E} &= \frac{\partial \mathfrak{E}_x}{\partial z} - \frac{\partial \mathfrak{E}_z}{\partial x} = 0 \\[4pt]
\operatorname{rot}_z \mathfrak{E} &= \frac{\partial \mathfrak{E}_y}{\partial x} - \frac{\partial \mathfrak{E}_x}{\partial y} = 0.
\end{aligned}\right\} \qquad (13\,\mathrm{a})$$

Es ist (Abb. 27)

$$\mathfrak{E}_x = 0; \quad \mathfrak{E}_y = 0; \quad \mathfrak{E}_z = \mathfrak{E}. \qquad (14)$$

Bezeichnet man mit $\varkappa$ die Leitfähigkeit des Leitermaterials in S/cm, so ist nach dem Ohmschen Gesetz

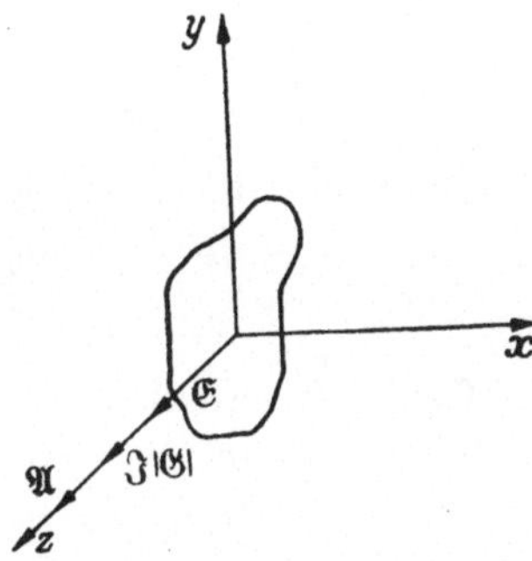

Abb. 27. Zur Herleitung der differentiellen Beziehung zwischen $\mathfrak{G}$ $\mathfrak{E}$ $\mathfrak{A}$ eines zylindrischen Leiters.

$$\mathfrak{E} = \mathfrak{E}_z = \frac{\mathfrak{G}}{\varkappa}. \qquad (15)$$

Aus den Gl. (13a) und (14) erhält man

$$\operatorname{rot}_x \mathfrak{E} = \frac{\partial \mathfrak{E}_z}{\partial y} = 0; \quad \operatorname{rot}_y \mathfrak{E} = -\frac{\partial \mathfrak{E}_z}{\partial x} = 0; \quad \frac{\partial \mathfrak{E}_z}{\partial y} = \frac{1}{\varkappa} \frac{\partial \mathfrak{G}}{\partial y} = 0. \qquad (16)$$

Ebenso

$$\frac{\partial \mathfrak{E}_z}{\partial x} = \frac{1}{\varkappa} \frac{\partial \mathfrak{G}}{\partial x} = 0. \qquad (17)$$

Aus den Gl. (16) und (17) folgt die Konstanz der Stromdichte über den ganzen Querschnitt des Leiters.

Weiter ist nach Gl. (5) und (1a)

$$\operatorname{div} \mathfrak{B} = \operatorname{div}(\mu \mathfrak{H}) = \mu \operatorname{div} \mathfrak{H} + \mathfrak{H} \operatorname{grad} \mu = 0,$$

da μ const vorausgesetzt wird, folgt

$$\mu \operatorname{div} \mathfrak{H} = 0, \qquad (18)$$

daher

$$\mu \left(\frac{\partial \mathfrak{H}_x}{\partial x} + \frac{\partial \mathfrak{H}_y}{\partial y} \right) = 0; \quad \frac{\partial \mathfrak{H}_x}{\partial x} = -\frac{\partial \mathfrak{H}_y}{\partial y}.$$

Mit Berücksichtigung von Gl. (6) folgt weiter

$$\left.\begin{aligned}
\mathfrak{H}_x = \operatorname{rot}_x \mathfrak{A} = \frac{\partial \mathfrak{A}_z}{\partial y} \\[2mm]
\mathfrak{H}_y = \operatorname{rot}_y \mathfrak{A} = - \frac{\partial \mathfrak{A}_z}{\partial x}
\end{aligned}\right\} \tag{6a}$$

und daraus

$$\frac{\partial \mathfrak{H}_x}{\partial x} = \frac{\partial^2 \mathfrak{A}_z}{\partial y \partial x}; \qquad \frac{\partial \mathfrak{H}_y}{\partial y} = - \frac{\partial^2 \mathfrak{A}_z}{\partial x \partial y}$$

und ebenso

$$\frac{\partial \mathfrak{H}_x}{\partial y} = \frac{\partial^2 \mathfrak{A}_z}{\partial y^2}; \qquad \frac{\partial \mathfrak{H}_y}{\partial x} = - \frac{\partial^2 \mathfrak{A}_z}{\partial x^2}.$$

Da nach Gl. (4a) $\operatorname{rot} \mathfrak{H} = \mathfrak{G}$, also

$$\frac{\partial \mathfrak{H}_y}{\partial x} - \frac{\partial \mathfrak{H}_x}{\partial y} = \mathfrak{G} = - \frac{\partial^2 \mathfrak{A}_z}{\partial x^2} - \frac{\partial^2 \mathfrak{A}_z}{\partial y^2} \quad \text{ist,}$$

so erhält man die wichtige Beziehung

$$\frac{\partial^2 \mathfrak{A}_z}{\partial x^2} + \frac{\partial^2 \mathfrak{A}_z}{\partial y^2} = \Delta \mathfrak{A}_z = - \mathfrak{G} \tag{19}$$

im Gebiet innerhalb eines stromdurchflossenen Leiters. Außerhalb des Leiters gilt dann

$$\Delta \mathfrak{A}_z = 0. \tag{19a}$$

§ 2. Das magnetische Feld von Leitern.

Zunächst soll der Verlauf des magnetischen Feldes in einem Leiter von kreisförmigem Querschnitt mit dem Halbmesser r_1, der von einem Gleichstrom von der Stromdichte $\mathfrak{G}$ A/cm² durchflossen wird, ermittelt werden. Es ist im Leiterinnern nach Gl. (4a) $\operatorname{rot} \mathfrak{H} = \mathfrak{G}$. Führt man Zylinderkoordinaten ein und legt man die Leiterachse mit der z-Achse zusammen, so wird für irgendeinen Punkt in der Entfernung r von der Leiterachse

$$\operatorname{rot}_z \mathfrak{H} = \frac{1}{r} \frac{\partial}{\partial r}\left(r \mathfrak{H}_\alpha - \frac{\partial \mathfrak{H}_r}{\partial \alpha}\right) = \mathfrak{G}.$$

Da $\mathfrak{H}_\alpha = \mathfrak{H}$ und da infolge axialer Symmetrie $\mathfrak{H}$ vom Azimut α unabhängig ist, also $\dfrac{\partial \mathfrak{H}_r}{\partial \alpha} = 0$ ist, wird

$$\mathfrak{G} = \frac{1}{r}\left(r \frac{\partial \mathfrak{H}}{\partial r} + \mathfrak{H} \frac{\partial r}{\partial r}\right) = \frac{\partial \mathfrak{H}}{\partial r} + \frac{\mathfrak{H}}{r}.$$

Als Lösung dieser linearen Differentialgleichung ergibt sich

$$\mathfrak{H} = e^{-\int \frac{1}{r} dr}\left[\int_0^r \mathfrak{G}\, e^{\int \frac{1}{r} dr}\, dr\right] = \frac{1}{r}\left[\mathfrak{G} \int_0^r r\, dr\right] = \frac{\mathfrak{G}}{2}\, r. \tag{20}$$

Das Feld im Innern eines Leiters mit kreisförmigem Querschnitt steigt bei konstanter Stromdichte $\mathfrak{G}$ mit der Entfernung des Aufpunktes von der Achse des Leiters linear an (Abb. 28).

Zur Bestimmung des Feldverlaufes außerhalb des Leiters, der den Strom I führt, wendet man Gl. (3) an. Bezeichnet man mit r die Entfernung irgendeines Aufpunktes von der Leiterachse, so gilt für diesen Punkt

$$\oint \mathfrak{H}\, d\mathfrak{s} = \mathfrak{H}\, 2 r\pi = I,$$

und daraus

$$\mathfrak{H} = \frac{I}{2 r\pi}. \tag{21}$$

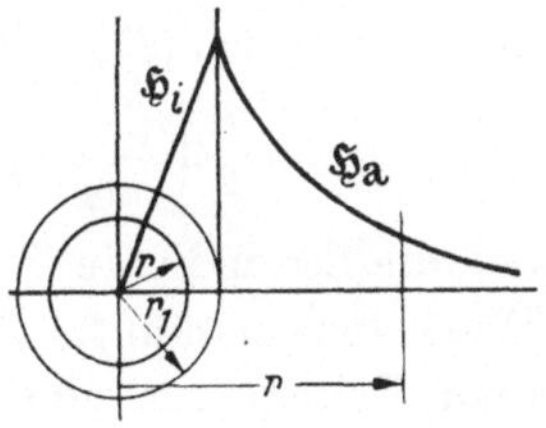

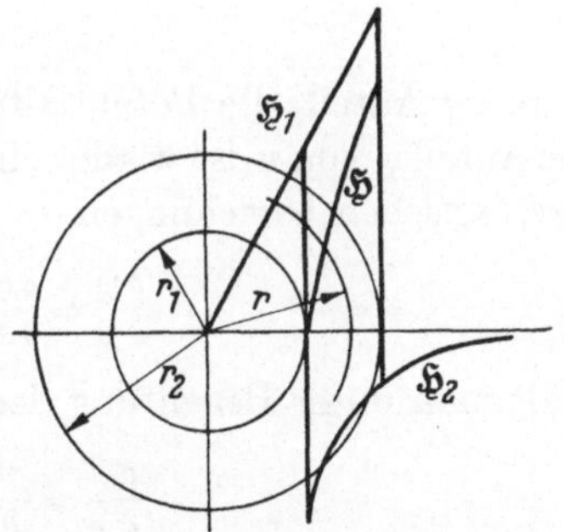

Abb. 28.
Das magnetische Feld eines Leiters mit Kreisquerschnitt.

Das Feld fällt mit zunehmender Entfernung von der Leiterachse nach dem Hyperbelgesetz ab (Abb. 28). An der Leiteroberfläche $(r = r_1)$ hat die Feldstärke den Wert

$$\mathfrak{H} = \frac{\mathfrak{G}}{2}\, r_1 = \frac{I}{2\, r_1^2\, \pi}\, r_1 = \frac{I}{2\, r_1\, \pi}. \tag{22}$$

Das Feld in der Entfernung r von der Achse im Inneren eines Hohlleiters mit kreisringförmigem Querschnitt mit den Halbmessern r_1 und r_2 (Abb. 29) ergibt sich aus der Gl. (20)

$$\mathfrak{H} = \frac{1}{r}\,\Big[\mathfrak{G}\int_{r_1}^{r} r\, dr\Big] = \frac{1}{r}\,\mathfrak{G}\,\frac{r^2 - r_1^2}{2} = \frac{\mathfrak{G}\, r}{2} - \frac{\mathfrak{G}}{2}\,\frac{r_1^2}{r}. \tag{23}$$

Zu dem gleichen Ergebnis gelangt man auf Grund folgender Überlegung: In dem Leiter mit Vollquerschnitt ist die Feldstärke $\mathfrak{H}$ in der Entfernung r $\mathfrak{H}_1 = \dfrac{\mathfrak{G}\, r}{2}$. Da jedoch in dem Zylinderraum mit dem Halbmesser r_1 tatsächlich kein Strom fließt, denken wir uns in diesem Raum einen Strom gleicher Stromdichte, jedoch entgegengesetzter Richtung, fließend. Seine Feldstärke in der gleichen Entfernung r beträgt dann nach Gl. (22)

$$\mathfrak{H}_2 = -\frac{I}{2\pi r} = -\frac{\mathfrak{G}\, r_1^2\, \pi}{2\pi r} = -\frac{\mathfrak{G}}{2}\,\frac{r_1^2}{r}.$$

Abb. 29. Das magnetische Feld eines Leiters mit Kreisringquerschnitt.

Das tatsächliche Feld ergibt sich als Überlagerung beider Felder zu

$$\mathfrak{H} = \mathfrak{H}_1 + \mathfrak{H}_2 = \frac{\mathfrak{G}\, r}{2} - \frac{\mathfrak{G}}{2}\,\frac{r_1^2}{r}. \tag{23}$$

Sein Verlauf ist in Abb. 29 eingezeichnet. Das Innere des Hohlleiters ist feldfrei.

Beispiel:

Ein Hohlleiter mit den Halbmessern $r_2 = 50$ mm, $r_1 = 30$ mm führt einen Strom von 5000 A. Es ist die Feldstärke an seiner Oberfläche zu ermitteln. Aus Gl. (22) findet man

$$\mathfrak{H}_{r_2} = \frac{\mathfrak{G}}{2}\left(\frac{r_2^2 - r_1^2}{r_2}\right) = 50 \cdot 3{,}2 = 160 \text{ A/cm} = 201 \text{ Gauß,}$$

da sich die Stromdichte $\mathfrak{G}$ zu rund 100 A/cm² errechnet.

Wie bereits erwähnt, läßt sich nach den Gl. (1a), (3), (6) das Feld eines linearen Leiters aus einem Vektorpotential $\mathfrak{A}$ ableiten. Das Vektorpotential hängt beispielsweise für die z-Richtung genau so mit der Stromdichte des Leiters in der z-Richtung zusammen wie im elektrischen Feld das elektrostatische Potential mit der Ladungsdichte. Legt man demnach einen unendlich langen Leiter, der vom Strom durchflossen wird, in die z-Richtung eines Koordinatensystems, so hat das Vektorpotential lediglich eine gleichgerichtete Komponente $\mathfrak{A}_z$, während senkrecht dazu die Komponenten $\mathfrak{A}_x$ und $\mathfrak{A}_y$ verschwinden. Ist der Querschnitt eines Leiters verschwindend klein, so nennt man den Leiter einen „Stromfaden", seine Längenausdehnung eine Quellinie. Nun genügt das Potential einer Quellinie im ganzen Gebiete außerhalb der Quellen der Gleichung

$$\Delta \mathfrak{A}_z = 0. \tag{19a}$$

Wir bilden nun eine komplexe Mutterfunktion [26]

$$w = \varphi + j\psi, \tag{24}$$

wobei

$$\varphi = \mathfrak{A}_z \tag{25}$$

der reelle Anteil, die Potentialfunktion $\mathfrak{A}_z$ ist. Der dazugehörige imaginäre Anteil ψ von w ist wieder eine Potentialfunktion. Nach den CAUCHY-RIEMANNschen Gleichungen

$$\frac{\partial \psi}{\partial y} = \frac{\partial \varphi}{\partial x}; \quad \frac{\partial \psi}{\partial x} = -\frac{\partial \varphi}{\partial y} \tag{26}$$

erhält man unter Beachtung der Gleichung (6a)

$$\left.\begin{aligned} \frac{\partial \varphi}{\partial x} &= \frac{\partial \mathfrak{A}_z}{\partial x} = -\mathfrak{H}_y = \frac{\partial \psi}{\partial y} \\ -\frac{\partial \varphi}{\partial y} &= -\frac{\partial \mathfrak{A}_z}{\partial y} = -\mathfrak{H}_x = \frac{\partial \psi}{\partial x}, \end{aligned}\right\} \tag{27}$$

so daß also

$$\mathfrak{H} = -\operatorname{grad}\psi \quad \text{ist.} \tag{28}$$

Außerhalb des Quellengebietes kann also die Feldstärke als Gradient eines skalaren Potentials ψ dargestellt werden. Beide Anteile der komplexen Mutterfunktion w haben im Gebiet, in dem die Gleichung $\Delta \mathfrak{A}_z = 0$

gilt, eine direkte physikalische Bedeutung. Der reelle Teil ist das Vektorpotential, der imaginäre das skalare Potential. Aus dem letzteren läßt sich die magnetische Feldstärke ebenso ableiten, wie die elektrische aus dem elektrischen Potential. Allerdings besteht als eine der wichtigsten Eigenschaften jedes skalaren Potentials gegenüber dem elektrischen Potential, wie auch später noch gezeigt werden wird, folgender Unterschied. Das Stromlinienpotential ist, im Gegensatz zum elektrischen Potential, vieldeutig und nimmt bei jedem Umlauf um die Quellinie um einen bestimmten Betrag zu. Um das Potential eindeutig zu machen, muß man bei einer Quellinie irgendeine Meridianebene zur „Sperrfläche“ machen. An dieser Sperrfläche springt das Potential um einen bestimmten konstanten Wert. Das Vektorpotential bestimmt den Verlauf der Kraftlinien, da es die zum Potential ψ zugeordnete Funktion ist. $\varphi = \mathfrak{A}_z =$ const ist die Gleichung des Kraftliniensystems.

Das Feld eines geraden Leiters kann dargestellt werden durch die komplexe Mutterfunktion

$$w = C \ln z. \tag{29}$$

Setzt man
$$z = r\, e^{j\alpha}, \tag{30}$$

wobei
$$|z| = \sqrt{x^2 + y^2}, \quad \mathrm{arc}\,(z) = \mathrm{arctg}\,\frac{y}{x} \quad \text{ist}, \tag{30a}$$

so wird
$$w = C \ln(r\, e^{j\alpha}) = C \ln r + j C \alpha. \tag{31}$$

Es ist
$$\left.\begin{aligned} \varphi &= \mathfrak{A}_z = C \ln r \\ \psi &= C \alpha. \end{aligned}\right\} \tag{32}$$

Für die Gleichung der Kraftlinien erhält man aus Gl. (32)

$$\mathfrak{A}_z = \text{const} = C \ln r; \quad r = \text{const}.$$

Die Kraftlinien sind die bekannten, um die Wirbelstelle $r = 0$ konzentrisch angeordneten Kreise.

Die Gleichung der Niveauflächen ergibt sich aus Gl. (32) durch

$$\psi = C \alpha = \text{const}, \quad \alpha = \text{const}.$$

Die Niveauflächen sind Ebenen durch die Leiterachse, deren Schnittlinien mit der $(x\,y)$-Ebene Strahlen durch den Ursprung des Koordinatensystems darstellen (Abb. 30). Die Ermittlung der Feldstärke $\mathfrak{H}$ aus Gl. (28) führt bei Zylinderkoordinaten mit

$$\mathrm{grad}\,\psi = \frac{1}{r}\frac{\partial\psi}{\partial\alpha} \quad \text{zu}$$

$$\mathfrak{H} = -\frac{1}{r}\frac{\partial\psi}{\partial\alpha} = -\frac{1}{r}C.$$

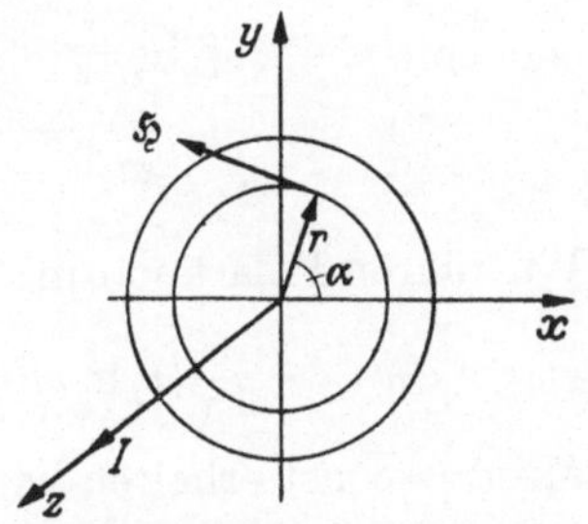

Abb. 30. Kraftlinienverlauf eines Leiters mit Kreisquerschnitt.

Durch Vergleich mit Gl. (21) findet man für die Konstante C den Wert

$$C = -\frac{I}{2\pi}. \tag{33}$$

Für das Potential ergibt sich damit der Ausdruck

$$\psi = -\frac{I}{2\pi}\alpha. \tag{34}$$

Setzt man für $\alpha = \operatorname{arc\,tg}\frac{y}{x}$, so wird

$$\psi = -\frac{I}{2\pi}\operatorname{arc\,tg}\frac{y}{x}. \tag{34a}$$

Die Funktion $\operatorname{arc\,tg}\frac{y}{x}$ ist vieldeutig, bei jedesmaligem Umfahren der Wirbellinie nimmt das Potential um den Betrag I zu. Man kann sich von dieser Vieldeutigkeit befreien, indem man vom Ursprung radial nach außen einen Verzweigungsschnitt führt. Dieser Verzweigungsschnitt darf nicht überschritten werden (Sperrfläche). Setzt man Gl. (33) in den Ausdruck (32) für das Vektorpotential ein, so erhält man schließlich

$$\varphi = \mathfrak{A}_z = -\frac{I}{2\pi}\ln r = -\frac{I}{4\pi}\ln(x^2 + y^2). \tag{35}$$

Daraus ergibt sich die analytische Gleichung der Kraftlinien zu

$$x^2 + y^2 = C_1 \quad \text{(Kreisgleichung)}$$

und aus Gl. (34a) die Gleichung der Niveaulinien

$$y = C_2 x \quad \text{(Geradengleichung)}.$$

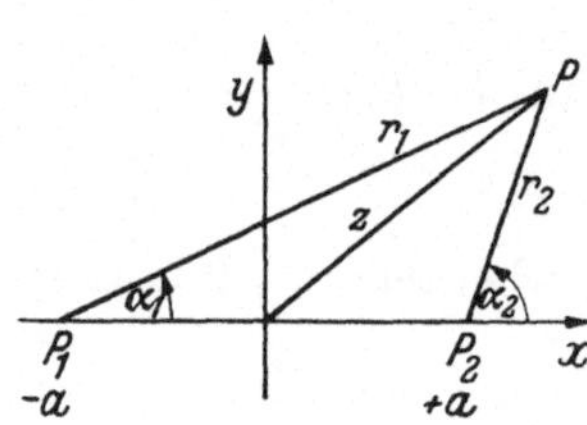

Abb. 31. Zwei parallele Leiter mit den Strömen $I_1 I_2$.

Das magnetische Feld zweier paralleler gerader Leiter findet sich aus der Superposition der Einzelfelder beider Leiter. Die Spuren beider Leiter liegen in der Abszissenachse eines Koordinatensystems mit den Abszissen $+a, -a$ (Abb. 31). Aus den Gl. (29) und (33) ergibt sich

$$w = -\frac{I_1}{2\pi}\ln r_1 - \frac{I_2}{2\pi}\ln r_2 \tag{36}$$

oder mit $r_1 = z + a$, $r_2 = z - a$

$$w = -\frac{I_1}{2\pi}\ln(z + a) - \frac{I_2}{2\pi}\ln(z - a).$$

Wir führen Polarkoordinaten ein: $r_1 e^{j\alpha_1}$, $r_2 e^{j\alpha_2}$. Dann wird

$$w = -\frac{1}{2\pi}(I_1\ln r_1 + I_2\ln r_2) - \frac{j}{2\pi}(I_1\alpha_1 + I_2\alpha_2) = \varphi + j\psi.$$

Mit $\varphi = \text{const}$ erhalten wir die Gleichung der Kraftlinien

$$-\frac{1}{2\pi}(I_1\ln r_1 + I_2\ln r_2) = \text{const} \quad \text{oder} \quad r_1^{I_1} \cdot r_2^{I_2} = K. \tag{37}$$

Ebenso mit $\psi = $ const die Gleichung der Niveaulinien

$$I_1 \alpha_1 + I_2 \alpha_2 = K. \tag{38}$$

Sind die beiden Ströme einander gleichgroß und entgegengesetzt gerichtet, also $I_2 = - I_1$, so folgt aus Gl. (37) und (38)

$$\varphi = r_1{}^{I_1} \cdot r_2{}^{-I_1} = \left(\frac{r_1}{r_2}\right)^{I_1} = \text{const}; \qquad \frac{r_1}{r_2} = K \tag{37a}$$

$$\psi = I_1(\alpha_1 - \alpha_2) = \text{const}; \qquad \alpha_1 - \alpha_2 = K = -(\alpha_2 - \alpha_1) = -\alpha. \tag{38a}$$

Linien, längs deren das Verhältnis der Abstände von den Punkten P_1 und P_2 konstant ist, sind Kreise. Ebenso sind die Kurven $\alpha = -K$ Kreise durch die Punkte P_1 und P_2, die α als Peripheriewinkel enthalten.

Daß sich die beiden Kurvenscharen $\varphi = $ const, $\psi = $ const rechtwinklig als Kraftlinien bzw. Niveaulinien schneiden, ergibt sich aus den beiden Gl. (24) und (26) wie folgt:

Der Neigungswinkel der Tangente an irgendeinem Punkt auf der Kurve

$\varphi = $ const ist $\operatorname{tg}\alpha_1 = \dfrac{dy}{dx}$. Nun ist aus $\varphi(xy) = $ const

$$\frac{\partial \varphi}{\partial x} dx + \frac{\partial \varphi}{\partial y} dy = 0; \qquad \frac{dy}{dx} = - \frac{\dfrac{\partial \varphi}{\partial x}}{\dfrac{\partial \varphi}{\partial y}}.$$

Ebenso gilt für $\psi(xy) = $ const $\qquad \operatorname{tg}\alpha_2 = \dfrac{dy}{dx}$

$$\frac{\partial \psi}{\partial x} dx + \frac{\partial \psi}{\partial y} dy = 0; \qquad \frac{dy}{dx} = - \frac{\dfrac{\partial \psi}{\partial x}}{\dfrac{\partial \psi}{\partial y}}.$$

Mithin

$$\operatorname{tg}\alpha_1 \operatorname{tg}\alpha_2 = \frac{\dfrac{\partial \varphi}{\partial x}}{\dfrac{\partial \varphi}{\partial y}} \frac{\dfrac{\partial \psi}{\partial x}}{\dfrac{\partial \psi}{\partial y}} = \frac{\dfrac{\partial \varphi}{\partial x}}{\dfrac{\partial \varphi}{\partial y}} \cdot \frac{-\dfrac{\partial \varphi}{\partial y}}{\dfrac{\partial \varphi}{\partial x}} = -1$$

mit Rücksicht auf Gl. (26). Letzte Gleichung drückt aber die Bedingung des rechtwinkligen Schneidens der Kurven $\varphi = $ const und $\psi = $ const (orthogonale Trajektorien) aus.

Der Vollständigkeit halber soll das Feld der beiden Leiter auch analytisch ermittelt werden. Es ist

$$r_1 = \sqrt{(x+a)^2 + y^2}, \qquad r_2 = \sqrt{(x-a)^2 + y^2},$$

$$\varphi = -\frac{1}{2\pi} I_1 \ln \frac{\sqrt{(x+a)^2 + y^2}}{\sqrt{(x-a)^2 + y^2}} = -\frac{1}{4\pi} I_1 \ln \frac{(x+a)^2 + y^2}{(x-a)^2 + y^2},$$

$$\varphi = \text{const}: \quad \frac{(x+a)^2 + y^2}{(x-a)^2 + y^2} = K^2,$$

$$x^2 + 2\,a\,x + a^2 + y^2 = K^2[x^2 - 2\,a\,x + a^2 + y^2],$$

$$x^2 - 2\,a\,x\,\frac{K^2 + 1}{K^2 - 1} + a^2 + y^2 = 0,$$

$$x^2 - 2\,a\,x\,\frac{K^2 + 1}{K^2 - 1} + \left(a\,\frac{K^2 + 1}{K^2 - 1}\right)^2 + y^2 = \left(a\,\frac{K^2 + 1}{K^2 - 1}\right)^2 - a^2,$$

und schließlich

$$\left(x - a\,\frac{K^2 + 1}{K^2 - 1}\right)^2 + y^2 = \left(\frac{2\,K a}{K^2 - 1}\right)^2. \tag{40}$$

Dies ist bei einem vorgegebenen Wert K die Gleichung eines Kreises, dessen Mittelpunkt auf der x-Achse liegt.

Bei Variation des Parameters K erhalten wir eine Kreisschar, die ihre Mittelpunkte in der x-Achse hat (Kraftlinien).

Ebenso: $\psi = \text{const}$, $\alpha_1 - \alpha_2 = K$

$$\alpha_1 = \operatorname{arc\,tg}\frac{y}{x + a}; \quad \alpha_2 = \operatorname{arc\,tg}\frac{y}{x - a},$$

$$\alpha_1 - \alpha_2 = \operatorname{arc\,tg}\frac{y}{x + a} - \operatorname{arc\,tg}\frac{y}{x - a} = \operatorname{arc\,tg}\frac{\dfrac{y}{x + a} - \dfrac{y}{x - a}}{1 + \dfrac{y}{x + a}\dfrac{y}{x - a}} = K,$$

$$\operatorname{arc\,tg}\frac{-2\,a\,y}{x^2 + y^2 - a^2} = K,$$

$$-2\,a\,y = K\,x^2 + K\,y^2 - K\,a^2,$$

$$x^2 + y^2 + \frac{2\,a}{K}\,y = a^2; \quad x^2 + \left(y + \frac{a}{K}\right)^2 = a^2 + \frac{a^2}{K^2},$$

$$x^2 + \left(y + \frac{a}{K}\right)^2 = \frac{a^2\,(K^2 + 1)}{K^2} \quad \text{Kreisgleichung.} \tag{41}$$

Bei Variation von K ergeben sich Kreise, deren Mittelpunkte auf der y-Achse liegen (Niveaulinien).

Ist allgemein die Gleichung einer einparametrigen Kurvenschar

$$f(x\,y\,C) = 0,$$

so findet man die Differentialgleichung der orthogonalen Trajektorien durch Elimination von C aus der gegebenen Gleichung und aus

$$-\frac{\partial f}{\partial y}\,d x + \frac{\partial f}{\partial x}\,d y = \dot{0}.$$

In unserem Fall ist aus der Gleichung für die Kraftlinien

$$f(x\,y\,C) = x^2(K^2 - 1) - 2\,a\,x(K^2 + 1) + a^2(K^2 - 1) + y^2(K^2 - 1)$$

$$= f(x\,y\,K) = 0,$$

$$-\frac{\partial f}{\partial x}\,d x + \frac{\partial f}{\partial x}\,d y = 0 = -\,y\,d x + \left(x - a\,\frac{K^2 + 1}{K^2 - 1}\right)d y = 0.$$

Die Elimination von K führt auf die Differentialgleichung

$$-2xy\,dx + (x^2 - y^2 - a^2)\,dy = 0 = F\,dx + G\,dy = 0.$$

Da hierin $\dfrac{\partial F}{\partial y} \neq \dfrac{\partial G}{\partial x}$ ist, die Differentialgleichung nicht exakt ist, so ist sie durch einen integrierenden Faktor v in ein vollständiges Differential umzuwandeln. Aus der Theorie der Differentialgleichungen

$$F(xy) \cdot v(xy)\,dx + G(xy) \cdot v(xy)\,dy = 0$$

folgt, wenn

$$\frac{1}{G}\left(\frac{\partial F}{\partial y} - \frac{\partial G}{\partial x}\right) = \varphi(x),$$

$$v = e^{\int \varphi(x)dx},$$

oder wenn

$$\frac{1}{F}\left(\frac{\partial G}{\partial x} - \frac{\partial F}{\partial y}\right) = \chi(y),$$

$$v = e^{\int \chi(y)dy}.$$

Für unsere Rechnung ergibt sich:

$$\frac{\partial G}{\partial x} = 2x; \quad \frac{\partial F}{\partial y} = -2x,$$

$$\frac{1}{F}\left(\frac{\partial G}{\partial x} - \frac{\partial F}{\partial y}\right) = -\frac{1}{2xy} \cdot 4x = -\frac{2}{y} = \chi(y),$$

$$v = e^{\int \chi(y)dy} = e^{-2\ln y}; \quad v = \frac{1}{y^2}.$$

Damit lautet unsere Differentialgleichung

$$-\frac{2x}{y}\,dx + \left(\frac{x^2}{y^2} - 1 - \frac{a^2}{y^2}\right)dy = 0 = F_1\,dx + G_1\,dy = 0.$$

Diese Gleichung ist exakt, denn es ist $\dfrac{\partial F_1}{\partial y} = \dfrac{\partial G_1}{\partial x}$. Die Lösung dieser Gleichung ergibt sich aus der Theorie zu

$$g(xy) = \int F_1(xy)\,dx + \int\left[G_1(xy) - \int \frac{\partial F_1(xy)}{\partial y}\,dx\right]dy + C_1 = 0$$

$$y(xy) = x^2 + y^2 + Cy - a^2 = 0.$$

Wir erhalten tatsächlich die Gleichung der Niveaulinien, die ja die orthogonalen Trajektorien der Kraftlinien sind.

Bei gleichgerichteten, gleichgroßen Strömen $I_1 = I_2$ erhalten wir für die Kraftliniengleichung Gl. (37)

$$\varphi = -\frac{I_1}{2\pi}\ln(r_1 r_2) = \text{const}; \quad r_1 r_2 = K \tag{37b}$$

und für die Niveauliniengleichung Gl. (38)

$$\psi = -\frac{I_1}{2\pi}(\alpha_1 + \alpha_2) = \text{const}; \quad \alpha_1 + \alpha_2 = K. \tag{38b}$$

Analytisch ergibt sich daraus entsprechend als Gleichung der Kraftlinien

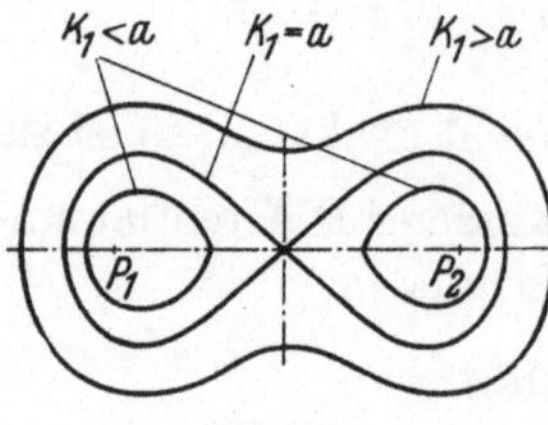

Abb. 32.
Kraftlinienbild zweier gleichgro-
ßer, gleichgerichteter Ströme.

$$[(x + a)^2 + y^2]\,[(x - a)^2 + y^2] = K$$

und nach einigen Umformungen, wenn $K = K_1^4$ gesetzt wird

$$(x^2 + y^2)^2 - 2a^2(x^2 - y^2) = K_1^4 - a^4. \quad (42)$$

Dies ist die Gleichung der Cassinischen Kurven. Ihr Bild ist in Abb. 32 dargestellt.

Für die Gleichung der Niveaulinien folgt

$$\psi = \frac{\dfrac{y}{x + a} + \dfrac{y}{x - a}}{1 - \dfrac{y^2}{x^2 - a^2}} = K; \quad \frac{2\,x\,y}{x^2 - y^2 - a^2} = K. \quad (43)$$

Die Bestimmung der orthogonalen Trajektorien zur Gl. (42) liefert die nachstehende Differentialgleichung

$$-(y[x^2 + y^2] + a^2 y)\,dx + (x[x^2 + y^2] - a^2 x)\,dy = 0.$$

Ihre Lösung wird wie folgt angegeben:

$$-y(x^2 + y^2)\,dx - a^2 y\,dx + x(x^2 + y^2)\,dy - a^2 x\,dy = 0$$

$$(x^2 + y^2)\,(x\,dy - y\,dx) - a^2(x\,dy + y\,dx) = 0$$

$$(x^2 + y^2)x^2 d\left(\frac{y}{x}\right) - a^2(x\,dy + y\,dx) = 0$$

$$\frac{(x^2 + y^2)\,x^2}{x^2 \cdot y^2}\,d\left(\frac{y}{x}\right) + a^2\,\frac{x\,dy + y\,dx}{-x^2\,y^2} = 0$$

$$\left(1 + \left[\frac{x}{y}\right]^2\right) d\left(\frac{y}{x}\right) + a^2 d\left(\frac{1}{x\,y}\right) = 0$$

$$\left(1 + \frac{1}{\left(\dfrac{y}{x}\right)^2}\right) d\left(\frac{y}{x}\right) + a^2 d\left(\frac{1}{x\,y}\right) = 0$$

$$\frac{y}{x} - \frac{1}{\dfrac{y}{x}} + a^2 \frac{1}{x\,y} = C$$

und schließlich

$$x^2 - y^2 - a^2 + C\,x\,y = 0.$$

Das ist aber die Niveauliniengleichung.

Es bereitet keine Schwierigkeit, das Feld in Mehrleitersystemen auf die gleiche Weise zu berechnen. Wir orientieren die Lage der linearen Stromleiter in einem Koordinatensystem (Abb. 33).

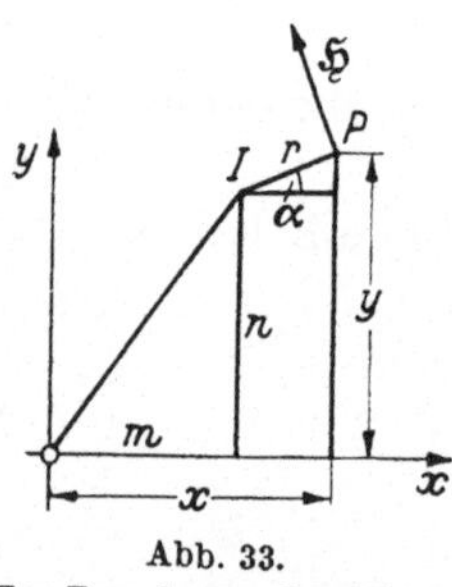

Abb. 33.
Zur Berechnung des Feldes
von linearen Stromleitern.

Für das Potential ψ des Stromes I im Punkt P finden wir nach Gl. (34)

$$\psi = -\frac{I}{2\pi}\,\alpha\,.$$

Die Feldstärke $\mathfrak{H}$ beträgt daselbst

$$\mathfrak{H} = \frac{I}{2\pi r}\,.$$

Bezeichnen m und n die Lagekoordinaten des Leiters, so ist allgemein

$$x = y\cot\mathrm{g}\,\alpha - n\cot\mathrm{g}\,\alpha + m$$

$$y = (x - m)\,\mathrm{tg}\,\alpha + n\,. \tag{44}$$

Bei n linearen parallelen Leitern mit den Strömen $I_1, I_2 \cdots I_n$ ist

$$\psi = -\frac{1}{2\pi}\,(I_1\alpha_1 + I_2\alpha_2 + \cdots) = -\frac{1}{2\pi}\sum_1^n I_k\,\alpha_k\,. \tag{45}$$

Für die X-Komponente der Feldstärke $\mathfrak{H}$ ist

$$\mathfrak{H}_x = -\mathrm{grad}_x\,\psi = -\frac{\partial\psi}{\partial x} = -\frac{\partial\psi}{\partial\alpha}\,\frac{d\alpha}{d x}\,.$$

Nach Gl. (44) ist

$$\frac{d x}{d\alpha} = -\frac{y}{\sin^2\alpha} + \frac{n}{\sin^2\alpha} = -\frac{(y - n)}{\sin^2\alpha}$$

$$\frac{d\alpha}{d x} = -\frac{\sin^2\alpha}{(y - n)} = -\frac{\sin\alpha}{r}\,,$$

ebenso wird

$$\mathfrak{H}_y = -\mathrm{grad}_y\,\psi = -\frac{\partial\psi}{\partial y} = -\frac{\partial\psi}{\partial\alpha}\,\frac{d\alpha}{d y}$$

$$\frac{d y}{d x} = (x - m)\,\frac{1}{\cos^2\alpha}\,;\quad \frac{d\alpha}{d y} = \frac{\cos\alpha}{r}\,.$$

Es ist somit

$$\mathfrak{H}_x = -\frac{\partial\psi}{\partial\alpha}\,\frac{d\alpha}{d x} = -\frac{1}{2\pi}\left[I_1\frac{\sin\alpha_1}{r_1} + I_2\frac{\sin\alpha_2}{r_2} + \cdots I_n\frac{\sin\alpha_n}{r_n}\right]$$
$$= \frac{1}{2\pi}\left[\sum_{k=1}^n I_k\frac{\sin\alpha_k}{r_k}\right] \tag{46}$$

$$\mathfrak{H}_y = -\frac{\partial\psi}{\partial\alpha}\,\frac{d\alpha}{d y} = \frac{1}{2\pi}\left[I_1\frac{\cos\alpha_1}{r_1} + I_2\frac{\cos\alpha_2}{r_2} + \cdots I_n\frac{\cos\alpha_n}{r_n}\right]$$
$$= \frac{1}{2\pi}\left[\sum_{k=1}^n I_k\frac{\cos\alpha_k}{r_k}\right]\,. \tag{47}$$

Daraus findet sich die Feldstärke im Punkte P zu:

$$\mathfrak{H} = \sqrt{\mathfrak{H}_x^2 + \mathfrak{H}_y^2}\ \ \text{A/cm}\,. \tag{48}$$

Die Gleichung der Kraftlinien ergibt sich als Lösung ihrer Differentialgleichung

$$\mathfrak{H}_x \, dy - \mathfrak{H}_y \, dx = 0. \tag{49}$$

$$-\left(I_1 \frac{\sin \alpha_1}{r_1} + I_2 \frac{\sin \alpha_2}{r_2} + \cdots \right) dy - \left(I_1 \frac{\cos \alpha_1}{r_1} + I_2 \frac{\cos \alpha_2}{r_2} + \cdots \right) dx = 0$$

$$\left[\mathfrak{I}_1 \frac{y - n_1}{[(x - m_1)^2 + (y - n_1)^2]} + \cdots \right] dy + \left[\mathfrak{I}_1 \frac{x - m_1}{[(x - m_1)^2 + (y - n_1)^2]} + \right.$$

$$\left. + \cdots \right] dx = 0.$$

Daraus $\qquad\qquad I_1 \ln (r_1)^2 + I_2 \ln (r_2)^2 + \cdots = C$

und schließlich

$$r_1{}^{I_1} \cdot r_2{}^{I_2} \cdots r_n{}^{I_n} = C \tag{50}$$

die Gleichung der Kraftlinien [vgl. Gl. (37)] [27], [31].

Die Formeln (46), (47) gestatten in ihrer integralen Form auch das Feld von Leitern mit gegebenen geometrischen Querschnitten zu berechnen, wie nachstehend angedeutet werden soll. Dabei ist angenommen, daß die Stromdichte $\mathfrak{G}$ im Leiterquerschnitt örtlich konstant sein soll.

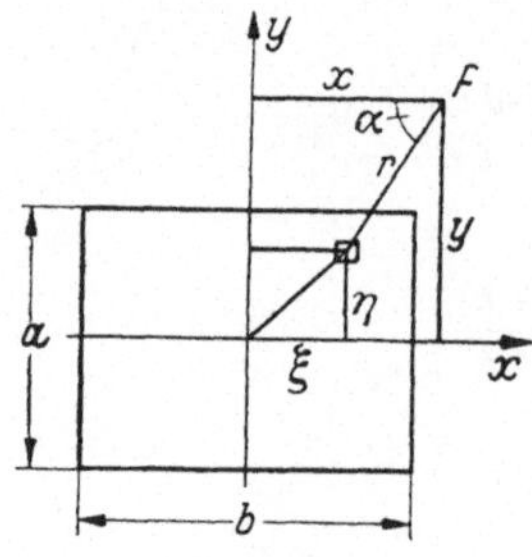

Abb. 34.
Das magnetische Feld eines Leiters mit Rechteckquerschnitt.

$$\left.\begin{aligned}
\mathfrak{H}_x &= -\frac{1}{2\pi} |\,\mathfrak{G}\,| \int \frac{\sin \alpha}{r} \, df \\
\mathfrak{H}_y &= \frac{1}{2\pi} |\,\mathfrak{G}\,| \int \frac{\cos \alpha}{r} \, df.
\end{aligned}\right\} \tag{51}$$

Beispielsweise ergibt sich für den in Abb. 34 abgebildeten Rechteckquerschnitt mit

$$r = \sqrt{(y - \eta)^2 + (x - \xi)^2}; \quad \sin \alpha = \frac{y - \eta}{r}; \quad \cos \alpha = \frac{x - \xi}{r}$$

$$\mathfrak{H}_x = -\frac{1}{2\pi} \frac{I}{ab} \int\limits_{-b/2}^{+b/2} d\xi \int\limits_{-a/2}^{+a/2} \frac{y - \eta}{(y - \eta)^2 + (x - \xi)^2} \, d\eta$$

$$= \frac{I}{2\pi ab} \left(\frac{1}{2} \left(x + \frac{b}{2} \right) \ln \frac{\left(y + \frac{a}{2} \right)^2 + \left(x + \frac{b}{2} \right)^2}{\left(y - \frac{a}{2} \right)^2 + \left(x + \frac{b}{2} \right)^2} - \right.$$

$$- \frac{1}{2} \left(x - \frac{b}{2} \right) \ln \frac{\left(y + \frac{a}{2} \right)^2 + \left(x - \frac{b}{2} \right)^2}{\left(y - \frac{a}{2} \right)^2 + \left(x - \frac{b}{2} \right)^2} + \left(y + \frac{a}{2} \right) \left[\operatorname{arc\,tg} \frac{x + \frac{b}{2}}{y + \frac{a}{2}} - \right.$$

$$\left. - \operatorname{arc\,tg} \frac{x - \frac{b}{2}}{y + \frac{a}{2}} \right] - \left(y - \frac{a}{2} \right) \left[\operatorname{arc\,tg} \frac{x + \frac{b}{2}}{y - \frac{a}{2}} - \operatorname{arc\,tg} \frac{x - \frac{b}{2}}{y - \frac{a}{2}} \right] \right).$$

Bei Vertauschung von x, y und a, b ergibt sich daraus der Ausdruck für $\mathfrak{H}y$ [8].

Das Feld im Inneren eines Leiters wird aus dem Vektorpotential $\mathfrak{A}$ durch nachfolgende Beziehung bestimmt:

$$\mathfrak{H} = \operatorname{rot} \mathfrak{A}. \qquad \text{vgl. (6)}$$

Es soll hier der Vollständigkeit halber die Ableitung des Vektorpotentials gebracht werden. Nach Gl. (7) ist

$$\mathfrak{A} = \frac{1}{4\pi} \int \mathfrak{G} \frac{dv}{r}. \qquad (7)$$

Für einen Stromfaden von der Länge $2l$, mit der konstanten Stromdichte $\mathfrak{G}_z$, den wir uns in die z-Achse eines Koordinatensystems gelegt denken (Abb. 35), ist das Vektorpotential

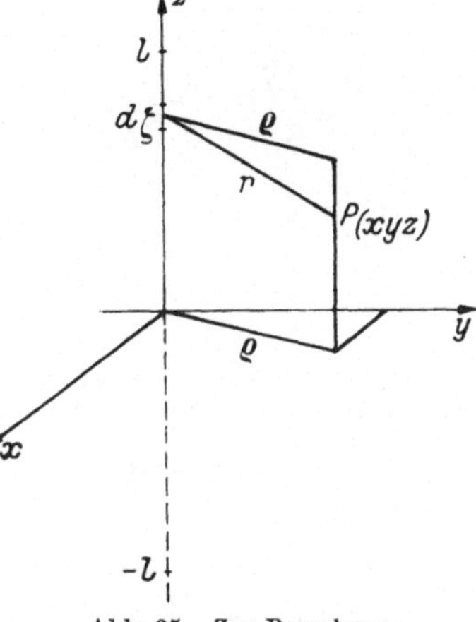

Abb. 35. Zur Berechnung des Vektorpotentials im Punkt P.

$$\mathfrak{A} = \mathfrak{A}_z = \frac{1}{4\pi} \int\limits_{-l}^{+l} \frac{\mathfrak{G}_z\, d\xi}{r} = \frac{\mathfrak{G}_z}{4\pi} \int\limits_{-l}^{+l} \frac{d\xi}{r}$$

mit

$$r = \sqrt{\varrho^2 + (\xi - z)^2}$$

wird

$$\mathfrak{A}_z = \frac{\mathfrak{G}}{4\pi} \int\limits_{-l}^{+l} \frac{d\xi}{\sqrt{\varrho^2 + (\xi - z)^2}} = \frac{\mathfrak{G}}{4\pi} \ln\left[\xi - z + \sqrt{\varrho^2 + (\xi - z)^2}\right] \int\limits_{-l}^{+l}$$

$$\mathfrak{A}_z = \frac{\mathfrak{G}}{4\pi} \ln \frac{l - z + \sqrt{\varrho^2 + (l - z)^2}}{-l - z + \sqrt{\varrho^2 + (-l - z)^2}}.$$

Für $l \gg z$ wird

$$\mathfrak{A}_z = \frac{\mathfrak{G}}{4\pi} \ln \frac{l + \sqrt{\varrho^2 + l^2}}{-l + \sqrt{\varrho^2 + l^2}}.$$

Wird die Länge l sehr groß, im Grenzfall $l \to \infty$, so nimmt der Quotient nachstehenden Wert an

$$\lim_{l \to \infty} \frac{l + \sqrt{\varrho^2 + l^2}}{-l + \sqrt{\varrho^2 + l^2}} = \left(\frac{2l}{\varrho}\right)^2.$$

Daher

$$\lim_{l \to \infty} \mathfrak{A}_z = \frac{\mathfrak{G}}{4\pi} \ln \frac{4l^2}{\varrho^2} = -\frac{\mathfrak{G}}{2\pi} \ln\varrho + \text{Const.} \qquad (52)$$

Das logarithmische Potential spielt für zweidimensionale Felder eine ähnliche Rolle, wie das Quellpunktspotential im Dreidimensionalen.

Die Ermittlung des Vektorpotentials eines Stromleiters mit kreisförmigem Querschnitt geht von der Formel (52) aus. Es soll vorerst das Vektorpotential eines Stromleiters mit kreisförmigem Querschnitt im Punkt P, außerhalb des Leiters berechnet werden (Abb. 36). Die Stromdichte $\mathfrak{G}$ im Leiter sei konstant. Es ist nach Gl. (52)

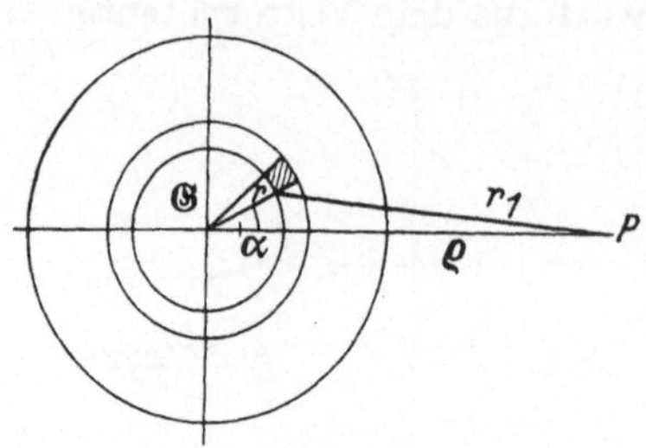

Abb. 36.
Zur Berechnung des Vektorpotentials außerhalb eines Leiters mit Kreisquerschnitt.

$$\mathfrak{A} = -\frac{\mathfrak{G}}{2\pi} \int \ln r_1 \, df = \left.\vphantom{\int_0^R}\right\}$$
$$= -\frac{\mathfrak{G}}{2\pi} \int_0^R \int_0^{2\pi} \ln r_1 \, r \, dr \, d\alpha, \left.\vphantom{\int_0^R}\right\} \quad (52\,\text{a})$$

da der Flächeninhalt des schraffierten Leiterelementes $df = r\,d\alpha\,dr$ beträgt. Weiter ist

$$r_1^2 = r^2 + \varrho^2 - 2r\varrho\cos\alpha.$$

Für $\varrho > r$ schreiben wir

$$r_1^2 = [\varrho - re^{j\alpha}]\,[\varrho - re^{-j\alpha}].$$

Es ist:

$$r_1^2 = \varrho^2 - \varrho re^{j\alpha} - \varrho re^{-j\alpha} + r^2 = \varrho^2 + r^2 - \varrho r(e^{j\alpha} + e^{-j\alpha})$$
$$= r^2 + \varrho^2 - 2r\varrho\cos\alpha$$

$$\left.\begin{aligned} e^{j\alpha} &= \cos\alpha + j\sin\alpha\\ e^{-j\alpha} &= \cos\alpha - j\sin\alpha \end{aligned}\right\} e^{j\alpha} + e^{-j\alpha} = 2\cos\alpha$$

$$r_1 = \sqrt{(\varrho - re^{j\alpha})\,(\varrho - re^{-j\alpha})} = \varrho\sqrt{\left(1 - \frac{r}{\varrho}e^{j\alpha}\right)\left(1 - \frac{r}{\varrho}\right)e^{-j\alpha}}.$$

Da allgemein

$$\ln(1 - x) = -\frac{x}{1} - \frac{x^2}{2} - \frac{x^3}{3}\cdots,$$

so wird

$$\ln r_1 = \ln\varrho + \frac{1}{2}\ln\left(1 + \frac{r}{\varrho}e^{j\alpha}\right) + \frac{1}{2}\ln\left(1 - \frac{r}{\varrho}e^{-j\alpha}\right)$$
$$= \ln\varrho - \frac{1}{2}\left[\frac{r}{\varrho}e^{j\alpha} + \frac{1}{2}\left(\frac{r}{\varrho}\right)^2 e^{2j\alpha} + \cdots\right] - \frac{1}{2}\left[\frac{r}{\varrho}e^{-j\alpha} + \frac{1}{2}\left(\frac{r}{\varrho}\right)^2 e^{-2j\alpha} + \cdots\right]$$
$$= \ln\varrho - \frac{r}{\varrho}\cos\alpha - \frac{1}{2}\left(\frac{r}{\varrho}\right)^2\cos 2\alpha\cdots.$$

Nun ist

$$\int_0^{2\pi} \cos n\,\alpha\,d\alpha = 0,$$

daher

$$\mathfrak{A} = -\frac{1}{2\pi}\mathfrak{G}\int_0^R\int_0^{2\pi}\ln\varrho\,d\alpha\,r\,dr = -\mathfrak{G}\ln\varrho\int_0^R r\,dr = -\frac{R^2}{2}\mathfrak{G}\ln\varrho. \quad (53)$$

Es soll nun der Punkt P innerhalb einer von R_0 und R als Radien begrenzten Kreisfläche liegen (Abb. 37).

Wir entwickeln für $\varrho < r$

$$r_1^2 = r^2 + \varrho^2 - 2r\varrho\cos\alpha = [r - \varrho e^{j\alpha}]\,[r - \varrho e^{-j\alpha}]$$

$$r_1 = r\,\sqrt{\left[1 - \frac{\varrho}{r}\,e^{j\alpha}\right]\left[1 - \frac{\varrho}{r}\,e^{-j\alpha}\right]}$$

$$\ln r_1 = \ln r + \frac{1}{2}\ln\left[1 - \frac{\varrho}{r}\,e^{j\alpha}\right] + \frac{1}{2}\ln\left[1 - \frac{\varrho}{r}\,e^{-j\alpha}\right]$$

$$\ln r_1 = \ln r - \frac{1}{2}\left[\frac{\varrho}{r}\,e^{j\alpha} + \frac{1}{2}\left(\frac{\varrho}{r}\right)^2 e^{2j\alpha} + \cdots\right] -$$

$$-\frac{1}{2}\left[\frac{\varrho}{r}\,e^{-j\alpha} + \frac{1}{2}\left(\frac{\varrho}{r}\right)^2 e^{-2j\alpha} + \cdots\right]$$

$$\ln r_1 = \ln r - \frac{\varrho}{r}\cos\alpha - \frac{1}{2}\left(\frac{\varrho}{r}\right)^2 \cos 2\alpha \cdots$$

$$\mathfrak{A}_z = -\frac{\mathfrak{G}}{2\pi}\int_{R_0}^{R}\int_0^{2\pi}\ln r\cdot r\,dr\,d\alpha = -\mathfrak{G}\int_{R_0}^{R}\ln r\cdot r\,dr.$$

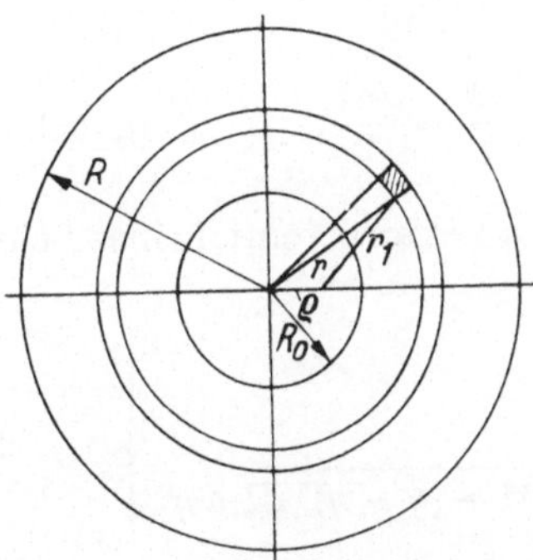

Abb. 37.
Zur Berechnung des Vektorpotentials innerhalb eines Hohlleiters mit Kreisquerschnitt.

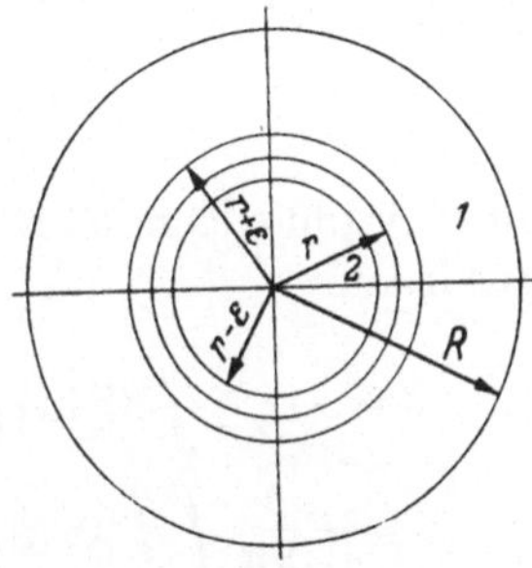

Abb. 38.
Zur Berechnung des Vektorpotentials eines Leiters mit Kreisquerschnitt.

Es ist

$$\int \ln r\cdot r\,dr = \frac{r^2}{2}\ln r - \int \frac{r^2}{2}\,\frac{1}{r}\,dr = \frac{r^2}{2}\ln r - \frac{r^2}{4},$$

wenn $\ln r = u$, $r\,dr = dv$ gesetzt wird, daher

$$\mathfrak{A}_z = -\frac{\mathfrak{G}}{2}\left\{R^2\left(\ln R - \frac{1}{2}\right) - R_0^2\left(\ln R_0 - \frac{1}{2}\right)\right\}. \tag{54}$$

Das logarithmische Potential eines von örtlich konstanter Stromdichte durchflossenen Kreisquerschnittes läßt sich daraus durch eine Grenzbetrachtung leicht ableiten (Abb. 38).

Es wird der Kreisquerschnitt in bezug auf die Lage des Punktes P in zwei Gebiete 1 und 2 aufgeteilt. Das Gebiet 1 umfaßt die ringförmige

Kreisfläche mit den Halbmessern R und $r + \varepsilon$, wobei ε eine beliebig klein gewählte Strecke bedeutet. Bezüglich dieses Gebietes ist P ein innenliegender Punkt, daher beträgt sein Potential, herrührend vom Gebiete 1 (Gl. 54)

$$\mathfrak{A}_{z_1} = - \frac{\mathfrak{S}}{2} \left\{ R^2 \left(\ln R - \frac{1}{2} \right) - (r+\varepsilon)^2 \left(\ln (r+\varepsilon) - \frac{1}{2} \right) \right\}.$$

Für das Gebiet 2 — ein Kreis mit dem Halbmesser $(r - \varepsilon)$ — ist P ein außenliegender Punkt, daher (Gl. 53)

$$\mathfrak{A}_{z_2} = - \frac{\mathfrak{S}}{2} (r - \varepsilon)^2 \ln r.$$

Wenn wir nun mit ε zur Grenze Null übergehen, $\varepsilon \to 0$, wird

$$\mathfrak{A}_z = \lim_{\varepsilon \to 0} (\mathfrak{A}_{z_1} + \mathfrak{A}_{z_2}) = - \frac{\mathfrak{S}}{2} \left\{ R^2 \left(\ln R - \frac{1}{2} \right) + \frac{r^2}{2} \right\}. \tag{55}$$

Das ist das Vektorpotential des Punktes P innerhalb des Leiters mit dem kreisförmigen Querschnitt.

Aus der Beziehung $\mathfrak{H} = \operatorname{rot} \mathfrak{A}$ folgt

$$\mathfrak{H} = \mathfrak{H}_\alpha = \operatorname{rot}_\alpha \mathfrak{A} = - \frac{\partial \mathfrak{A}_z}{\partial r} = \frac{\mathfrak{S} r}{2}. \tag{56, vgl. (20)}$$

Allgemein ergibt sich nach Gl. (52a) für das Vektorpotential eines Leiters der Ausdruck

$$\left. \begin{aligned} \mathfrak{A} &= - \frac{1}{2\pi} \int \mathfrak{S} \ln r_1 \, df \\ &= - \frac{1}{2\pi} \int\!\!\int \mathfrak{S}(\xi\eta) \ln \sqrt{(x - \xi)^2 + (y - \eta)^2} \, d\xi \, d\eta, \end{aligned} \right\} \tag{57}$$

darin sind x, y die Koordinaten des Aufpunktes, ξ, η die Integrationskoordinaten und $\mathfrak{S}(\xi\eta)$ die im allgemeinen von den Koordinaten $\xi\eta$ abhängige Stromdichte. Das Integral ist über den Querschnitt zu erstrecken.

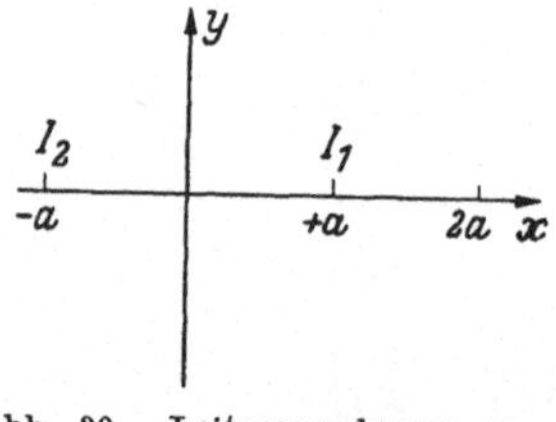

Die Gl. (46) und (47) ermöglichen eine rasche Ermittlung der Feldstärke bei gegebenen parallelen Leiteranordnungen in irgendeinem Punkt. Dazu ein Beispiel:

Die Spurpunkte der mit der z-Achse parallelen Stromleiter auf der Abszissenachse seien $+a$, $-a$ (Abb. 39).

Abb. 39. Leiteranordnung zur Ermittlung der Feldstärke einer Einphasenleitung.

Die Ströme I_1 und I_2 seien einfach harmonische Zeitfunktionen mit den Augenblickswerten $i_1 i_2$, sie sollen einander entgegengesetzt gleichgroß sein, also $i_1 = - i_2 = i$, $i = I e^{j\omega t}$.

Es soll der zeitliche Verlauf der magnetischen Feldstärke im Punkt $(2\,a, 0)$ bestimmt werden. Dann ist daselbst nach Gl. (46) und (47)

$$\mathfrak{H}_x = 0.$$

$$\mathfrak{H}_y = \mathfrak{H} = \frac{1}{2\,\pi}\left[\frac{I}{a} - \frac{I}{3\,a}\right] e^{j\omega t} = \frac{1}{2\,\pi a} \cdot \frac{2}{3}\, I\, e^{j\omega t}.$$

Die Feldstärke ist ebenfalls eine einfach harmonische Zeitfunktion, deren Maximalwert $\frac{1}{2\,\pi a}\,\frac{2}{3}\, I$ A/cm beträgt.

Es soll nun der Betrag der Feldstärke im gleichen Punkt ermittelt werden, falls an Stelle des Einphasenstromsystems ein symmetrisches Drehstromsystem tritt, das die gleichgroße Stromamplitude aufweist und dessen geometri-

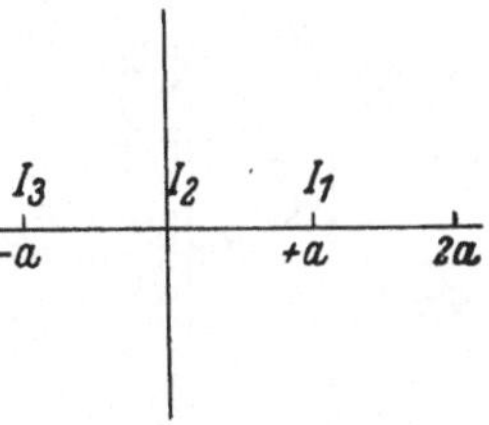

Abb. 40. Ermittlung der Feldstärke einer Drehstromleitung.

sche Lage in Abb. 40 angedeutet ist. Für das Drehstromsystem gelte [vgl. Gl. (40), § 2]

$$\mathfrak{J}_1 = I\, e^{j\omega t}$$

$$\mathfrak{J}_2 = a^2 I\, e^{j\omega t}$$

$$\mathfrak{J}_3 = a I\, e^{j\omega t}.$$

Dann ist

$$\mathfrak{H}_x = 0.$$

$$\mathfrak{H}_y = \frac{1}{2\,\pi}\left[\frac{I}{a} + \frac{a^2 I}{2a} + \frac{a I}{3a}\right] e^{j\omega t} = \frac{I}{2\,\pi a}\left[1 + \frac{a^2}{2} + \frac{a}{3}\right] e^{j\omega t}.$$

In Abb. 41 (3) ist der Vektorausdruck

$$\left[1 + \frac{a^2}{2} + \frac{a}{3}\right]$$

ermittelt. Sein Absolutwert beträgt

$$\left\|\left[1 + \frac{a^2}{2} + \frac{a}{3}\right]\right\| = 0{,}6.$$

Es ist daher

$$\mathfrak{H} = \frac{1}{2\,\pi a}\, 0{,}6\, I - e^{j\omega t}.$$

Der Maximalwert der Feldstärke im gleichen Aufpunkt bei gleichgroßem Absolutwert der Ströme ist hier gegenüber dem Einphasensystem kleiner, und zwar um rund 10%.

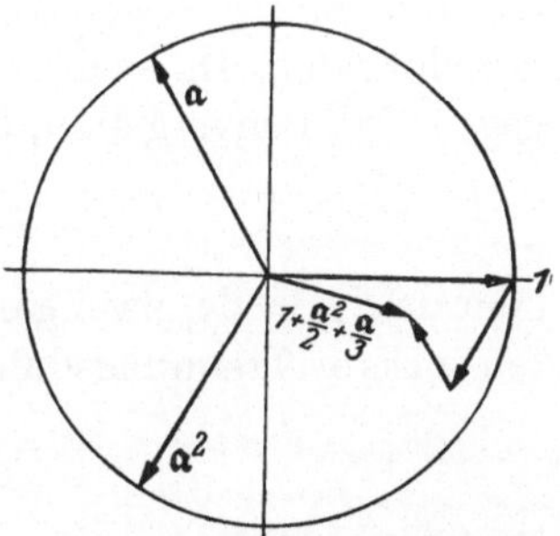

Abb. 41. Herleitung des Vektorausdruckes $\left[1 + \frac{a^2}{2} + \frac{a}{3}\right]$.

§ 3. Das magnetische Feld an Grenzflächen.

Ein gegebenes System elektrischer Ströme mag im Raum mit der Permeabilität $\mu_1 = \mu_0 \mu_{r1}$ ein magnetisches Feld erregen mit der Feldstärke $\mathfrak{H}_1$ und der Induktion $\mathfrak{B}_1$. Wir denken uns in dem Feld ein stromloses Gebiet abgegrenzt und in dieses einen Körper von der Permeabilität $\mu_2 = \mu_0 \mu_{r2}$ hineingebracht. An der Grenzfläche des Körpers ändert sich die Permeabilität sprunghaft. Im Körper selbst wird sich ein magnetisches Feld ausbilden, dessen Vektoren $\mathfrak{H}_2$ und $\mathfrak{B}_2$ von denen des übrigen Raumes ($\mathfrak{H}_1$, $\mathfrak{B}_1$) verschieden sind. Es sind die Vektoren $\mathfrak{H}_2$ und $\mathfrak{B}_2$ zu ermitteln.

In Abb. 42 bilde in der xy-Ebene ein Stück der y-Achse die Trennungslinie zwischen den beiden Gebieten 1 und 2 mit den Permeabilitäten μ_1 und μ_2.

Wir denken uns an der Trennungslinie einen unendlich kleinen Zylinder mit den Basisflächen df und der Höhe dn in Richtung der Flächennormale. Wir wenden auf dieses Zylinderelement mit dem Elementarvolumen dv den Gaußschen Satz an:

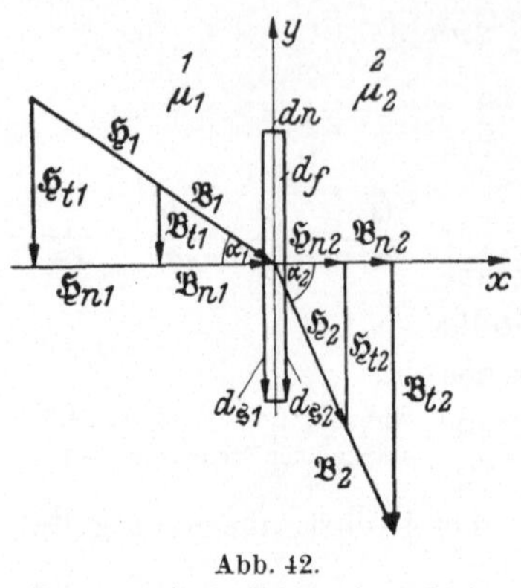

Abb. 42.
Das magnetische Feld an Grenzflächen.

$$\int \mathfrak{B}\, df = \int \operatorname{div} \mathfrak{B}\, dv = 0,$$

daher

$$\operatorname{Div} \mathfrak{B} = 0; \quad \mathfrak{B}_{n1} = \mathfrak{B}_{n2}. \tag{58}$$

(Die Anteile des Zylindermantels fallen bei der Grenzbildung als unendlich klein gegenüber jener der Basisflächen fort.)

D. h. die Normalkomponente von $\mathfrak{B}$ durchsetzt die Trennungsfläche stetig. Da ferner das betrachtete Gebiet des Feldes stromfrei ist, muß das Linienintegral von $\mathfrak{H}$ für jede in diesem Gebiet verlaufende Kurve verschwinden. Da auch hier bei der Grenzbildung die Kurvenstücke dn gegen Null konvergieren, bleibt

$$\int \mathfrak{H}_{t1}\, d\mathfrak{s}_1 - \int \mathfrak{H}_{t2}\, d\mathfrak{s}_2 = 0,$$

oder da $d\mathfrak{s}_1 = d\mathfrak{s}_2$ zwei gleichgroße Kurvenstücke parallel zu beiden Seiten unserer Trennungslinien sind,

$$\mathfrak{H}_{t1} = \mathfrak{H}_{t2}; \quad \operatorname{Rot} \mathfrak{H} = 0. \tag{59}$$

Da allgemein $\mathfrak{B} = \mu \mathfrak{H}$ ist, folgt aus Gl. (58)

$$\mathfrak{B}_{n1} = \mu_1 \mathfrak{H}_{n1} = \mathfrak{B}_{n2} = \mu_2 \mathfrak{H}_{n2}$$

oder

$$\frac{\mathfrak{H}_{n1}}{\mathfrak{H}_{n2}} = \frac{\mu_2}{\mu_1} \tag{60}$$

und aus Gl. (59)

$$\frac{\mathfrak{B}_{t1}}{\mu_1} = \frac{\mathfrak{B}_{t2}}{\mu_2}; \quad \frac{\mathfrak{B}_{t1}}{\mathfrak{B}_{t2}} = \frac{\mu_1}{\mu_2}. \tag{61}$$

Ferner ist

$$\frac{\mathfrak{H}_{n1}}{\mathfrak{H}_{n2}} \cdot \frac{\mathfrak{H}_{t2}}{\mathfrak{H}_{t1}} = \frac{\mu_2}{\mu_1} = \frac{\mathfrak{H}_{t2}/\mathfrak{H}_{n2}}{\mathfrak{H}_{t1}/\mathfrak{H}_{n1}} = \frac{\operatorname{tg}\alpha_2}{\operatorname{tg}\alpha_1}. \tag{62}$$

Letzte Gleichung beinhaltet das sog. Brechungsgesetz der Kraftlinien. Es hat ein entsprechendes Analogon in der Elektrostatik. Es ist zu beachten, daß dieses Gesetz nur in stromfreien Gebieten seine Gültigkeit besitzt. Führt die Trennungsebene zwischen den beiden Ebenen einen Strombelag mit der Flächendichte g, dann gilt

$$\left. \begin{array}{l} \operatorname{Rot} \mathfrak{H} = g \\[1.2ex] \mathfrak{B}_{n2} = \mathfrak{B}_{n1} \\[1.2ex] \mathfrak{H}_{t2} = \mathfrak{H}_{t1} + g \\[1.2ex] \mathfrak{B}_1 = \mu_1 \mathfrak{H}_1; \quad \mathfrak{B}_2 = \mu_2 \mathfrak{H}_2 \\[1.2ex] \mathfrak{B}_{t2} = \dfrac{\mu_2}{\mu_1} \cdot \mathfrak{B}_{t1} + \mu_2 g \\[1.2ex] \mathfrak{H}_{n2} = \dfrac{\mu_1}{\mu_2} \mathfrak{H}_{n1}. \end{array} \right\} \tag{63}$$

Es soll nun der Verlauf des magnetischen Feldes eines linearen Leiters in einem Raum untersucht werden, der durch eine ebene Trennfläche in zwei Teilgebiete 1 und 2 mit den unterschiedlichen Permeabilitäten μ_1 und μ_2 geteilt wird (Abb. 43).

Im Spurpunkt P_1 durchsetze ein linearer Stromleiter mit dem Strom I senkrecht die xy-Ebene eines Koordinatensystems. Die y-Achse bilde die Trennungslinie der beiden Teilgebiete. Der Abstand des Spurpunktes P_1 vom Koordinatenursprung sei $x = a$. Im Aufpunkt $P(0, y)$ an der Grenzfläche beträgt die Feldstärke, hervorgerufen durch den Strom I

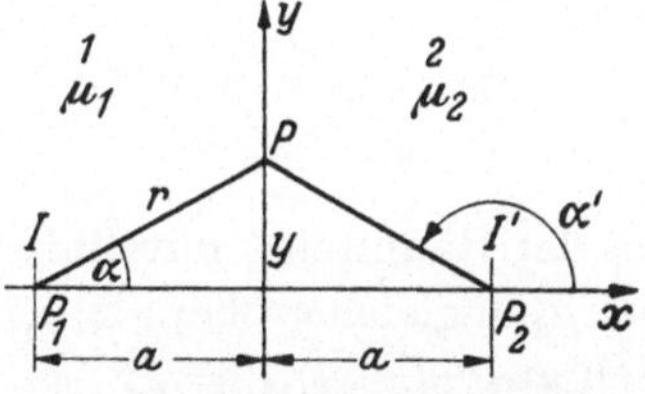

Abb. 43. Spiegelung des Leiters an einer ebenen Trennfläche.

$$\mathfrak{H}_I = \frac{I}{2\pi r}$$

Es ist nach den Gl. (47) und (46)

$$\mathfrak{H}_t = \mathfrak{H}_y = \frac{1}{2\pi} \frac{I\cos\alpha}{r} \frac{1}{2\pi} = \frac{Ia}{r^2}$$

$$\mathfrak{B}_{n1} = \mu_1 \mathfrak{H}_x = -\frac{\mu_1}{2\pi} I \frac{\sin\alpha}{r} = -\frac{\mu_1}{2\pi} \frac{Iy}{r^2}$$

$$\mathfrak{B}_{n2} = \mu_2 \mathfrak{H}_x = -\frac{\mu_2}{2\pi} \frac{I\sin\alpha}{r} = -\frac{\mu_2}{2\pi} \frac{Iy}{r^2}.$$

Daraus folgt jedoch:

$$\mathfrak{B}_{n\,1} \neq \mathfrak{B}_{n\,2}.$$

Es ist somit die in Gl. (58) geforderte Grenzbedingung nicht erfüllt.

Um sie zu erfüllen, nehmen wir in P_2 spiegelbildlich zu P_1 einen fingierten Strom I' an und denken uns auch den Raum 2 mit dem Stoff μ_1 erfüllt. Dann ist

$$\mathfrak{H}_t = \mathfrak{H}_y = \frac{1}{2\,\pi}\left(\frac{I\,a}{r^2} - \frac{I'a}{r^2}\right) = \frac{a}{2\,\pi\,r^2}\,(I - I')$$

$$\mathfrak{B}_{n\,1} = \mu_1 \mathfrak{H}_x = -\frac{\mu_1}{2\,\pi}\left(\frac{I\,y}{r^2} + \frac{I'y}{r^2}\right) = -\frac{\mu_1}{2\,\pi\,r^2}\,y\,(I + I').$$

Das Feld in Raum 2 denken wir uns durch einen Strom I'' in P_1 dargestellt, so daß (wenn μ_1 durch μ_2 ersetzt gedacht wird)

$$\mathfrak{H}_t = \mathfrak{H}_y = \frac{1}{2\,\pi}\frac{I''a}{r^2}; \quad \mathfrak{B}_{n\,2} = -\frac{\mu_2\,y}{2\,\pi\,r^2}\,I''.$$

Die unbekannten Ströme I' und I'' ergeben sich nun aus den geforderten Grenzbedingungen

$$\mathfrak{H}_{t1} = \mathfrak{H}_{y\,1} = \mathfrak{H}_{t2} = \mathfrak{H}_{y\,2}; \quad \mathfrak{B}_{n\,1} = \mathfrak{B}_{n\,2}$$

$$\frac{a}{2\,\pi\,r^2}\,I'' = \frac{a}{2\,\pi\,r^2}\,(I - I'), \quad \text{daher} \quad I'' = I - I'$$

$$\mu_1\,(I + I') = \mu_2\,I'',$$

somit

$$I' = I\,\frac{\mu_2 - \mu_1}{\mu_1 + \mu_2} \tag{64}$$

$$I'' = I\,\frac{2\,\mu_1}{\mu_1 + \mu_2}. \tag{65}$$

Ist der Raumteil 1 mit Luft (μ_1), der Raumteil 2 mit Eisen gefüllt, wobei μ_2 ungleich größer als μ_1 ist (in erster Annäherung $\mu_2 \to \infty$), so ergibt sich aus Gl. (64) $I' = I$.

Das Feld eines Stromleiters in der Nähe einer Eisenwand wird erhalten, indem man sich spiegelbildlich zur Begrenzung einen Strom derselben Größe und Richtung angeordnet denkt. Die Feldlinien im Luftraum ergeben Cassinische Kurven (Abb. 32).

Ist der Raum 2 von einem Kreiszylindermantel mit dem Halbmesser r_0 gegenüber dem Raumteil 1 abgegrenzt, so wird auch hier das Verfahren der Spiegelung angewendet (Abb. 44). Man bringt das Spiegelbild P_2 zur Berechnung des Feldverlaufes im Raum 1 in dem Raumteil 2 derart an, daß

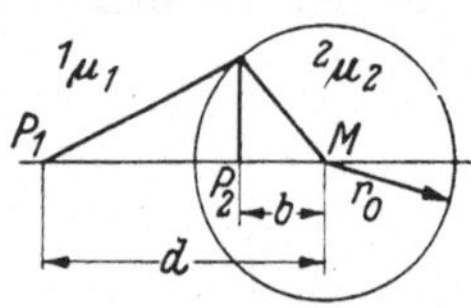

Abb. 44.
Spiegelung des Leiters an einer Kreiszylinderfläche.

$$b\,d = r_0^2 \tag{66}$$

ist. Doch soll auf eine weitere Behandlung dieses Falles hier nicht eingegangen werden.

§4. Eisenzylinder im statischen homogenen Magnetfeld.

1. Das logarithmische Potential einer Quellinie.

Wir denken uns eine Gerade, die aus kontinuierlich verteilten positiven magnetischen Mengen mit einer Mengendichte m belegt wäre. Dieser Fall ist physikalisch nicht realisierbar, da es freie magnetische Mengen nicht gibt. Es läßt sich jedoch rechnerisch ähnlich der an die Abb. 35 geknüpften Berechnung in der xy-Ebene ein skalares Potential ableiten. Bezeichnet man mit μ die Permeabilität des Raumes, so beträgt das skalare Potential eines Streckenelementes $d\xi$ im Aufpunkt $P(xyz)$ (Abb. 35)

$$d\varphi = \frac{m}{4\pi\mu} \frac{d\xi}{\sqrt{\varrho^2 + (\xi - z)^2}} \, .$$

Für das Potential einer endlichen, mit der magnetischen Mengendichte m belegten Geraden der Länge $2\,l$, erhält man daher

$$\varphi = \int\limits_{-l}^{-l} \frac{m}{4\pi\mu} \frac{d\xi}{\sqrt{\varrho^2 + (\xi - z)^2}} \, .$$

Gehen wir mit der Länge der Geraden zur Grenze $l \to \infty$, so folgt aus dem letzten Ausdruck der Begriff des logarithmischen skalaren Potentials

$$\varphi = -\frac{m}{2\pi\mu} \ln\varrho + \text{Const.} \tag{67}$$

Es kann bekanntlich dargestellt werden, als reeller Teil einer komplexen Mutterfunktion

$$w = -\frac{m}{2\pi\mu} \ln z, \tag{68}$$

wobei

$$z = \varrho\, e^{j\alpha} \quad \text{ist.} \tag{69}$$

Für 2 im Abstand $2a$ zueinander liegende parallele Gerade, die mit entgegengesetzt gleichgroßen Mengendichten $m_2 = -m_1 = m$ belegt sind (Abb. 31), erhält man für das komplexe Potential

$$\left. \begin{aligned} w &= -\frac{m_1}{2\pi\mu} \ln r_1 - \frac{m_2}{2\pi\mu} \ln r_2 = \frac{m}{2\pi\mu} \ln(z + a) - \frac{m}{2\pi\mu} \ln(z - a) \\ &= \frac{m}{2\pi\mu} \ln\frac{z + a}{z - a} \, . \end{aligned} \right\} \tag{70}$$

Mit
$$z + a = r_1\, e^{j\alpha_1}$$

und
$$z - a = r_2\, e^{j\alpha_2}$$

kann man dafür auch schreiben

$$w = \frac{m}{2\pi\mu} \ln\frac{r_1\, e^{j\alpha_1}}{r_2\, e^{j\alpha_2}} \, . \tag{71}$$

Durch die Aufspaltung von w in

$$w = \varphi + j\psi$$

ergibt sich daraus

$$\varphi = \frac{m}{2\pi\mu}\ln\frac{r_1}{r_2}; \quad \psi = \frac{m}{2\pi\mu}(\alpha_1 - \alpha_2) = -\frac{m}{2\pi\mu}\alpha. \tag{72}$$

Bekanntlich ist:

$$\ln(1 + x) = \frac{x}{1} - \frac{x^2}{2} + \frac{x^3}{3} - \frac{x^4}{4}$$

$$\ln(1 - x) = -\frac{x}{1} - \frac{x^2}{2} - \frac{x^3}{3} - \cdots$$

Damit läßt sich der Ausdruck (70) wie folgt umformen:

$$\ln(z + a) = \ln\left[z\left(1 + \frac{a}{z}\right)\right]; \quad \ln(z - a) = \ln\left[z\left(1 - \frac{a}{z}\right)\right]$$

$$\ln(z + a) = \ln z + \ln\left(1 + \frac{a}{z}\right) = \ln z + \frac{a}{z} - \frac{a^2}{2z^2} + \frac{a^3}{3z^3}\cdots$$

$$\ln(z - a) = \ln z + \ln\left(1 - \frac{a}{z}\right) - \ln z - \frac{a}{z} - \frac{a^2}{2z^2} - \frac{a^3}{3z^3}\cdots$$

$$\ln\left(\frac{z + a}{z - a}\right) = \frac{2a}{z} + \frac{2}{3}\frac{a^3}{z^3}\cdots$$

Wir lassen die im Punkte $z = \pm a$ liegenden Quell- und Senklinien immer näher an den Ursprung des Koordinatensystems heranrücken, führen also den Grenzübergang $a \to 0$ aus. Zugleich verfügen wir über die Ergiebigkeit m der Quellinie so, daß stets das „Moment" $\mathfrak{M} = m \cdot 2a$ konstant bleibt. Dann wird

$$w = \lim_{a\to\infty} \frac{m}{2\pi\mu}\ln\frac{z + a}{z - a} = \frac{m}{2\pi\mu}\frac{2a}{z} = \frac{\mathfrak{M}}{2\pi\mu}\frac{1}{z}. \tag{73}$$

Da

$$\frac{1}{z} = \frac{1}{x + jy} = \frac{x - jy}{x^2 + y^2}$$

ist, wird

$$\left.\begin{aligned}\varphi &= \frac{\mathfrak{M}}{2\pi\mu}\frac{x}{x^2 + y^2}\\[2ex]\psi &= -\frac{\mathfrak{M}}{2\pi\mu}\frac{y}{x^2 + y^2}.\end{aligned}\right\} \tag{74}$$

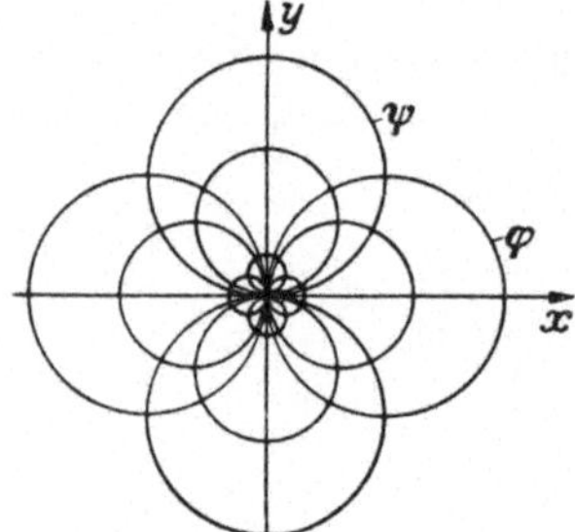

Abb. 45.

Das zweidimensionale Dipolfeld.

Die Kurven $\varphi = \text{const}$ ergeben Niveaulinien, die $\psi = \text{const}$ Kraftlinien. Beide Linien sind zueinander orthogonale Kreisscharen (Abb. 45). Man bezeichnet ein solches durch zwei unmittelbar benachbart liegende Quell- und Senklinien hervorgerufenes Feld als zweidimensionales Dipolfeld vom Moment $\mathfrak{M}$.

2. Eisenzylinder im Homogenfeld (Abb. 46).

In ein homogenes Magnetfeld mit der Feldstärke $\mathfrak{H}$, dessen Kraft-linien parallel zur x-Achse eines Koordinatensystems orientiert sind, soll ein unendlich langer Eisenzylinder vom Halbmesser a, dessen Achse mit

der z-Achse unseres Koordinaten-systems zusammenfällt, einge-bracht werden. Die Permeabilität des Raumes außerhalb des Eisen-zylinders sei μ_1, die des Zylin-ders μ_E.

Das Potential des Homogen-feldes ist

$$\varphi = \mathfrak{H}\,x. \tag{75}$$

Auch im Innern des Zylinders wird

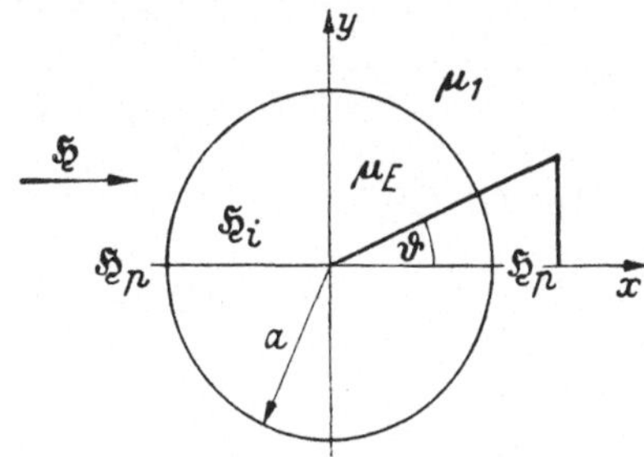

Abb. 46. Eisenzylinder im Homogenfeld.

ein Homogenfeld mit der Feldstärke $\mathfrak{H}_i$ vorhanden sein und ein ihm entsprechendes Potential

$$\varphi_i = \mathfrak{H}_i\,x. \tag{76}$$

Da jedoch $\mu_1 \neq \mu_E$, erfüllen diese beiden Felder nicht die Grenzbedin-gungen an der Oberfläche des Zylinders. Daher wird die Zylinderober-fläche Sitz eines Sekundärfeldes φ_s, welches sich nach außen erstreckt und den Charakter eines Dipolfeldes aufweist.

$$\varphi_s = \frac{\mathfrak{M}}{2\pi\mu_1}\,\frac{x}{x^2+y^2}\,. \tag{77}$$

Wir führen Polarkoordinaten ein:

$$x = r\cos\vartheta; \qquad r^2 = x^2+y^2$$

$$\varphi = \mathfrak{H}\,r\cos\vartheta; \qquad \varphi_s = \frac{\mathfrak{M}}{2\pi\mu_1}\,\frac{\cos\vartheta}{r}\,.$$

Die Bestimmung von $\mathfrak{H}_i$ und $\mathfrak{M}$ erfolgt durch die Grenzbedingungen an der Zylinderoberfläche. Es muß sein:

1. Gleichheit der tangentialen Feldstärken zu beiden Seiten der Grenzfläche, also Gleichheit der Potentiale.

$$\mathfrak{H}\,a\cos\vartheta + \frac{\mathfrak{M}}{2\pi\mu_1}\,\frac{\cos\vartheta}{a} = \mathfrak{H}_i\,a\cos\vartheta. \tag{78}$$

2. Stetigkeit der normal zur Zylinderoberfläche gerichteten Kom-ponente der Induktion $\mathfrak{B}_{n_1} = \mathfrak{B}_{n_E}$

$$\mu_1\left[\frac{\partial\varphi}{\partial r} + \frac{\partial\varphi_s}{\partial r}\right]_{r=a} = \mu_E\left[\frac{\partial\varphi_i}{\partial r}\right]_{r=a}$$

$$\mu_1\left[\mathfrak{H}\cos\vartheta - \frac{\mathfrak{M}}{2\pi\mu_1}\,\frac{\cos\vartheta}{a^2}\right] = \mu_E\,\mathfrak{H}_i\cos\vartheta. \tag{79}$$

Aus den Gl. (78) und (79) lassen sich die Größen $\mathfrak{H}_i$ und $\mathfrak{M}$ berechnen. Uns interessiert vor allem der Betrag der Feldstärke $\mathfrak{H}_i$ im Eisenzylinder. Es ergibt sich wie folgt:

Aus Gl. (78)

$$\mathfrak{H}\, a = \mathfrak{H}_i\, a - \frac{\mathfrak{M}}{2\,\pi\,\mu_1}\,\frac{1}{a}$$

$$\mathfrak{H} = \mathfrak{H}_i \;\; - \frac{\mathfrak{M}}{2\,\pi\,\mu_1\,a^2}\,.$$

Aus Gl. (79)

$$\mu_1\left[\mathfrak{H} - \frac{\mathfrak{M}}{2\pi\mu_1}\,\frac{1}{a^2}\right] = \mu_E\,\mathfrak{H}_i$$

$$\mu_1\left[\mathfrak{H}_i - \frac{\mathfrak{M}}{\pi\,\mu_1\,a^2}\right] = \mu_E\,\mathfrak{H}_i$$

$$\mathfrak{H}_i\,(\mu_1 - \mu_E) = \frac{\mathfrak{M}}{\pi a^2}\,.$$

In Gl. (78) eingesetzt:

$$\mathfrak{H} = \frac{\mathfrak{M}}{\pi a^2}\,\frac{1}{\mu_1 - \mu_E} - \frac{\mathfrak{M}}{2\,\pi\,\mu_1\,a^2} = \frac{\mathfrak{M}}{\pi a^2}\left(\frac{1}{\mu_1 - \mu_E} - \frac{1}{2\,\mu_1}\right) = \frac{\mathfrak{M}}{\pi a^2}\,\frac{(\mu_1 + \mu_E)}{2\,\mu_1\,(\mu_1 - \mu_E)}$$

$$\frac{\mathfrak{H}_i}{\mathfrak{H}} = \frac{\mathfrak{M}}{\pi a^2}\,\frac{1}{\mu_1 - \mu_E}\,\frac{\pi a^2}{\mathfrak{M}}\,\frac{2\,\mu_1\,(\mu_1 - \mu_E)}{\mu_1 + \mu_E} = \frac{2\,\mu_1}{\mu_1 + \mu_E}$$

und schließlich

$$\mathfrak{H}_i = \frac{2\,\mu_1}{\mu_1 + \mu_E}\,\mathfrak{H}\,. \tag{80}$$

Nun ist die Permeabilität im Eisen μ_E gegenüber der Permeabilität des übrigen Raumes z. B. Luft sehr groß, es ergibt sich daher aus Gl. (80), daß das Feld im Eisenzylinder gegenüber dem Primärfeld sehr klein ist. Im Innern des Zylinders tritt eine starke Feldschwächung auf. Umgekehrt zeigt sich im Außenraum in unmittelbarer Nähe der Zylinderoberfläche eine Feldverstärkung. Ihr Wert folgt aus dem Kontinuitätsgesetz der Induktion zu

$$\mathfrak{H}_{p_a} = \mu_E\,\mathfrak{H}_i = \frac{2\,\mu_E\,\mu_1}{\mu_1 + \mu_E}\,\mathfrak{H}\,. \tag{81}$$

Da wir für alle nicht ferromagnetischen Medien die relative Permeabilität $\mu_{r_1} = 1$ setzen können, ergibt sich das Polfeld an der Eisenoberfläche zu

$$\mathfrak{H}_p = 2\,\mathfrak{H}\,. \tag{81a}$$

Dieses Polfeld tritt in seiner vollen Stärke an den Punkten $x = \pm a$ in Abb. 46 auf.

3. Hohlzylinder im Homogenfeld.

Es soll noch das Feld im Innern eines Eisenhohlzylinders, der in ein homogenes Feld eingebracht wird, berechnet werden (Abb. 47). Das Primärfeld sei wieder parallel zur x-Achse. Sein Potential ist

$$\varphi = \mathfrak{H}\, x\,. \tag{75}$$

Im Innern des Zylinders ist das Feld ebenfalls homogen. Sein Potential ist

$$\varphi_i = \mathfrak{H}_i\, x\,. \tag{76}$$

Im Hohlzylinder tritt dagegen neben einem Homogenfeld ein sekundäres Dipolfeld auf. Dort ist

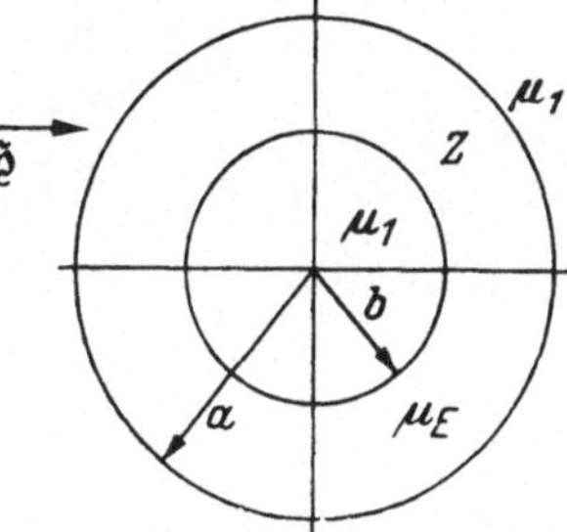

Abb. 47.
Hohlzylinder im Homogenfeld.

$$\varphi_z = \mathfrak{H}_z\, x + \frac{\mathfrak{M}_z}{2\,\pi\,\mu_E}\ \frac{x}{x^2 + y^2}\,, \tag{82}$$

wobei wir, wie vorher, mit μ_E die Permeabilität im Eisen bezeichnen. Mit Einführung von Polarkoordinaten wird

$$\varphi_z = \mathfrak{H}_z\, r \cos \vartheta + \frac{\mathfrak{M}_z}{2\,\pi\,\mu_E}\ \frac{\cos \vartheta}{r}\quad b < r < a\,. \tag{82a}$$

Aus den Grenzbedingungen an der Innenfläche des Hohlzylinders $(r = b)$ folgt:

$$\mathfrak{H}_i\, b = \mathfrak{H}_z\, b + \frac{\mathfrak{M}_z}{2\,\pi\,\mu_E}\ \frac{1}{b}\ ;\quad \frac{\mathfrak{M}_z}{2\,\pi\,\mu_E}\ \frac{1}{b^2} = \mathfrak{H}_i - \mathfrak{H}_z$$

$$\mu_1\, \mathfrak{H}_i = \mu_E \left(\mathfrak{H}_z - \frac{\mathfrak{M}_z}{2\,\pi\,\mu_E}\ \frac{1}{b^2} \right).$$

Daraus findet man

$$\text{a)}\ \ \mathfrak{H}_z = \frac{\mu_1 + \mu_E}{2\,\mu_E}\ \mathfrak{H}_i;\qquad \text{b)}\ \ \mathfrak{M}_z = \pi\, b^2 (\mu_E - \mu_1)\, \mathfrak{H}_i\,.$$

Für die Grenzbedingungen an der äußeren Zylinderoberfläche ist zu beachten, daß hier, analog dem Früheren, ein sekundäres Dipolfeld auftritt, das das Primärfeld im Außenraum in unmittelbarer Nähe der Zylinderoberfläche stört.

$$\varphi_s = \frac{\mathfrak{M}}{2\,\pi\,\mu_1}\ \frac{\cos \vartheta}{r}\,, \tag{83}$$

daher

$$\text{c)}\ \ \mathfrak{H}_a + \frac{\mathfrak{M}}{2\,\pi\,\mu_1}\ \frac{1}{a} = \mathfrak{H}_z\, a + \frac{\mathfrak{M}_z}{2\,\pi\,\mu_E}\ \frac{1}{a}$$

und

$$\mu_1 \left(\mathfrak{H} - \frac{\mathfrak{M}}{2\pi\mu_1} \frac{1}{a^2} \right) = \mu_E \left(\mathfrak{H}_z - \frac{\mathfrak{M}_z}{2\pi\mu_E} \frac{1}{a^2} \right)$$

$$= \frac{\mathfrak{H}_i}{2} \left[(\mu_1 + \mu_E) - \frac{b^2}{a^2} (\mu_E - \mu_1) \right],$$

daraus

$$\mathfrak{H} - \frac{\mathfrak{M}}{2\pi\mu_1} \frac{1}{a^2} = \frac{\mathfrak{H}_i}{2\mu_1} \left[(\mu_1 + \mu_E) - \frac{b^2}{a^2} (\mu_E - \mu_1) \right]$$

$$\mathrm{d)} \quad \mathfrak{H} = \frac{\mathfrak{H}_i}{2\mu_1} \left[(\mu_1 + \mu_E) - \frac{b^2}{a^2} (\mu_E - \mu_1) \right] + \frac{\mathfrak{M}}{2\pi\mu_1} \frac{1}{a^2} .$$

Aus c) folgt

$$\frac{\mathfrak{M}}{2\pi\mu_1} \frac{1}{a} = \mathfrak{H}_z \cdot a - \mathfrak{H} \cdot a + \frac{\mathfrak{M}_z}{2\pi\mu_E} \frac{1}{a} .$$

Für $\mathfrak{H}_z$ und $\mathfrak{M}_z$ die Beziehungen a) und b) eingesetzt:

$$\frac{\mathfrak{M}}{2\pi\mu_1} \frac{1}{a} = \frac{a(\mu_1 + \mu_E)}{2\mu_E} \mathfrak{H}_i - \mathfrak{H} \cdot a + \frac{b^2(\mu_E - \mu_1)}{2\mu_E a} \mathfrak{H}_i$$

und darin $\mathfrak{H}$ durch die Relation d) ersetzt und $\mathfrak{H}_i$ sodann herausgehoben, erhalten wir

$$\frac{\mathfrak{M}}{\pi\mu_1} \frac{1}{a} = \frac{\mathfrak{H}_i}{2} \left[\frac{a}{\mu_E} (\mu_1 + \mu_E) - \frac{a}{\mu_1} (\mu_1 + \mu_E) + \frac{1}{\mu_1} \frac{b^2}{a} (\mu_E - \mu_1) + \right.$$

$$\left. + \frac{b^2}{a} \frac{(\mu_E - \mu_1)}{\mu_E} \right] = \frac{\mathfrak{H}_i}{2\mu_E\mu_1} \left[\frac{b^2}{a} (\mu_E - \mu_1)(\mu_E + \mu_1) - a(\mu_E - \mu_1)(\mu_E + \mu_1) \right] .$$

Nach einer weiteren kleinen Umformung ergibt sich daraus:

$$\mathrm{e)} \quad \mathfrak{M} = \frac{\pi}{2\mu_E} (\mu_E^2 - \mu_1^2) [b^2 - a^2] \mathfrak{H}_i .$$

Aus c) folgt:

$$\mathfrak{H} = \mathfrak{H}_z + \frac{\mathfrak{M}_z}{2\pi\mu_E} \frac{1}{a^2} - \frac{\mathfrak{M}}{2\pi\mu_1} \frac{1}{a^2} .$$

Wir setzen in diese Gleichung die Werte für $\mathfrak{H}_z$, $\mathfrak{M}_z$ und $\mathfrak{M}$ aus a), b) und c) ein und erhalten schließlich nach einigen Umformungen

$$\mathfrak{H}_i = \frac{4\mu_E\mu_1}{(\mu_E + \mu_1)^2 - (\mu_E - \mu_1)^2 \dfrac{b^2}{a^2}} \mathfrak{H} . \tag{84}$$

In diesem Zusammenhang steht das innere Feld $\mathfrak{H}_i$ im Zylinderhohlraum zum äußeren Primärfeld $\mathfrak{H}$.

Bezeichnen wir den Quotienten $D = \dfrac{\mathfrak{H}_i}{\mathfrak{H}}$ als die relative Durchlässigkeit der Zylinderhülle, so erhalten wir aus Gl. (84) dafür den Ausdruck

$$D = \frac{\mathfrak{H}_i}{\mathfrak{H}} = \frac{4\mu_E\mu_1}{(\mu_E + \mu_1)^2 - (\mu_E - \mu_1)^2 \dfrac{b^2}{a^2}} . \tag{85}$$

μ_E ist im Vergleich zu μ_1 eine sehr große Zahl. Dadurch erhalten wir für D einen echten Bruch, d. h. das Feld innerhalb des Hohlzylinders ist kleiner als das äußere Primärfeld, es tritt eine Abschirmung des äußeren Feldes in Erscheinung. Da diese Schirmwirkung bei zeitlich konstantem magnetischem Feld auftritt, wollen wir sie als statische Schirmwirkung ansprechen. Über die Größe dieser Schirmwirkung soll uns ein kleines Beispiel Aufschluß geben. Es sei $\dfrac{b}{a} = \dfrac{9}{10}$; $\mu_E = 100$; $\mu_1 = 1$. Mit diesen Werten erhalten wir aus Gl. (85) $\mathfrak{H}_i \cong 0{,}138\ \mathfrak{H}$, d. h. das Innenfeld beträgt rd. 14% des äußeren Feldes. Es wurde hier für μ ein konstanter Wert gesetzt. Tatsächlich ist μ jedoch selbst von $\mathfrak{H}$ abhängig. Im Grenzfall, wenn $b = a$ wird, ergibt sich aus Gl. (85) sinngemäß der Wert $D = 1$.

§ 5. Messungen der magnetischen Felder und Ströme bei Hochstromleitungen.

Die Ermittlung magnetischer Felder erfolgt durch Messung der in einer Prüfspule bei Feldänderung induzierten Spannung nach der Beziehung

$$\oint \mathfrak{E}\,d\mathfrak{s} = e = -w\frac{d}{dt}\int \mathfrak{B}\,d\mathfrak{F} = -w\frac{d\Phi}{dt}\,\text{Volt}. \qquad (86)\ \text{vgl. (12)}$$

Dabei bedeutet w die Windungszahl der Prüfspule, Φ in Vs den von einer Windung umschlungen gedachten Bündelfluß, so daß der Gesamtfluß $\Psi = w\Phi$ beträgt, $\mathfrak{F}$ cm^2 die von den Kraftlinien durchsetzte Windungsfläche der Spule. Drücken wir den Fluß Φ statt in Voltsekunden (Vs) in Maxwell aus, so lautet Gl. (86)

$$e = -w\frac{d\Phi}{dt}\,10^{-8}\,\text{Volt}. \qquad (86\,\text{a})$$

Dividiert man die EMK e durch den Widerstand R des ganzen Spulenkreises, so ist

$$i = \frac{e}{R} = -\frac{w}{R}\frac{d\Phi}{dt}\cdot 10^{-8}$$

oder

$$i\,dt = -\frac{w}{R}\,d\Phi \cdot 10^{-8}.$$

Diese Gleichung integriert ergibt:

$$\int i\,dt = Q = -\frac{w}{R}\,10^{-8}\int\limits_{\Phi_1}^{\Phi_2} d\Phi = \frac{w}{R}(\Phi_1 - \Phi_2)\,10^{-8}\,\text{Coulomb}. \qquad (87)$$

Bei Gleichstromfeldern ändert man das die Prüfspule durchsetzende Feld, indem man beispielsweise die Spule um eine in ihrer Ebene liegende Achse dreht. Bei einer Drehung um $180°$ ändert sich der Fluß nun um seinen doppelten Wert. Man kann daher den Wert des Flusses nach Gl. (87) aus der durch ein ballistisches Galvanometer gemessenen Elektrizitätsmenge Q berechnen. Aus Φ und der Windungsfläche $\mathfrak{F}$ ermittelt sich die Induktion $\mathfrak{B}$ und aus dieser $\mathfrak{H}$ an der betreffenden Meßstelle. Zu beachten ist, daß das Produkt $\mathfrak{B}\,d\mathfrak{F}$ in Gl. (86) ein skalares Vektorprodukt

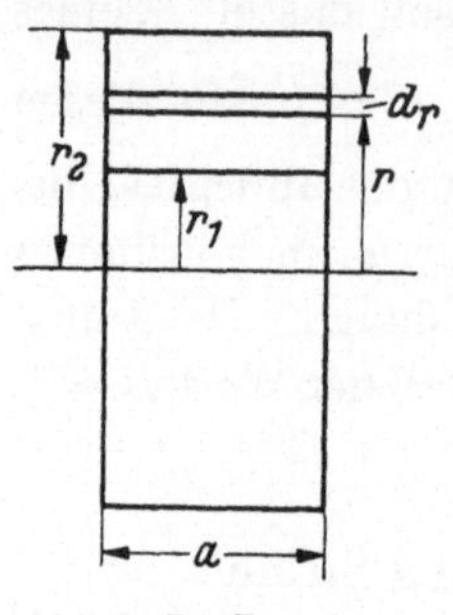

Abb. 48. Zur Berechnung der wirksamen Fläche.

darstellt. Es ist $\mathfrak{B}\,d\mathfrak{F} = B\,dF\cos(\mathfrak{B}n)$, wobei n die Normale zur Spulebene darstellt. Das Vektorprodukt erreicht seinen größten Wert, wenn der Winkel $(\mathfrak{B}n)$ Null ist, d. h. wenn die Spulenebene senkrecht zur Richtung des Feldes steht. Bei Spulen, die eine merkliche Wicklungsschichtdicke $(r_2 - r_1)$, wobei r_2 der äußere, r_1 der innere Halbmesser bedeutet, aufweisen, ergibt sich für die Windungsfläche $\mathfrak{F}$ folgender Wert (Abb. 48). Eine Schicht vom Halbmesser r und der Dicke dr umschlingt den Induktionsfluß

$$\Phi = |\mathfrak{B}|\,r^2\pi,$$

da wir das Feld wegen der Kleinheit der Spule als homogen annehmen wollen. In dieser Schicht sind, wenn a die Breite der Spule bedeutet,

$$\frac{a\,dr}{a\,(r_2 - r_1)}\,w$$ Windungen vorhanden, mithin der gesamte Fluß

$$d\psi = w\,\frac{d\,r}{r_2 - r_1}\,|\mathfrak{B}|\,r^2\pi\,.$$

Somit beträgt der Gesamtfluß der Spule

$$\psi = \frac{w\,\pi\,|\mathfrak{B}|}{r_2 - r_1}\int_{r_1}^{r_2} r^2\,dr = \frac{w\,\pi\,|\mathfrak{B}|}{r_2 - r_1}\,\frac{r_2^3 - r_1^3}{3}\,.$$

Setzt man diesen Gesamtfluß $\psi = wF\,|\mathfrak{B}|$, so wird für die mittlere Windungsfläche

$$F = \frac{\pi}{3}\,\frac{r_2^3 - r_1^3}{r_2 - r_1} = \frac{\pi}{3}\,(r_1^2 + r_1 r_2 + r_2^2)\,. \tag{88}$$

Im Wechselfeld läßt sich das Feld $\mathfrak{H}$ aus der in der Prüfspule induzierten Spannung e nach Gl. (86a) errechnen. Es ist

$$e = -w\,\frac{d\,\Phi}{d\,t} = -w\,\mathfrak{F}\,\frac{d\,\mathfrak{B}}{d\,t} = -w\,\mathfrak{F}\,\mu_0\,\frac{d\,\mathfrak{H}}{d\,t}\,. \tag{89}$$

Ist $e = E\sin\omega t$ eine einfach harmonische Wechselspannung, so wird

$$\mathfrak{H} = -\frac{E}{w\,\mathfrak{F}\,\mu_0}\int \sin\omega t\,dt = \frac{E}{w\,\mathfrak{F}\,\mu_0\,2\,\pi f}\,\cos\omega t$$

eine ebenfalls einfach harmonische Zeitfunktion. Ihr Maximalwert beträgt

$$\mathfrak{H}_{max} = \frac{E}{w\,\mathfrak{F}\,\mu_0\,2\,\pi f}$$

und daraus der zu ermittelnde Effektivwert

$$\mathfrak{H}_{\mathrm{eff}} = \frac{E_{\mathrm{eff}}\,10^8}{w\,\mathfrak{F}\,1{,}256 \cdot 2\,\pi f}\ \mathrm{A/cm}. \tag{90}$$

Formel (90) gestattet die magnetische Feldstärke im Wechselfeld aus der in der Prüfspule induzierten Spannung zu messen. Praktisch können damit in inhomogenen Feldern, wie sie in der Umgebung von Hochstromleitungen anzutreffen sind, nur orientierende Messungen ausgeführt werden. Bei den in Frage kommenden auftretenden Feldstärken in der Größenordnung von einigen 10 A/cm werden die Spulenabmessungen ($\mathfrak{F}$, w) zur Erreichung einer genügend hohen Meßspannung E_{eff} so groß, daß das zu messende Feld in der Spulenfläche $\mathfrak{F}$ nicht mehr als homogen anzusehen ist, so daß die Messung selbst nur grobe, aber der Praxis im allgemeinen genügend genaue Mittelwerte liefern kann.

Zur Messung der Ströme, die in den einzelnen Leitern eines Bündelleiters der Hochstromleitung fließen, eignet sich der magnetische Spannungsmesser [29]. Der magnetische Spannungsmesser ist im Prinzip eine sehr langgestreckte, etwa auf einen Riemen gewickelte Induktionsspule. Sie ist in zwei Lagen mit den Zuleitungen in der Mitte der oberen Windungslage gewickelt. Als magnetische Spannung zwischen zwei Punkten P_1, P_2 definiert

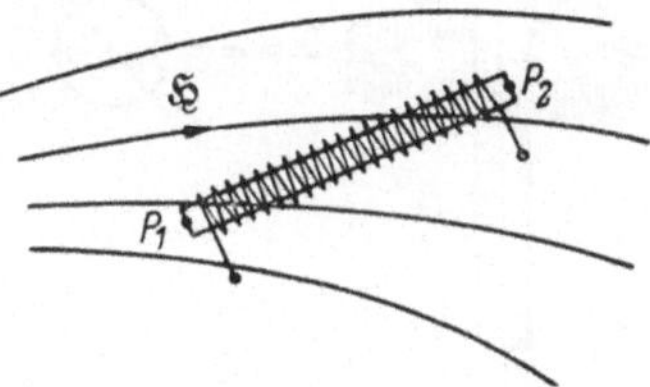

Abb. 49. Magnetische Spannungsmesser.

man im magnetischen Feld das Linienintegral der magnetischen Feldstärke $\mathfrak{H}$ (Abb. 49).

$$V = \int_{P_1}^{P_2} \mathfrak{H}\,d\mathfrak{s}\,. \tag{91}$$

Die Zahl der Windungen betrage w auf die Längeneinheit ($w/$cm), die Windungsfläche der Spule (schmale Rechteckfläche) $\mathfrak{F}$ cm^2 und ihre Länge $\mathfrak{s}$. Nach Gl. (86) ist

$$e = -w\,\frac{d\Phi}{dt} = -w\,\mathfrak{F}\,\frac{d\mathfrak{B}}{dt} = -w\,\mathfrak{F}\,\mu_0\,\frac{d\mathfrak{H}}{dt}\,.$$

Weiter

$$e\,d\mathfrak{s} = -w\,\mathfrak{F}\,\mu_0\,\frac{d\mathfrak{H}}{dt}\,d\mathfrak{s}$$

und

$$E = \int e\,d\mathfrak{s} = -w\,\mathfrak{F}\,\mu_0\,\frac{d}{dt}\int \mathfrak{H}\,d\mathfrak{s} = -w\,\mathfrak{F}\,\mu_0\,\frac{dV}{dt}$$

oder

$$\int E\,dt = -w\,\mathfrak{F}\,\mu_0\,V$$

und daraus

$$V = -\frac{1}{w\,\mathfrak{F}\,\mu_0}\int E\,dt\ \mathrm{A}. \tag{92}$$

Der induzierte Spannungsstoß, gemessen in Vs, ergibt mit einer Apparatkonstanten $\dfrac{1}{w\,\mathfrak{F}\,\mu_0}$ multipliziert, direkt die gesuchte magnetische Spannung in Ampere.

Die Beziehung Gl. (91) führt zu folgenden Schlußfolgerungen:

1. Längs eines offenen Weges ist die magnetische Spannung nur von der Lage der Endpunkte $P_1 P_2$ des Weges, nicht aber von der Gestalt des Weges abhängig. Der Weg darf sogar Schleifen bilden, nur dürfen diese den Strom nicht umfassen.

2. Ist der Weg des Spannungsmessers geschlossen und umfaßt er *keinen* Strom, so ergibt sich die magnetische Spannung zu Null.

3. Umfaßt der Weg des Spannungsmessers einen Strom I einmal auf geschlossener Bahn, so ist die Spannung V abermals von der Gestalt des Weges unabhängig, ihr Wert ist aber nicht Null, sondern gleich der Stromstärke I.

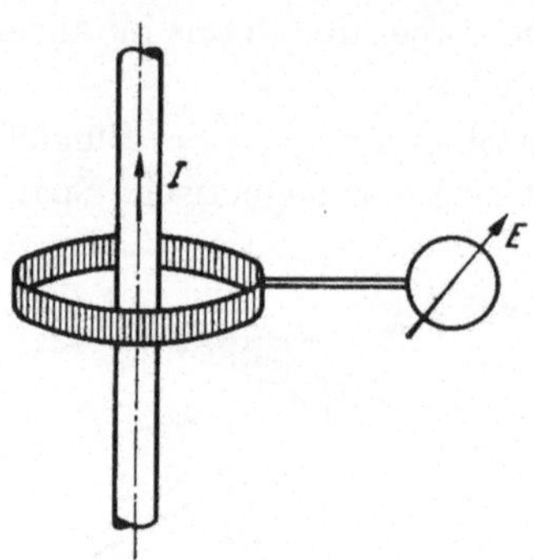

Abb. 50. Ringstromwandler.

Bei n-facher Umschlingung des Stromes I wird die magnetische Spannung $V = n\,I$.

Als Beispiel stellen wir uns folgende Aufgabe: In einem Leiter fließe ein Strom vom Effektivwert I_{eff}. Wie groß muß die Windungszahl eines magnetischen Spannungsmessers (Gürtelwandler) sein, der in einem Kreis mit dem Halbmesser r den Leiter umschließt und in dem bei dem Strom I_{eff} eine Spannung $E_{\text{eff}} = 0,1$ V induziert wird? (Abb. 50.)

Nach dem Vorhergehenden ist:

$$E = \int e\,d\mathfrak{s} = -\,w\,\mathfrak{F}\,\mu_0 \frac{d}{dt}\int \mathfrak{H}\,d\mathfrak{s} = -\,w\,\mathfrak{F}\,\mu_0 \frac{dI}{dt}.$$

Nun ist für Luft $\mu_0 = 1{,}256\;10^{-8}$ H/cm.

Nach Gl. (1) $\mathfrak{B} = \mu_0\,\mathfrak{H} = 1{,}256\cdot10^{-8}\,\mathfrak{H}$; $\quad$ 1 Gauß $= 10^{-8}\,\dfrac{\text{Vs}}{\text{cm}^2}$

$$\mathfrak{B} = 1{,}256\,\mathfrak{H} \cong \frac{4\pi}{10}\,\mathfrak{H}\ \text{A/cm},$$

daher

$$E = -\,w\,\mathfrak{F}\,\frac{4\pi}{10}\,\frac{dI}{dt}\,10^{-8}.$$

Ist der Strom einfach harmonisch $I = I_{\max}\sin\omega t$, so wird

$$E = -\,w\,\mathfrak{F}\,\frac{4\pi}{10}\,2\pi f I_{\max}\cos\omega t\cdot 10^{-8}\ \text{und}$$

$$E_{\text{eff}} = -\,w\,\mathfrak{F}\,\frac{8\pi^2}{10}\,f I_{\text{eff}}\cdot 10^{-8}\ \text{V}. \tag{93}$$

Aus dieser Gleichung kann die Windungszahl w ermittelt werden. Es sei:

$$E_{\text{eff}} = 0,1 \text{ V}, \quad I_{\text{eff}} = 5 \cdot 10^3 \text{ A}, \quad F = 0,2 \cdot 3 = 0,6 \text{ cm}^2; \quad f = 50 \text{ Hz},$$

dann ist

$$w = \frac{10\,E_{\text{eff}}\,10^8}{\mathfrak{F}\,8\,\pi^2\,f\,I_{\text{eff}}} = \frac{10^8}{0,6 \cdot 8 \cdot 9,87 \cdot 50 \cdot 5 \cdot 10^3} = 8,45 \text{ Wd/cm}.$$

Wenn $r = 10$ cm, $2r\pi = 62,8$ ist, dann beträgt die gesamte Windungszahl $W = 62,8 \cdot 8,45 = 530$ Wdg.

Im magnetischen Spannungsmesser wird das magnetische Feld zur Ermittlung einer anderen Größe, nämlich des Stromes I, benutzt. Bei manchen Messungen ist jedoch die Anwesenheit eines magnetischen Feldes störend und fälscht sehr stark das Meßergebnis. Es soll beispielsweise an einem Leiter mittels eines Voltmeters der Spannungsabfall auf der Länge l gemessen werden (Abb. 51). Hier wird durch das Feld des Stromes I in der zum Spannungsmesser führenden Meßschleife $A\,U\,B$ eine Spannung $\dfrac{d\Phi}{dt}$ induziert, die sich zu der zu messenden Spannung $I\,R$ vektoriell addiert.

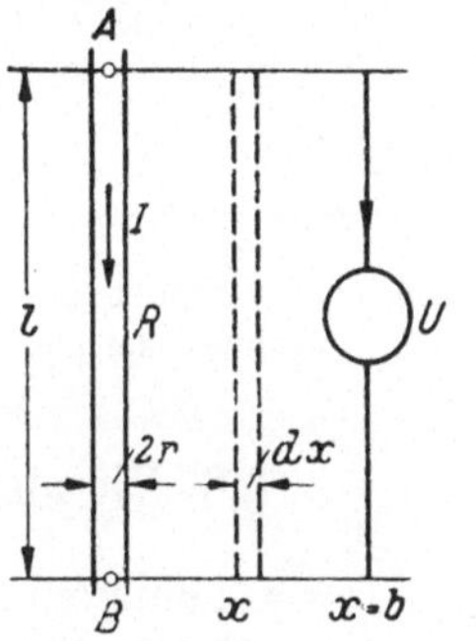

$$U = I\,R + \frac{d\Phi}{dt} = I\,R + L\,\frac{dI}{dt}\,.$$

Abb. 51. Messung des Ohmschen Spannungsabfalls entlang eines Leiters.

Diese Induktionsspannung läßt sich in unserem Beispiel einfach ermitteln. Das Feld, das einen Streifen von der Länge l und der Breite dx durchsetzt, beträgt

$$d\Phi_x = \mathfrak{B}_x\,d\mathfrak{F} = \mathfrak{B}_x\,l\,dx = \frac{\mu_0\,I\,l}{2\,\pi}\,\frac{dx}{x}\,,$$

somit

$$\Phi = \frac{\mu_0\,I\,l}{2\,\pi} \int\limits_r^b \frac{dx}{x} = \frac{4\,\pi}{10}\,\frac{I\,l}{2\,\pi}\,\ln\frac{b}{r}\,10^{-8} \text{ Vs}$$

$$-E = \frac{d\Phi}{dt} = 2\,l\,\ln\frac{b}{r}\,10^{-9}\,\frac{dI}{dt}\,; \qquad \frac{dI}{dt} = \omega\,I_{\max}\,\cos\omega t$$

$$-E_{\max} = 2\,\omega\,I_{\max}\,l\,\ln\frac{b}{r}\,10^{-9}$$

und

$$-E_{\text{eff}} = 4\,\pi\,f\,I_{\text{eff}}\,l\,\ln\frac{b}{r}\,10^{-9} \text{ Volt.} \tag{94}$$

Es sei in unserem Beispiel der Leiter ein Kupferrohr 50/30, mit einem Widerstand von $R = 0,142 \cdot 10^{-4}\ \Omega/\text{m}; l = 100$ cm, $r = 2,5$ cm; $b = 3$ cm, $I_{\text{eff}} = 3000$ A. Damit wird

$$\frac{b}{r} = \frac{3}{2{,}5} = 1{,}2; \qquad \ln\frac{b}{r} = 0{,}18$$

$$-E_{\text{eff}} = 4\,\pi\,50 \cdot 3000 \cdot 100 \cdot 0{,}18 \cdot 10^{-9} = 0{,}034 \ \text{V}$$

$$I_{\text{eff}}\,R = 0{,}142 \cdot 10^{-4} \cdot 3 \cdot 10^{3} = 0{,}0426 \ \text{V}.$$

Wir erhalten als gemessene Spannung U nach Abb. 52 die vektorielle Summe von $I\,R$ und E

$$U = 0{,}0546 \ \text{V}.$$

Unsere Messung ergibt einen Fehler von 28 %!

Unser Beispiel zeigt, daß bei derartigen Messungen in der Auswertung der Meßergebnisse Vorsicht geboten ist. Immer muß getrachtet werden, wie schon früher erwähnt, die in den Meßleitungsschleifen induzierten Spannungen durch Verdrillen, Abschirmen oder geschickte Leitungsführung auf ein Minimum herunterzudrücken.

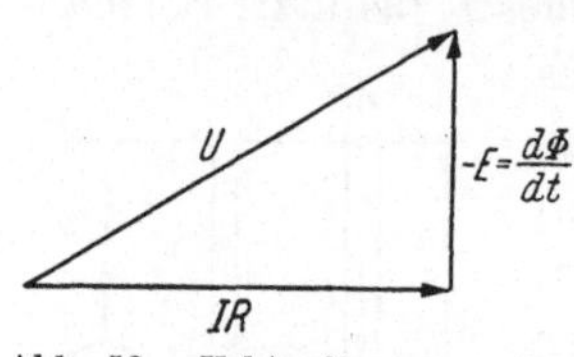

Abb. 52. Vektordiagramm der Spannungsmessung.

§ 6. Die mechanischen Kräfte im magnetischen Feld.

Das auf ein vom Strom I_2 durchflossenes Stromelement der Länge $d\,\mathfrak{s}_2$ in einem Feld mit der Induktion $\mathfrak{B}_1$ wirkende Kraftelement $d\,\mathfrak{P}$ ist gegeben durch den Vektorausdruck

$$d\,\mathfrak{P} = I_2\,[d\,\mathfrak{s}_2\,\mathfrak{B}_1]. \tag{95}$$

Die Richtung der Kraft ist durch das äußere Produkt $[d\,\mathfrak{s}_2\,\mathfrak{B}_1]$ festgelegt, sie ist die Richtung der dem Flächenstück $d\,\mathfrak{s}_2\,\mathfrak{B}_1$ zugehörigen Flächen-

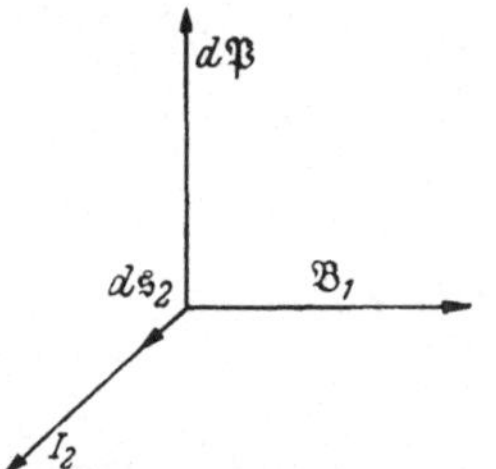

Abb. 53. Zuordnung der Kraftrichtung zur Strom- und Feldrichtung.

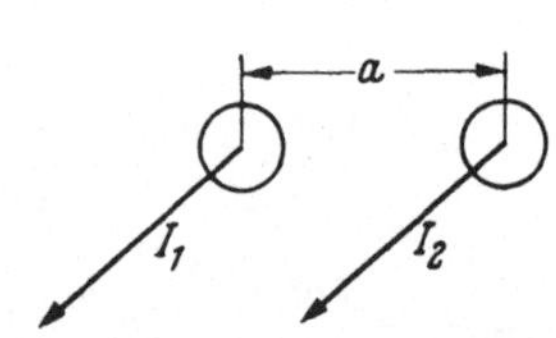

Abb. 54. Zur Berechnung der Kraft zwischen zwei linearen Strömen $I_1\,I_2$.

normalen, die bei Drehung von $d\,\mathfrak{s}_2$ nach $\mathfrak{B}_1$ eine Rechtsschraubung gibt (Abb. 53).

Wird das Feld $\mathfrak{B}_1$ von einem Leiter mit dem Strom I_1, der in der Entfernung a von dem Leiter 2 parallel zu diesen geführt wird, erzeugt (Abb. 54), so ist

$$|\mathfrak{B}_1| = \frac{\mu_0}{2\,\pi}\frac{I_1}{a}$$

daher

$$d\,P = I_2\,|\,\mathfrak{B}_1\,|\,d\,\mathfrak{s}_2 = \frac{\mu_0}{2\,\pi\,a}\,I_1 I_2 d\,\mathfrak{s}_2$$

und bei einer Leiterlänge l

$$P = \frac{\mu_0}{2\,\pi\,a}\,I_1 I_2 \int d\,\mathfrak{s}_2 = \frac{\mu_0}{2\,\pi}\,\frac{l}{a}\,I_1\,I_2. \qquad (96)$$

Eine andere Berechnungsmethode der Stromkraft geht von dem Energieprinzip aus: Die von einem beweglichen Stromleiter aufgewendete oder gelieferte Arbeit, die er unter dem Einfluß der Kraft P auf dem Wegelement $d\,x$ leistet, $P\,d\,x$, muß gleich sein der Änderung der magnetischen Feldenergie. Nun ist die Energie des Feldes $W_m = \frac{1}{2}\,I^2 L$, ihre Änderung bei Konstanz des Stromes

$$\partial W_m = \frac{1}{2}\,I^2\,\frac{\partial L}{\partial x}\,d\,x$$

somit

$$P\,d\,x = \frac{1}{2}\,I^2\,\frac{\partial L}{\partial x}\,d\,x$$

oder

$$P = \frac{1}{2}\,I^2\,\frac{\partial L}{\partial x}. \qquad (97)$$

Die Kraft ist immer so gerichtet, daß sie die Induktivität zu vergrößern sucht. Bei zwei verschiedenen Leitern mit den Strömen $I_1 I_2$ ist

$$P = \mathfrak{J}_1\,\mathfrak{J}_2\,\frac{\partial L_{12}}{\partial x}. \qquad (98)$$

Diese Kraft sucht die Stromkreise in eine solche Länge zu bringen, daß die Gegeninduktivität möglichst groß wird. Für ein beliebiges Stromsystem mit den Strömen $I_1 I_2 \cdots I_j I_k \cdots I_n$ ist die magnetische Energie gegeben durch den Ausdruck

$$W_m = \frac{1}{2}\sum_1^n j\,I_j^2 L_{jj} + \sum_1^n j\sum_1^n k\,I_j I_k L_j k. \qquad (99)$$

Bei einem, zum Beispiel, aus zwei parallelen Leitern bestehenden System, wobei der zweite Leiter die Rückleitung sein soll ($I_1 = -\,I_2 = I$), wird

$$W_m = \frac{1}{2}\,(I^2 L_{11} + I^2 L_{22}) - I^2 L_{12}.$$

Haben beide Leiter geometrisch gleiche Querschnitte ($L_{11} = L_{22}$) und die Länge l, dann ist

$$W_m = I^2 (L_{11} - L_{12}).$$

Setzen wir für L_{11} und L_{12} die Werte (6b) des vorigen Kapitels ein, so erhalten wir

$$W_m = I^2 l \ln \left(\frac{x_{12}}{x_{11}}\right)^2 10^{-9}.$$

Weiter ist

$$L = \frac{2\,W_m}{I^2} = 2\,l\ln\left(\frac{x_{12}}{x_{11}}\right)^2 10^{-9}$$

$$\frac{\partial L}{\partial x} = \frac{4\,l}{x_{12}}\,10^{-9}$$

und

$$P = \frac{1}{2}\,I^2\,\frac{\partial L}{\partial x} = \frac{2\,I^2\,l}{x_{12}}\,10^{-9}\ \text{Ws/cm},$$

da

$$1\ \text{Ws/cm} = 10{,}2\ \text{kg} \quad \text{ist,}$$

wird

$$P = \frac{2{,}04\,I^2\,l}{x_{12}}\,10^{-8}\,\text{kg}. \tag{100}$$

Ist der Strom eine einfach harmonische Zeitfunktion $I = I_{\max}\sin\omega t$ mit der Kreisfrequenz ω, so folgt aus Gl. (100)

$$P = \frac{2{,}04\,l}{x_{12}}\,I^2_{\max}\sin^2\omega t\cdot 10^{-8} = \frac{1{,}02\,l}{x_{12}}\,I^2_{\max}\,(1 - \cos 2\,\omega t)\,10^{-8}\,\text{kg}, \tag{101}$$

d. h. auch die Kraft ist eine harmonische Zeitfunktion, sie besitzt jedoch die zweifache Kreisfrequenz. Ihr größter Wert innerhalb der Periode tritt ein, wenn $2\,\omega t = \pi$, also $\omega t = \dfrac{\pi}{2}$ ist. Bei der Berechnung der Stromkräfte sollen hier als Beispiele nur ganz einfache Fälle besprochen werden. Die Berechnung von weniger einfachen Fällen ist umständlicher, doch auch weiter ohne mathematische Schwierigkeiten.

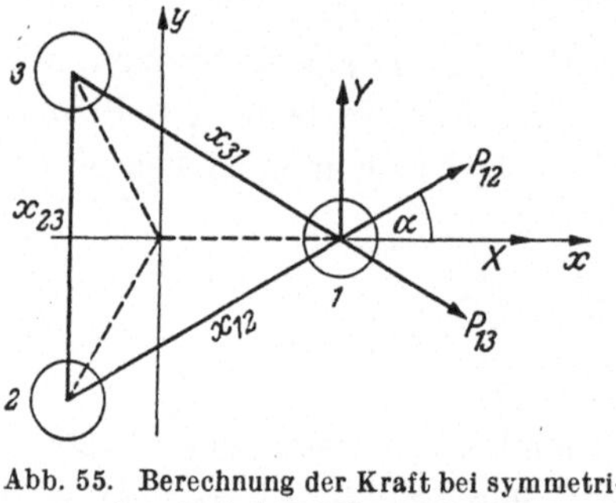

Es sei vorerst ein elektrisch symmetrisches Drehstromsystem gegeben, das auch geometrische vollkommene Symmetrie aufweist (Abb. 55). Es ist $x_{12} = x_{13} = x_{23}$

$$I_1 = I_{1\max}\sin\omega t,$$

$$I_2 = I_{1\max}\sin(\omega t - 120),$$

$$I_3 = I_{1\max}\sin(\omega t + 120).$$

Abb. 55. Berechnung der Kraft bei symmetrischer Drehstromleiteranordnung.

Es soll die Kraft auf den Leiter 1 von der Länge l berechnet werden. Sie setzt sich aus den beiden Teilkräften P_{12} und P_{13} zusammen. Nun ist:

$$P_{12} = \frac{2{,}04\,I_1\,I_2\,l}{x_{12}}\,10^{-8} = \frac{2{,}04\,I^2_{1\max}\,l}{x_{12}}\,10^{-8}\sin\omega t\cdot\sin(\omega t - 120°).$$

Bezeichnen wir

$$\frac{2{,}04\,I^2_{1\max}\,l}{x_{12}}\,10^{-8} = K,$$

so wird

$$P_{12} = -\frac{K}{2}\left(\sin^2\omega t + \sqrt{3}\sin\omega t\cos\omega t\right).$$

Ebenso ist

$$P_{13} = \frac{K}{2}\left(-\sin^2\omega t + \sqrt{3}\sin\omega t\cos\omega t\right).$$

Daraus erhalten wir für die X-Komponente der resultierenden Kraft, wenn α der in Abb. 55 bezeichnete Winkel ist ($\alpha = 30°$), $\cos\alpha = \frac{1}{2}\sqrt{3}$

$$X = (P_{12} + P_{13})\cos\alpha = -\frac{K}{2}\sqrt{3}\sin^2\omega t$$

und für die Y-Komponente

$$Y = (P_{12} - P_{23})\sin\alpha = -\frac{K}{2}\sqrt{3}\sin\omega t\cos\omega t.$$

Beide Komponenten sind zeitperiodische Größen. Die Resultierende ergibt sich daraus zu

$$R = \sqrt{X^2 + Y^2} = \pm\frac{K}{2}\sqrt{3}\sin\omega t.$$

Ihre Richtung aus der Gleichung

$$\operatorname{tg}\vartheta = \frac{Y}{X} + \frac{1}{\operatorname{tg}\omega t}.$$

Auch diese Richtung ist zeitabhängig. Wir ersehen daraus, daß schon bei diesem einfachen symmetrischen Fall das Spiel der Stromkräfte ziemlich kompliziert ist.

Als zweites Beispiel untersuchen wir die Kräfte, denen der Leiter 1 in einem elektrisch symmetrischen Drehstromsystem unterliegt, wenn die Leiter in der in Abb. 56 gezeichneten Lage angeordnet sind ($x_{13} = 2\,x_{12}$). Hier wird

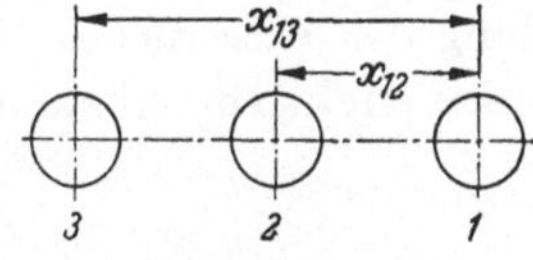

Abb. 56.
Berechnung der Kraft bei asymmetrischer Drehstromleiteranordnung.

$$P_{12} = -\frac{K}{2}\left(\sin^2\omega t + \sqrt{3}\sin\omega t\cos\omega t\right)$$

$$P_{13} = \frac{K}{4}\left(-\sin^2\omega t + \sqrt{3}\sin\omega t\cos\omega t\right)$$

$$R = P_{12} + P_{13} = \frac{K}{2}\frac{\sqrt{3}}{2}\left(\sqrt{3}\sin^2\omega t + \sin\omega t\cos\omega t\right).$$

Es interessiert noch, in welchem Zeitpunkt innerhalb einer Periode das Maximum der Kraft eintritt. Er ergibt sich aus der Nullsetzung des Differentialquotienten $\frac{dR}{dt} = 0$ zu $\omega t = \frac{\pi}{12}$. Mittels dieses Wertes kann auch der zeitliche Maximalwert von R aus obiger Gleichung ermittelt werden.

Bei Leitern mit rechteckigen Querschnitten, deren Abstand voneinander gegenüber der Breite des Querschnittes b (siehe Abb. 10) klein ist, ergäbe die Formel (100), wenn man für den gegenseitigen Abstand die Entfernung ihrer Mittelachsen einsetzen würde, unrichtige Ergebnisse. Die Stromkraft läßt sich dann aus den Beziehungen (97) bzw. (98) berechnen. Es ist $P = \frac{1}{2} I^2 \frac{\partial L}{\partial x}$. Für L erhalten wir [siehe (21a), Kapitel 2]

$$L = 2l \left[\frac{1}{2} \left(\frac{D+b}{b} \right)^2 \ln(a+b+D) - \left(\frac{D}{b} \right)^2 \ln(a+D) - \ln(a+b) + \right.$$

$$\left. + \frac{1}{2} \left(\frac{D-b}{b} \right)^2 \ln(a-b+D) \right] 10^{-9}$$

und daraus

$$\frac{\partial L}{\partial x} = \frac{\partial L}{\partial D} = \left[\frac{D+b}{b} \ln(a+b+D) + \frac{1}{2} \frac{(D+b)^2}{b^2(a+b+D)} - 2 \frac{D}{b} \ln(a+D) - \right.$$

$$\left. - \frac{D^2}{b^2(a+D)} + \left(\frac{D-b}{b} \right) \ln(a-b+D) + \frac{(D-b)^2}{2b^2(a-b+D)} \right] 2l \cdot 10^{-9}.$$

Somit wird

$$P = 2{,}04\, I^2 l \left[\frac{D+b}{b} \ln(a+b+D) + \frac{1}{2} \frac{(D+b)^2}{b^2(a+b+D)} - \right.$$

$$\left. - 2 \frac{D}{b} \ln(a+D) - \frac{D^2}{b^2(a+D)} + \left(\frac{D-b}{b} \right) \ln(a-b+D) + \right. \qquad (102)$$

$$\left. + \frac{(D-b^2)}{2b^2(a-b+D)} \right] 10^{-8}\,\mathrm{kg}.$$

Es sind auch für die Praxis Formeln entwickelt worden*, die die Anwendung des Ausdruckes (100) ermöglichen, wobei der Abstand x_{12} durch einen effektiven Abstand a_{eff} ersetzt wird [30].

Viertes Kapitel.

Die Stromverdrängung. Wirbelströme.

§ 1. Die elektromagnetischen Grundgesetze bei nichtstationären Strömen.

Es sei nun angenommen, die elektromagnetischen Größen seien periodische Zeitfunktionen, doch beschränken wir uns nur auf solche Fälle, wo der Verschiebungsstrom gegenüber dem Leitungsstrom zu vernachlässigen ist, d. h. in den Gültigkeitsbereich dieses Kapitels fallen nur solche Systeme veränderlicher Ströme, deren Änderungszeit (Schwingungsdauer) groß ist gegen die Zeit, welche die elektromagnetischen Störungen gebrauchen, um den Abstand zwischen den beiden entferntesten Punkten

---

* Siehe auch BACHERT, Elektromagnetische Kraftwirkungen [32] und Kurvenbilder, EuM. 59. Jahrg. 1941. H. 45, 46, S. 522.

des Systems zu durchmessen. Solche Ströme werden als quasistationär bezeichnet.

Wir greifen auf die Abb. 27 des vorigen Kapitels zurück. Der Leiter sei nun von einem einfach harmonischen Wechselstrom durchflossen. Dann ist:

$$\left.\begin{aligned} \mathfrak{H} &= \mathfrak{H}e^{j\omega t} \\ \mathfrak{G} &= \mathfrak{G}e^{j\omega t}. \end{aligned}\right\} \tag{1}$$

Weiter ist
$$\operatorname{rot}\mathfrak{H} = \mathfrak{G} \tag{2}$$

$$\operatorname{rot}\mathfrak{E} = -\frac{d\mathfrak{B}}{dt} = -\mu\frac{d\mathfrak{H}}{dt} \tag{3}$$

$$\left.\begin{aligned} \operatorname{rot}_x\mathfrak{E} &= \frac{\partial\mathfrak{E}_z}{\partial y} - \frac{\partial\mathfrak{E}_y}{\partial z} \\ \operatorname{rot}_y\mathfrak{E} &= \frac{\partial\mathfrak{E}_x}{\partial z} - \frac{\partial\mathfrak{E}_z}{\partial x} \\ \operatorname{rot}_z\mathfrak{E} &= \frac{\partial\mathfrak{E}_y}{\partial x} - \frac{\partial\mathfrak{E}_x}{\partial y}. \end{aligned}\right\} \tag{4}$$

Da die Leiterachse mit der z-Ordinate des Koordinatensystems zusammenfällt, ist

$$\mathfrak{E}_x = 0, \quad \mathfrak{E}_y = 0, \quad \mathfrak{E}_z = \mathfrak{E} = \frac{\mathfrak{G}}{\varkappa} \tag{5}$$

und nach Gl. (4)

$$\left.\begin{aligned} \operatorname{rot}_x\mathfrak{E} &= \frac{\partial\mathfrak{E}_z}{\partial y} = \frac{1}{\varkappa}\frac{\partial\mathfrak{G}}{\partial y} \\ \operatorname{rot}_y\mathfrak{E} &= -\frac{\partial\mathfrak{E}_z}{\partial x} = -\frac{1}{\varkappa}\frac{\partial\mathfrak{G}}{\partial y} \\ \operatorname{rot}_z\mathfrak{E} &= 0 \end{aligned}\right\} \tag{6}$$

oder unter Berücksichtigung von Gl. (2)

$$\left.\begin{aligned} \operatorname{rot}_x\mathfrak{E} &= -\mu\frac{\partial\mathfrak{H}_x}{\partial t} \\ \operatorname{rot}_y\mathfrak{E} &= -\mu\frac{\partial\mathfrak{H}_y}{\partial t}, \end{aligned}\right\} \tag{7}$$

da nach Gl. (1)

$$\frac{\partial\mathfrak{H}}{\partial t} = j\omega\,\mathfrak{H}e^{j\omega t}, \tag{8}$$

erhalten wir weiter

$$\left.\begin{aligned} \frac{1}{\varkappa}\frac{\partial\mathfrak{G}}{\partial y} &= -\mu\frac{\partial\mathfrak{H}_x}{\partial t} = -j\omega\mu\,\mathfrak{H}_x \\ -\frac{1}{\varkappa}\frac{\partial\mathfrak{G}}{\partial x} &= -\mu\frac{\partial\mathfrak{H}_y}{\partial t} = -j\omega\mu\,\mathfrak{H}_y \end{aligned}\right\} \tag{9}$$

und daraus durch Differenzieren

$$\frac{1}{\varkappa}\,\frac{\partial^2\,\mathfrak{G}}{\partial\,x^2}=j\,\omega\,\mu\,\frac{\partial\,\mathfrak{H}_y}{\partial\,x}$$

$$\frac{1}{\varkappa}\,\frac{\partial^2\,\mathfrak{G}}{\partial\,y^2}=-j\,\omega\,\mu\,\frac{\partial\,\mathfrak{H}_x}{\partial\,y}$$

oder

$$\frac{1}{\varkappa}\left(\frac{\partial^2\,\mathfrak{G}}{\partial\,x^2}+\frac{\partial^2\,\mathfrak{G}}{\partial\,y^2}\right)=j\,\omega\,\mu\left(\frac{\partial\,\mathfrak{H}_y}{\partial\,x}-\frac{\partial\,\mathfrak{H}_x}{\partial\,y}\right)=j\,\omega\,\mu\,\mathrm{rot}_z\,\mathfrak{H}=j\,w\,\mu\,\mathfrak{G}$$

also

$$\frac{\partial^2\,\mathfrak{G}}{\partial\,x^2}+\frac{\partial^2\,\mathfrak{G}}{\partial\,y^2}=j\,\omega\,\mu\,\varkappa\,\mathfrak{G}=j\,k^2\,\mathfrak{G}. \tag{10}$$

Das ist die sog. Pockelsche Differentialgleichung mit

$$k^2=\omega\,\mu\,\varkappa. \tag{10a}$$

Für konstantes μ gilt [siehe § 3, Gl. (18)]

$$\mu\,\mathrm{div}\,\mathfrak{H}=\mu\left(\frac{\partial\,\mathfrak{H}_x}{\partial\,x}+\frac{\partial\,\mathfrak{H}_y}{\partial\,y}\right)=0$$

$$\frac{\partial\,\mathfrak{H}_x}{\partial\,x}=-\,\frac{\partial\,\mathfrak{H}_y}{\partial\,y} \tag{11}$$

und mit

$$\mathfrak{H}=\mathrm{rot}\,\mathfrak{A}$$

$$\mathfrak{H}_x=\mathrm{rot}_x\,\mathfrak{A}=\ \ \frac{\partial\,\mathfrak{A}_z}{\partial\,y}$$

$$\mathfrak{H}_y=\mathrm{rot}_y\,\mathfrak{A}=-\frac{\partial\,\mathfrak{A}_z}{\partial\,x}$$

$$\frac{\partial\,\mathfrak{H}_x}{\partial\,x}\,\frac{\partial^2\,\mathfrak{A}}{\partial\,x\,\partial\,y}\,; \qquad \frac{\partial\,\mathfrak{H}_y}{\partial\,y}=-\frac{\partial^2\,\mathfrak{A}}{\partial\,x\,\partial\,y}$$

$$\frac{\partial^2\,\mathfrak{G}}{\partial\,x^2}=j\,\omega\,\mu\,\varkappa\,\frac{\partial\,\mathfrak{H}_y}{\partial\,x}\,; \qquad \frac{\partial^2\,\mathfrak{G}}{\partial\,y^2}=-j\,\omega\,\mu\,\varkappa\,\frac{\partial\,\mathfrak{H}_x}{\partial\,y}$$

$$\frac{\partial^2\,\mathfrak{G}}{\partial\,x^2}+\frac{\partial^2\,\mathfrak{G}}{\partial\,y^2}=j\,\omega\,\mu\,\varkappa\left(\frac{\partial\,\mathfrak{H}_y}{\partial\,x}-\frac{\partial\,\mathfrak{H}_x}{\partial\,y}\right).$$

Weiter ist

$$\frac{\partial\,\mathfrak{H}_y}{\partial\,x}=-\frac{\partial^2\,\mathfrak{A}}{\partial\,x^2}\,; \qquad \frac{\partial\,\mathfrak{H}_x}{\partial\,y}=\frac{\partial^2\,\mathfrak{A}}{\partial\,y^2}\,,$$

daher

$$\frac{\partial^2\,\mathfrak{G}}{\partial\,x^2}+\frac{\partial^2\,\mathfrak{G}}{\partial\,y^2}=-j\,\omega\,\mu\,\varkappa\left(\frac{\partial^2\,\mathfrak{A}}{\partial\,x^2}+\frac{\partial^2\,\mathfrak{A}}{\partial\,y^2}\right)$$

$$\frac{\partial^2\,\mathfrak{A}}{\partial\,x^2}+\frac{\partial^2\,\mathfrak{A}}{\partial\,y^2}=-\frac{j\,\omega\,\mu\,\varkappa\,\mathfrak{G}}{j\,\omega\,\mu\,\varkappa}=-\mathfrak{G}.$$

Es gilt also die wichtige Gleichung

$$\frac{\partial^2 \mathfrak{A}}{\partial x^2} + \frac{\partial^2 \mathfrak{A}}{\partial y^2} = \Delta \mathfrak{A} = -\mathfrak{G} \qquad \text{innerhalb des Stromleiters} \qquad (12\,a)$$

$$\frac{\partial^2 \mathfrak{A}}{\partial x^2} + \frac{\partial^2 \mathfrak{A}}{\partial y^2} = \Delta \mathfrak{A} = 0 \qquad \text{außerhalb des Stromleiters.} \qquad (12\,b)$$

§ 2. Stromverdrängung in einem Leiter.

1. Leiter mit rechteckigem Querschnitt.

Die Leiterachse falle mit der z-Achse eines rechtwinkligen Koordinatensystems zusammen. Der Querschnitt des Leiters sei das Rechteck mit den Seiten 2a und 2b. Die Seite 2b soll so groß sein, daß man von der Veränderlichkeit des Stromes I (Stromdichte $\mathfrak{G}$) in der y-Richtung absehen kann, also $\dfrac{d\,\mathfrak{G}}{d\,y} = 0$.

Dann lautet die Gl. (10)

$$\frac{d^2\,\mathfrak{G}}{d\,x^2} = j\,k^2\,\mathfrak{G}. \qquad (13)$$

Ihr Lösungsansatz $\mathfrak{G} = A\,e^{\beta\,x}$ führt zur Lösung

$$\mathfrak{G} = A_1 e^{k\,\sqrt{j}\,x} + A_2 e^{-k\,\sqrt{j}\,x}, \qquad (14)$$

wobei

$$\beta^2 = j\,k^2; \qquad \beta = \pm \sqrt{j}\,k = \pm \sqrt{j}\,\sqrt{\omega\,\mu\,\varkappa} \qquad (14\,a)$$

ist.

Mit Berücksichtigung der Beziehung (9) folgt aus Gl. (14)

$$A_1 e^{k\,\sqrt{j}\,x} - A_2 e^{-k\,\sqrt{j}\,x} = \sqrt{j}\,k\,\mathfrak{H}.$$

Diese Gleichung erlaubt die Bestimmung der Konstanten A_1 und A_2 aus nachstehenden Grenzbedingungen:

Für $x = 0$ ist $\mathfrak{H}_{(x=0)} = 0$, für $x = a$, $\mathfrak{H}_{(x=a)} = \mathfrak{H}_a$.

Aus der ersten Bedingung wird

$$A_1 - A_2 = 0, \quad A_1 = A_2.$$

Aus der zweiten

$$A_1 e^{k\,\sqrt{j}\,a} - A_2 e^{-k\,\sqrt{j}\,a} = \sqrt{j}\,k\,\mathfrak{H}_a$$

und schließlich

$$A_1 = A_2 = \frac{\sqrt{j}\,k\,\mathfrak{H}_a}{2\,\mathfrak{Sin}\,(k\,\sqrt{j}\,a)}.$$

Damit erhält man aus Gl. (14)

$$\mathfrak{G} = \frac{\sqrt{j}\,k\,\mathfrak{H}_a}{2\,\mathfrak{Sin}\,(k\,\sqrt{j}\,a)}\left(e^{k\,\sqrt{j}\,x} + e^{-k\,\sqrt{j}\,x}\right) = \frac{\sqrt{j}\,k\,\mathfrak{H}_a}{\mathfrak{Sin}\,(k\,\sqrt{j}\,a)}\,\mathfrak{Cos}\left(k\,\sqrt{j}\,x\right). \quad (15)$$

Es ist nun

$$\int \mathfrak{G}\,df = I = 2b\int_0^a \mathfrak{G}\,dx = 2b\,\mathfrak{H}_a$$

$$\mathfrak{H}_a = \frac{I}{2b}. \quad (16)$$

Somit wird

$$\mathfrak{G} = \frac{I}{2b}\,\frac{\sqrt{j}\,k\,\mathfrak{Cos}\,(k\,\sqrt{j}\,x)}{\mathfrak{Sin}\,(k\,\sqrt{j}\,a)} = \frac{I}{2ab}\,ak\,\sqrt{j}\,\frac{\mathfrak{Cos}\,(k\,\sqrt{j}\,x)}{\mathfrak{Sin}\,(k\,\sqrt{j}\,a)} \quad (17)$$

und

$$\mathfrak{E} = \frac{\mathfrak{G}}{\varkappa}\,\frac{I}{2ab}\,\frac{a}{\varkappa}\,k\,\sqrt{j}\,\frac{\mathfrak{Cos}\,(k\,\sqrt{j}\,x)}{\mathfrak{Sin}\,(k\,\sqrt{j}\,a)}. \quad (18)$$

Mit Hilfe der Beziehung (9) kann daraus der Verlauf des Feldes $\mathfrak{H}_y$ ermittelt werden. Es ist

$$\mathfrak{H}_y = \frac{1}{j\,\omega\,\mu}\,\frac{\partial\,\mathfrak{G}}{\partial\,x}.$$

Der Spannungsabfall auf die Längeneinheit (cm) längs einer Erzeugenden der Oberfläche unseres Leiters ist

$$\mathfrak{E}_{x=a} = \frac{I}{2ab}\,\frac{ak}{\varkappa}\,\sqrt{j}\,\mathrm{Cotg}\left(k\,\sqrt{j}\,a\right). \quad (19)$$

Daraus erhalten wir die Impedanz der Längeneinheit unseres Leiters zu

$$Z = \frac{\mathfrak{E}_{(x=a)}}{I} = \frac{ak\,\sqrt{j}}{\varkappa\,2ab}\,\mathrm{Cotg}\left(k\,\sqrt{j}\,a\right). \quad (20)$$

Ihr reeller Teil ist der Ohmsche Widerstand der Längeneinheit des Leiters. Der innere induktive Widerstand wird durch die imaginäre Komponente dargestellt.

Die Zerlegung von Z in die beiden Komponenten R und ωL soll hier der Vollständigkeit halber gezeigt werden. Es ist bekanntlich

$$\sqrt{\pm j} = \frac{1}{\sqrt{2}} \pm \frac{j}{\sqrt{2}}.^* \quad (21)$$

$$Z = \frac{ak\,\sqrt{j}}{\varkappa\,2ab}\,\mathrm{Cotg}(ka\,\sqrt{j}) = \frac{ak}{\varkappa\,2ab}\left(\frac{1}{\sqrt{2}} + \frac{j}{\sqrt{2}}\right)\frac{1}{\mathfrak{Tg}(ka\,\sqrt{j})}$$

$$\mathfrak{Tg}(ka\,\sqrt{j}) = \mathfrak{Tg}\,z; \qquad z = \frac{ka}{\sqrt{2}} + j\,\frac{ka}{\sqrt{2}} = x + jy$$

$$j\,\mathfrak{Tg}\,z = \mathrm{tg}\,jz$$

---

* Siehe: Funktionstafel Emde, Berlin 1940.

$$\mathfrak{Tg}\,z = -j\,\mathrm{tg}\,jz = -j\,\mathrm{tg}\left(-\frac{ka}{\sqrt{2}}+j\frac{ka}{\sqrt{2}}\right) = U + jV$$

$$U = -\frac{\sin\dfrac{2ka}{\sqrt{2}}}{\cos\dfrac{2ka}{\sqrt{2}}+\mathfrak{Cos}\dfrac{2ka}{\sqrt{2}}};\qquad V = \frac{\mathfrak{Sin}\dfrac{2ka}{\sqrt{2}}}{\cos\dfrac{2ka}{\sqrt{2}}+\mathfrak{Cos}\dfrac{2ka}{\sqrt{2}}}$$

$$\mathfrak{Tg}\,z = -j\,\frac{-\sin\dfrac{2ka}{\sqrt{2}}+j\,\mathfrak{Sin}\dfrac{2ka}{\sqrt{2}}}{\cos\dfrac{2ka}{\sqrt{2}}+\mathfrak{Cos}\dfrac{2ka}{\sqrt{2}}} = \frac{\mathfrak{Sin}\dfrac{2ka}{\sqrt{2}}+j\sin\dfrac{2ka}{\sqrt{2}}}{\cos\dfrac{2ka}{\sqrt{2}}+\mathfrak{Cos}\dfrac{2ka}{\sqrt{2}}}$$

$$\frac{1}{\mathfrak{Tg}\,(ka\sqrt{j})} = \frac{\cos\dfrac{2ka}{\sqrt{2}}+\mathfrak{Cos}\dfrac{2ka}{\sqrt{2}}}{\mathfrak{Sin}\dfrac{2ka}{\sqrt{2}}+j\sin\dfrac{2ka}{\sqrt{2}}}$$

$$= \frac{\left(\cos\dfrac{2ka}{\sqrt{2}}+\mathfrak{Cos}\dfrac{2ka}{\sqrt{2}}\right)\left(\mathfrak{Sin}\dfrac{2ka}{\sqrt{2}}-j\sin\dfrac{2ka}{\sqrt{2}}\right)}{\mathfrak{Sin}^2\dfrac{2ka}{\sqrt{2}}+\sin^2\dfrac{2ka}{\sqrt{2}}}$$

$$= \frac{\mathfrak{Sin}\dfrac{2ka}{\sqrt{2}}\left(\cos\dfrac{2ka}{\sqrt{2}}+\mathfrak{Cos}\dfrac{2ka}{\sqrt{2}}\right)}{\mathfrak{Sin}^2\dfrac{2ka}{\sqrt{2}}+\sin^2\dfrac{2ka}{\sqrt{2}}} - j\,\frac{\sin\dfrac{2ka}{\sqrt{2}}\left(\cos\dfrac{2ka}{\sqrt{2}}+\mathfrak{Cos}\dfrac{2ka}{\sqrt{2}}\right)}{\mathfrak{Sin}^2\dfrac{2ka}{\sqrt{2}}+\sin^2\dfrac{2ka}{\sqrt{2}}}$$

$$R = \frac{ak}{\sqrt{2}\,\varkappa\,2ab}\,\frac{\sin\dfrac{2ka}{\sqrt{2}}\left(\cos\dfrac{2ka}{\sqrt{2}}+\mathfrak{Cos}\dfrac{2ka}{\sqrt{2}}\right)}{\mathfrak{Sin}^2\dfrac{2ka}{\sqrt{2}}+\sin^2\dfrac{2ka}{\sqrt{2}}} +$$

$$+ \frac{ak}{\sqrt{2}\,\varkappa\,2ab}\,\frac{\mathfrak{Sin}\dfrac{2ka}{\sqrt{2}}\left(\cos\dfrac{2ka}{\sqrt{2}}+\mathfrak{Cos}\dfrac{2ka}{\sqrt{2}}\right)}{\mathfrak{Sin}^2\dfrac{2ka}{\sqrt{2}}+\sin^2\dfrac{2ka}{\sqrt{2}}}$$

$$R = \frac{ak}{\sqrt{2}\,\varkappa\,2ab}\,\frac{\left(\cos\dfrac{2ka}{\sqrt{2}}+\mathfrak{Cos}\dfrac{2ka}{\sqrt{2}}\right)\left(\mathfrak{Sin}\dfrac{2ka}{\sqrt{2}}+\sin\dfrac{2ka}{\sqrt{2}}\right)}{\mathfrak{Sin}^2\dfrac{2ka}{\sqrt{2}}+\sin^2\dfrac{2ka}{\sqrt{2}}}.$$

Dieser Ausdruck läßt sich noch weiter umformen, indem man in seinem Nenner die $\mathfrak{Sin}$- und sin-Funktionen durch die $\mathfrak{Cos}$- und cos-Funktionen ersetzt. Dann wird schließlich

$$R = \frac{ak}{\sqrt{2}\,\varkappa\,ab}\,\frac{\mathfrak{Sin}\dfrac{2ka}{\sqrt{2}}+\sin\dfrac{2ka}{\sqrt{2}}}{\mathfrak{Cos}\dfrac{2ka}{\sqrt{2}}+\cos\dfrac{2ka}{\sqrt{2}}}. \tag{22}$$

Da nach Gl. (10a) $k^2 = \omega\mu\varkappa$ ist R, wie bekannt, von der Frequenz abhängig. Seinen kleinsten Wert besitzt er bei $\omega = 0$, $k = 0$, Gleichstromwiderstand. Setzt man $k = 0$ in Gl. (22) ein, so erhält man den unbestimmten Ausdruck $\dfrac{0}{0}$.

Erst zweimaliges Differenzieren liefert den wahren Wert. Es ist nach einmaliger Differenzierung

$$\frac{a}{\sqrt{2}\,\varkappa\,2\,a\,b}\;\frac{\mathfrak{Sin}\dfrac{2ka}{\sqrt{2}} + 2\dfrac{ka}{\sqrt{2}}\cdot\mathfrak{Cos}\dfrac{2ka}{\sqrt{2}} + \sin\dfrac{2ka}{\sqrt{2}} + \dfrac{2ka}{\sqrt{2}}\cos\dfrac{2ka}{\sqrt{2}}}{\dfrac{2a}{\sqrt{2}}\mathfrak{Sin}\dfrac{2ka}{\sqrt{2}} + \dfrac{2a}{\sqrt{2}}\sin\dfrac{2ka}{\sqrt{2}}}$$

und nochmals differenziert

$$\frac{a}{\sqrt{2}\,\varkappa\,2\,a\,b}$$

$$\frac{\dfrac{2a}{\sqrt{2}}\mathfrak{Cos}\dfrac{2ka}{\sqrt{2}} + \dfrac{2a}{\sqrt{2}}\mathfrak{Cos}\dfrac{2ka}{\sqrt{2}} + \dfrac{4a^2}{2}k\,\mathfrak{Sin}\dfrac{2ka}{\sqrt{2}} + \dfrac{2a}{\sqrt{2}}\cos\dfrac{2ka}{\sqrt{2}} + \dfrac{2a}{\sqrt{2}}\cos\dfrac{2ka}{\sqrt{2}} - \dfrac{4a^2k}{2}\sin\dfrac{2ka}{\sqrt{2}}}{\dfrac{4a^2}{2}\left(\mathfrak{Cos}\dfrac{2ka}{\sqrt{2}} + \cos\dfrac{2ka}{\sqrt{2}}\right)}\,.$$

Setzen wir darin $k = 0$, so wird schließlich

$$R_{k=0,\;\omega=0} = \frac{1}{\varkappa\,2\,a\,b}\,. \tag{22a}$$

Für den induktiven Widerstand finden wir auf die gleiche Art

$$\omega L = \frac{ak}{\sqrt{2}\,\varkappa\,2ab}\left[\frac{\mathfrak{Sin}\dfrac{2ka}{\sqrt{2}}\left(\cos\dfrac{2ka}{\sqrt{2}} + \mathfrak{Cos}\dfrac{2ka}{\sqrt{2}}\right)}{\mathfrak{Sin}^2\dfrac{2ka}{\sqrt{2}} + \sin^2\dfrac{2ka}{\sqrt{2}}} - \right.$$

$$\left. - \frac{\sin\dfrac{2ka}{\sqrt{2}}\left(\cos\dfrac{2ka}{\sqrt{2}} + \mathfrak{Cos}\dfrac{2ka}{\sqrt{2}}\right)}{\mathfrak{Sin}^2\dfrac{2ka}{\sqrt{2}} + \sin^2\dfrac{2ka}{\sqrt{2}}}\right]$$

$$\omega L = \frac{ak}{\sqrt{2}\,\varkappa\,2ab}\;\frac{\mathfrak{Sin}\dfrac{2ka}{\sqrt{2}} - \sin\dfrac{2ka}{\sqrt{2}}}{\mathfrak{Cos}\dfrac{2ka}{\sqrt{2}} - \cos\dfrac{2ka}{\sqrt{2}}} \tag{23}$$

Dieser Widerstand wird für $k = 0$ $\omega L_{k=0} = 0$.

2. Leiter mit kreisförmigem Querschnitt* (Abb. 30).

Die Achse des Leiters sei wieder die z-Achse eines Koordinatensystems. Es ist

$$\operatorname{rot} \mathfrak{H} = \mathfrak{G} \tag{2}$$

$$\operatorname{rot} \mathfrak{E} = -\frac{d\mathfrak{B}}{dt} = -\mu \frac{d\mathfrak{H}}{dt} . \tag{3}$$

Wir führen Polarkoordinaten (r, α, z) ein. Damit wird

$$\left. \begin{aligned} \operatorname{rot}_r \mathfrak{E} &= \frac{1}{r} \frac{\partial \mathfrak{E}_z}{\partial \alpha} - \frac{\partial \mathfrak{E}_\alpha}{\partial z} \\ \operatorname{rot}_\alpha \mathfrak{E} &= \frac{\partial \mathfrak{E}_r}{\partial z} - \frac{\partial \mathfrak{E}_z}{\partial r} \\ \operatorname{rot}_z &= \frac{1}{r} \left(\frac{\partial}{\partial r} (r \mathfrak{E}_\alpha) - \frac{\partial \mathfrak{E}_r}{\partial \alpha} \right) . \end{aligned} \right\} \tag{24}$$

Es ist hier

$$\left. \begin{aligned} \mathfrak{E}_r = 0; \qquad \mathfrak{E}_\alpha = 0; \qquad \mathfrak{E}_z &= \mathfrak{E} = \frac{\mathfrak{G}}{\varkappa} \\ \operatorname{rot}_z \mathfrak{E} = 0; \qquad \operatorname{rot}_r \mathfrak{E} = 0; \qquad \operatorname{rot}_\alpha \mathfrak{E} &= -\frac{\partial \mathfrak{E}}{\partial r} . \end{aligned} \right\} \tag{25}$$

Weiter ist

$$\frac{\partial \mathfrak{E}}{\partial r} = j \omega \mu \mathfrak{H} \tag{26}$$

$$\frac{\partial \mathfrak{G}}{\partial r} = j \omega \mu \varkappa \mathfrak{H} . \tag{27}$$

Für die Gl. (10) erhält man in Zylinderkoordinaten folgenden Ausdruck

$$\Delta \mathfrak{G} = \frac{\partial^2 \mathfrak{G}}{\partial r^2} + \frac{1}{r} \frac{\partial \mathfrak{G}}{\partial r} + \frac{1}{r^2} \frac{\partial^2 \mathfrak{G}}{\partial \alpha^2} + \frac{\partial^2 \mathfrak{G}}{\partial z^2} . \tag{28}$$

In unserem Fall:

$$\Delta \mathfrak{G} = \frac{\partial^2 \mathfrak{G}}{\partial r^2} + \frac{1}{r} \frac{\partial \mathfrak{G}}{\partial r} = j \omega \mu \varkappa \mathfrak{G}. \tag{28a}$$

Die Differentialgleichung, die die Verteilung der Stromdichte als Funktion des Achsenabstandes bestimmt, lautet daher hier

$$\frac{\partial^2 \mathfrak{G}}{\partial r^2} + \frac{1}{r} \frac{\partial \mathfrak{G}}{\partial r} - j \omega \mu \varkappa \mathfrak{G} = 0 . \tag{29}$$

Für die magnetische Feldstärke ergibt sich eine Differentialgleichung ähnlicher Form. Es ist

---

* Siehe auch Oberdorfer Lehrbuch der Elektrotechnik, München 1940.

$$\text{rot}_z\,\mathfrak{H} = \frac{1}{r}\left(\frac{\partial}{\partial r}\,(r\mathfrak{H}_\alpha)\right) - \frac{\partial\,\mathfrak{H}_r}{\partial\alpha}$$

$$\mathfrak{H}_\alpha = \mathfrak{H};\qquad \mathfrak{H}_r = 0$$

$$\text{rot}_z\,\mathfrak{H} = \frac{1}{r}\left(\frac{\partial}{\partial r}\,(r\mathfrak{H})\right) = \frac{\mathfrak{H}}{r} + \frac{\partial\mathfrak{H}}{\partial r} = \mathfrak{G}$$

$$\frac{\partial\mathfrak{G}}{\partial r} = -\frac{1}{r^2}\,\mathfrak{H} + \frac{1}{r}\,\frac{\partial\mathfrak{H}}{\partial r} + \frac{\partial^2\mathfrak{H}}{\partial r^2}\,.$$

Setzen wir für $\dfrac{\partial\mathfrak{G}}{\partial r}$ den Ausdruck (27) ein, so wird

$$\frac{\partial^2\mathfrak{H}}{\partial r^2} + \frac{1}{r}\,\frac{\partial\mathfrak{H}}{\partial r} - \mathfrak{H}\left(\frac{1}{r^2} + j\,\omega\mu\,\varkappa\right) = 0. \tag{30}$$

Diese Differentialgleichung beschreibt den Verlauf der magnetischen Feldstärke im Leiterquerschnitt. Zur Lösung der Gl. (29) und (30) setzen wir

$$-j\,\omega\varkappa\mu = K^2 \tag{31}$$

$$Kr = \xi. \tag{32}$$

Dann ist

$$d\,r = \frac{1}{K}\,d\xi;\qquad dr^2 = \frac{1}{K^2}\,d\xi^2,$$

und es wird aus Gl. (29)

$$\frac{d^2\mathfrak{G}}{d\xi^2} + \frac{1}{\xi}\,\frac{d\mathfrak{G}}{d\xi} + \mathfrak{G} = 0\,. \tag{33}$$

Aus Gl. (30) wird durch die gleiche Substitution

$$\frac{d^2\mathfrak{H}}{d\xi^2} + \frac{1}{\xi}\,\frac{d\mathfrak{H}}{d\xi} + \mathfrak{H}\left(1 - \frac{1}{\xi^2}\right) = 0\,. \tag{34}$$

Beide Gleichungen sind vom Typus der Besselschen Differentialgleichung

$$x^2\frac{d^2 y}{d x^2} + x\frac{d y}{d x} + (\varkappa^2 - \nu^2)\,y = 0.$$

Ihre Lösung ist

$$y = C_1\,J_\nu + C_2\,Y_\nu.$$

Im vorliegenden Fall treten mit $\nu = 0$ und $\nu = 1$ nur Besselfunktionen nullter und erster Ordnung auf. Es zeigt sich ferner, daß die Funktionen zweiter Art Y_ν als Lösung ausschalten, da sie für gegen Null gehendes Argument divergieren, die Größen $\mathfrak{E}$, $\mathfrak{G}$ und $\mathfrak{H}$ jedoch für $r = 0$ bzw. $\xi = x = 0$ endlich bleiben.

Es bleiben uns als Lösung nur die Besselfunktionen erster Art, nullter bzw. erster Ordnung

$$\mathfrak{G} = A\,J_0(\xi) \tag{35}$$

$$\mathfrak{H} = B\,J_1(\xi)\,. \tag{36}$$

Nach Gl. (27) ist $\dfrac{d\mathfrak{G}}{dr} = j\omega\mu\varkappa\,\mathfrak{H}$, so daß

$$\mathfrak{H} = \frac{1}{j\omega\mu\varkappa}\frac{d\mathfrak{G}}{dr} = \frac{K}{j\omega\mu\varkappa}\frac{d\mathfrak{G}}{d\xi} = \frac{AK}{j\omega\mu\varkappa}\frac{dJ_0(\xi)}{d\xi}.$$

Nun ist aber $\dfrac{dJ_0(x)}{dx} = -J_1(x)$, so daß sich ergibt

$$\mathfrak{H} = -A\,\frac{K}{j\omega\mu\varkappa}\,J_1(\xi) = \frac{A}{K}\,J_1(\xi) \tag{37}$$

und

$$A = K\,\frac{\mathfrak{H}}{J_1(\xi)}\,; \qquad B = \frac{A}{K}. \tag{38}$$

Zur Bestimmung von A muß die Randbedingung an der Leiteroberfläche berücksichtigt werden.

Es ist für $r = a$

$$\mathfrak{H} = \mathfrak{H}_a = \frac{I}{2\pi a},$$

daher

$$A = \frac{K}{2a\pi}\,\frac{I}{J_1(Ka)}\,; \qquad B = \frac{1}{2a\pi}\,\frac{I}{J_1(Ka)}. \tag{39}$$

Damit wird

$$\mathfrak{G} = \frac{KI}{2a\pi}\,\frac{J_0(Kr)}{J_1(Ka)} \tag{40}$$

$$\mathfrak{H} = \frac{I}{2a\pi}\,\frac{J_1(Kr)}{J_1(Ka)} \tag{41}$$

$$\mathfrak{E} = \frac{KI}{2a\pi\varkappa}\,\frac{J_0(Kr)}{J_1(Ka)}. \tag{42}$$

Wenn $K\cdot r$ sehr klein ist (sehr niedrige Frequenzen) wird

$$J_0(Kr) \approx 1, \quad J_1(Ka) \approx \frac{Ka}{2},$$

somit

$$\mathfrak{G} = \frac{I}{a^2\pi}. \tag{40a}$$

Der Spannungsabfall längs einer Mantellinie ($r = a$) kann dargestellt werden durch die Wirkung eines Widerstandes R und einer Induktivität L_i. Man hat also für einen Abschnitt des Leiters von der Länge l

$$I(R + j\omega L) = \mathfrak{E}\,l = \frac{IKl}{2a\pi\varkappa}\,\frac{J_0(Ka)}{J_1(Ka)}. \tag{43}$$

Es sind die Besselfunktionen erster Art allgemein für komplexes Argument z

$$J_{p(z)} = \frac{\left(\dfrac{1}{2}z\right)^p}{0!\,p!} - \frac{\left(\dfrac{1}{2}z\right)^{p+2}}{1!\,(p+1)!} + \frac{\left(\dfrac{1}{2}z\right)^{p+4}}{2!\,(p+2)!} - \cdots$$

Aus Gl. (43) können die Größen R und L_i durch Gleichsetzen von reellen und imaginären Teilen berechnet werden. Nach Gl. (31) ist $K^2 = -j\,\omega\varkappa\mu$ daher

$$K = \sqrt{-j}\,\sqrt{\omega\,\varkappa\,\mu} = \left(\frac{1}{\sqrt{2}} - \frac{j}{\sqrt{2}}\right)\sqrt{2\,\pi\,f\,\varkappa\,\mu} = (1 - j)\,\sqrt{\pi\,f\,\varkappa\,\mu}\,.$$

Setzt man $R_g = \dfrac{l}{a^2\,\pi\,\varkappa}$, so ergibt sich aus Gl. (43)

$$\frac{R}{R_g} + j\,\frac{\omega\,L_i}{R_g} = \frac{K\,a}{2}\,\frac{J_0(K\,a)}{J_1(K\,a)}\,. \tag{43a}$$

Dieser Ausdruck läßt sich in eine Reihe entwickeln. Bezeichnet man mit

$$x = \frac{a}{2}\,\sqrt{\pi\,f\,\varkappa\,\mu}\,, \tag{44}$$

so erhält man für kleine Werte von $x\,(< 1)$ die Näherungsformel

$$\frac{R}{R_g} = 1 + \frac{1}{3}\,x^4 \ldots \tag{45}$$

$$\frac{\omega\,L_i}{R_g} = x^2\left(1 - \frac{x^4}{6}\right) \ldots \tag{46}$$

Für große Werte von $x\,(> 1)$

$$\frac{R}{R_g} = x + \frac{1}{4} + \frac{3}{64\,x} \cdots \tag{47}$$

$$\frac{\omega\,L_i}{R_g} = x - \frac{3}{64\,x} + \frac{3}{128\,x^2} \cdots \tag{48}$$

Es soll beispielsweise die Widerstandserhöhung eines Rundkupferleiters von 5 cm Halbmesser bei 50 Hz ermittelt werden.

$$a = 5\ \text{cm},\quad \varkappa = 56\ \text{Sm/mm}^2,\quad f = 50\ \text{Hz}.$$

Damit wird

$$x = \frac{5}{2}\ \text{cm}\,\sqrt{\pi\cdot 50\cdot 56\cdot 10^4\cdot 1{,}255\cdot 10^{-8}\,s^{-1}\ \text{S/cm H/cm}} = 2{,}63$$

und nach Gl. (47)

$$\frac{R}{R_g} = 2{,}63 + \frac{1}{4} + \frac{3}{64\cdot 2{,}63} = 2{,}8978\,.$$

Bei $a = 1$ cm wird

$$x = 0{,}5\cdot 1{,}05 = 0{,}525$$

und nach Gl. (45)

$$\frac{R}{R_g} = 1 + \frac{1}{3}\,0{,}525^4 = 1 + 0{,}028\,25 = 1{,}0285\,.$$

Es sei noch die Widerstandserhöhung einer Rundkohle (Kohlenelektrode), die einen Halbmesser $a = 50$ cm besitzt, ermittelt. Wir nehmen als spez. Widerstand $\varrho = 60\,\Omega\,\mathrm{mm^2/m} = 60\cdot10^{-4}\,\Omega$ cm, also $\varkappa = \frac{1}{60}\,10^4\,\mathrm{S/cm}$, daher

$$x = 25\ \sqrt{\pi\cdot50\cdot\frac{10^4}{60}\,1{,}256\cdot10^{-8}\cdot s^{-1}\,\mathrm{S/cm\ H/cm}} = 0{,}453$$

$$\frac{R}{R_g} = 1 + \frac{1}{3}\,0{,}453^4 = 1{,}015\,.$$

Diese Beispiele zeigen uns deutlich die bekannte Tatsache, daß die Widerstandserhöhung mit zunehmendem Querschnitt und zunehmender spez. Leitfähigkeit des Leiters zunimmt.

Die Zunahme des Widerstandes mit der Frequenz ist so zu erklären, daß mit steigender Frequenz der Strom immer mehr und mehr in die äußeren Schichten des Leiterquerschnittes gedrängt wird. Man erkennt dies, wenn man die Näherungsformel der Besselfunktionen für großes Argument benutzt. Es ist

$$\left| J_0\!\left(x\,2\,\sqrt{2}\,\sqrt{-j}\right)\right| = \left| J_1\!\left(x\,2\,\sqrt{2}\,\sqrt{-j}\right)\right| = \frac{1}{\sqrt{4\,\pi\,x\,\sqrt{2}}}\,e^{2\,x}\,.$$

Aus Gl. (40) folgt damit

$$|\mathfrak{G}| = \frac{I}{2\,\pi\,a}\,\sqrt{\omega\,\varkappa\,\mu}\,\sqrt{\frac{a}{r}}\,e^{-\sqrt{\pi f \varkappa \mu}\,(a-r)}\,. \tag{49}$$

Bezeichnet man den Abstand des betrachteten Punktes von der Leiteroberfläche mit $\xi = a - r$, so ersieht man aus Gl. (49), daß die Stromdichte mit wachsender Tiefe ξ nach einer Exponentialfunktion abnimmt (Abb. 57).

Befolgt der Strom ein einfach harmonisches Zeitgesetz von der Form $e^{j\omega t}$, so erhält man für die Zeitwerte der Stromdichte $\mathfrak{G}(t)$ aus Gl. (40), wenn wir unter $\mathfrak{G}_{\max}$ den Scheitelwert der Stromdichte verstehen,

$$\mathfrak{G}_{(t)} = \mathfrak{G}_{\max}\frac{K I}{2\,a\,\pi}\frac{J_0(K r)}{J_1(K a)}\,e^{j\omega t}\,. \tag{50}$$

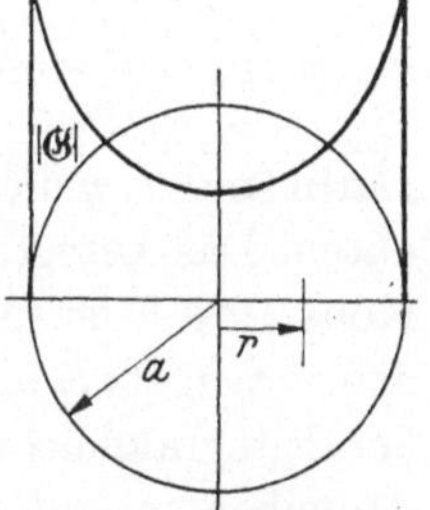

Abb. 57. Darstellung des Hauteffekts.

Infolge des komplexen Argumentes der Besselfunktionen ist $\mathfrak{G}$ nicht allein der Größe, sondern auch der Phasenlage nach eine Funktion des Achsenabstandes r, d. h. es tritt zwischen zwei vom Achsenmittel unterschiedlich entfernten Punkten des Querschnittes in der Stromdichte eine Phasenverschiebung auf.

Die imaginäre Komponente der Beziehung (43a) liefert uns das Verhältnis $\dfrac{\omega L_i}{R_g}$.

Als Näherungsformel ergibt sich dafür bei $x < 1$

$$\frac{\omega L_i}{R_g} = x^2\left(1 - \frac{x^4}{6}\right)\,,$$

bei $x > 1$

$$\frac{\omega L_i}{R_g} = x - \frac{3}{64\,x} + \frac{3}{128\,x^2}.$$

Bei Kenntnis des Gleichstromwiderstandes R_g kann somit die innere Induktivität L_i des Leiters ermittelt werden. Ihr ermittelter Wert ist kleiner als der bei Gleichstrom ermittelte Wert [Formel (27), Kapitel 2].

Die Berechnung der Stromverteilung für den geraden Draht mit Kreisquerschnitt läßt sich also relativ einfach ermitteln. Ist dagegen der Querschnitt nicht kreisförmig, so ist die Stromverteilung viel schwieriger zu bestimmen; in diesem allgemeinen Falle ist die Bestimmung der Stromverdrängung nur möglich, wenn gleichzeitig das magnetische Feld im Außenraum berechnet wird [33, 34, 35].

Aus Gl. (26) folgt

$$\mathrm{rot}\,\mathfrak{E} = -j\,\mu\,\omega\,\mathfrak{H}.$$

Führt man das Vektorpotential $\mathfrak{A}$ durch die Gleichung $\mathfrak{H} = \mathrm{rot}\,\mathfrak{A}$ ein, so folgt aus obiger Beziehung

$$\mathfrak{E} = -j\,\mu\,\omega\,\mathfrak{A}$$

und weiter

$$\mathfrak{G} = -j\,\mu\,\varkappa\,\omega\,\mathfrak{A}.$$

Setzen wir für $\mathfrak{A}$ den Ausdruck (57) (Kapitel 3) ein, so erhalten wir nach Hinzufügen einer unbestimmten Konstanten K zur Berechnung der Stromdichte die inhomogene Integralgleichung

$$\mathfrak{G}(x\,y) = K + \frac{j\,\mu\,\varkappa\,\omega}{2\,\pi} \iint \mathfrak{G}(\xi\,\eta)\ln\sqrt{(x-\xi)^2 + (y-\eta)^2}\,d\xi\,d\eta. \qquad (51)$$

Darin sind x, y die Koordinaten des Aufpunktes, ξ, η Integrationskoordinaten. Das Integral ist über den ganzen Querschnitt zu erstrecken. Die Konstante K ist so zu bestimmen, daß der gesamte Strom im Querschnitt den vorgegebenen Strom I ergibt. Diese Gleichung ist nach der Theorie der Integralgleichungen stets lösbar. Zur weiteren Vertiefung in diese Aufgaben sei auf das vorgenannte Schrifttum verwiesen.

§ 3. Einseitige Stromverdrängung. Stromverdrängung im Bündelleiter.

1. Einphasensystem.

Die axialsymmetrische Stromverdrängung, wie sie ein einzelner zentrisch symmetrischer Leiter aufweist, tritt nicht mehr auf, wenn in seiner Nähe ein oder mehrere parallele stromführende Leiter angeordnet sind. Es kommt dann in jedem Leiter zu einer unsymmetrischen, einseitigen Stromdichtenverlagerung, und zwar derart, daß zwischen zwei entgegengesetzt gerichtete Ströme führenden Leitern die Stromdichte in den einander zugewendeten Teilen des Querschnittes größer ist, als in den abgewendeten Querschnittsteilen. Bei Leitern mit gleichgerichteten Strömen tritt die Dichtenerhöhung an den einander abgewendeten Querschnittsstellen auf. Für den Fall zweier Leiter mit Kreisquerschnitt wurde die einseitige Stromverdrängung exakt von G. MIE [36] sowohl für niedrige als auch für hohe Periodenzahl errechnet. Die sich hier ergebenden Formeln sind für die Praxis unbrauchbar. In der Praxis begnügt man sich zur Bestimmung der Widerstandserhöhung grober Näherungswerte. Bezeichnet man die Widerstandserhöhung eines Leiters, falls er allein vorhanden wäre (siehe früher), mit ζ, so ergibt

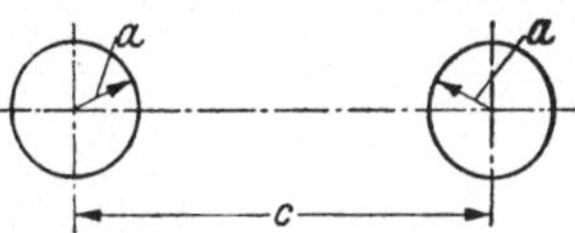

Abb. 58. Zur Erläuterung der einseitigen Stromverdrängung.

sich für die Widerstandserhöhung bei Anwesenheit des zweiten, in der Entfernung c den Rückstrom führenden Leiter (Abb. 58), wenn x den früher errechneten Wert (44) und $v = \dfrac{a}{c}$ ist, für kleine Werte von x

$$\frac{R}{R_g} = \zeta + 4\,x^2 v^2 [1 - x^2], \tag{53}$$

für sehr große Werte von x

$$\frac{R}{R_g} = \frac{x}{\sqrt{1 - 4\,v^2}}. \tag{54}$$

Diese Formeln, sowie eine umfassende Zusammenstellung weiterer für die Praxis brauchbarer Formeln über die Stromverdrängung in Leitern auch von anderen Querschnittsformen und Leiterbündeln, findet man in einem Aufsatz von F. NIETHAMMER [37]. Eine umfangreiche experimentelle Untersuchung über Stromverdrängung innerhalb rechteckiger Leiter hat SCHWENKHAGEN veröffentlicht [13]. In dieser Arbeit wird auch ein Näherungsverfahren zur Berechnung der Stromverteilung in rechteckigen Querschnitten, sowie die Aufteilung der Ströme auf parallele Leiter, gezeigt.

Die Berechnung der Stromverteilung in Bündelleitern mit Kreis- bzw. kreisringförmigen Querschnitten wird vom Verfasser in einem Aufsatz im Archiv El. gezeigt [11]. Es wird dabei vorausgesetzt, daß im Einzelleiter die Stromdichte über dem Querschnitt örtlich konstant ist, von einseitiger Stromverdrängung im Einzelleiter wird also abgesehen. Diese Voraussetzung ist um so mehr verwirklicht, je kleiner der Querschnitt des Einzelleiters ist. Im Gesamtquerschnitt des Bündelleiters ergibt sich dann eine der Wirklichkeit nahekommende, in den Einzelleitern unterschiedliche Stromverteilung. Diese elementare Art der Berechnung der Stromverteilung in einem Bündelleiter gibt uns einen klaren Einblick in die Physik der einseitigen Stromverdrängungserscheinung, sie soll deshalb an dem einfachsten Fall des Bündelleiters hier aufgezeigt werden.

Der einfach harmonische Wechselstrom fließt in zwei parallel geschalteten Leitern 1 und 2 zum Verbraucher und in einem gemeinsamen ebensolchen Rückleiter wieder zurück zur Stromquelle (Abb. 59). Gegeben sind der Gesamtstrom $\mathfrak{J}_a$, die Größenverhältnisse und die gegenseitige

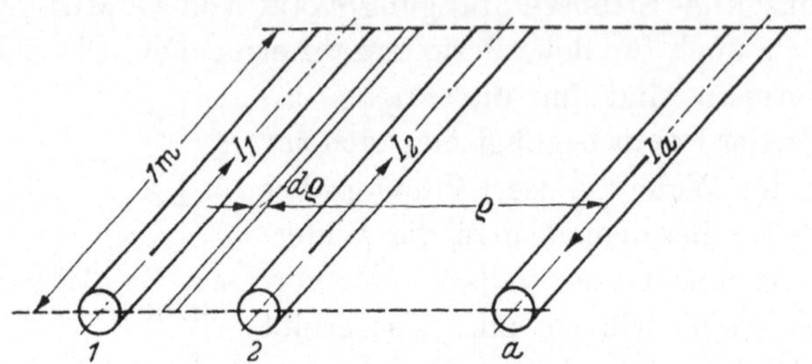

Abb. 59. Der einfachste Bündelleiter.

Lage der Leiter, sowie ihr Material und die spez. Leitfähigkeit desselben. Gefragt wird nach dem Größenverhältnis und dem Phasenunterschied der Ströme $\mathfrak{J}_1$ und $\mathfrak{J}_2$.

Bezeichnet man mit i_1, i_2, i_a die Augenblickswerte der Ströme, mit R den Ohmschen Widerstand, mit L_{ik} den Induktionskoeffizienten bezogen auf die Längeneinheit, so beträgt der Spannungsabfall auf dieser Längeneinheit

$$
\left.
\begin{aligned}
-\frac{\partial u_1}{\partial x} &= i_1 R + L_{11}\frac{\partial i_1}{\partial t} + L_{12}\frac{\partial i_2}{\partial t} + L_{13}\frac{\partial i_a}{\partial t} \\
-\frac{\partial u_2}{\partial x} &= i_2 R + L_{21}\frac{\partial i_1}{\partial t} + L_{22}\frac{\partial i_2}{\partial t} + L_{2a}\frac{\partial i_a}{\partial t} \\
-\frac{\partial u_a}{\partial t} &= i_a R + L_{a1}\frac{\partial i_1}{\partial t} + L_{a2}\frac{\partial i_2}{\partial t} + L_{aa}\frac{\partial i_a}{\partial t}.
\end{aligned}
\right\}
\tag{55}
$$

Die Ströme befolgen ein einfach harmonisches Zeitgesetz, ihr Ansatz hat allgemein die Form

$$
i = I\, e^{j(\omega t + \varphi)}, \tag{56}
$$

worin φ den Winkel zwischen der positiven reellen Achse und dem Stromvektor bedeutet. Führt man ihre Ableitungen in die Gl. (55) ein, läßt daselbst den Zeitfaktor $e^{j\omega t}$ fort und schreibt man allgemein $I\,e^{i\varphi} = \mathfrak{J}$, setzt man ferner für die Induktionskoeffizienten die bekannten Ausdrücke ein und berücksichtigt, daß die vektorielle Summe der Ströme Null ergeben muß, also

$$
\mathfrak{J}_1 + \mathfrak{J}_2 + \mathfrak{J}_a = 0, \tag{57}
$$

so erhält man, wenn der Widerstand R in Ω/m, der Induktionskoeffizient in $\mathrm{H/m}$ und die Ströme in Ampere ausgedrückt werden, für die Spannungsabfälle der Einzelleiter in $\mathrm{V/m}$ nachstehende Gleichungen:

$$-\frac{\partial u_1}{\partial x} = \mathfrak{I}_1 R - j\,4{,}6\,\omega\,10^{-7}\left[\mathfrak{I}_1 \lg x_{11} + \mathfrak{I}_2 \lg x_{12} + \mathfrak{I}_a \lg x_{1a}\right]$$
$$-\frac{\partial u_2}{\partial x} = \mathfrak{I}_2 R - j\,4{,}6\,\omega\,10^{-7}\left[\mathfrak{I}_1 \lg x_{21} + \mathfrak{I}_2 \lg x_{22} + \mathfrak{I}_a \lg x_{2a}\right] \quad (58)$$
$$-\frac{\partial u_3}{\partial x} = \mathfrak{I}_a R - j\,4{,}6\,\omega\,10^{-7}\left[\mathfrak{I}_1 \lg x_{a1} + \mathfrak{I}_2 \lg x_{a2} + \mathfrak{I}_a \lg x_{aa}\right].$$

Für die Umlaufspannung längs des in Abb. 59 strichlierten, geschlossenen Weges ergibt sich

$$\frac{\partial u_1}{\partial x} - \frac{\partial u_2}{\partial x} = 0. \tag{59}$$

Wird zur Abkürzung

$$\frac{R \cdot 10^7}{4{,}6\,\omega} = k \tag{60}$$

eingeführt, so folgt aus den Gl. (58), (59), in dem $\mathfrak{I}_2$ nach Gl. (57) durch $\mathfrak{I}_a$ und $\mathfrak{I}_1$ ausgedrückt wird,

$$\mathfrak{I}_1\left(2k + j\lg\frac{x_{21}\,x_{12}}{x_{11}\,x_{22}}\right) = -\mathfrak{I}_a\left(k + j\lg\frac{x_{12}\,x_{2a}}{x_{22}\,x_{1a}}\right). \tag{61}$$

Aus dieser Gleichung läßt sich der Strom $\mathfrak{I}_1$ bei angenommenem Strom $\mathfrak{I}_a$ bestimmen, der Strom $\mathfrak{I}_2$ errechnet sich sodann aus Gl. (57).

Drückt man in Gl. (61) $\mathfrak{I}_a$ durch $\mathfrak{I}_2$ aus, so erhält man folgende Beziehung zwischen den Teilströmen $\mathfrak{I}_1$ und $\mathfrak{I}_2$:

$$\mathfrak{I}_2\left(k + j\lg\frac{x_{12}\,x_{2a}}{x_{22}\,x_{1a}}\right) = \mathfrak{I}_1\left(k + j\lg\frac{x_{12}\,x_{1a}}{x_{11}\,x_{2a}}\right). \tag{62}$$

Diese Gleichung ermöglicht bei fest angenommenem Strom $\mathfrak{I}_1$ den Strom $\mathfrak{I}_2$ als Funktion irgendeiner geometrischen Lagenänderung zu errechnen. Abb. 60 zeigt die Abhängigkeit der Größe und Phasenlage von $\mathfrak{I}_2$ gegenüber $\mathfrak{I}_1$ bei Änderung des Abstandes zwischen dem Leiter 2 und dem Rückleiter. Bei konstant gehaltenem Strom $\mathfrak{I}_1$ bewegt sich der Endpunkt des Stromvektors $\mathfrak{I}_2$ auf der mit C_{Cu} bezeichneten Kurve derart, daß bei Annäherung des Rückleiters a der Strom $\mathfrak{I}_2$ gegenüber $\mathfrak{I}_1$ immer größer wird und sich in eine voreilende Phasenlage dreht. Das Bild ist der Originalarbeit entnommen und dort für nachstehende Angaben ermittelt:

$$x_{12} = x_{21} = 10,$$
$$x_{11} = x_{22} = x_{aa} = 0{,}5455,$$

Material des Leiters: Kupfer, $\varkappa = 56$ Sm/mm².

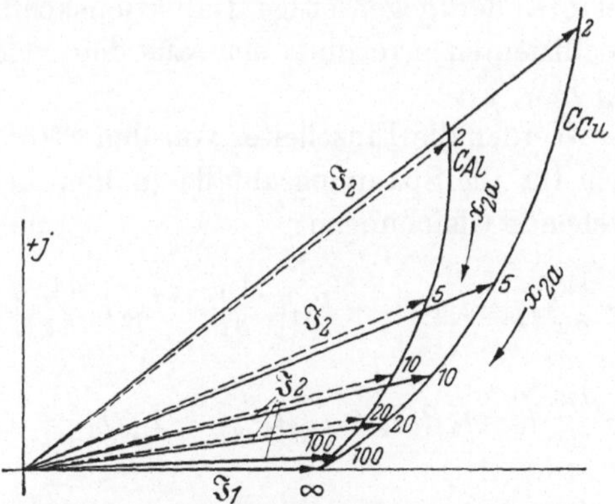

Abb. 60. Stromverdrängung im Bündelleiter 1—2 in Abhängigkeit der Größe x_{2a} bei Kupfer- und Aluminiumleitern.

Verwendet man unter Belassung der geometrischen Verhältnisse statt Kupferleiter Aluminiumleiter mit einer spez. Leitfähigkeit von $\varkappa = 35\ \mathrm{Sm/mm^2}$, so bewegt sich in Abb. 60 die Spitze des Stromvektors $\mathfrak{J}_2$ bei Änderung der Entfernung x_{2a} auf der mit C_{Al} bezeichneten Kurve. Ersichtlich ist hier der Größenunterschied zwischen $\mathfrak{J}_2$ und $\mathfrak{J}_1$ kleiner als im ersten Fall. Der Größenunterschied kann als „Stromverdrängung" im unterteilten Leiter 1—2 bezeichnet werden. Diese Stromverdrängung nimmt mit abnehmendem Abstand des Rückleiters zu. Sie nimmt, wie auch schon bekannt, mit abnehmender spez. Leitfähigkeit des Leitermaterials ab und wird zum Beispiel bei Elektrolyten unmerklich. Da eine Erwärmung des metallischen Leiters eine Abnahme der elektrischen Leitfähigkeit zur Folge hat, verringert sich mit zunehmender Leitertemperatur auch die Stromverdrängung.

Ganz allgemein erfolgt die Ermittlung der Stromverteilung in einem n-fachen Bündelleiter wie folgt:

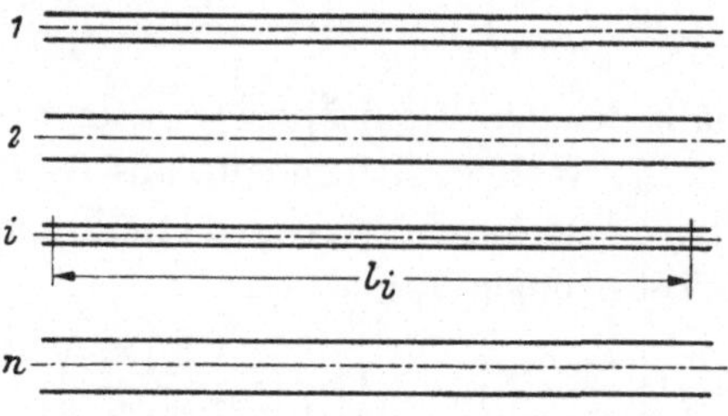

Abb. 61.   Der allgemeine Bündelleiter.

In Abb. 61 sei ein Bündelleiter von n parallelen Einzelleitern von verschiedenen Längen l_i, von verschiedenen Querschnitten und verschiedenen gegenseitigen Abständen dargestellt. Der Widerstand der Längeneinheit (1 cm) des i-ten Leiters sei R_i. Der Selbstinduktionskoeffizient sei L_{ii}, der gegenseitige Induktionskoeffizient L_{ik}. Diese Induktionskoeffizienten errechnen sich aus den gegebenen geometrischen Größen x_{ii} bzw. x_{ik}.

Werden die Einzelleiter von den Strömen i_i durchflossen, so ergeben sich für die Spannungsabfälle in den Leitern des Bündelleiters nachstehende Gleichungen:

$$\left.\begin{aligned}
-\frac{\partial u_1}{\partial x}\,l_1 &= i_1 R_1 l_1 + L_{11} l_1 \frac{\partial i_1}{\partial t} + L_{12}\, l_2 \frac{\partial i_2}{\partial t} + \cdots L_{1i}\, l_i \frac{\partial i_i}{\partial t} + \cdots L_{1n}\, l_n \frac{\partial i_n}{\partial t} \\[2ex]
-\frac{\partial u_2}{\partial x}\,l_2 &= i_2 R_2 l_2 + L_{21} l_2 \frac{\partial i_1}{\partial t} + L_{22}\, l_2 \frac{\partial i_2}{\partial t} + \cdots \\[1ex]
\;\vdots\; \\[0.5ex]
=\frac{\partial u_1}{\partial x}\,l_i &= i_i R_i l_i + L_{i1}\, l_i \frac{\partial i_1}{\partial t} + \cdots L_{ii}\, l_i \frac{\partial i_i}{\partial t} + L_{ik}\, l_k \frac{\partial i_k}{\partial t} + \cdots \\[1ex]
\;\vdots\;
\end{aligned}\right\} \quad (63)$$

oder allgemein

$$-\frac{\partial u_i}{\partial x}\,l_i = i_i R_i l_i + \sum_{i=1,\,k=1}^{i=n,\,k=n} L_{ik}\,l_k\,\frac{\partial i_k}{\partial t}\,. \tag{63a}$$

Wir setzen für die Strom- und Spannungsgrößen einfach harmonische Zeitfunktionen voraus. Dann verläuft nach Ablauf des beim Einschalten des Bündelleiters auftretenden Ausgleichsvorganges, der Strom im i-ten Leiter nach folgendem Zeitgesetz:

$$i_i = I_i e^{j(\omega t + \varphi_i)} = I_i e^{j\varphi}{}_i e^{j\omega t} = \mathfrak{I}_i e^{j\omega t}\,. \tag{64}$$

Dabei bedeutet φ_i den Phasenwinkel des i-ten Stromes in bezug auf eine festgesetzte Lage aller Stromvektoren. Aus dem Gleichungssystem (63) lassen sich jedoch die unbekannten Ströme l_i nicht berechnen, da uns ja die von ihnen hervorgerufenen Spannungsabfälle $\frac{\partial u_i}{\partial x}\,l_i$ unbekannt sind. Diese können jedoch eliminiert werden, wenn man die Umlaufspannung zwischen irgendwelchen zwei Leitern betrachtet. Es muß dann sein

$$-\frac{\partial u_i}{\partial x}\,l_i + \frac{\partial u_k}{\partial x}\,l_k = 0\,. \tag{65}$$

Damit lassen sich für die n unbekannten Ströme i_i $(n-1)$ homogene, lineare Gleichungen aufstellen. Eine zur Berechnung der Teilströme noch notwendige Beziehung folgt aus der Tatsache, daß die Vektorsumme aller Teilströme den vorgegebenen Summenstrom $\mathfrak{I}$ ergeben muß:

$$\sum_{i=1}^{n} \mathfrak{I}_i = \mathfrak{I}\,. \tag{66}$$

In dieser Weise kann die Stromverteilung auch bei einer beliebig großen Anzahl von parallel geschalteten, zueinander parallel liegenden Bündelleitern errechnet werden. Es läßt sich stets die entsprechende Anzahl von Gleichungen aufstellen, die dann mittels des Determinanten-Verfahrens aufgelöst werden können. Allerdings steigt bei einer größeren Anzahl von Leitern der Rechenaufwand ins Unermeßliche, so daß man sich in der Praxis mit Vereinfachungen und Näherungsmethoden begnügen muß. Erschwerend tritt für den Berechnungsgang noch hinzu, daß diese linearen Gleichungen ein Vektorgleichungssystem darstellen, wobei auch die Koeffizienten im allgemeinen komplexe Größen sind.

2. Drehstromsystem.

In der gleichen Weise kann die Stromverteilung in einem Drehstrombündelleitersystem ermittelt werden. Sie soll an einem einfachen Beispiel erläutert werden.

Die einfachste Art der Bündelung einer Drehstromleitung ist die Aufteilung jeder Phase in zwei parallel geschaltete, gleiche Leiter wie sie etwa in Abb. 62 dargestellt wird. Die Phase R bestehe aus den zwei Leitern 1 und 2 mit ihren entsprechenden Strömen i_1 und i_2, die Phase S aus den Leitern a und b (i_a und i_b) und ebenso die Phase T aus den Leitern α und β (i_α und i_β).

Damit ergeben sich für die Spannungsabfälle je Längeneinheit der Einzelleiter folgende Gleichungen:

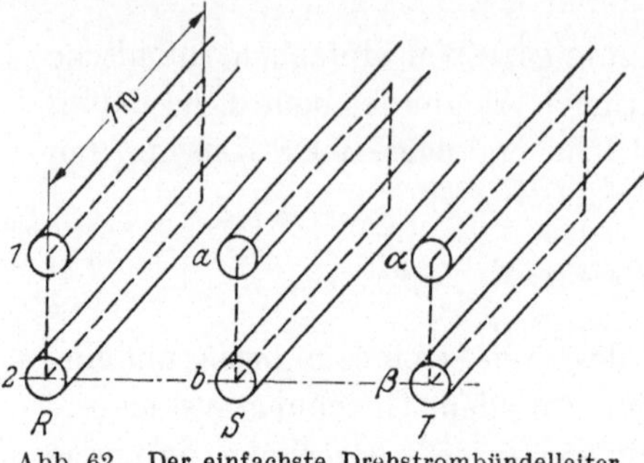

Abb. 62.   Der einfachste Drehstrombündelleiter.

$$-\frac{\partial u_1}{\partial x} = i_1 R + L_{11}\frac{\partial i_1}{\partial t} + L_{12}\frac{\partial i_2}{\partial t} + L_{1a}\frac{\partial i_a}{\partial t} + L_{1b}\frac{\partial i_b}{\partial t} + L_{1\alpha}\frac{\partial i_\alpha}{\partial t} + L_{1\beta}\frac{\partial i_\beta}{\partial t}$$

$$-\frac{\partial u_2}{\partial x} = L_{21}\frac{\partial i_1}{\partial t} + i_2 R + L_{22}\frac{\partial i_2}{\partial t} + L_{2a}\frac{\partial i_a}{\partial t} + L_{2b}\frac{\partial i_b}{\partial t} + L_{2\alpha}\frac{\partial i_\alpha}{\partial t} + L_{2\beta}\frac{\partial i_\beta}{\partial t}$$

$$-\frac{\partial u_a}{\partial x} = L_{a1}\frac{\partial i_1}{\partial t} + L_{a2}\frac{\partial i_2}{\partial t} + i_a R + L_{aa}\frac{\partial i_a}{\partial t} + L_{ab}\frac{\partial i_b}{\partial t} + L_{a\alpha}\frac{\partial i_\alpha}{\partial t} + L_{a\beta}\frac{\partial i_\beta}{\partial t}$$

$$-\frac{\partial u_b}{\partial x} = L_{b1}\frac{\partial i_1}{\partial t} + L_{b2}\frac{\partial i_2}{\partial t} + L_{ba}\frac{\partial i_a}{\partial t} + i_b R + L_{bb}\frac{\partial i_b}{\partial t} + L_{b\alpha}\frac{\partial i_\alpha}{\partial t} + L_{b\beta}\frac{\partial i_\beta}{\partial t}$$

$$-\frac{\partial u_\alpha}{\partial x} = L_{\alpha1}\frac{\partial i_1}{\partial t} + L_{\alpha2}\frac{\partial i_2}{\partial t} + L_{\alpha a}\frac{\partial i_a}{\partial t} + L_{\alpha b}\frac{\partial i_b}{\partial t} + i_\alpha R + L_{\alpha\alpha}\frac{\partial i_\alpha}{\partial t} + L_{\alpha\beta}\frac{\partial i_\beta}{\partial t}$$

$$-\frac{\partial u_\beta}{\partial x} = L_{\beta1}\frac{\partial i_1}{\partial t} + L_{\beta2}\frac{\partial i_2}{\partial t} + L_{\beta a}\frac{\partial i_a}{\partial t} + L_{\beta b}\frac{\partial i_b}{\partial t} + L_{\beta\alpha}\frac{\partial i_\alpha}{\partial t} + i_\beta R + L_{\beta\beta}\frac{\partial i_\beta}{\partial t}.$$

$$\left.\phantom{\begin{matrix}1\\1\\1\\1\\1\\1\end{matrix}}\right\}\quad(67)$$

Bezeichnet man die Gesamtströme der Phasen $\mathfrak{I}_R$, $\mathfrak{I}_S$, $\mathfrak{I}_T$, so gilt für die Ströme nachstehende Vektorgleichung

$$\mathfrak{I}_R + \mathfrak{I}_S + \mathfrak{I}_T = 0. \tag{68}$$

Es ist vorerst Symmetrie der Lastströme angenommen, es ist also absolut $|\mathfrak{I}_R| = |\mathfrak{I}_S| = |\mathfrak{I}_T|$ oder bei Einführung des Operators $\mathfrak{a}$ [21]

$$\left.\begin{aligned}\mathfrak{I}_R &= I_R\\\mathfrak{I}_S &= \mathfrak{a}^2 I_R\\\mathfrak{I}_T &= \mathfrak{a} I_R\,.\end{aligned}\right\}\tag{69}$$

Das Zeitgesetz der Ströme ist in Gl. (56) gegeben. Für die einzelnen Teilströme ergeben sich weiter folgende Beziehungen:

$$\left.\begin{array}{l} I_1 e^{j\varphi_1} = \mathfrak{I}_1 \\ I_2 e^{j\varphi_2} = \mathfrak{I}_2 \end{array}\right\} \mathfrak{I}_1 + \mathfrak{I}_2 = \mathfrak{I}_R$$

$$\left.\begin{array}{l} I_a e^{j\varphi_a} = \mathfrak{I}_a \\ I_b e^{j\varphi_b} = \mathfrak{I}_b \end{array}\right\} \mathfrak{I}_a + \mathfrak{I}_b = \mathfrak{I}_S = \mathfrak{a}^2 I_R \qquad (70)$$

$$\left.\begin{array}{l} I_\alpha e^{j\varphi_\alpha} = \mathfrak{I}_\alpha \\ I_\beta e^{j\varphi_\beta} = \mathfrak{I}_\beta \end{array}\right\} \mathfrak{I}_\alpha + \mathfrak{I}_\beta = \mathfrak{I}_T = \mathfrak{a} I_R \;.$$

Aus der Berechnung der Umlaufspannung längs der in Abb. 62 strichliert gezeichneten geschlossenen Wege folgt

$$\frac{\partial u_1}{\partial x} - \frac{\partial u_2}{\partial x} = 0; \qquad \frac{\partial u_a}{\partial x} - \frac{\partial u_b}{\partial x} = 0; \qquad \frac{\partial u_\alpha}{\partial x} - \frac{\partial u_\beta}{\partial x} = 0, \qquad (71)$$

wird nach Gl. (60) die Größe k noch eingeführt, so erhält man nach einer längeren Zwischenrechnung aus dem Gleichungssystem Gl. (67) mit Berücksichtigung von Gl. (56), (70), (71), (60)

$$\left.\begin{aligned} \mathfrak{I}_2 k - \mathfrak{I}_1 k &+ j\left[\mathfrak{I}_1 \lg \frac{x_{11}}{x_{21}} + \mathfrak{I}_2 \lg \frac{x_{12}}{x_{22}} + \mathfrak{I}_a \lg \frac{x_{1a}}{x_{2a}} + \mathfrak{I}_b \lg \frac{x_{1b}}{x_{2b}} + \mathfrak{I}_\alpha \lg \frac{x_{1\alpha}}{x_{2\alpha}} + \right. \\ &\left. + \mathfrak{I}_\beta \lg \frac{x_{1\beta}}{x_{2\beta}}\right] = 0 \\[4pt] \mathfrak{I}_b k - \mathfrak{I}_a k &+ j\left[\mathfrak{I}_1 \lg \frac{x_{a1}}{x_{b1}} + \mathfrak{I}_2 \lg \frac{x_{a2}}{x_{b2}} + \mathfrak{I}_a \lg \frac{x_{aa}}{x_{ba}} + \mathfrak{I}_b \lg \frac{x_{ab}}{x_{bb}} + \mathfrak{I}_\alpha \lg \frac{x_{a\alpha}}{x_{b\alpha}} + \right. \\ &\left. + \mathfrak{I}_\beta \lg \frac{x_{a\beta}}{x_{b\beta}}\right] = 0 \\[4pt] \mathfrak{I}_\beta k - \mathfrak{I}_\alpha k &+ j\left[\mathfrak{I}_1 \lg \frac{x_{\alpha 1}}{x_{\beta 1}} + \mathfrak{I}_2 \lg \frac{x_{\alpha 2}}{x_{\beta 2}} + \mathfrak{I}_a \lg \frac{x_{\alpha a}}{x_{\beta a}} + \mathfrak{I}_b \lg \frac{x_{\alpha b}}{x_{\beta b}} + \mathfrak{I}_\alpha \lg \frac{x_{\alpha \alpha}}{x_{\beta \alpha}} + \right. \\ &\left. + \mathfrak{I}_\beta \lg \frac{x_{\alpha\beta}}{x_{\beta\beta}}\right] = 0 \;. \end{aligned}\right\} \quad (72)$$

Bringt man aus den Gl. (70) die freiwählbare Größe $\mathfrak{I}_R$ in das Gleichungssystem (72), so bekommt man schließlich folgendes Vektorgleichungstripel mit den Unbekannten $\mathfrak{I}_1$, $\mathfrak{I}_a$, $\mathfrak{I}_\alpha$:

$$\left.\begin{aligned} \mathfrak{I}_1\left(j\lg\frac{x_{11}\,x_{22}}{x_{21}\,x_{12}} - 2k\right) &+ \mathfrak{I}_a\left(j\lg\frac{x_{1a}\,x_{2b}}{x_{2a}\,x_{1b}}\right) + \mathfrak{I}_\alpha\left(j\lg\frac{x_{1\alpha}\,x_{2\beta}}{x_{2\alpha}\,x_{1\beta}}\right) \\ &= \mathfrak{I}_R\left(j\lg\frac{x_{22}}{x_{12}} + j\mathfrak{a}^2\lg\frac{x_{2b}}{x_{1b}} + j\mathfrak{a}\lg\frac{x_{2\beta}}{x_{1\beta}} - k\right) \\[4pt] \mathfrak{I}_1\left(j\lg\frac{x_{a1}\,x_{b2}}{x_{b1}\,x_{a2}}\right) &+ \mathfrak{I}_a\left(j\lg\frac{x_{aa}\,x_{bb}}{x_{ba}\,x_{ab}} - 2k\right) + \mathfrak{I}_\alpha\left(j\lg\frac{x_{a\alpha}\,x_{b\beta}}{x_{b\alpha}\,x_{a\beta}}\right) \\ &= \mathfrak{I}_R\left(j\lg\frac{x_{b2}}{x_{a2}} + j\mathfrak{a}^2\lg\frac{x_{bb}}{x_{ab}} + j\mathfrak{a}\lg\frac{x_{b\beta}}{x_{a\beta}} - \mathfrak{a}^2 k\right) \\[4pt] \mathfrak{I}_1\left(j\lg\frac{x_{\alpha 1}\,x_{\beta 2}}{x_{\beta 1}\,x_{\alpha 2}}\right) &+ \mathfrak{I}_a\left(j\lg\frac{x_{\alpha a}\,x_{\beta b}}{x_{\beta a}\,x_{\alpha b}}\right) + \mathfrak{I}_\alpha\left(j\lg\frac{x_{\alpha\alpha}\,x_{\beta\beta}}{x_{\beta\alpha}\,x_{\alpha\beta}} - 2k\right) \\ &= \mathfrak{I}_R\left(j\lg\frac{x_{\beta 2}}{x_{\gamma 2}} + j\mathfrak{a}^2\lg\frac{x_{\beta b}}{x_{\alpha b}} + j\mathfrak{a}\lg\frac{x_{\beta\beta}}{x_{\alpha\beta}} - \mathfrak{a}k\right) \;. \end{aligned}\right\} \quad (73)$$

Werden der Einfachheit und Übersichtlichkeit halber die Faktoren der einzelnen Ströme mit einfachen Buchstaben bezeichnet, so zeigen sich die Gl. (73) in nachstehender Form:

$$\left.\begin{aligned}
\mathfrak{J}_1\mathfrak{A}_1 + \mathfrak{J}_a\mathfrak{B}_1 + \mathfrak{J}_\alpha\mathfrak{C}_1 &= \mathfrak{J}_R\mathfrak{D}_1 \\
\mathfrak{J}_1\mathfrak{A}_2 + \mathfrak{J}_a\mathfrak{B}_2 + \mathfrak{J}_\alpha\mathfrak{C}_2 &= \mathfrak{J}_R\mathfrak{D}_2 \\
\mathfrak{J}_1\mathfrak{A}_3 + \mathfrak{J}_a\mathfrak{B}_3 + \mathfrak{J}_\alpha\mathfrak{C}_3 &= \mathfrak{J}_R\mathfrak{D}_3 .
\end{aligned}\right\} \tag{73a}$$

Hierbei sind die Koeffizienten $\mathfrak{A}_1$ bis $\mathfrak{D}_3$, wie eine Gegenüberstellung der Gl. (74) und (73a) zeigt, teils rein imaginäre, teils komplexe Größen. Die Auflösung der Gleichungen erfolgt am einfachsten mittels Determinantenverfahrens.

Die Koeffizientendeterminante ergibt:

$$\mathfrak{D} = \begin{vmatrix} \mathfrak{A}_1 & \mathfrak{B}_1 & \mathfrak{C}_1 \\ \mathfrak{A}_2 & \mathfrak{B}_2 & \mathfrak{C}_2 \\ \mathfrak{A}_3 & \mathfrak{B}_3 & \mathfrak{C}_3 \end{vmatrix} = \begin{aligned} &\mathfrak{A}_1(\mathfrak{B}_2\mathfrak{C}_3 - \mathfrak{C}_2\mathfrak{B}_3) - \mathfrak{A}_2(\mathfrak{B}_1\mathfrak{C}_3 - \mathfrak{C}_1\mathfrak{B}_3) + \\ &+ \mathfrak{A}_3(\mathfrak{B}_1\mathfrak{C}_2 - \mathfrak{C}_1\mathfrak{B}_2) . \end{aligned} \tag{74}$$

Bezeichnet man mit

$$\left.\begin{aligned}
\mathfrak{D}_{\mathfrak{J}_1} = \mathfrak{J}_R\,[\mathfrak{D}_1(\mathfrak{B}_2\mathfrak{C}_3 - \mathfrak{C}_2\mathfrak{B}_3) - \mathfrak{D}_2(\mathfrak{B}_1\mathfrak{C}_3 - \mathfrak{C}_1\mathfrak{B}_3) + \\
+ \mathfrak{D}_3(\mathfrak{B}_1\mathfrak{C}_2 - \mathfrak{C}_1\mathfrak{B}_2)] ,
\end{aligned}\right\} \tag{75a}$$

weiter

$$\left.\begin{aligned}
\mathfrak{D}_{\mathfrak{J}_a} = \mathfrak{J}_R\,[\mathfrak{A}_1(\mathfrak{D}_2\mathfrak{C}_3 - \mathfrak{C}_2\mathfrak{D}_3) - \mathfrak{A}_2(\mathfrak{D}_1\mathfrak{C}_3 - \mathfrak{C}_1\mathfrak{D}_3) + \\
+ \mathfrak{A}_3(\mathfrak{D}_1\mathfrak{C}_2 - C_1\mathfrak{D}_2)]
\end{aligned}\right\} \tag{75b}$$

$$\left.\begin{aligned}
\mathfrak{D}_{\mathfrak{J}_\alpha} = \mathfrak{J}_R\,[\mathfrak{A}_1(\mathfrak{B}_1\mathfrak{D}_3 - \mathfrak{D}_2\mathfrak{B}_3) - \mathfrak{A}_2(\mathfrak{B}_1\mathfrak{D}_3 - \mathfrak{D}_1\mathfrak{B}_3) + \\
+ \mathfrak{A}_3(\mathfrak{B}_1\mathfrak{D}_2 - \mathfrak{D}_1\mathfrak{B}_2)] ,
\end{aligned}\right\} \tag{75c}$$

so erhält man als Lösung von Gl. (73a)

$$\mathfrak{J}_1 = \frac{\mathfrak{D}_{\mathfrak{J}_1}}{\mathfrak{D}}; \qquad \mathfrak{J}_a = \frac{\mathfrak{D}_{\mathfrak{J}_a}}{\mathfrak{D}}; \qquad \mathfrak{J}_\alpha = \frac{\mathfrak{D}_{\mathfrak{J}_\alpha}}{\mathfrak{D}} . \tag{76}$$

Die noch weiteren Unbekannten $\mathfrak{J}_2$, $\mathfrak{J}_b$, $\mathfrak{J}_\beta$ ergeben sich dann durch die eben gefundenen Größen aus den Gl. (70). Damit sind die Ströme in den einzelnen Leitern in ihrer Größe und Phasenlage ermittelt. In der gleichen Weise kann die Sromverteilung in Drehstrombündelleitern auch bei mehr als zwei parallelen Phasenleitern gerechnet werden, doch steigt bei mehreren Leitern der Rechenaufwand ins Unangemessene. Für die Praxis wird man sich mit einem Näherungsverfahren abfinden müssen [11].

Die Größe und Lage der Ströme in den Einzelleitern des Bündelleiters bei Drehstrom ist nicht eindeutig, sondern abhängig von den Symmetrieverhältnissen der Gesamtströme.

Für ein unsymmetrisches Stromsystem soll der Rechnungsgang hier kurz angedeutet werden. Ein unsymmetrisches Dreiphasensystem läßt sich mit Hilfe der symmetrischen Komponentenrechnung [21] in symmetrische Komponenten zerlegen, mit denen in den gewohnten anschaulichen Verfahren gerechnet werden kann. Somit wird diese Zerlegung nur in den linearen Problemen durchgeführt werden können, da ja nur bei solchen eine Überlagerung gestattet ist. Dies trifft aber auf unseren Fall zu.

Es sei allgemein ein unsymmetrisches System (Spannung oder Ströme) durch die drei Größen $\mathfrak{A}$, $\mathfrak{B}$, $\mathfrak{C}$ gegeben.

Dieses System läßt sich im allgemeinen zerlegen in ein Mitsystem $\mathfrak{A}_m$, $\mathfrak{B}_m$, $\mathfrak{C}_m$, ein Gegensystem $\mathfrak{A}_g$, $\mathfrak{B}_g$, $\mathfrak{C}_g$ und ein Nullsystem $\mathfrak{A}_0$, $\mathfrak{B}_0$, $\mathfrak{C}_0$, wobei folgende Beziehungen bestehen:

$$\left.\begin{aligned}
\mathfrak{A}_m &= \mathfrak{A}_m & \mathfrak{B}_m &= \mathfrak{a}^2 \mathfrak{A}_m & \mathfrak{C}_m &= \mathfrak{a}\,\mathfrak{A}_m \\
\mathfrak{A}_g &= \mathfrak{A}_g & \mathfrak{B}_g &= \mathfrak{a}\,\mathfrak{A}_g & \mathfrak{C}_g &= \mathfrak{a}^2 \mathfrak{A}_g \\
& \mathfrak{A}_0 & \mathfrak{B}_0 &= \mathfrak{A}_0 & \mathfrak{C}_0 &= \mathfrak{A}_0 ,
\end{aligned}\right\} \tag{77}$$

so daß

$$\left.\begin{aligned}
\mathfrak{A} &= \mathfrak{A}_0 + \mathfrak{A}_m + \mathfrak{A}_g \\
\mathfrak{B} &= \mathfrak{B}_0 + \mathfrak{B}_m + \mathfrak{B}_g = \mathfrak{A}_0 + \mathfrak{a}^2 \mathfrak{A}_m + \mathfrak{a}\,\mathfrak{A}_g \\
\mathfrak{C} &= \mathfrak{C}_0 + \mathfrak{C}_m + \mathfrak{C}_g = \mathfrak{A}_0 + \mathfrak{a}\,\mathfrak{A}_m + \mathfrak{a}^2 \mathfrak{A}_g .
\end{aligned}\right\} \tag{78}$$

Daraus folgt zur Berechnung der einzelnen symmetrischen Komponenten:

$$\left.\begin{aligned}
\mathfrak{A}_0 &= \frac{1}{3}\left(\mathfrak{A} + \mathfrak{B} + \mathfrak{C}\right) \\
\mathfrak{A}_m &= \frac{1}{3}\left(\mathfrak{A} + \mathfrak{a}\,\mathfrak{B} + \mathfrak{a}^2\,\mathfrak{C}\right) \\
\mathfrak{A}_g &= \frac{1}{3}\left(\mathfrak{A} + \mathfrak{a}^2\,\mathfrak{B} + \mathfrak{a}\,\mathfrak{C}\right) .
\end{aligned}\right\} \tag{79}$$

Bei den Hochstromleitungen, die von den Ofentransformatoren zu dem Ofen führen, tritt bei unsymmetrischen Drehstromsystemen das Nullsystem nicht auf, da im allgemeinen eine Verbindung zwischen Transformatorensternpunkt und dem Ofenboden nicht besteht. Die drei Phasenströme können somit nur Mit- und Gegenkomponenten enthalten. Es ist daher:

$$\left.\begin{aligned}
\mathfrak{J}_R &= \mathfrak{J}_{Rm} + \mathfrak{J}_{Rg} \\
\mathfrak{J}_S &= \mathfrak{a}^2 \mathfrak{J}_{Rm} + \mathfrak{a}\,\mathfrak{J}_{Rg} \\
\mathfrak{J}_T &= \mathfrak{a}\,\mathfrak{J}_{Rm} + \mathfrak{a}^2 \mathfrak{J}_{Rg} .
\end{aligned}\right\} \tag{80}$$

Die Stromverteilung im Bündelleiter bei Stromunsymmetrie erhält man daher, indem man die Verteilung einmal für das Mitsystem, $\mathfrak{J}_{Rm}$, $\mathfrak{a}^2 \mathfrak{J}_{Rm}$, $\mathfrak{a}\,\mathfrak{J}_{Rm}$ mit den Größen $\mathfrak{J}_{1m}$, $\mathfrak{J}_{2m}$; $\mathfrak{J}_{am}$, $\mathfrak{J}_{bm}$; $\mathfrak{J}_{\alpha m}$, $\mathfrak{J}_{\beta m}$, dann für das Gegensystem $\mathfrak{J}_{Rg}$, $\mathfrak{a}\,\mathfrak{J}_{Rg}$, $\mathfrak{a}^2 \mathfrak{J}_{Rg}$ mit den Größen $\mathfrak{J}_{1g}$, $\mathfrak{J}_{2g}$; $\mathfrak{J}_{ag}$, $\mathfrak{J}_{bg}$;

$\mathfrak{J}_{\alpha g}$, $\mathfrak{J}_{\beta g}$ errechnet und die Teilergebnisse sodann vektoriell zum Gesamtresultat überlagert.

Für die geometrische Anordnung der Einzelleiter im Leiterbündel ergeben sich zur Erzielung günstiger Leitungsverhältnisse zwei Bedingungen:

1. Die gegenseitigen Entfernungen der Leiter einer Phase sind möglichst gering zu halten, um eine gleichmäßige Stromverteilung zu bekommen. Freilich sind dieser kleinsten Entfernung Grenzen gesetzt, einerseits aus elektrodynamischen und konstruktiven Gründen, andererseits auch dadurch, daß bei kleinen Entfernungen die einseitige Stromverdrängung innerhalb der Leiter stärker hervortritt.

2. Die Entfernungen der Leiter einer Phase von denen der anderen Phase sollen klein gehalten werden, um eine möglichst geringe Induktivität und damit trotz der großen Ströme einen kleinen induktiven Spannungsabfall zu bekommen. Auch diese Bedingung erfährt eine Einschränkung durch die oben angeführten Gründe, wie auch durch die geforderte Isolierfestigkeit.

Fünftes Kapitel.

Wirbelströme.

In Metallen wird durch ein gegebenes magnetisches Wechselfeld ein elektrisches Wirbelfeld $\mathfrak{G}$ (Wirbelströme) erzeugt. Die mathematischen Beziehungen zwischen diesen beiden Größen sind durch die schon erwähnten zwei Grundgleichungen gegeben:

$$\operatorname{rot} \mathfrak{H} = \mathfrak{G} \tag{1}$$

$$\operatorname{rot} \mathfrak{E} = - \mu \frac{d\mathfrak{H}}{dt} . \tag{2}$$

Besonders im Eisen bildet sich ein starkes Wirbelfeld aus, da hier die Permeabilität μ_r hohe Werte annehmen kann (z. B. bei Gußeisen: $\mu_r = 100$ bei $\mathfrak{B} = 15000$, $\mu_r \cong 160$ bei $\mathfrak{B} = 5000$, für Stahlguß und Weicheisen ist μ_r sehr schwankend und nimmt mit sinkendem $\mathfrak{B}$ stark zu, doch soll für unsere folgende Rechnung μ als konstant angenommen werden).

1. Wirbelströme in einer Platte.

Es sollen vorerst die Wirbelströme in einer massiven Metallplatte untersucht werden [38]. Die Platte hätte in der x-Richtung eine Dicke von $2a$ cm, das Magnetfeld sei in seiner Stärke $\mathfrak{H}$ gegeben und verlaufe in der y-Richtung (Abb. 63).

In der y- und z-Richtung sei die Platte unbegrenzt. Es ist also

$$\mathfrak{H}_x = 0, \quad \mathfrak{H}_y = \mathfrak{H}, \quad \mathfrak{H}_z = 0.$$

Aus Gl. (1) erhalten wir

$$\operatorname{rot}_z \mathfrak{H} = \frac{\partial \mathfrak{H}}{\partial x} = \mathfrak{G}$$

$$\operatorname{rot}_y \mathfrak{E} = -\frac{\partial \mathfrak{E}}{\partial x} = -\mu \frac{\partial \mathfrak{H}}{\partial t} \qquad (1\,\mathrm{a})$$

oder mit

$$\mathfrak{E} = \frac{\mathfrak{G}}{\varkappa}$$

$$\frac{\partial \mathfrak{G}}{\partial x} = \varkappa \mu \frac{\partial \mathfrak{H}}{\partial t}. \qquad (2\,\mathrm{a})$$

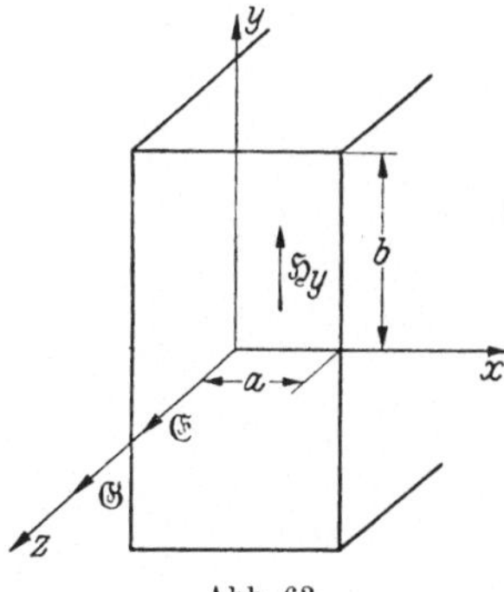

Abb. 63.
Leiter mit Rechteckquerschnitt.

Sowohl $\mathfrak{H}$ wie $\mathfrak{E}$ sollen einfach harmonische Zeitfunktionen sein (Gl. **1**, Kapitel 4), dann ist

$$\frac{\partial \mathfrak{G}}{\partial x} = j \omega \varkappa \mu \mathfrak{H}$$

oder

$$\frac{\partial^2 \mathfrak{G}}{\partial x^2} = j \omega \varkappa \mu \frac{\partial \mathfrak{H}}{\partial x} = j \omega \varkappa \mu \mathfrak{G}, \qquad (3)$$

vgl. Gl. (13), Kapitel 4.

Aus Gl. (1 a) und (2 a) folgt auch die folgende Gleichung

$$\frac{\partial^2 \mathfrak{H}}{\partial x^2} = j \omega \varkappa \mu \mathfrak{H}. \qquad (4)$$

Setzen wir auch hier wieder

$$\omega \varkappa \mu = k^2; \qquad \beta^2 = j k^2; \qquad \beta = \pm \sqrt{j}\, k, \qquad (5)$$

so erhalten wir mit dem Lösungsansatz $\mathfrak{H} = A e^{\beta x}$

$$\mathfrak{H} = A_1 e^{k \sqrt{j}\, x} + A_2 e^{-k \sqrt{j}\, x}. \qquad (6)$$

Zur Bestimmung der Konstanten dient uns die nachstehende Grenzbedingung. Die Platte sei von beiden Seiten von dem gegebenen Feld $\mathfrak{H}_0$ begrenzt:

Für $x = a$ $\qquad \mathfrak{H} = \mathfrak{H}_0$

$$\mathfrak{H}_0 = A_1 e^{k \sqrt{j}\, a} + A_2 e^{-k \sqrt{j}\, a}$$

$$x = -a \quad \mathfrak{H} = \mathfrak{H}_0$$

$$\mathfrak{H}_0 = A_1 e^{-k \sqrt{j}\, a} + A_2 e^{k \sqrt{j}\, a},$$

daraus:

$$A_1 \left(e^{k \sqrt{j}\, a} - e^{-k \sqrt{j}\, a} \right) + A_2 \left(e^{-k \sqrt{j}\, a} - e^{k \sqrt{j}\, a} \right) = 0,$$

d. h.
$$A_1 = A_2$$

$$\mathfrak{H}_0 = A_1 \left(e^{k\sqrt{j}\,a} + e^{-k\sqrt{j}\,a} \right) = A_1\, 2\,\mathfrak{Cos}\, k\,\sqrt{j}\,a$$

$$A_1 = \frac{\mathfrak{H}_0}{2\,\mathfrak{Cos}\, k\,\sqrt{j}\,a} = A_2 ,$$

daher

$$\mathfrak{H} = \frac{\mathfrak{H}_0}{2\,\mathfrak{Cos}\, k\,\sqrt{j}\,a} \left(e^{k\sqrt{j}\,x} + e^{-k\sqrt{j}\,x} \right) + \mathfrak{H}_0\, \frac{\mathfrak{Cos}\, k\,\sqrt{j}\,x}{\mathfrak{Cos}\, k\,\sqrt{j}\,a} . \tag{7}$$

Für die Stromdichte erhalten wir daraus unter Berücksichtigung von Gl. (1a)

$$\mathfrak{G} = \mathfrak{H}_0\, k\,\sqrt{j}\, \frac{\mathfrak{Sin}\, k\,\sqrt{j}\,x}{\mathfrak{Cos}\, k\,\sqrt{j}\,a} . \tag{8}$$

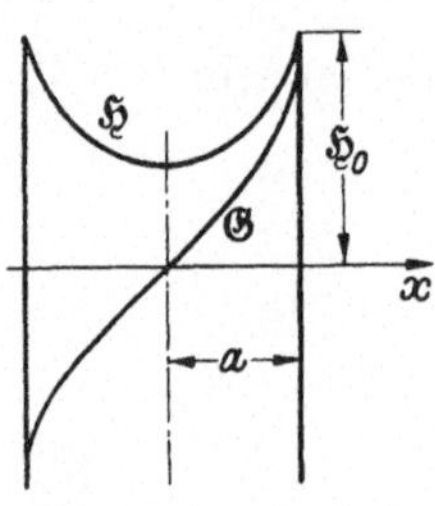

Abb. 64. Verlauf des Feldes und der Stromdichte in der Platte.

In Abb. 64 ist der Verlauf der Stromdichte $\mathfrak{G}$ wie der des Feldes $\mathfrak{H}$ in Abhängigkeit von x gezeichnet. Auch hier tritt infolge des komplexen Argumentes eine Phasenverschiebung in Abhängigkeit der x-Koordinate auf.

Es lassen sich nunmehr auch die Wirbelstromverluste, die in unserer Eisenplatte auftreten, berechnen. Dazu ist vorerst der Absolutwert $|\mathfrak{G}|$ der Stromdichte zu bestimmen. Es ergibt sich aus Gl. (8) nach einer längeren Umrechnung zu

$$|\mathfrak{G}| = |\mathfrak{H}_0|\, k \sqrt{\frac{\mathfrak{Cos}^2 \dfrac{k\,x}{\sqrt{2}} - \cos^2 \dfrac{k\,x}{\sqrt{2}}}{\mathfrak{Cos}^2 \dfrac{k\,a}{\sqrt{2}} - \sin^2 \dfrac{k\,a}{\sqrt{2}}}} = |\mathfrak{H}_0|\, k\, \frac{\sqrt{\mathfrak{Cos} \dfrac{2\,k\,x}{\sqrt{2}} - \cos \dfrac{2\,k\,x}{\sqrt{2}}}}{\sqrt{\mathfrak{Cos} \dfrac{2\,k\,a}{\sqrt{2}} + \cos \dfrac{2\,k\,a}{\sqrt{2}}}} .$$

Weiter ist

$$\mathfrak{B} = \mu\, \mathfrak{H}_0\, \frac{\mathfrak{Cos}\, (k\,\sqrt{j}\,x)}{\mathfrak{Cos}\, (k\,\sqrt{j}\,a)} .$$

Der magnetische Fluß in einem Plattenstück von der Länge b, wobei unter b die doppelte Länge der in Abb. 63 bezeichneten Strecke b zu verstehen ist, errechnet sich damit durch einfache Integration:

$$\Phi = \int_{-a}^{+a} b\,\mathfrak{B}\, d x = \frac{\mu\, b\, \mathfrak{H}_0}{k\,\sqrt{j}}\, \frac{1}{\mathfrak{Cos}\, (k\,\sqrt{j}\,a)}\, \mathfrak{Sin}\, (k\,\sqrt{j}\,x)\Big/_{-a}^{+a} = \frac{2\,a\,b}{k\,\sqrt{j}}\, \mathfrak{H}_0\, \mathfrak{Tg}\, (k\,\sqrt{j}\,a) .$$

Da nach früherem

$$\mathfrak{Tg}\, (k\,\sqrt{j}\,a) = \frac{\mathfrak{Sin} \dfrac{2\,k\,a}{\sqrt{2}} + j\sin \dfrac{2\,k\,a}{\sqrt{2}}}{\mathfrak{Cos} \dfrac{2\,k\,a}{\sqrt{2}} + \cos \dfrac{2\,k\,a}{\sqrt{2}}}$$

und
$$\sqrt{j} = \frac{1+j}{\sqrt{2}}$$

wird

$$\Phi = \frac{2\sqrt{2}\,\mu b}{k}\,\mathfrak{H}_0\,\frac{1}{1+j}\,\frac{\mathfrak{Sin}\frac{2ka}{\sqrt{2}} + j\sin\frac{2ka}{\sqrt{2}}}{\mathfrak{Cos}\frac{2ka}{\sqrt{2}} + \cos\frac{2ka}{\sqrt{2}}}$$

$$= \frac{2\sqrt{2}\,\mu b}{k}\,\mathfrak{H}_0\,\frac{\left(\mathfrak{Sin}\frac{2ka}{\sqrt{2}} + j\sin\frac{2ka}{\sqrt{2}}\right)(1-j)}{2\left(\mathfrak{Cos}\frac{2ka}{\sqrt{2}} + \cos\frac{2ka}{\sqrt{2}}\right)}$$

$$= \frac{\sqrt{2}\,\mu b}{k}\,\mathfrak{H}_0\,\frac{\left(\mathfrak{Sin}\frac{2ka}{\sqrt{2}} + \sin\frac{2ka}{\sqrt{2}}\right) - j\left(\mathfrak{Sin}\frac{2ka}{\sqrt{2}} - \sin\frac{2ka}{\sqrt{2}}\right)}{\mathfrak{Cos}\frac{2ka}{\sqrt{2}} + \cos\frac{2ka}{\sqrt{2}}},$$

daraus wird

$$|\Phi|^2 = \left(\frac{\sqrt{2}\,\mu b}{k}\right)^2 |\mathfrak{H}_0|^2\,\frac{2\left(\mathfrak{Sin}^2\frac{2ka}{\sqrt{2}} + \sin^2\frac{2ka}{\sqrt{2}}\right)}{\left(\mathfrak{Cos}\frac{2ka}{\sqrt{2}} + \cos\frac{2ka}{\sqrt{2}}\right)^2}$$

$$= \frac{4\mu^2 b^2}{k^2}\,|\mathfrak{H}_0|^2\,\frac{\mathfrak{Cos}\frac{2ka}{\sqrt{2}} - \cos\frac{2ka}{\sqrt{2}}}{\mathfrak{Cos}\frac{2ka}{\sqrt{2}} + \cos\frac{2ka}{\sqrt{2}}}.$$

Der Maximalwert von $|\Phi|$ wird

$$\sqrt{2}\,|\Phi| = \frac{\sqrt{2}\cdot 2\mu b}{k}\,|\mathfrak{H}_0|\,\frac{\sqrt{\mathfrak{Cos}\frac{2ka}{\sqrt{2}} - \cos\frac{2ka}{\sqrt{2}}}}{\sqrt{\mathfrak{Cos}\frac{2ka}{\sqrt{2}} + \cos\frac{2ka}{\sqrt{2}}}}.$$

Durch Division durch den Querschnitt $2ab$ erhält man den zeitlichen Maximalwert der Induktion

$$B_m = \frac{\sqrt{2}\,\Phi}{2ab} = \frac{\sqrt{2}\,\mu}{k}\,|\mathfrak{H}_0|\,\frac{1}{a}\sqrt{\frac{\mathfrak{Cos}\frac{2ka}{\sqrt{2}} - \cos\frac{2ka}{\sqrt{2}}}{\mathfrak{Cos}\frac{2ka}{\sqrt{2}} + \cos\frac{2ka}{\sqrt{2}}}}.$$

Die Wirbelstromverluste V_w in der Volumeneinheit des Metallkörpers errechnen sich wie folgt

$$V_w = \frac{1}{\varkappa\,2a}\int_{-a}^{+a}|\mathfrak{S}|^2\,dx = \frac{1}{\varkappa\,2a}\int_{-a}^{+a}|\mathfrak{H}_0|^2 k^2\,\frac{\left(\mathfrak{Cos}\frac{2kx}{\sqrt{2}} - \cos\frac{2kx}{\sqrt{2}}\right)}{\mathfrak{Cos}\frac{2ka}{\sqrt{2}} + \cos\frac{2ka}{\sqrt{2}}}\,dx. \qquad (9)$$

Führt man statt der Größe $\mathfrak{H}_0$ die Größe B_m aus der früheren Gleichung ein, so wird

$$V_m = \frac{k^4}{\varkappa\,2\,a}\,\frac{a^2}{2\,\mu^2}\,B_m^2 \int\limits_{-a}^{+a} \frac{\mathfrak{Cos}\,\dfrac{2\,k\,x}{\sqrt{2}} - \cos\dfrac{2\,k\,x}{\sqrt{2}}}{\mathfrak{Cos}\,\dfrac{2\,k\,a}{\sqrt{2}} - \cos\dfrac{2\,k\,a}{\sqrt{2}}}\,d\,x$$

$$= \frac{\sqrt{2}}{4}\,\frac{k^3\,a}{\varkappa\,\mu^2}\,B_m^2\,\frac{\mathfrak{Sin}\,\dfrac{2\,k\,a}{\sqrt{2}} - \sin\dfrac{2\,k\,a}{\sqrt{2}}}{\mathfrak{Cos}\,\dfrac{2\,k\,a}{\sqrt{2}} - \cos\dfrac{2\,k\,a}{\sqrt{2}}}.$$

Setzt man

$$k = \sqrt{2}\,\gamma = \sqrt{2}\,\sqrt{\pi\,f\,\varkappa\,\mu} \qquad (10)$$

und mit $2\,a = d$

$$\gamma \cdot 2\,a = \vartheta = d\,\gamma, \qquad (11)$$

so erhält man schließlich für die Wechselstromverluste den Ausdruck

$$V_w = \frac{\varkappa\,\omega^2\,d^2}{24}\,B_m^2\,\frac{3}{\vartheta}\,\frac{\mathfrak{Sin}\,\vartheta - \sin\vartheta}{\mathfrak{Cos}\,\vartheta - \cos\vartheta} = \frac{\varkappa\,\omega^2\,d^2}{24}\,B_m^2\,F(\vartheta), \qquad (12)$$

wobei

$$F(\vartheta) = \frac{3}{\vartheta}\,\frac{\mathfrak{Sin}\,\vartheta - \sin\vartheta}{\mathfrak{Cos}\,\vartheta - \cos\vartheta} \qquad \text{ist.} \qquad (13)$$

Der Verlauf der Funktion ist im Schrifttum als Kurvenbild dargestellt (siehe KÜPFMÜLLER, Einführung in die theoretische Elektrotechnik, Berlin, Springer 1941, FRITZ EMDE, Tafeln elementarer Funktionen, Leipzig-Berlin, Teubner 1940).

Für kleine Werte von ϑ ist $F(\vartheta) \cong 1$, für große Werte von ϑ wird $F(\vartheta) \approx \dfrac{3}{\vartheta}$.

Der Verlauf der Feldstärke im Metall läßt sich am deutlichsten an folgendem einfachem Beispiel errechnen.

In einem Koordinatensystem sei der rechte Halbraum von einem Metallkörper erfüllt (Abb. 65). Die Feldstärke $\mathfrak{H}$ sei tangential zur Metalloberfläche gerichtet und besitze an der Metalloberfläche einen bestimmten Wert $\mathfrak{H} = \mathfrak{H}_0$. Wir fragen nach dem Verlauf des Wechselfeldes im Metallkörper. Die allgemeine Gl. (6) unterliegt damit folgenden Randbedingungen:

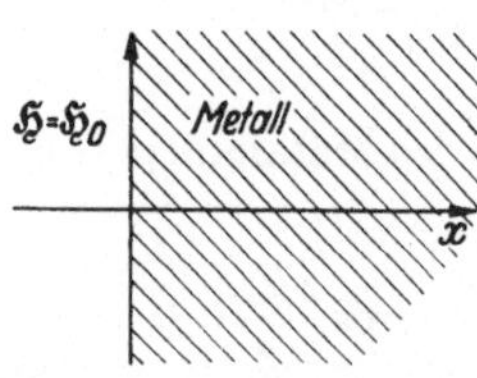

Abb. 65. Zur Berechnung des Feldes im Metall.

Für $x = 0$ ist $\mathfrak{H} = \mathfrak{H}_0$.

Weiter soll das Feld im Unendlichen verschwinden, also

$$x \to \infty, \quad \mathfrak{H} \to 0,$$

daraus erfolgt aus der ersten Bedingung $A_1 + A_2 = \mathfrak{H}_0$.

Aus der zweiten $A_1 = 0$. Die Lösung der Gl. (6) lautet daher

$$\mathfrak{H} = \mathfrak{H}_0\, e^{-k\sqrt{j}\, x} \tag{14}$$

oder da $\sqrt{j} = \dfrac{1}{\sqrt 2} + j\,\dfrac{1}{\sqrt 2}$ ist

$$\mathfrak{H} = \mathfrak{H}_0\, e^{-\left(\frac{k}{\sqrt 2} + j\frac{k}{\sqrt 2}\right) x} = \mathfrak{H}_0\, e^{-\frac{k}{\sqrt 2} x}\, e^{-j\frac{k}{\sqrt 2} x}. \tag{14a}$$

Mit $k = \sqrt{2\pi f \varkappa \mu} = \sqrt 2\,\sqrt{\pi f \varkappa \mu}$ erhalten wir für die absolute Größe von $\mathfrak{H}$

$$|\mathfrak{H}| = |\mathfrak{H}_0|\, e^{-\sqrt{\pi f \varkappa \mu}\cdot x}. \tag{15}$$

Die Feldstärke nimmt mit wachsender Entfernung von der Metalloberfläche im Metall nach einer Exponentialfunktion ab, nach Gl. (14a) ändert sie dabei auch ihre Phasenlage.

Als Eindringtiefe wird nun derjenige Wert von x bezeichnet, an dem die Feldstärke auf den e-ten Teil abgesunken ist, also

$$\left|\frac{\mathfrak{H}}{\mathfrak{H}_0}\right| = \frac{1}{e} = 0{.}368 = e^{-\sqrt{\pi f \mu \varkappa}\cdot x}$$

oder

$$x = -\frac{\log 0{,}368}{\sqrt{\pi f \varkappa \mu}\,\log e} = \frac{1}{\sqrt{\pi f \varkappa \mu}}. \tag{16}$$

Für Kupfer erhalten wir daraus bei 50 Hz

$$(\varkappa = 56\cdot 10^4\ \mathrm{S/cm}, \quad \mu = 1{,}256\ 10^{-8})$$

$$\sqrt{\pi f \varkappa \mu} = \sqrt{3{,}14\cdot 50\cdot 56\cdot 10^4\cdot 1{,}256\ 10^{-8}} = 1{,}05$$

$$x = 0{,}95\ \mathrm{cm} = 9{,}5\ \mathrm{mm}.$$

Für Gußeisen mit $(\varkappa = 1{,}335\cdot 10^4\ \mathrm{S/cm}, \mu_r \cong 100)$

$$x = 0{,}617\ \mathrm{cm} = 6{,}17\ \mathrm{mm}.$$

Für Flußeisen $\quad (\varkappa = 6{,}67\cdot 10^4\ \mathrm{S/cm}, \mu_r \cong 200)$

$$x = 0{,}196\ \mathrm{cm} = 1{,}96\ \mathrm{mm}.$$

Die Eindringtiefe ist umgekehrt proportional der Wurzel aus der Frequenz, Leitfähigkeit und Permeabilität.

2. Wirbelströme in einem Metallzylinder.

Auf ähnliche Weise läßt sich die Wechselfeldstärke $\mathfrak{H}$ und die Wirbelstromdichte $\mathfrak{G}$ in zylindrischen Metallkörpern ermitteln. Wir führen dazu

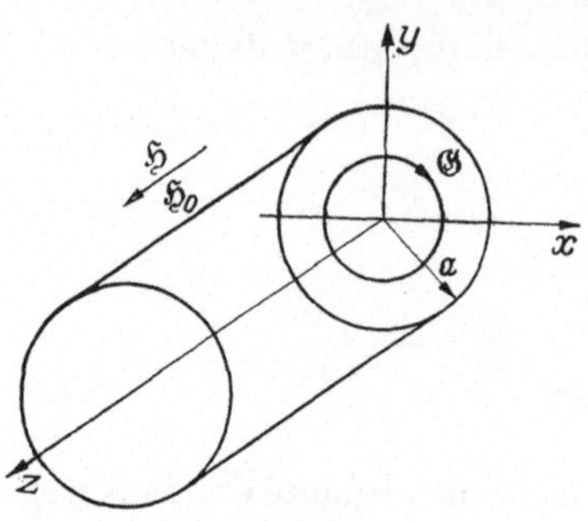

Abb. 66.
Wirbelströme im Metallzylinder.

wieder Polarkoordinaten ein: Die Achse eines unbegrenzten zylindrischen Metallkörpers falle mit der z-Achse zusammen. Der Vektor des magnetischen Wechselfeldes liege ebenfalls in der z-Richtung. Die Wirbelströmung verläuft in konzentrischen Kreisen um den Achsenmittelpunkt des Querschnittes (Abb. 66).

Die Gl. (1) rot $\mathfrak{H} = \mathfrak{G}$ ergibt sich hier in Zylinderkoordinaten wie folgt. Es ist

$$\mathfrak{H}_t = \mathfrak{H}; \quad \mathfrak{H}_r = 0; \quad \mathfrak{H}_\varphi = 0 .$$

Da allgemein

$$\operatorname{rot} \mathfrak{H} = i \left[\frac{\partial H_z}{r\, \partial \varphi} - \frac{\partial H_\varphi}{\partial z} \right] + j \left[\frac{\partial H_r}{\partial z} - \frac{\partial H_z}{\partial r} \right] + k \left[\frac{1}{r} \frac{\partial r H_\varphi}{\partial r} - \frac{\partial H_r}{r\, \partial \varphi} \right], \quad (17)$$

ist hier

$$\operatorname{rot} \mathfrak{H} = - \frac{\partial \mathfrak{H}}{\partial r} = \mathfrak{G} . \tag{18}$$

Weiter ist nach Gl. (2) rot $\mathfrak{E} = - \mu \frac{\partial \mathfrak{H}}{\partial t}$ oder rot $\mathfrak{G} = - \varkappa \mu \frac{\partial \mathfrak{H}}{\partial t}$ und $\mathfrak{G} = \mathfrak{G}_\varphi$ daher

$$\operatorname{rot} \mathfrak{G} = \frac{1}{r} \frac{\partial (r\, \mathfrak{G}_\varphi)}{\partial r} = - \varkappa \mu \frac{\partial \mathfrak{H}}{\partial t}$$

$$\frac{1}{r} \left[\mathfrak{G} + r \frac{\partial \mathfrak{G}}{\partial r} \right] = - \varkappa \mu \frac{\partial \mathfrak{H}}{\partial t}$$

oder

$$\mathfrak{G} + r \frac{\partial \mathfrak{G}}{\partial r} = - \varkappa \mu r \frac{\partial \mathfrak{H}}{\partial t}, \tag{19}$$

daraus mit Berücksichtigung der Gl. (18)

$$- \frac{\partial \mathfrak{H}}{\partial r} - r \frac{\partial^2 \mathfrak{H}}{\partial r^2} = - \varkappa \mu r \frac{\partial \mathfrak{H}}{\partial t}$$

oder

$$\frac{\partial^2 \mathfrak{H}}{\partial r^2} + \frac{1}{r} \frac{\partial \mathfrak{H}}{\partial r} = \varkappa \mu \frac{\partial \mathfrak{H}}{\partial t} . \tag{20}$$

Sowohl $\mathfrak{H}$ wie $\mathfrak{G}$ sind voraussetzungsgemäß einfach harmonische Zeitfunktionen der Form $e^{j\omega t}$.

Damit erhalten wir aus der Gl. (20)

$$\frac{d^2 \mathfrak{H}}{d r^2} + \frac{1}{r} \frac{d \mathfrak{H}}{d r} - j w \varkappa \mu\, \mathfrak{H} = 0 . \tag{21}$$

Setzen wir wieder

$$-j\omega\varkappa\mu = K^2; \quad Kr = \xi,$$

ergibt sich als Differentialgleichung für $\mathfrak{H}$

$$\frac{d^2\mathfrak{H}}{d\xi^2} + \frac{1}{\xi}\frac{d\mathfrak{H}}{d\xi} + \mathfrak{H} = 0. \tag{22}$$

Ihre Lösung ist die Besselfunktion nullter Ordnung

$$\mathfrak{H} = A J_0(Kr). \tag{23}$$

Differenzieren wir Gl. (19) nach r

$$\frac{\partial\mathfrak{G}}{\partial r} + \frac{\partial\mathfrak{G}}{\partial r} + r\frac{\partial^2\mathfrak{G}}{\partial r^2} = -\varkappa\mu\frac{\partial}{\partial r}\left(r\frac{\partial\mathfrak{H}}{\partial t}\right) = -\varkappa\mu\left(\frac{\partial\mathfrak{H}}{\partial t} + r\frac{\partial^2\mathfrak{H}}{\partial t\,\partial r}\right)$$

$$\frac{\partial\mathfrak{H}}{\partial r} = -\mathfrak{G} \qquad \frac{\partial^2\mathfrak{H}}{\partial t\,\partial r} = -\frac{\partial\mathfrak{G}}{\partial t},$$

daher

$$-\varkappa\mu r\frac{\partial^2\mathfrak{H}}{\partial t\,\partial r} = \varkappa\mu r\frac{\partial\mathfrak{G}}{\partial t}$$

und mit Gl. (19)

$$-\varkappa\mu\frac{\partial\mathfrak{H}}{\partial t} = \frac{\mathfrak{G}}{r} + \frac{\partial\mathfrak{G}}{\partial r},$$

so erhalten wir

$$\frac{\partial\mathfrak{G}}{\partial r} + \frac{\partial\mathfrak{G}}{\partial r} + r\frac{\partial^2\mathfrak{G}}{\partial r^2} = \varkappa\mu r\frac{\partial\mathfrak{G}}{\partial t} + \frac{\mathfrak{G}}{r} + \frac{\partial\mathfrak{G}}{\partial r}$$

und schließlich die Differentialgleichung für $\mathfrak{G}$

$$\frac{\partial^2\mathfrak{G}}{\partial r^2} + \frac{1}{r}\frac{\partial\mathfrak{G}}{\partial r} = \frac{\mathfrak{G}}{r^2} + \varkappa\mu\frac{\partial\mathfrak{G}}{\partial t} \tag{24}$$

bzw.

$$\frac{d^2\mathfrak{G}}{dr^2} + \frac{1}{r}\frac{d\mathfrak{G}}{dr} = \mathfrak{G}\left(\frac{1}{r^2} + j w\varkappa\mu\right) = 0$$

$$\frac{d^2\mathfrak{G}}{d\xi^2} + \frac{1}{\xi}\frac{d\mathfrak{G}}{d\xi} + \mathfrak{G}\left(1 - \frac{1}{\xi^2}\right) = 0. \tag{25}$$

Ihre Lösung lautet:

$$\mathfrak{G} = B J_1(Kr). \tag{26}$$

Die Konstante A ist bestimmt aus der Grenzbedingung, für $r = a$ ist $\mathfrak{H} = \mathfrak{H}_0$.

Damit ergibt sich endgültig der Verlauf der magnetischen Feldgröße im Innern des Zylinders zu

$$\mathfrak{H} = \mathfrak{H}_0\frac{J_0(Kr)}{J_0(Ka)}. \tag{27}$$

Vergleicht man die Gleichungen (23) und (26) mit den Gleichungen (36) und (35), Kapitel 4, so erkennt man, daß die Größen $\mathfrak{H}$ und $\mathfrak{E}$ ihre Rollen vertauscht haben.

Die Grenzbedingungen sind gegenüber den Aufgaben des vorigen Kapitels einfacher, weil unter allen Umständen bei beliebigen Querschnitten die induzierte Strömung am Rande des Querschnittes tangential verlaufen muß.

Weiter läßt sich auch der Verlauf der Wirbelstromdichte errechnen, und daraus können durch Aufspalten der komplexen Besselfunktionen in den reellen und imaginären Teil auch die Wirbelstromverluste ermittelt werden, doch sei davon hier abgesehen und auf das Schrifttum verwiesen [38].

3. Schirmwirkung.

Die in metallischen Hohlkörpern (Mänteln) durch ein Wechselfeld verursachten Wirbelströme bewirken innerhalb ihres Hohlraumes eine Schwächung des Primärfeldes und erzeugen damit eine wünschenswerte Schirmwirkung. Es soll dies an einem praktischen Beispiel erläutert werden.

Um eine Rundelektrode eines Einphasenofens soll ein ringförmiger Metallkörper mit kreisringförmigem Querschnitt (Torus) konzentrisch angeordnet werden (Abb. 67). Der Halbmesser des Torus soll gegenüber dem Halbmesser der Elektrode so groß sein und der äußere Halbmesser R_a des Kreisringquerschnittes der Ringfläche so klein, daß wir das von dem Elektrodenstrom erzeugte Primärfeld $\mathfrak{H}_a$ längs der ganzen Ringoberfläche als örtlich konstant ansehen können.

Die in der Metallringfläche auftretenden Wirbelströme erzeugen ein sekundäres Wechselfeld, das sich dem primären überlagert und damit das Feld im Innern des Ringkörpers auf den Wert $\mathfrak{H}_i$ schwächt. Es soll bei

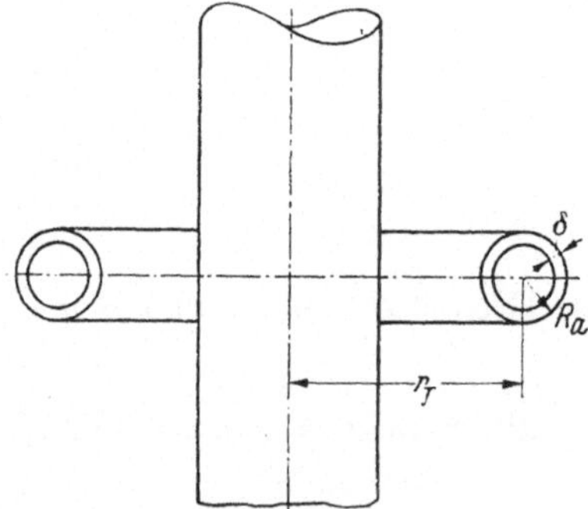

Abb. 67. Elektrode mit ringförmigem Metallhohlkörper.

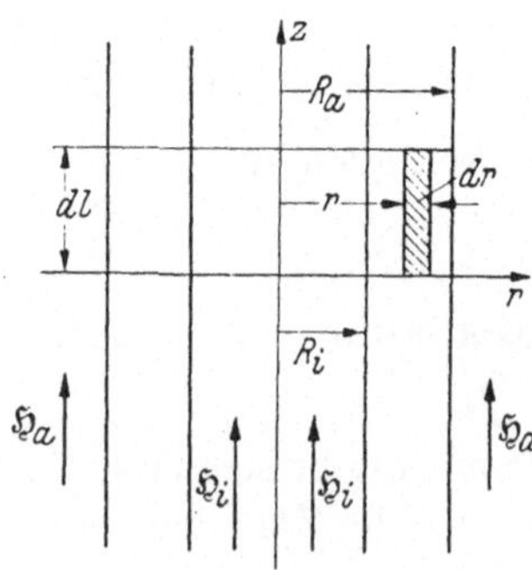

Abb. 68. Zur Berechnung des Feldes im ring-
förmigen Metallhohlkörper.

gegebenen geometrischen Abmessungen des Ringquerschnittes, bei gegebener Materialart des Torus und bei gegebenem äußeren Feld $\mathfrak{H}_a$ das Feld im Innern der Ringfläche $\mathfrak{H}_i$ ermittelt werden.

Wir denken uns den Ringkörper aufgeschnitten und zu einem Hohlzylinder gerade gestreckt (Abb. 68). Nach Einführung der Polarkoordinaten ergibt sich für $\mathfrak{H}$ die bekannte Differentialgleichung (20)

$$\frac{\partial^2 \mathfrak{H}}{\partial r^2} + \frac{1}{r}\frac{\partial \mathfrak{H}}{\partial r} - \varkappa\mu\frac{\partial \mathfrak{H}}{\partial t} = 0. \tag{20}$$

Sowohl $\mathfrak{H}$ wie auch $\mathfrak{E}$ seien einfach periodische Zeitfunktionen. Wir schreiben für $\mathfrak{H}$

$$\mathfrak{H} = \mathfrak{H}_{(r)}e^{j(\omega t + \varphi(r))} = \mathfrak{H}_{(r)}e^{j\varphi(r)}e^{j\omega t} = H_{(r)}e^{j\omega t}. \tag{28}$$

Aus Gl. (27) erhält man

$$\frac{d^2 H}{d r^2} + \frac{1}{r}\frac{d H}{d r} - j\omega\varkappa\mu H = 0. \tag{29}$$

Durch diese Gleichung ist die örtliche Verteilung der Feldstärke in Abhängigkeit von r bestimmt. Zur Vereinfachung sei gesetzt:

$$j\omega\varkappa\mu = A. \tag{30}$$

R_i sei der Innenhalbmesser, R_a der Außenhalbmesser des Kreisringquerschnittes. Im Raum $R_i \leqq r \leqq R_a$ gilt:

$$H'' + \frac{1}{r}H' - AH = 0. \tag{31}$$

Im Raum $R_i \geqq r > 0,\ \ r \geqq R_a$ ist, da in diesem Bereich die Leitfähigkeit $\varkappa = 0$ ist

$$H'' + \frac{1}{r}H' = 0. \tag{32}$$

Zur Lösung von Gl. (32) setzen wir

$$\frac{d H}{d r} = y; \qquad \frac{d^2 H}{d r^2} = \frac{d y}{d r}$$

daher

$$\frac{d y}{d r} + \frac{1}{r}y = 0; \qquad \frac{d y}{y} + \frac{d r}{r} = 0; \qquad \ln r\,y = \ln B$$

$$r\,y = B; \qquad y = \frac{B}{r}$$

$$\frac{d H}{d r} = \frac{B}{r}$$

somit

$$H = B\ln r + C. \tag{33}$$

Mit Gl. (28) wird

$$\left.\begin{array}{l} H = B_i\ln r + C_i \\[4pt] \mathfrak{H} = (B_i\ln r + C_i)e^{j\omega t} \\[4pt] \mathfrak{H} = B_i\ln r + C_i \quad \text{für } t = 0 \end{array}\right\} \quad R_i \geqq r \geqq 0 \tag{34}$$

$$\left.\begin{aligned}
H &= B_a \ln r + C_a \\
\mathfrak{H} &= (B_a \ln r + C_a)\, e^{j\omega t} \\
\mathfrak{H} &= B_a \ln r + C_a \qquad \text{für } t = 0
\end{aligned}\right\} \; r \geqq R_a \,. \tag{35}$$

Im Innenraum muß in Gl. (34) die Konstante $B_i = 0$ werden, da für $r = 0$ $\mathfrak{H}$ nicht minus unendlich werden kann.

$$B_i = 0 \,. \tag{36}$$

Es wird dann

$$\mathfrak{H} = C_i = \mathfrak{H}_i \qquad \text{für } R_i \geqq r \geqq 0 \,. \tag{37}$$

d. h. die Feldstärke im Innenraum ist konstant.

Für den Außenraum muß ebenfalls in Gl. (35) die Konstante $B_a = 0$ sein, da für $r = \infty$ die Feldstärke nicht unendlich werden kann, so daß

$$\mathfrak{H} = C_a = \mathfrak{H}_a \qquad \text{für } r \geqq R_a \,. \tag{38}$$

Das vorgegebene Feld $\mathfrak{H}_a$ wird also nicht beeinflußt, es tritt im Außenraum keine Rückwirkung auf das Primärfeld auf.

Die Lösung der Differentialgleichung (39) ergibt (siehe Jahnke-Emde, Funktionstafeln, dritte Auflage VIII, 7)

$$y'' + \frac{1}{x}\, y' + m e^{j\beta} y = 0 \qquad\qquad H'' + \frac{1}{r}\, H' - A H = 0$$

$$y = Z_0\left(\sqrt{m}\, x\, e^{j\frac{\beta}{2}}\right) \qquad m e^{j\beta} = -A \tag{39}$$

$$H = Z_0\left(r\, \sqrt{m}\, e^{j\frac{\beta}{2}}\right) \tag{40}$$

$$Z_0 = C_1 J_0 + C_2 N_0 \,. \tag{41}$$

Die Funktion Z_0 setzt sich aus der Besselschen Funktion J_0 und aus der Neumannschen Funktion N_0 nullter Ordnung und den von der Ordnung unabhängigen Konstanten C_1 und C_2 zusammen. Das Argument dieser 3 Funktionen ist nach Gl. (39)

$$z = r\, \sqrt{m}\, e^{j\frac{\beta}{2}} = r\, k \qquad\qquad k = \sqrt{m}\, e^{j\frac{\beta}{2}} \,. \tag{42}$$

Aus den Gl. (39) und (30) folgt $m e^{j\beta} = -j\omega\varkappa\mu$.

Da

$$e^{-j\frac{\pi}{2}} = \cos\frac{\pi}{2} - j\sin\frac{\pi}{2} = -j \,,$$

ist

$$e^{+j\frac{\beta}{2}} = -j \,,$$

wenn

$$\beta = -\frac{\pi}{2} \tag{43}$$

ist,

daher

$$m = \omega\varkappa\mu \tag{44}$$

$$k = \sqrt{j\, m} \,. \tag{45}$$

Die Besselsche und Neumannsche Funktion in Gl. (41) lassen sich beide durch Hankelsche Funktionen nullter Ordnung der ersten und zweiten Art ausdrücken. Es ist

$$H_0^{(1)} = J_0 + j N_0; \qquad H_0^{(2)} = J_0 - j N_0;$$
$$2 J_0 = H_0^{(1)} + H_0^{(2)}; \qquad 2 j N_0 = H_0^{(1)} - H_0^{(2)}.$$

Damit wird

$$Z_0 = \frac{C_1}{2} H_0^{(1)} + \frac{C_1}{2} H_0^{(2)} + \frac{C_2}{2j} H_0^{(1)} - \frac{C_2}{2j} H_0^{(2)} = H_0^{(1)} \left(\frac{C_1}{2} + \frac{C_2}{2j}\right) +$$
$$+ H_0^{(2)} \left(\frac{C_1}{2} - \frac{C_2}{2j}\right)$$
$$Z_0 = C_1' H_0^{(1)} + C_2' H_0^{(2)}. \tag{46}$$

Die Feldstärke im Zylindermaterial (zur Zeit $t = 0$) ist, da nach (Gl. 30) $H = Z_{0_{(z)}} = Z_0\left(r\sqrt{m}\, e^{j\frac{\beta}{2}}\right)$ und nach Gl. (28) $\mathfrak{H} = H_{(r)}$ ist,

$$\mathfrak{H} = C_1' H_{0_{(z)}}^{(1)} + C_2' H_{0_{(z)}}^{(2)} \qquad R_i \leqq r \leqq R_a. \tag{47}$$

Es sind nun die drei Konstanten C_1', C_2' und $\mathfrak{H}_i$ zu bestimmen. Zwei Gleichungen liefern dazu die Stetigkeitsbedingungen an den beiden Oberflächen des Hohlringkörpers.

$$\mathfrak{H} = \mathfrak{H}_i \quad \text{für} \quad r = R_i, \qquad \mathfrak{H} = \mathfrak{H}_a \quad \text{für} \quad r = R_a$$
$$\mathfrak{H}_i = C_1' H_0^{(1)}(k R_i) + C_2' H_0^{(2)}(k R_i) \tag{48}$$
$$\mathfrak{H}_a = C_1' H_0^{(1)}(k R_a) + C_2' H_0^{(2)}(k R_a). \tag{49}$$

Die dritte Bestimmungsgleichung ergibt sich aus nachstehender Betrachtung (Abb. 68).

Die im Ring induzierte Spannung ist

$$e_i = \frac{\partial \Phi_i}{\partial t} = R_i^2 \pi \mu_0 \frac{\partial \mathfrak{H}_i}{\partial t} = R_i^2 \pi j \omega \mu_0 \mathfrak{H}_i. \tag{50}$$

Aus dem Durchflutungsgesetz folgt für die absolute Größe des Stromes $\varDelta I$ im Ringelement mit dem Querschnitt $dr \cdot dl$

$$\varDelta I = dr\, dl\, \mathfrak{S} = dr\, dl \left(\frac{\partial \mathfrak{H}}{\partial r}\right)_i. \tag{51}$$

Dabei bedeutet der Index i jeweils an der Stelle $r = R_i$. Weiter ist

$$Z = \sqrt{\mathfrak{R}_w^2 + \omega^2 L_i^2}, \tag{52}$$

wobei $\mathfrak{R}_w = \frac{2 R_i \pi}{\varkappa\, dr\, dl}$, L_i errechnet sich aus der Gleichung

$$e_i = \varDelta I\, \mathfrak{R}_w + L_i \frac{\partial \varDelta I}{\partial t}$$

mit den Gleichungen (50), (51)

$$R_i^2\,\pi\,j\,\omega\,\mu_0\,\mathfrak{H}_i = \frac{2\,R_i\,\pi}{\varkappa\,dr\,dl}\,dr\,dl\left(\frac{\partial\mathfrak{H}}{\partial r}\right)_i + L_i\,dr\,dl\,j\,\omega\left(\frac{\partial\mathfrak{H}}{\partial r}\right)_i$$

zu

$$L_i = \frac{R_i^2\pi\,j\,\omega\,\mu_0\,\mathfrak{H}_i - \dfrac{2\,R_i\,\pi}{\varkappa}\left(\dfrac{\partial\mathfrak{H}}{\partial r}\right)_i}{dr\,dl\,j\,\omega\left(\dfrac{\partial\mathfrak{H}}{\partial r}\right)_i}\,.$$

Weiter ist

$$e_i = \Delta I Z\,.$$

$$R_i^2\,\pi\,j\,\omega\,\mu_0\,\mathfrak{H}_i = dr\,dl\left(\frac{\partial\mathfrak{H}}{\partial r}\right)_i$$

$$\sqrt{\left(\frac{2\,R_i\,\pi}{\varkappa\,dr\,dl}\right)^2 + \left(\omega\,\frac{R_i^2\,\pi\,j\,\omega\,\mu_0\,\mathfrak{H}_i - 2\,R_i\,\dfrac{\pi}{\varkappa}\left(\dfrac{\partial\mathfrak{H}}{\partial r}\right)_i}{dr\,dl\,j\,\omega\left(\dfrac{\partial\mathfrak{H}}{\partial r}\right)_i}\right)^2}\,.$$

Setzt man $j\pi\omega\varkappa\mu_0 = b$, so ergibt sich nach einer etwas umständlichen Rechnung schließlich folgende Beziehung:

$$\frac{R_i\,b\,\mathfrak{H}_i}{2\,\pi} = \left(\frac{\partial\mathfrak{H}}{\partial r}\right)_i\,.$$

Da nur die Abhängigkeit von r besteht, kann mit Gl. (40) geschrieben werden

$$\frac{b}{2\,\pi}\,R_i\,\mathfrak{H}_i = \left[\frac{d}{d\,r}\,(Z_{0\,(z)})\right]_i. \tag{53}$$

Nach Gl. (42) ist $dr = \dfrac{dz}{k}$, und damit

$$\frac{d}{d\,r}\,(Z_{0\,(z)}) = k\,\frac{d}{d\,z}\,(Z_{0\,(z)}) = k\,\{-Z_{1\,(z)}\} = -\,k\,Z_1\,(k\,r)\,,$$

also

$$\left[\frac{d}{d\,r}\,(Z_{0\,(z)})\right]_i = -\,k\,Z_1\,(k\,R_i). \tag{54}$$

Setzt man $\dfrac{b}{2\,\pi\,k} = P$, so erhält man

$$P\,R_i\mathfrak{H}_i = -\,Z_1(k\,R_i).$$

Für die Funktion Z_1 erster Ordnung ist analog Gl. (41) und (46)

$$Z_1 = C_1'\,H_1^{(1)} + C_2'\,H_1^{(2)}\,. \tag{55}$$

So lautet die dritte Bestimmungsgleichung

$$P\,R_i\mathfrak{H}_i = -\,[C_1'\,H_1^{(1)}(k\,R_i) + C_2'\,H_1^{(2)}(k\,R_i)]. \tag{56}$$

Aus den drei Bestimmungsgleichungen ergibt sich nach elementaren Rechenoperationen

$$C_1' = \frac{\mathfrak{H}_a H_0^{(2)}(k R_i) - \mathfrak{H}_i H_0^{(2)}(k R_a)}{h_1}. \tag{57}$$

$$C_2' = \frac{\mathfrak{H}_i H_0^{(1)}(k R_a) - \mathfrak{H}_a H_0^{(1)}(k R_i)}{h_1}, \tag{58}$$

$$\mathfrak{H}_i = \frac{\mathfrak{H}_a h_3}{P R_i h_1 - h_2}. \tag{59}$$

Dabei bedeutet

$$h_1 = H_0^{(2)}(k R_i) \cdot H_0^{(1)}(k R_a) - H_0^{(2)}(k R_a) \cdot H_0^{(1)}(k R_i) \tag{60}$$

$$h_2 = H_0^{(2)}(k R_a) \cdot H_1^{(1)}(k R_i) - H_0^{(1)}(k R_a) \cdot H_1^{(2)}(k R_i) \tag{61}$$

$$h_3 = H_0^{(1)}(k R_i) \cdot H_1^{(2)}(k R_i) - H_0^{(2)}(k R_i) \cdot H_1^{(1)}(k R_i). \tag{62}$$

Die Gl. (59) bis (62) ermöglichen die Abschirmung innerhalb des Torus zu ermitteln. Als Maß der Schirmwirkung bilden wir den Quotienten

$$\frac{\mathfrak{H}_a}{\mathfrak{H}_i} = \frac{P R_i h_1 - h_2}{h_3}. \tag{63}$$

Da nach früherem $\mathfrak{H}_i$ im ganzen Halbraum des Ringkörpers konstant ist, erstreckt sich die Schirmwirkung auf den ganzen Innenraum.

Diese Schirmwirkung besteht auf einer Kurzschlußwirkung des Torusmantels. Im Fall eines konstanten Magnetfeldes muß sie Null sein. Dann ist $\omega = 0$, $b = 0$, also auch $P = 0$

$$k R_i = k R_a = 0$$

und nach Gl. (61), (62) $h_2 = - h_3$, somit

$$\mathfrak{H}_a = \mathfrak{H}_i.$$

Eine magnetostatische Schirmwirkung ist hier nicht vorhanden.

Ist das Argument $z = kr$ groß gegen 1 (bei großen Abmessungen von R_i und R_a sowie bei großem μ), dann können die asymptotischen Näherungswerte geschrieben werden. Es ist

$$\left. \begin{array}{l} j^{p+\frac{1}{2}} \sqrt{\dfrac{1}{2} \pi z} \, H_{p(z)}^{(1)} = e^{jz} \\[2mm] j^{-p-\frac{1}{2}} \sqrt{\dfrac{1}{2} \pi z} \, H_{p(z)}^{(2)} = e^{-jz} \end{array} \right\}. \tag{64}$$

Bezeichnen wir die Wandstärke mit ∂

$$\partial = R_a - R_i, \tag{65}$$

dann erhalten wir für großes Argument aus Gl. (63)

$$\frac{\mathfrak{H}_a}{\mathfrak{H}_i} = P R_i \sqrt{\frac{R_i}{R_a}} \sin k\,\delta + \sqrt{\frac{R_i}{R_a}} \cos k\,\delta. \tag{66}$$

Der Verlauf der Feldstärke im Mantel des Ringkörpers ist durch Gl. (47) beschrieben. Da das Argument z komplex ist, zeigt sich auch hier neben der absoluten Größe auch die Phasenlage als Funktion der Ortskoordinate r.

Es kann nun weiter auch das Wirbelfeld $\mathfrak{G}$ ermittelt werden, und damit können schließlich auch die Wirbelstromverluste in der Mantelfläche des Torus berechnet werden, doch soll davon hier Abstand genommen werden.

In all den bisher behandelten Aufgaben wurde bei Errechnung der Wirbelstromverluste das μ als konstant vorausgesetzt. Dies ist ja auch bei nichtferromagnetischen Metallen der Fall; jedoch nicht bei den ferromagnetischen, hier ist mit $\mathfrak{H}$ auch μ eine Ortsfunktion.

4. Die Rosenbergformel.

Zur zahlenmäßigen Ermittlung der Wirbelstromverluste in massiven Eisenkörpern hat ROSENBERG [39, 40] eine Formel aufgestellt, die infolge ihres einfachen Aufbaues besonders für praktische Berechnungen geeignet ist. Ein Eisenzylinder sei in einem homogenen magnetischen Wechselfeld derart orientiert, daß seine Achse in die Richtung der Feldstärke $\mathfrak{H}$ des Feldes falle. Nach der strengen Theorie, die konstantes μ voraussetzt, fällt im Eisenzylinder die Feldstärke bzw. auch die Induktion B vom Rand aus nach innen nach einer e-Potenz ab, und zwar ist das Tempo des Abfalles gerade am Rande am größten. Dieser Abfall entspräche beispielsweise jenem als konstanten Wert angenommenem μ, das durch die Tangente I an

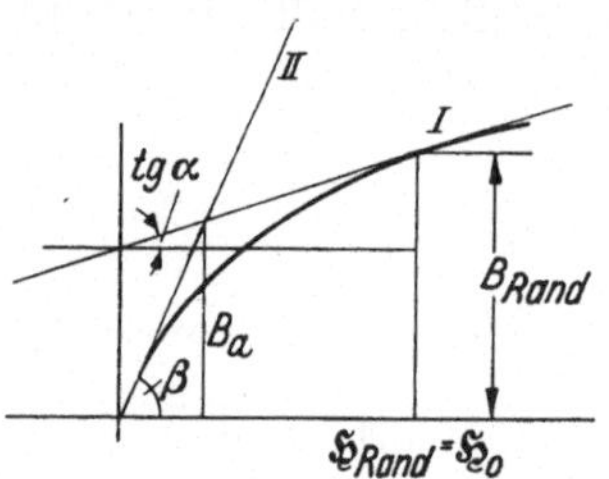

Abb. 69. Ersatz der Magnetisierungslinie durch zwei Tangenten.

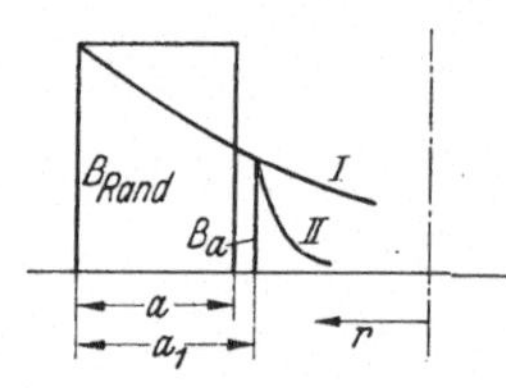

Abb. 70. Abfall der Induktion
im Metallkörper.

die wirkliche Magnetisierungskurve definiert ist $(\mathrm{tg}\,\alpha)$ (Abb. 69). Wir bezeichnen nun die Schichtdicke, innerhalb welcher die Randinduktion B_{Rand} auf einen Wert B_a fällt, mit a_1. Nach Durchschreiten dieser Schicht tritt, wenn wir die tatsächlich auftretende Magnetisierungslinie uns durch die beiden Tangenten I $(\mathrm{tg}\,\alpha)$ und II $(\mathrm{tg}\,\beta)$ ersetzt denken, infolge der sehr großen Permeabilität $(\mathrm{tg}\,\beta)$ ein plötzlicher Abfall der Induktion ein, so daß wir von hier an weiter nach innen Induktion und Wirbelströme vernachlässigen können. Es fällt nach unserer einfachen Annahme die Randinduktion nach der e-Potenz nach Kurve I sehr allmählich wegen der kleinen Permeabilität und nach Durchlaufen der Schichtdicke a_1 plötzlich nach Kurve II (Abb. 70.) Die Näherung, die ROSENBERG zur Grundlage seiner Berechnung macht, besteht nun darin, daß dieser Induktionsverlauf, durch eine konstante Randinduktion innerhalb einer Schicht a (Eindringtiefe) ersetzt wird, so daß $\int B\,dr$ von der Zylinderachse bis zum Rand genommen gleich $B_{\mathrm{Rand}} \cdot a$ ist.

Nach ROSENBERG behält die Induktion im Gebiet der Eindringtiefe a ihren konstanten, an der Oberfläche gegebenen Wert und fällt bei a plötzlich auf Null, der übrigbleibende Eisenraum ist feldfrei (Abb. 71 a).

Die Stromdichte $\mathfrak{S}$ fällt vom Rand bis zur Eindringtiefe linear auf Null ab (Abb. 71 b).

Auf Grund dieser einfachen Annahmen ergeben sich für die Praxis genügend genaue einfache Formeln für die Eindringtiefe a und die Wirbelstromverluste pro cm² Oberfläche.

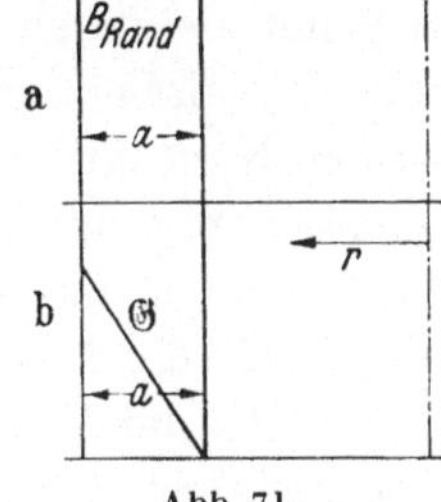

Abb. 71.
Vereinfachte Annahme über den Verlauf der Induktion und der Wirbelstromdichte im massiven Metallkörper.

Wir bezeichnen mit H die Feldstärke in AW/cm (quadratischer Mittelwert); f Frequenz des Feldes in Hz, ϱ spezifischer Widerstand des Eisens in Ω/cm^2 und cm, B Induktion (Kraftliniendichte pro cm²).

Für die Eindringtiefe a in cm ergibt sich dann:

$$a = \sqrt{\frac{2\,H\,\varrho\,10^8}{4{,}44 \cdot f\,B}} = 6700\,\sqrt{\frac{\varrho}{f}\,\frac{H}{B}}. \tag{67}$$

Die Wirbelstromverluste pro cm² Oberfläche betragen:

$$L = 2 \cdot 10^{-4}\,\sqrt{\varrho\,f\,H^3\,B}\ \mathrm{W/cm^2}. \tag{68}$$

Für Flußeisen ($\varrho = 0{,}15 \cdot 10^{-4}$) bei einer Frequenz $f = 50\,\mathrm{Hz}$ sei $H = 30\,\mathrm{AW/cm}$. Dem Maximalwert $\sqrt{2}\,H = 43{,}4\,\mathrm{AW/cm}$ entspricht eine Induktion $B = 15600$, dann ist

$$a = 6700\,\sqrt{\frac{0{,}15 \cdot 10^{-4}\;30}{50 \cdot 15\,600}} = 0{,}16\ \mathrm{cm} = 1{,}6\ \mathrm{mm}$$

und

$$L = 2 \cdot 10^{-4}\,\sqrt{0{,}15 \cdot 10^{-4} \cdot 50 \cdot 30^3 \cdot 15\,600} = 0{,}112\ \mathrm{W/cm^2}.$$

In einer anderen Arbeit [41] werden die Wirbelstromverluste in einer leitenden Ebene, die von parallel zu ihr fließendem Wechselstrom erregt werden, untersucht, doch soll hier nur der Hinweis auf diese Veröffentlichung genügen.

Sechstes Kapitel.

Kontaktprobleme.

Kontaktprobleme treten überall dort in Erscheinung, wo der Übertritt der elektrischen Strömung von einem Leiter zu einem zweiten erfolgt. Ob dabei der zweite Leiter in relativer Ruhe gegenüber dem ersten (fester Kontakt) oder in Bewegung ist (beweglicher Kontakt), ist zunächst von geringerer Bedeutung. Das physikalische Grundproblem ist in beiden Fällen das gleiche, im zweiten Fall tritt als Neuerscheinung der Verschleiß des Materials, der teils elektrischer, teils mechanischer Art ist, hinzu. Bei der Vielfachheit der Kontaktarten, wie sie sich in der Praxis vorfinden, ist eine umfassende Behandlung der Kontaktprobleme in diesem Rahmen nicht am Platz und auch nicht möglich. Es sollen hier nur Kontakt- und Stromverteilungsverhältnisse untersucht werden, die beim Betrieb der Öfen (z. B. der Stromübergang von den Klemmbacken zur Elektrode) in Erscheinung treten.

§ 1. Theorie des Kontaktes. Der Kontaktwiderstand. [42] [43].

Wird über die Berührungsfläche zweier ebener, frei von jeder Verunreinigung, im Vakuum gegeneinander gepreßter Metallplatten Strom geschickt, so tritt an dieser Berührungsfläche eine Kontaktspannung auf, die ihre Ursache an dem hier in Erscheinung tretenden Kontaktwiderstand hat.

Eine nähere Untersuchung zeigt, daß dieser Kontaktwiderstand darauf zurückzuführen ist, daß nur kleine Bruchteile der scheinbaren Berührungsfläche wirklich Kontakt haben. An diesen wirklichen Berührungsflächen, sog. „a-Flächen", werden die Stromlinien zusammengedrängt. Wir denken uns so eine a-Fläche als kleine Kreisfläche mit dem Halbmesser ϱ_0 (Abb. 72).

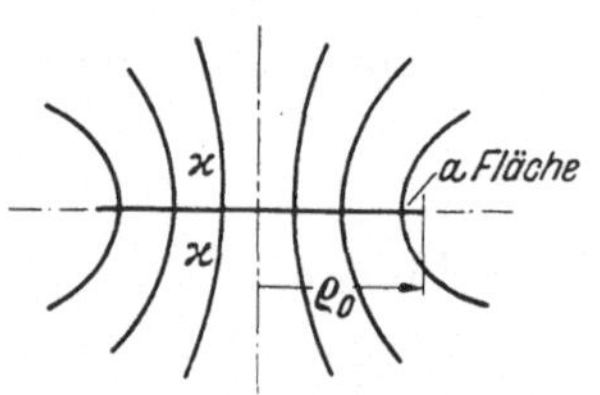

Abb. 72. Kontaktfläche.

Diese Kreisfläche läßt sich, wie im folgenden gezeigt wird, als Grenzwert eines abgeplatteten Rotationsellipsoides darstellen und erlaubt so den Kontaktwiderstand zu berechnen.

Die Berechnung erfordert die Einführung eines krummlinigen orthogonalen Koordinatensystems, durch dessen besondere Wahl die sich ergebende Lösung den bestehenden Grenzbedingungen leicht anzupassen ist. Es soll deshalb die Herleitung krummliniger Koordinatensysteme ausführlicher gebracht werden. Wir beschränken uns hier vorerst auf ein ebenes System mit den Koordinaten ϱ, z, dessen ϱz-Ebene durch die z-Achse eines Zylinderkoordinatensystems (ϱ, α, z) geht (Abb. 73).

In einer Ebene $\alpha = \text{const}$ (ϱz) seien zwei — voraussetzungsgemäß sich rechtwinkelig schneidende — Kurvenscharen mit den Parametern u, v gegeben (Abb. 74):

$$\left.\begin{aligned} \Phi_1(\varrho z u) &= 0 \\ \Phi_2(\varrho z v) &= 0 \,. \end{aligned}\right\} \tag{1}$$

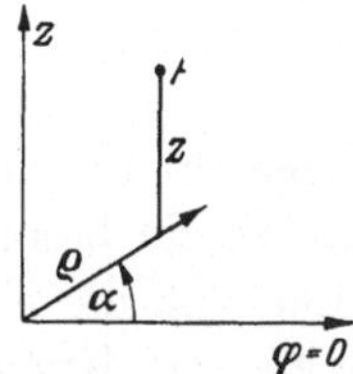

Abb. 73. Polarkoordinatensystem.

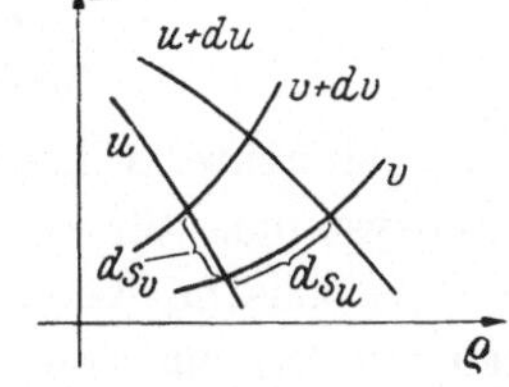

Abb. 74. Krummlinige Koordinaten.

Bei Änderung des Parameters u in $u_1 u_2 u_3 \ldots$ erhalten wir die Kurvenschar Φ_1, und ebenso ergeben sich die Scharen Φ_2 durch Änderung des Parameters v in $v_1 v_2 v_3 \ldots$

Da zu jedem Punkt P der (ϱz) Ebene ein bestimmtes Wertepaar uv gehört, bezeichnet man u und v als die Krummlinienkoordinaten des Punktes P. Wir betrachten nun ein von je zwei einander benachbarten Kurven $u, u + du, v, v + dv$, gebildetes Flächenelement. Seine Fläche ist gegeben durch

$$df = ds_u \cdot ds_v \,. \tag{2}$$

Dabei müssen die Linienelemente ds_u und ds_v durch u und v ausgedrückt werden. Allgemein ist:

$$ds^2 = d\varrho^2 + dz^2, \tag{3}$$

also

$$ds_u^2 = d\varrho_u^2 + dz_u^2$$
$$ds_v^2 = d\varrho_v^2 + dz_v^2 \,.$$

Weiter ist allgemein:

$$\left.\begin{aligned} d\varrho &= \frac{\partial \varrho}{\partial u} du + \frac{\partial \varrho}{\partial v} dv \\ dz &= \frac{\partial z}{\partial u} du + \frac{\partial z}{\partial v} dv \,. \end{aligned}\right\} \tag{4}$$

Für ds_u ist v konstant, $dv = 0$

$$d\varrho_u = \frac{\partial \varrho}{\partial u} du; \qquad dz_u = \frac{\partial z}{\partial u} du,$$

somit

$$ds_u^2 = du^2 \left\{ \left(\frac{\partial \varrho}{\partial u} \right)^2 + \left(\frac{\partial z}{\partial u} \right)^2 \right\} = U^2 \, du^2 \tag{5}$$

mit

$$\left(\frac{\partial \varrho}{\partial u} \right)^2 + \left(\frac{\partial z}{\partial u} \right)^2 = U^2 . \tag{6}$$

Ebenso findet sich für $ds_v : u = \text{const}, \quad du = 0$

$$d s_v^2 = V^2 dv^2 \tag{7}$$

$$\left(\frac{\partial \varrho}{\partial v} \right)^2 + \left(\frac{\partial z}{\partial v} \right)^2 = V^2 . \tag{8}$$

Die hier vorgebrachte Ableitung gilt ganz allgemein für krummlinige Koordinatensysteme. Wir betrachten im folgenden ein besonderes, das elliptisch-hyperbolische Koordinatensystem. Hier sind die beiden Kurvenscharen ein System von konfokalen Ellipsen und Hyperbeln. Be-

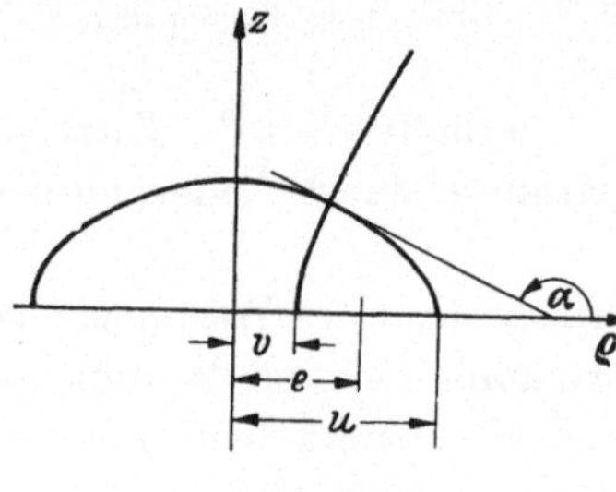
Abb. 75.
Elliptisch hyperbolische Koordinaten.

zeichnen wir mit u die große Halbachse einer Ellipse, mit e die Exzentrizität, so lautet die Mittelpunktsgleichung der Ellipse im (ϱz)-System

$$\frac{\varrho^2}{u^2} + \frac{z^2}{u^2 - e^2} = 1 . \tag{9}$$

Die Gleichung der konfokalen Hyperbel mit der reellen Halbachse v ist dann (Abb. 75)

$$\frac{\varrho^2}{v^2} - \frac{z^2}{e^2 - v^2} = 1 . \tag{10}$$

Aus den beiden Gleichungen (9), (10) lassen sich die Größen ϱ und z ermitteln. Es ist

$$\varrho = \frac{u \cdot v}{e} \tag{11}$$

$$z = \frac{1}{e} \sqrt{(u^2 - e^2)(e^2 - v^2)} . \tag{12}$$

Die Orthogonalitätsbedingung fordert $\operatorname{tg} \alpha = - \dfrac{1}{\operatorname{tg} \beta}$, oder $\operatorname{tg} \alpha \cdot \operatorname{tg} \beta = -1$

$$\operatorname{tg} \alpha = \frac{dz}{d\varrho} = - \frac{\dfrac{\partial f}{\partial \varrho}}{\dfrac{\partial f}{\partial z}} = - \frac{\varrho}{u^2} \frac{u^2 - e^2}{z}$$

$$\operatorname{tg} \beta = \frac{\varrho \, (e^2 - v^2)}{v^2 z}$$

daher

$$\operatorname{tg} \alpha \cdot \operatorname{tg} \beta = - \frac{\varrho}{u^2} \frac{u^2 - e^2}{z} \frac{\varrho}{v^2} \frac{e^2 - v^2}{z} = - \frac{\varrho^2}{z^2} \frac{(u^2 - e^2)(e^2 - v^2)}{u^2 v^2} = -1 .$$

Damit ist der Beweis der Orthogonalität erbracht. Die Bestimmung von U und V nach Gl. (6) und (8) ergibt

$$U = \sqrt{\frac{u^2 - v^2}{u^2 - e^2}} \tag{13}$$

$$V = \sqrt{\frac{u^2 - v^2}{e^2 - v^2}} . \tag{14}$$

In der gleichen Weise lassen sich die krummlinigen Koordinaten in einem räumlichen System entwickeln. Sind in einem räumlichen Koordinatensystem $(x\,y\,z)$ die Transformationsgleichungen

$$\Phi_1(x\,y\,z\,u) = 0$$
$$\Phi_2(x\,y\,z\,v) = 0$$
$$\Phi_3(x\,y\,z\,w) = 0$$

bekannt, so ist mit

$$ds^2 = d\,x^2 + d\,y^2 + d\,z^2$$
$$ds_u^2 = d\,x_u^2 + d\,y_u^2 + d\,z_u^2 ,$$

weiter ist

$$d\,x = \frac{\partial x}{\partial u}\,d\,u + \frac{\partial x}{\partial v}\,d\,v + \frac{\partial x}{\partial w}\,d\,w$$

$$d\,y = \frac{\partial y}{\partial u}\,d\,u + \frac{\partial y}{\partial v}\,d\,v + \frac{\partial y}{\partial w}\,d\,w$$

$$d\,z = \frac{\partial z}{\partial u}\,d\,u + \frac{\partial z}{\partial v}\,d\,v + \frac{\partial z}{\partial w}\,d\,w .$$

Für ds_u ist $v = \text{const}, w = \text{const}$

$$d\,x_u = \frac{\partial x}{\partial u}\,d\,u; \qquad d\,y_u = \frac{\partial y}{\partial u}\,d\,u; \qquad d\,z_u = \frac{\partial z}{\partial u}\,d\,u,$$

und es wird

$$d\,s_u^2 = d\,u^2 \left\{ \left(\frac{\partial x}{\partial u}\right)^2 + \left(\frac{\partial y}{\partial u}\right)^2 + \left(\frac{\partial z}{\partial u}\right)^2 \right\} = U^2\,d\,u^2,$$

ähnliche Ausdrücke erhalten wir für ds_v^2 und ds_w^2. Es wird

$$\left. \begin{aligned} U &= \sqrt{\left(\frac{\partial x}{\partial u}\right)^2 + \left(\frac{\partial y}{\partial u}\right)^2 + \left(\frac{\partial z}{\partial u}\right)^2} \\ V &= \sqrt{\left(\frac{\partial x}{\partial v}\right)^2 + \left(\frac{\partial y}{\partial v}\right)^2 + \left(\frac{\partial z}{\partial v}\right)^2} \\ W &= \sqrt{\left(\frac{\partial x}{\partial w}\right)^2 + \left(\frac{\partial y}{\partial w}\right)^2 + \left(\frac{\partial z}{\partial w}\right)^2} . \end{aligned} \right\} \tag{15}$$

124 Kontaktprobleme.

Ist das Potential φ eine gegebene Ortsfunktion, so wird

$$\left.\begin{aligned}
\mathfrak{E}_u &= -\frac{\partial \varphi}{\partial s_u} = -\frac{1}{U}\frac{\partial \varphi}{\partial u}\\[2mm]
\mathfrak{E}_v &= -\frac{\partial \varphi}{\partial s_v} = -\frac{1}{V}\frac{\partial \varphi}{\partial v}\\[2mm]
\mathfrak{E}_w &= -\frac{\partial \varphi}{\partial s_w} = -\frac{1}{W}\frac{\partial \varphi}{\partial w}
\end{aligned}\right\} \tag{16}$$

$$\operatorname{div}\mathfrak{E} = \frac{1}{U\cdot V\cdot W}\left\{\frac{\partial}{\partial u}(V W \mathfrak{E}_u) + \frac{\partial}{\partial v}(W U \mathfrak{E}_v) + \frac{\partial}{\partial w}(U V \mathfrak{E}_w)\right\} \tag{17}$$

und die Potentialgleichung

$$\Delta\varphi = \frac{1}{U\cdot V\cdot W}\left\{\frac{\partial}{\partial u}\left(\frac{V W}{U}\frac{\partial \varphi}{\partial u}\right) + \frac{\partial}{\partial v}\left(\frac{W U}{V}\frac{\partial \varphi}{\partial v}\right) + \frac{\partial}{\partial w}\left(\frac{U V}{W}\frac{\partial \varphi}{\partial w}\right)\right\}. \tag{18}$$

Nach dieser kurz zusammengefaßten Theorie über krummlinige Koordinaten wenden wir uns unserer Aufgabe zu, Ermittlung des Widerstandes einer Kreisfläche.

Wir führen die Koordinaten des abgeplatteten Rotationsellipsoides ein. Dabei ist nach früherem

$$U = \sqrt{\frac{u^2 - v^2}{u^2 - e^2}} \tag{13}$$

$$V = \sqrt{\frac{u^2 - v^2}{e^2 - v^2}} \tag{14}$$

und

$$W = \varrho = \frac{u\,v}{e}. \tag{19}$$

Für die Laplacesche Gleichung $\Delta\varphi = 0$ erhalten wir aus Gl. (18)

$$\left.\begin{aligned}
&\frac{\partial}{\partial u}\left(\frac{u\,v}{e}\sqrt{\frac{u^2 - e^2}{e^2 - v^2}}\frac{\partial \varphi}{\partial u}\right) + \frac{\partial}{\partial v}\left(\frac{u\,v}{e}\sqrt{\frac{e^2 - v^2}{u^2 - e^2}}\frac{\partial \varphi}{\partial v}\right) +\\[2mm]
&+ \frac{\partial}{\partial w}\left(\frac{(u^2 - v^2)\,e}{(\sqrt{u^2 - e^2}\,\sqrt{e^2 - v^2})\,u\,v}\frac{\partial \varphi}{\partial w}\right) = 0.
\end{aligned}\right\} \tag{20}$$

Wir können unsere Kreisscheibe als Grenzfall des abgeplatteten Rotationsellipsoides auffassen, wobei die Exzentrizität e gleich dem Halbmesser der Scheibe wird.

$$e = u_0 = \varrho_0. \tag{21}$$

Da hierbei die Fläche der Kreisscheibe zur Niveaufläche wird, suchen wir eine Lösung der Laplaceschen Gleichung, die nur von der elliptischen Koordinate u abhängt. Damit erhalten wir aus Gl. (20), da v und w in diesem Fall Konstante sind

$$\frac{d}{d u}\left(u\,\sqrt{u^2 - \varrho_0^2}\,\frac{d\varphi}{d u}\right) = 0$$

oder

$$d\varphi = \frac{k}{u\sqrt{u^2 - \varrho_0^2}} = k\,\frac{du}{u^2\sqrt{1 - \left(\frac{\varrho_0}{u}\right)^2}}\,.$$

Durch die Substitution $\frac{\varrho_0}{u} = t$ ist das Integral leicht zu lösen. Es ist

$$\varphi = k_1 \arc \sin t = k_1 \arc \sin \frac{\varrho_0}{u}\,. \tag{22}$$

Die Feldstärke berechnet sich nach Gl. (16)

$$\mathfrak{E}_u = -\frac{1}{U}\frac{\partial \varphi}{\partial u} = \frac{k_1\,\varrho_0}{u\sqrt{u^2 - v^2}}$$

In großer Entfernung vom Ursprung ist mit den Gl. (11) und (12)

$$\varrho = \frac{u\,v}{\varrho_0} \qquad r = \sqrt{\varrho^2 + z^2} = u$$

$$\sqrt{u^2 - v^2} = \sqrt{u^2 - \frac{\varrho^2\,\varrho_0^2}{u^2}} = u\,,$$

daher

$$\lim_{r\to\infty}\mathfrak{E}_u = k_1\frac{\varrho_0}{u^2} = \frac{k_1\varrho_0}{r^2}\,. \tag{23}$$

Man sieht hier das allgemeine Gesetz für den asymptotischen Verlauf abgeschlossener Quellensysteme der Intensität I. Es ist, wenn wir mit $\mathfrak{G}$ die Stromdichte bezeichnen, das Potential in irgendeinem Aufpunkt gegeben durch den Ausdruck

$$\varphi = \frac{1}{4\,\pi\,\varkappa}\int_f \frac{\mathfrak{G}\,df}{r}\,.$$

Für Aufpunkte, deren Abstand r groß ist gegenüber den Abständen der einzelnen Quellenpunkte $\mathfrak{G}df$, kann man sämtliche Quellenpunktsabstände r ersetzen durch einen Abstand r_1 und findet dann unabhängig von der Gestalt der Fläche

$$\lim_{r_1\to\infty}\varphi = \frac{1}{4\,\pi\,\varkappa}\frac{1}{r_1}\int_f \mathfrak{G}\,df = \frac{I}{4\,\pi\,\varkappa}\frac{1}{r_1}\,.$$

Damit ist der Beweis des asymptotischen Verlaufes des Potentials eines abgeschlossenen Quellensystems erbracht. Wir können also in unserem Fall für die Feldstärke in großer Entfernung r setzen, wenn I der durch die Kreisplatte gehende Strom bedeutet.

$$\mathfrak{E} = \frac{I}{4\,\pi\,\varkappa}\cdot\frac{1}{r^2}\,. \tag{24}$$

Durch Vergleich von Gl. (23) mit (24) erhalten wir für die Konstante k_1

$$k_1 = \frac{I}{4\,\pi\,\varkappa\,\varrho_0}\,. \tag{25}$$

Damit ergibt sich aus Gl. (22) für das Potential

$$\varphi = \frac{I}{4\,\pi\,\varkappa}\,\frac{1}{\varrho_0}\,\text{arc sin}\,\frac{\varrho_0}{u}. \tag{26}$$

Das Potential an der Oberfläche $u = \varrho_0$ wird

$$\varphi_0 = \frac{I}{4\,\pi\,\varkappa\,\varrho_0}\,\frac{\pi}{2} = \frac{I}{8\,\varkappa\,\varrho_0}. \tag{27}$$

Die Feldstärke an der Plattenoberfläche beträgt

$$\mathfrak{E}_u = \frac{k_1}{\sqrt{\varrho_0^2 - v^2}} = \frac{I}{4\,\pi\,\varkappa\,\varrho_0}\,\frac{1}{\sqrt{\varrho_0^2 - v^2}} = \frac{I}{4\,\pi\,\varkappa\,\varrho_0}\,\frac{1}{\sqrt{\varrho_0^2 - \varrho^2}}, \tag{28}$$

da für $u = \varrho_0$; $v = \varrho$ ist.

Bei einer kreisförmigen Elektrode stellt die Kontaktfläche eine Grenzfläche dar. Man erfaßt diese Grenzflächenwirkung rechnerisch dadurch, daß man das Strömungsgebiet um die Trennungslinie spiegelt, Abb. 76; da man jedoch nur die in den unteren Halbraum gehenden Stromlinien betrachtet, muß man der symmetrisch ergänzten Fläche den doppelten Strom zuordnen. Es ist also $\bar{I} = 2I$ und damit

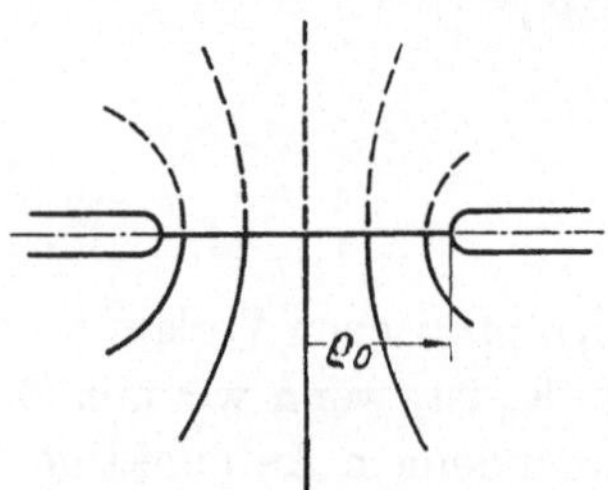

Abb. 76. Strömungsbild einer kreisförmigen Elektrode.

$$\varphi_0 = \frac{\bar{I}}{8\,\varkappa\,\varrho_0} = \frac{I}{4\,\varkappa\,\varrho_0}. \tag{29}$$

Aus Gl. (29) ergibt sich der Ausbreitungswiderstand

$$R_K = \frac{\varphi_0}{I} = \frac{1}{4\,\varkappa\,\varrho_0}. \tag{30}$$

Besitzen die beiden stromführenden Leiter verschiedene Leitfähigkeiten $\varkappa_1$ und $\varkappa_2$, so wird der Kontaktwiderstand

$$\cdot R_K = R_{K_1} + R_{K_2} = \frac{1}{4\,\varkappa_1\,\varrho_0} + \frac{1}{4\,\varkappa_2\,\varrho_0} = \frac{1}{4\,\varrho_0}\left[\frac{1}{\varkappa_1} + \frac{1}{\varkappa_2}\right]. \tag{31}$$

Für Kontakte zwischen Flächen gleichen Materials, $\varkappa_1 = \varkappa_2 = \varkappa$ wird

$$R_K = \frac{1}{2\,\varrho_0\,\varkappa}. \tag{32}$$

Wir erhalten somit für den Kontaktwiderstand (Engewiderstand) einer a-Fläche mit dem Halbmesser ϱ_0 einen Wert von $R_K = \dfrac{1}{2\,\varrho_0\varkappa}$. Haben wir es nicht mit völlig reinen, unter Vakuum gebildeten Kontaktflächen zu tun, sondern treten zwischen den kontaktbildenden Flächen nicht leitende Fremdschichten auf, deren Dicke 100 Å (1 Å = 10^{-8} cm) übersteigt, so wirken diese Schichten wie ein Isolator. Während bei dünneren Schichten der elektrischen Strömung (unter 100 Å) infolge des sog. Tunneleffektes, bei dem Elektronen die dünne Isolationsschicht durchschießen, sich der Engewiderstand um einen kaum merkbaren Zusatzwiderstand erhöht, wird bei diesen dickeren isolierenden Fremdschichten der Kontakt nur dadurch erzielt, daß infolge des Kontaktdruckes diese Schichten teils zerstört werden, so daß es zum metallischen Kontakt kommt, teils gefrittet werden. Diese Frittung ist eine Art Durchschlag. Wenn die Feldstärke in der schlechtleitenden Haut genügend hoch wird, so erhöht sie dort die Leitfähigkeit. Der Strom erwärmt seine Bahn und konzentriert sich auf eine enge Stelle, an der schließlich das Gefüge des Nichtleiters zerstört wird und sich aus dem Elektrodenmaterial eine leitende Brücke aufbaut. Eine genaue Betrachtung dieser Vorgänge ermöglicht auch für die Temperatur an dieser Frittungsstelle einen Ausdruck herzuleiten. Bedeutet λ W/cm °C die Wärmeleitfähigkeit des Kontaktmaterials, $\varkappa$ die Leitfähigkeit des Materials in S/cm, U_K die Kontaktspannung ($R_K\,I = U_K$), so beträgt die Übertemperatur Θ an der Kontaktstelle

$$\Theta = \frac{U_K^2\,\varkappa}{8\,\lambda}\,. \tag{33}$$

Dabei ist $\varkappa$ und λ konstant vorausgesetzt. Da jedoch sowohl $\varkappa$ wie auch λ Temperaturfunktionen sind, so lautet obige Gleichung genauer

$$\int\limits_{\vartheta_0}^{\vartheta_0 + \Theta} \frac{\lambda}{\varkappa}\,d\vartheta = \frac{U_K^2}{8}\,. \tag{33a}$$

Gl. (33) bzw. (33a) ist wichtig, um die Belastbarkeit eines Kontaktes zu ermitteln. Sie gestattet bei gegebener Schmelztemperatur des Kontaktmaterials die dazugehörige Kontaktspannung zu errechnen (Schmelzspannung). Darunter liegt die Schlußfrittspannung.

Man wählt Θ (z. B. aus Festigkeitsgründen etwas unterhalb der Entfestigungstemperatur) und ermittelt aus Gl. (33a) die maximal zulässige Kontaktspannung U_K. Ist der Strom, den der Kontakt zu führen hat, I, so ist der Kontaktwiderstand $R = U_K/I$.

Bezeichnen wir mit α den Temperaturkoeffizienten des spez. Widerstandes auf die Zimmertemperatur bezogen, so besteht zur Ermittlung des Widerstandes bei Zimmertemperatur R_0 folgende Relation

$$R = R_0 \left(1 + \frac{2}{3}\,\alpha\Theta\right). \tag{34}$$

Die Erreichung dieses eben ermittelten Widerstandes R_0 geschieht durch Einstellung eines passend gewählten Kontaktdruckes P.

§ 2. Das Klemmbackenproblem.

Ein zweites wichtiges Kontaktproblem tritt uns bei dem Stromübertritt von einer Klemmbacke zur Elektrode entgegen. Hier ist vor allem die Verteilung des Stromes längs der Kontaktfläche von Interesse. Im Prinzip stellt sich das Problem wie folgt dar (Abb. 77). Fall 1. Eine leitende Platte A von bestimmten Dimensionen (Länge l) und bestimmten elektr. spez. Widerstand ϱ_A wird an eine andere leitende Platte B (ϱ_B) angepreßt, um die Führung des Stromes I in der angedeuteten Richtung zu vermitteln. Gefragt ist nach der Verteilung des Stromes längs der Berührungsfläche. Zur Vereinfachung der Aufgabe nehmen wir hier an, daß der Stromübertritt nicht in diskreten, statistisch verteilten a-Flächen erfolgt, daß vielmehr die Dichte der a-Flächen so gleichmäßig und so groß ist, daß wir kontinuierlichen Stromübertritt voraussetzen können. Bei dieser in Abb. 77 angedeuteten Aufgabe habe die Platte A ein einheitliches Potential, ihr Widerstand sei vernachlässigbar klein, eine Querströmung trete nicht auf.

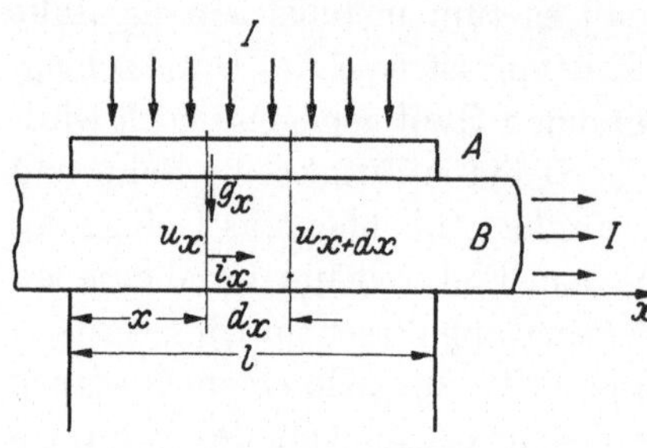

Abb. 77.
Stromübergang zwischen den Platten $A\,B$. Fall 1.

An der Stelle x sei die Spannung zwischen den Leitern A und B u_x, an einer um dx entfernten Stelle u_{x+dx}, wobei

$$u_{x+dx} = u_x + \frac{\partial u_x}{\partial x}\,dx$$

ist.

Betrage der Widerstand der Längeneinheit (bei gegebenem Plattenquerschnitt der Platte B) R_B, dann gilt nach dem zweiten Kirchhoffschen Satz, wenn wir mit i_x den Strom im Plattenelement von der Länge dx bezeichnen,

$$u_x + i_x R_B\,dx - u_{x+dx} = 0$$

oder

$$i_x R_B - \frac{\partial u_x}{\partial x} = 0. \tag{35}$$

Weiter ist, wenn mit g_x die Stromdichte des Kontaktstromes an der Stelle x benannt wird,

$$i_x = \int\limits_0^x g_x\,dx, \tag{36}$$

daher wird aus Gl. (35) mit Berücksichtigung von Gl. (36)

$$R_B \int\limits_0^x g_x \, d\,x - \frac{\partial u_x}{\partial x} = 0,$$

und durch Differenzierung daraus

$$R_B g_x - \frac{\partial^2 u_x}{\partial x^2} = 0.$$

Bezeichnen wir mit R_K den Kontaktwiderstand, den wir voraussetzungsgemäß konstant ansehen wollen, so ist

$$g_x = \frac{u_x}{R_K}, \tag{37}$$

und damit erhalten wir die Differentialgleichung unseres Problems:

$$\frac{\partial^2 u_x}{\partial x^2} - \frac{R_B}{R_K} u_x = 0. \tag{38}$$

Ihre allgemeine Lösung ist mit dem Lösungsansatz $u_x = A\,e^{a\,x}$:

$$u_x = A_1 e^{a\,x} + A_2 e^{-a\,x}, \tag{39}$$

wobei

$$a = \pm \sqrt{\frac{R_B}{R_K}} \tag{40}$$

ist, und

$$g_x = \frac{u_x}{R_K} = \frac{1}{R_K} \left(A_1 e^{a\,x} + A_2 e^{-a\,x}\right). \tag{41}$$

Zur Bestimmung der noch unbekannten Integrationskonstanten dienen uns folgende Grenzbedingungen: Der Strom i_x im Leiter B muß an der Stelle $x = 0$ Null sein, an der Stelle $x = l$ muß er den gesamten Kontaktstrom ergeben, also

$$x = 0, \qquad i_x = 0,$$
$$x = l, \qquad i_x = I.$$

Für i_x erhalten wir aus Gl. (36)

$$i_x = \int\limits_0^x g_x \, d\,x = \frac{1}{a\,R_K} \left(A_1 e^{a\,x} - A_2 e^{-a\,x}\right). \tag{42}$$

Aus der ersten Grenzbedingung folgt:

$$A_1 - A_2 = 0, \cdot A_1 = A_2. \tag{43}$$

Aus der zweiten

$$I = \frac{1}{a\,R_K} \left[A_1 e^{a\,l} - A_2 e^{-a\,l}\right]$$

und mit Gl. (43)

$$A_1 = \frac{I\,a\,R_K}{e^{al} - e^{-al}} = A_2.$$

(44)

Damit erhalten wir als Lösung unseres Problems

$$g_x = \frac{I\,a}{e^{al} - e^{-al}}\left(e^{ax} + e^{-ax}\right).$$

(45)

Mit

$$\left.\begin{array}{l}\mathfrak{Sin}\,al = \dfrac{e^{al} - e^{-al}}{2}\\[3mm]\mathfrak{Cos}\,ax = \dfrac{e^{ax} + e^{-ax}}{2}\end{array}\right\}$$

(46)

läßt sich Gl. (45) unter Berücksichtigung Gl. (40) endgültig schreiben zu:

$$g_x = I\,\sqrt{\frac{R_B}{R_K}}\;\frac{\mathfrak{Cos}\left(\sqrt{\dfrac{R_B}{R_K}}\,x\right)}{\mathfrak{Sin}\left(\sqrt{\dfrac{R_B}{R_K}}\,l\right)}.$$

(47)

Die Lösung bietet uns einige wichtige Erkenntnisse: Die Kontaktstromdichte g_x wächst proportional dem Belastungsstrom I, sie ist weiter bei konstantem I direkt proportional der Wurzel aus dem Widerstand R_B, umgekehrt proportional der Wurzel aus dem Wert des Kontaktwiderstandes. Bei bestimmten vorgegebenen Werten I, R_B und R_K nimmt die Stromdichte g_x mit wachsendem x zu

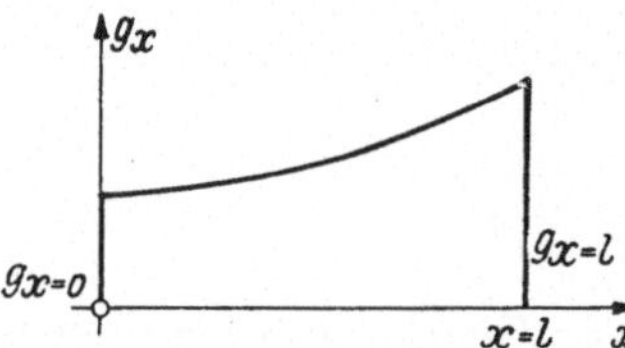

Abb. 78.   Verlauf der Stromdichte längs der Berührungsebene Fall 1.

(Abb. 78) und erreicht im Punkt $x = l$ ihren Höchstwert

$$g_{x=l} = I\,\sqrt{\frac{R_B}{R_K}}\;\frac{1}{\mathfrak{Tg}\left(\sqrt{\dfrac{R_B}{R_K}}\,l\right)} = I\,\sqrt{\frac{R_B}{R_K}}\,\mathfrak{Cotg}\left(\sqrt{\dfrac{R_B}{R_K}}\,l\right).$$

(48)

Gänzlich anders gestaltet sich das Problem und seine Lösung, wenn der Leiter A selbst von einer Seite angespeist wird und sein Widerstand R_A mit berücksichtigt wird (Abb. 79). Fall 2:

Es seien wieder die Widerstände pro Längeneinheit $R_A\,R_B$ R_K vorgegeben und konstant.

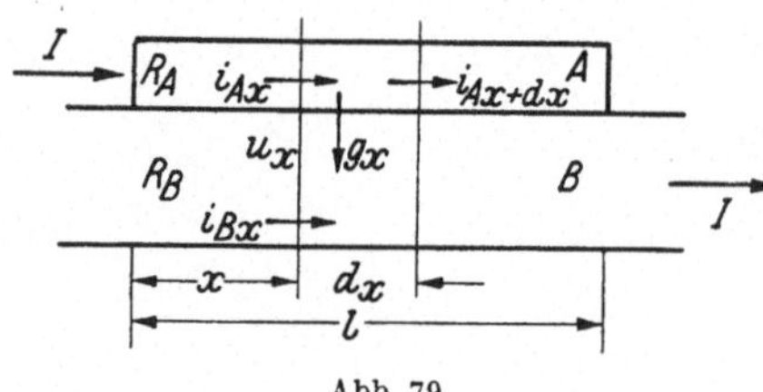

Abb. 79.
Stromübergang zwischen den Platten $A\,B$ Fall 2.

Der zweite Kirchhoffsche Satz

für einen das Gebiet dx umschließenden Weg ergibt nachstehende Gleichung

$$i_{Ax} R_A \, dx + u_{x+dx} - i_{Bx} R_B \, dx - u_x = 0.$$ (49)

Es ist auch hier

$$u_{x+dx} = u_x + \frac{\partial u_x}{\partial x} \, dx.$$ (50)

Aus dem ersten Kirchhoffschen Satz folgt für die Ströme

$$i_{Ax} = g_x \, dx + i_{Ax+dx},$$ (51)

wobei

$$i_{Ax+dx} = i_{Ax} + \frac{\partial i_{Ax}}{\partial x} \, dx$$ (52)

ist.

Damit erhalten wir aus Gl. (51)

$$-\frac{\partial i_{Ax}}{\partial x} = g_x.$$ (53)

Weiter ist wie früher

$$i_{Bx} = \int_0^x g_x \, dx.$$ (54)

Diesen Ausdruck in Gl. (49) eingesetzt, ergibt

$$i_{Ax} R_A \, dx + u_x + \frac{\partial u_x}{\partial x} \, dx - \int_0^x g_x \, dx \, R_B \, dx - u_x = 0,$$

und nach erfolgter Differenzierung

$$\frac{\partial i_{Ax}}{\partial x} R_A + \frac{\partial^2 u_x}{\partial x^2} - R_B \, g_x = 0.$$

Für g_x den Wert aus Gl. (53) substituiert, ergibt

$$-g_x R_A + \frac{\partial^2 u_x}{\partial x^2} - R_B g_x = 0.$$

Bezeichnen wir mit

$$R_A + R_B = R$$ (55)

und setzen wieder

$$g_x = \frac{u_x}{R_K},$$ (56)

so erhält man nachstehende Differentialgleichung unseres Problems

$$\frac{\partial^2 u_x}{\partial x^2} - \frac{R}{R_K} u_x = 0.$$ (57)

Setzt man $u_x = A\,e^{ax}$, so erhalten wir mit

$$a = \pm\ \sqrt{\frac{R}{R_K}} \tag{58}$$

die allgemeine Lösung

$$u_x = A_1 e^{ax} + A_2 e^{-ax} \tag{59}$$

und mit Gl. (56)

$$g_x = \frac{1}{R_K}\,(A_1\,e^{a\,x} + A_2\,e^{-a\,x})$$

sowie mit Gl. (53)

$$\left.\begin{aligned}
i_{A\,x} &= -\int g_x\,dx = -\frac{1}{R_K}\int u_x\,dx = -\frac{1}{a\,R_K}\,(A_1\,e^{a\,x} - A_2\,e^{-a\,x}) = \\[2mm]
&= \frac{1}{a\,R_K}\,(A_2\,e^{-a\,x} - A_1\,e^{a\,x}).
\end{aligned}\right\} \tag{60}$$

Die Konstanten A_1 und A_2 lassen sich aus folgenden Grenzbedingungen bestimmen:
Für

$$x = 0 \quad i_{A\,(x=0)} = I$$
$$x = l \quad i_{A\,(x=l)} = 0.$$

Man findet:

$$I = \frac{1}{a\,R_K}\,(A_2 - A_1)$$

$$0 = \frac{1}{a\,R_K}\,(A_2\,e^{-a\,l} - A_1\,e^{a\,l})$$

$$A_2 = A_1\,e^{2a\,l}; \qquad A_1 = \frac{I\,a\,R_K}{e^{2a\,l} - 1}; \qquad A_2 = I\,a\,R_K\,\frac{e^{2a\,l}}{e^{2a\,l} - 1},$$

damit wird

$$g_x = I\,a\left[\frac{1}{e^{2a\,l} - 1}\,e^{a\,x} + \frac{e^{2a\,l}}{e^{2a\,l} - 1}\,e^{-ax}\right]$$

$$g_x = \frac{I\,\sqrt{\dfrac{R}{R_K}}}{e^{2\sqrt{\frac{R}{R_K}}\cdot l} - 1}\left[e^{\sqrt{\frac{R}{R_K}}\cdot x} + e^{2\sqrt{\frac{R}{R_K}}\cdot l - \sqrt{\frac{R}{R_K}}\cdot x}\right]. \tag{61}$$

Ein Vergleich dieser Beziehung (61) mit (47) zeigt, daß der Verlauf der Stromdichte entlang der Kontaktfläche wesentlich anders ist, als im ersten Fall. Es besteht zwar hinsichtlich Strom und der Festwerte R und R_K die gleiche Abhängigkeit wie vorher. Gänzlich anders ist die Abhängigkeit von der x-Koordinate.

Differenziert man Gl. (61) und setzt den Differentialquotienten gleich Null, so erhält man

$$\frac{dg_x}{dx} = \frac{Ia}{e^{2al}-1}\left[a\,e^{ax} - a\,e^{2al}\,e^{-ax}\right] = 0$$

$$e^{ax} - e^{2al}\cdot e^{-ax} = 0$$

und daraus $x = l$, d. h. die Funktion (61) besitzt im Punkt $x = l$ eine horizontale Tangente. Ihr Wert selbst beträgt an dieser Stelle $x = l$:

$$g_{x=l} = -\frac{Ia}{e^{2al}-1}\left[e^{al} + e^{al}\right] = \frac{2I\sqrt{\dfrac{R}{R_K}}\;e^{\sqrt{\frac{R}{R_K}}\cdot l}}{e^{2l\sqrt{\frac{R}{R_K}}} - 1}. \tag{62}$$

An der Stelle $x = 0$ besitzt sie den Wert $x = 0$

$$g_{x=0} = \frac{Ia}{e^{2al}-1}\left[1 + e^{2al}\right] = \frac{I\sqrt{\dfrac{R}{R_K}}}{e^{2l\sqrt{\frac{R}{R_K}}} - 1}\left[1 + e^{2l\sqrt{\frac{R}{R_K}}}\right]. \tag{63}$$

Um uns ein Bild des Verlaufes der Funktion machen zu können, untersuchen wir den Unterschied der beiden Funktionswerte für $x = 0$ und $x = l$. Nennen wir ε eine positive Zahl ($\varepsilon > 0$), so können wir aus den Gl. (62) und (63) folgende Relation aufstellen.

$$2e^{al} + \varepsilon = 1 + e^{2al}$$

mit $e^{al} = y$ wird

$$2y + \varepsilon = 1 + y^2,$$

und daraus:

$$y = 1 + \sqrt{\varepsilon}.$$

Da ε eine positive Zahl bedeutet, so erkennt man daraus, daß der Funktionswert am Anfang ($x = 0$) größer ist, als derselbe an der Stelle $x = l$. Für den Verlauf der Kontaktstromdichte g_x entlang der x-Achse ergibt sich daher nebenstehende Abb. 80.

Zur zahlenmäßigen Abschätzung des Verlaufes der Stromdichte möge nachstehend ein einfaches Beispiel durch-

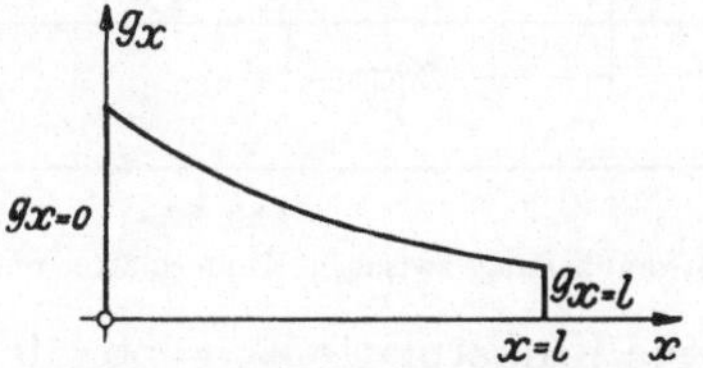

Abb. 80. Verlauf der Stromdichte längs der Berührungsebene Fall 2.

gerechnet sein (Abb. 81). Eine Kupferplatte A mit den in Abb. 81 angeführten geometrischen Dimensionen übertrage einen Strom von 1000 A auf eine Kupferplatte B gleichen Querschnitts. Die spez. Leitfähigkeit

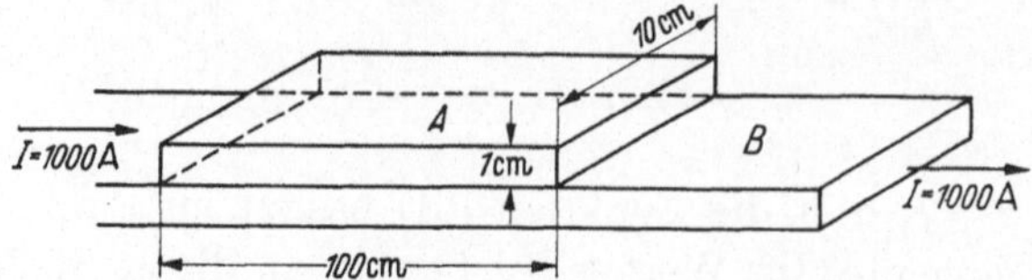

Abb. 81. Stromübergang zwischen zwei Kupferplatten.

beider Platten sei $\varkappa = 56 \cdot 10^4$ S/cm. Dann ist der Widerstand eines Plattenteils von 1 cm Länge bei einem Querschnitt von 10 cm²

$$R_A = R_B = \frac{1}{56 \cdot 10^5} = 0,018 \cdot 10^{-5}\ \Omega,$$

$$R = R_A + R_B = 3,6 \cdot 10^{-7}\ \Omega.$$

Den Kontaktwiderstand schätzen wir zu $R_K = 5 \cdot 10^{-2}\ \Omega$.

$$\sqrt{\frac{R}{R_K}} = 2,68 \cdot 10^{-3}; \quad e^{\sqrt{\frac{R}{R_K}} \cdot l} = 1,31; \quad e^{2\sqrt{\frac{R}{R_K}} \cdot l} = 1,71.$$

Mit diesen Festwerten wurde der Verlauf der Kontaktstromdichte g_x in nachstehenden Punkten ermittelt:

$$
\begin{array}{lll}
x = & 0 \text{ cm} & g_x = 10{,}2\ \text{A/10 cm}^2 = 1{,}02\ \text{A/cm}^2 \\
x = & 20 \text{ cm} & g_x = 10{,}14\ \text{A/10 cm}^2 = 1{,}014\ \text{A/cm}^2 \\
x = & 40 \text{ cm} & g_x = 10{,}0\ \text{A/10 cm}^2 = 1{,}0\ \text{A/cm}^2 \\
x = & 60 \text{ cm} & g_x = 9{,}95\ \text{A/10 cm}^2 = 0{,}995\ \text{A/cm}^2 \\
x = & 80 \text{ cm} & g_x = 9{,}91\ \text{A/10 cm}^2 = 0{,}991\ \text{A/cm}^2 \\
x = & 100 \text{ cm} & g_x = 9{,}9\ \text{A/10 cm}^2 = 0{,}99\ \text{A/cm}^2.
\end{array}
$$

Die Stromdichte nimmt, wie es unsere Berechnung ergab, mit wachsendem x von einem bestimmten Anfangswert ab. Allerdings ist diese Abnahme in unserem Beispiel sehr gering und spielt praktisch keine Rolle.

Eine weit ungleichmäßigere Verteilung der Kontaktstromdichte ergibt sich bei folgendem Beispiel (Abb. 82). Die Platte A sei

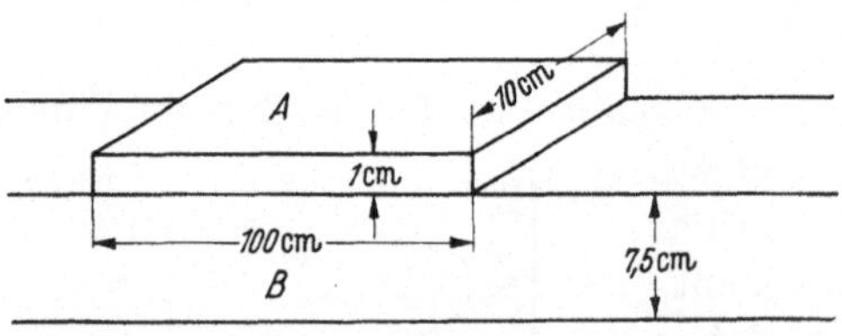

Abb. 82.
Stromübertrag zwischen Kupferplatte und Kohlenplatte.

eine Kupferplatte $\varkappa_{Cu} = 56 \cdot 10^4$ S/cm, die Platte B Kohle

$$\varkappa_C = 0{,}016 \cdot 10^4 = 1{,}6 \cdot 10^2\ \text{S/cm}.$$

Damit wird $R_A = 1{,}8 \cdot 10^{-7}\,\Omega$, $\quad R_B = 8{,}35 \cdot 10^{-5}\,\Omega$, $\quad R = R_A + R_B$ $= 8{,}368 \cdot 10^{-5}\,\Omega$, R_K soll wie früher den Wert $R_K = 5 \cdot 10^{-2}\,\Omega$ aufweisen. Weiter wird $\dfrac{R}{R_K} = 16{,}7 \cdot 10^{-4}$; $\sqrt{\dfrac{R}{R_K}} \sim 4{,}1 \cdot 10^{-2}$.

Wir erhalten damit

$$
\begin{aligned}
x &= 0 \text{ cm} & g_x &= 4{,}1 \text{ A/cm}^2 \\
x &= 20 \text{ cm} & g_x &= 1{,}75 \text{ A/cm}^2 \\
x &= 40 \text{ cm} & g_x &= 0{,}8 \text{ A/cm}^2 \\
x &= 60 \text{ cm} & g_x &= 0{,}363 \text{ A/cm}^2 \\
x &= 80 \text{ cm} & g_x &= 0{,}168 \text{ A/cm}^2 \\
x &= 100 \text{ cm} & g_x &= 0{,}136 \text{ A/cm}^2 .
\end{aligned}
$$

Die Kontaktstromdichte besitzt an der Stromeintrittsstelle ($x = 0$) wesentlich höhere Werte als am Ende der Kupferplatte ($x = l$).

Vorliegende Berechnungen haben als Voraussetzung die örtliche Konstanz des Kontaktwiderstandes R_K; nur dann läßt sich die Stromdichtenverteilung als Lösung der angegebenen einfachen Differentialgleichung finden und hat den vorgezeichneten Verlauf, d. h. Abnahme zum Ende der aufsitzenden Kontaktplatte. Eine Änderung des Kontaktwiderstandes entlang der Kontaktfläche (z. B. durch örtlich verschiedene Verschmutzungen und Fremdschichten, ungleichmäßige Verteilung der a-Flächen) bedingt eine grundsätzliche Änderung des hier errechneten Stromdichteverlaufes. Dabei kann es zu einer wesentlichen Erhöhung der Stromdichte am Ende der Platte A ($x = l$) kommen. Eine rechnerische Ermittlung wäre nur dann möglich, wenn der Verlauf des Kontaktwiderstandes entlang der x-Achse, also die Funktion $R_K = f(x)$ analytisch gegeben wäre.

Es wurde hier versucht, die Stromverteilung entlang einer Kontaktplatte zu ermitteln. Der Rechnungsgang wurde unter möglichst einfachen Voraussetzungen durchgeführt, sein Ergebnis kann nur als erste Annäherung der exakten Berechnung gewertet werden. Der Ansatz für eine exakte Berechnung dieses Problems führt, wie bei anderen ähnlichen Problemen, zu einer Integralgleichung, über deren Lösungsmöglichkeit hier nichts ausgesagt werden kann.

Siebentes Kapitel.

Die elektrischen Verhältnisse im Ofen.

Mittels der Elektroden wird die elektrische Energie dem eigentlichen Arbeitsraum, der Ofenwanne, in der das Schmelzgut liegt, zugeführt. Hier erfolgt die angestrebte Umsetzung der elektrischen Energie in thermische bzw. durch diese in chemische.

Während die Zuleitungen zum Schmelzgut geometrische Körper mit vorwiegend einer markanten Dimension (der Länge) sind, in der man die Strömung praktisch linear annehmen kann, ist der Nutzwiderstand, das Schmelzgut, ein Körper von ungefähr drei gleichgroßen Dimensionen. Hier unterliegt die elektrische Strömung einem dreidimensionalen Feld, das sich im allgemeinen, abgesehen von der Form und Lage der Elektroden und der Begrenzung des Feldes durch die Ofenwandung, die nur in ganz einfachen Fällen eine näherungsweise rechnerische Erfassung erlaubt, besonders dadurch, daß die elektrische Leitfähigkeit infolge der Inhomogenität des Mediums und infolge ihrer Abhängigkeit von der Temperatur, eine unbekannte und oft unstetige Orts- und Zeitfunktion ist, jeder mathematischen Behandlung entzieht.

Dazu kommt noch folgendes: Die Art der Umsetzung der elektrischen Energie in thermische zeigt bei den Öfen der verschiedenen Verwendungszwecke kein einheitliches Bild. In jedem dieser Ofengattungen treten Lichtbogenzonen und Zonen mit ausgesprochener räumlicher Strömung im Schmelzgut auf. Je nach dem besonderen Verwendungszweck herrscht die eine oder die andere elektrische Strömung vor.

Als Vertreter des einen Ofentypus, in dem die räumliche Strömung vorherrscht, können wir beispielsweise den Karbidofen bezeichnen. Hier sind die Elektroden in das Schmelzgut eingetaucht und führen dem Möller unmittelbar die elektrische Energie, die hier durch Joulsche Wärme in thermische Energie umgesetzt wird, zu; dabei wollen wir hier von den Gebieten der Kontaktlichtbögen, besonders an den Elektroden, absehen.

Als Vertreter des zweiten Ofentypus nennen wir die Öfen der Stahlindustrie. Bei ihnen erfolgt die Umsetzung der elektrischen Energie in thermische hauptsächlich in den Lichtbogenzonen, die sich zwischen den über dem Schmelzgut befindlichen Elektroden und der Mölleroberfläche bilden. Der Energieanteil im Möller selbst ist im Vergleich zur Lichtbogenenergie gering.

Wir werden daher hier die Verhältnisse an zwei getrennten, extremen Gattungen, der reinen Widerstandsströmung und dem reinen Lichtbogenbetrieb betrachten. Tatsächlich treten diese Extremfälle praktisch nicht auf, sondern wie schon erwähnt, nur eine Kombination beider.

§ 1. Der Widerstandsofen.

1. Strömungsfeld bei konstanter Leitfähigkeit.

Die elektrische Strömung in einem Ofen solcher Gattung soll an dem Karbidofen untersucht werden. Der Möller besteht teils aus dem Frischgut, einer körnigen Mischung von Kalk- und Kohlekomponenten, teils aus dem Fertiggut, dem Karbid. Wir nehmen vorerst eine mittlere, von der Temperatur unabhängige, örtlich konstante elektrische Leitfähigkeit $\varkappa$ S/cm des Schmelzgutes an. Weiter sehen wir bei einem 50-Perioden-Wechselstrom von elektromagnetischen Einwirkungen (Stromverdrängung) ab, nehmen also, wie bei Gleichstrom, eine Strömung an, die einer skalaren Potentialfunktion gehorcht. Stromverdrängungseffekte können wir ja bei dieser niedrigen Periodenzahl und relativ geringer Leitfähigkeit vernachlässigen, da wir ja als Füllgut nichtferromagnetisches Material haben. Etwaige eisenhaltige Fremdkörper befinden sich infolge der hohen Temperatur oberhalb des Curiepunktes (767° C) und haben somit ihren ferromagnetischen in den paramagnetischen Zustand verändert.

Vorgänge zwischen den einzelnen Körnern, die Physik der Kontaktwiderstände, das Auftreten von elementaren Lichtbögen, müssen bei dieser makroskopischen Betrachtung unberücksichtigt bleiben. Ihr Vorkommen und ihre Verteilung unterliegt wahrscheinlichkeitstheoretischen, statistischen Gesetzen. Sie treten bei der Anfahrperiode der Strömung in den Vordergrund und verzerren da beträchtlich das geometrische Strömungsbild. Im stationären Zustand — und nur dieser soll hier betrachtet werden — treten diese statistischen Störungen nur sporadisch auf, so daß im großen gesehen von einer Geometrie der Strömung gesprochen werden kann.

Diese Strömung äußert sich elektrisch im sogenannten Herdwiderstand. Der Herdwiderstand eines Ofens ist im allgemeinen, besonders bei Drehstromöfen, mathematisch nicht genau zu definieren. Er ist jedoch physikalisch eine Realität, deren Wirkung sich in der Wirkleistung des Ofens zeigt. Hoher Herdwiderstand bedeutet bei vorgegebener Scheinleistung große Wirkleistung und damit einen guten Leistungsfaktor. Die Größe des Herdwiderstandes ist abhängig von der geometrischen Gestalt und Anordnung der Elektroden, von der Größe und Form der Ofenwanne und vor allem von dem spezifischen Widerstand des Füllgutes, in dem sich die elektrische Strömung zwischen den Elektroden bzw. zwischen Elektrode und dem leitenden Ofenboden ausbreitet.

Ist an und für sich der funktionelle Zusammenhang zwischen dem Herdwiderstand $R = f$ (Geometrie) im allgemeinen mathematisch nicht auffindbar — von sehr einfachen Fällen abgesehen — so tritt als Komplikation noch die Tatsache hinzu, daß der spezifische Widerstand ϱ im Strömungsfeld eine uns unbekannte Orts- und Temperaturfunktion ist, außerdem ist das Füllgut stets in Bewegung, es wird im Abstich entfernt und von oben stets erneuert, so daß im Herdwiderstand auch die Zeitdimension als Veränderliche auftritt. Damit ergäbe sich für den Herdwiderstand ganz allgemein nachstehende Funktion

$$R = \varphi \,(\text{Geometrie},\ \varrho_{(xyz)}\vartheta,\ t)\,.$$

Darin bedeutet ϱ der spezifische Widerstand, ϑ die Temperatur, t die Zeit. Ist diese Funktion auch mathematisch nicht auffindbar, so können doch an Hand sehr vereinfachender Annahmen Beziehungen zwischen dem Herdwiderstand und den wichtigsten geometrischen Größen gefunden werden, die mathematisch wohl nicht exakt sind, die jedoch uns physikalisch einen Einblick in das Gewicht der einzelnen Größen verschaffen.

Wir betrachten das Strömungsfeld vorerst bei einem Einphasenofen. Von einer Elektrode erfolge der Stromdurchgang durch das Schmelzgut zum Ofenboden. Dann kann die Strömung näherungsweise als Fortsetzung vom unteren Elektrodenende mit gleichem Querschnitt, wie ihn die Elektrode besitzt, zur Bodenelektrode betrachtet werden. Außerhalb des so definierten Raumes fließe kein Strom, hier soll die elektrische Leitfähigkeit $\varkappa$ praktisch Null, oder der spez. elektrische Widerstand $\varrho = \dfrac{1}{\varkappa}\, \varOmega\,\mathrm{cm}$ unendlich groß sein (Abb. 83).

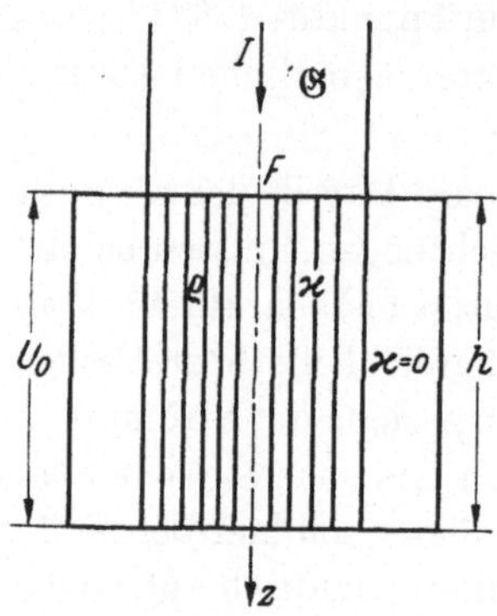

Abb. 83. Das homogene Strömungsfeld im Ofenraum.

Im Strömungsraum setzen wir vorerst örtlich konstanten spez. Widerstand voraus. Mit Vernachlässigung des Spannungsabfalls im Ofenboden ordnen wir der Bodenelektrode ein einheitliches Potential Null zu. Die Spannung zwischen der Elektrode und dem Ofenboden betrage U_0 (Arbeitsspannung).

Der Querschnitt der Elektrode und damit auch der Querschnitt des Strömungsfeldes sei F cm^2. Der Widerstand einer Schicht des Schmelzgutes von der Elektrodenunterkante bis zu einem Punkt mit der Abszisse z vom Elektrodenende ergibt sich zu

$$r_z = \frac{1}{\varkappa}\,\frac{z}{F} = \varrho\,\frac{z}{F}\,\varOmega. \tag{1}$$

Somit hat der gesamte Widerstand des Schmelzgutes, wenn h (cm) den Abstand der Elektrode vom Ofenboden bedeutet (Arbeitshöhe) den Wert

$$r_{z=h} = \varrho\,\frac{h}{F}\,\varOmega \quad \text{(Herdwiderstand).} \tag{1a}$$

Bezeichnen wir den die Elektrode durchfließenden Strom mit I (A), so erhalten wir als Stromdichte $\mathfrak{S}$ A/cm^2 im Strömungsraum den Ausdruck

$$\mathfrak{S} = \frac{I}{F} = \text{const.} \tag{2}$$

Weiter errechnet sich daraus die elektrische Feldstärke (Gradient) des Strömungsfeldes zu

$$\mathfrak{E} = \frac{\mathfrak{S}}{\varkappa} = \frac{I}{\varkappa F} = \text{const } V/\text{cm.} \tag{3}$$

Stromdichte und Feldstärke sind bei dieser Strömung, aber auch *nur* bei dieser, im gesamten Strömungsgebiet örtlich konstante Größen. Eine derartige Strömung wird als homogene bezeichnet.

Aus dem Wert der Feldstärke erhalten wir durch einfache Integration nach der, aus der Potentialtheorie bekannten Beziehung,

$$\mathfrak{E} = -\operatorname{grad}\varphi = -\frac{\partial\varphi}{\partial z} \tag{4}$$

das Potential in irgendeinem Punkt mit der Abstandskoordinate z vom Elektrodenende des Strömungsgebietes. Es ergibt sich hier besonders einfach

$$\varphi = -\mathfrak{E}z + C.$$

Die dabei auftretenden Randbedingungen: Für $z = 0, \varphi = U_0$, für $z = h$, $\varphi = 0$ bestimmen die Konstante C zu $C = U_0$. Damit erhalten wir für das Potential die Beziehung

$$\varphi = U_0 - \mathfrak{E}z. \tag{5}$$

Es ist bei dieser Strömung eine lineare Funktion der Abstandskoordinate.

Für die im Volumenelement umgesetzte Leistung (Leistungsdichte v W/cm³), finden wir

$$v = \mathfrak{G}\,\mathfrak{E} = \mathfrak{G}^2\varrho = \varkappa\mathfrak{E}^2 = \varkappa\frac{U_0^2}{h^2} = \text{const.} \tag{6}$$

Sie stellt einen sehr wichtigen Wert dar, da sie für die bei den Reaktionsprozessen benötigte Energie, wie auch für die Größe der Reaktionsgeschwindigkeit ausschlaggebend ist. Auch sie ist bei dieser Strömung örtlich konstant. Die gesamte im Strömungsgebiet verbrauchte Leistung beträgt somit, wenn wir mit dV ein Volumenelement bezeichnen,

$$N = \int\limits_{z=0}^{z=h} v\,dV = \int\limits_0^h \mathfrak{G}\,\mathfrak{E}\,dV = \varkappa\,\mathfrak{E}^2 F h. \tag{7}$$

Bei Wechselstrom befolgt die Spannung und mit ihr auch der Strom ein einfach harmonisches Zeitgesetz

$$\mathfrak{J} = \overline{\mathfrak{J}}e^{j\omega t}. \tag{8}$$

Daher erhalten wir für die Stromdichte

$$\mathfrak{G} = \overline{\mathfrak{G}}e^{j\omega t} = \overline{\mathfrak{G}}(\cos\omega t + j\sin\omega t) \tag{9}$$

und ebenso für die Feldstärke

$$\mathfrak{E} = \overline{\mathfrak{E}}e^{j\omega t} = \overline{\mathfrak{E}}(\cos\omega t + j\sin\omega t). \tag{10}$$

$\mathfrak{G}$ und $\mathfrak{E}$ sind Augenblickswerte, $\overline{\mathfrak{G}}, \overline{\mathfrak{E}}$ die Maximalwerte. Das Arbeitsdifferential im Volumenelement dV in der Zeit dt beträgt somit

$$dA = \mathfrak{R}(\mathfrak{E})\,\mathfrak{R}(\mathfrak{G})\,dV\,dt, \tag{11}$$

somit über eine halbe Periode

$$\int\limits_0^{T/2} dA = \int\limits_0^{T/2} \overline{\mathfrak{E}\,\mathfrak{G}} \cos^2\omega t\, dV dt = \overline{\mathfrak{E}\,\mathfrak{G}}\,\frac{T}{4}\, dV = dN\, T/2 \qquad (12)$$

wenn wir mit $dN = \dfrac{\overline{\mathfrak{E}\,\mathfrak{G}}}{2}\, dV$ bezeichnen.

Daraus ergibt sich als Leistungsdichte im Volumenelement

$$\frac{dN}{dV} = v = \frac{\overline{\mathfrak{E}\,\mathfrak{G}}}{2} = \mathfrak{E}_{\mathrm{eff}} \cdot \mathfrak{G}_{\mathrm{eff}}. \qquad (13)$$

$\mathfrak{E}_{\mathrm{eff}}$, $\mathfrak{G}_{\mathrm{eff}}$ sind die Effektivwerte der zeitperiodischen Größen $\mathfrak{E}$ und $\mathfrak{G}$.

Zusammenfassend stellen wir fest:

Bei der homogenen Strömung sind die Feldstärke $\mathfrak{E}$ und die Stromdichte $\mathfrak{G}$, wie auch die Leistungsdichte v örtlich konstante Größen, das Potential ist eine lineare Funktion der Abstandskoordinate. Die Niveaulinien ($\varphi = $ const) sind parallele Gerade, die Strömungslinien als orthogonale Trajektorien ebenso parallele Gerade.

2. Strömungsfeld bei ortsabhängiger Leitfähigkeit.

Wir haben bisher angenommen, daß das Schmelzgut örtlich konstanten spez. Widerstand aufweist. Diese Annahme soll nun aufgegeben werden. Tatsächlich wird ja dieser spez. Widerstand des Schmelzgutes vom unteren Elektronenende bis zum Ofenboden hin abnehmen, schon allein deshalb, weil ja das Schmelzgut entlang der z-Achse des Koordinatensystems ausschlaggebenden physikalischen und chemischen Umwandlungen unterworfen ist: Aus einer körnigen, mehr oder minder gleichmäßig verteilten Mischung von Kalk- und Kohlekomponenten bildet sich mit zunehmender z-Koordinate eine im wesentlichen kompakte Substanz, das Karbid, und dies im zähflüssigen Zustand. Hand in Hand mit dieser Umwandlung ändern sich die physikalischen Zustandsgrößen des Schmelzgutes, so auch sein spez. Widerstand. Diese Änderung erfolgt nicht einheitlich nach einer analytischen Ortsfunktion, sondern sprunghaft und ungleichmäßig nach irgendeinem uns unbekannten statistischen von vielen Zufälligkeiten abhängigen Gesetz. Genauer genommen ist die elektrische Strömung in der Frischgutzone (körnige Mischung) ein ziemlich komplizierter Vorgang. Beim Stromdurchgang, der vorerst nur durch die leitenden Kokskörner gehen wird, bilden sich namentlich zwischen dem Elektrodenrand und den sie berührenden Kokskörnern Kontaktlichtbögen und damit hohe örtliche Energiedichten und Erhitzungen aus. Unter ihrer Einwirkung wird der im kalten Zustand als Isolator geltende Kalk allmählich selbst zum Leiter und nimmt an der Stromführung teil. Ob es sich dabei um eine rein elektronische Leitfähigkeit oder reine

Ionenleitfähigkeit bzw. einer Kombination beider handelt, kann bisher nicht angegeben werden.

Die elektrische Leitfähigkeit eines aus zwei Komponenten bestehenden Mischkörpers läßt sich bei Annahme einfachster Voraussetzungen leicht ermitteln. Es soll hier beispielsweise die elektrische Leitfähigkeit $\varkappa_r$ einer Kalk-Koksmischung, wie sie im Karbidbetrieb Verwendung findet, berechnet werden. Im Verlauf des thermischen Prozesses wird der Kalk geschmolzen, die Koksstücke sind dann im zähflüssigen Kalk eingebettet. Zur Ermittlung der Leitfähigkeit $\varkappa_r$ idealisieren wir den Aufbau unseres Mischkörpers: Die Kokskörner wären kleine würfelförmige Körper von der Kantenlänge ζ cm, sie wären alle in regelmäßigen Abständen η cm voneinander (in allen drei Richtungen) angeordnet. Ihre elektrische Leitfähigkeit sei $\varkappa_1$, die Leitfähigkeit des Kalkes, der die Zwischenräume (η) zwischen den Kokskörnern ausfüllt, sei $\varkappa_2$. Der Widerstand einer Würfelsäule von l cm Länge und dem Querschnitt ζ^2 setzt sich aus den $\dfrac{l}{\zeta + \eta}$ Widerständen der Koks- und Kalkabschnitte zusammen. Es ist also

$$R_m = \frac{l}{\zeta + \eta} \frac{\zeta}{\varkappa_1 \zeta^2} + \frac{l}{\zeta + \eta} \frac{\eta}{\varkappa_2 \zeta^2} = \frac{l}{(\zeta + \eta)\, \zeta^2} \left(\frac{\zeta}{\varkappa_1} + \frac{\eta}{\varkappa_2} \right).$$

Der entsprechende Leitwert ist daher

$$G_m = \frac{(\zeta + \eta)\, \zeta^2}{l \left(\dfrac{\zeta}{\varkappa_1} + \dfrac{\eta}{\varkappa_2} \right)}.$$

Parallel zu dieser Würfelsäule liegt eine Kalksäule vom Querschnitt $(\zeta + \eta)^2 - \zeta^2$ und der Länge l. Ihr Leitwert beträgt daher

$$\frac{\varkappa_2 \left[(\zeta + \eta)^2 - \zeta^2 \right]}{l}.$$

Somit ergibt sich der gesamte Leitwert einer Säule von der Länge l und dem Querschnitt $(\zeta + \eta)^2$ unseres Mischkörpers

$$\frac{(\zeta + \eta)^2}{l \left(\dfrac{\zeta}{\varkappa_1} + \dfrac{\eta}{\varkappa_2} \right)} + \frac{\varkappa_2 \left[(\zeta + \eta)^2 - \zeta^2 \right]}{l}.$$

Setzt man diesen Ausdruck gleich $\dfrac{\varkappa_r\, (\zeta + \eta)^2}{l}$, so erhält man

$$\varkappa_r\, (\zeta + \eta)^2 = \frac{(\zeta + \eta)\, \zeta^2}{\dfrac{\zeta}{\varkappa_1} + \dfrac{\eta}{\varkappa_2}} + \varkappa_2 \left[(\zeta + \eta)^2 - \zeta^2 \right],$$

und daraus

$$\varkappa_r = \frac{\zeta^2\, \varkappa_1\, \varkappa_2}{(\zeta + \eta)\,(\zeta\, \varkappa_2 + \eta\, \varkappa_1)} + \varkappa_2 - \varkappa_2 \frac{\zeta^2}{(\zeta + \eta)^2}.$$

Führt man das Raumverhältnis der beiden Komponenten ein, indem man setzt

$$\tau = \frac{(\zeta + \eta)^3 - \zeta^3}{\zeta^3} \cong 3\,\frac{\eta}{\zeta},$$

so erhält man weiter

$$\varkappa_\tau = \frac{\varkappa_1\,\varkappa_2}{\left(1 + \dfrac{\tau}{3}\right)\left(\varkappa_2 + \dfrac{\tau}{3}\,\varkappa_1\right)} + \varkappa_2 - \varkappa_2\,\frac{1}{\left(1 + \dfrac{\tau}{3}\right)^2}.$$

Bei Einführung von Gewichtsverhältnissen erhalten wir wie folgt: Das Gewicht des Kalkes beträgt $([\zeta + \eta]^3 - \zeta^3)\,\gamma_2$, das des Kokses $\zeta^3\gamma_1$, wobei die spez. Gewichte von Kalk und Koks γ_2 und γ_1 seien. Beziehen wir das Gewicht des Kokses auf das des Kalkes, so haben wir folgende Relation

$$\frac{((\zeta + \eta)^3 - \zeta^3)\,\gamma_2}{\zeta^3\,\gamma_1} = \frac{100}{x}$$

und daraus die Beziehung $\eta = \dfrac{\gamma_1}{\gamma^2}\,\dfrac{\zeta}{3\,x\,\%}$.

Diesen Ausdruck eingesetzt ergibt

$$\varkappa_\tau = \frac{\varkappa_1\,\varkappa_2}{\left(1 + \dfrac{\gamma_1}{\gamma_2}\,\dfrac{1}{3\,x\,^0/_0}\right)\left(\varkappa_2 + \dfrac{\gamma_1}{\gamma_2}\,\varkappa_1\,\dfrac{1}{3\,x\,^0/_0}\right)} + \varkappa_2 - \varkappa_2\,\frac{1}{\left(1 + \dfrac{\gamma_1}{\gamma_2}\,\dfrac{1}{3\,x\,^0/_0}\right)^2}.$$

Die hier abgeleiteten Formeln können lediglich zur größenordnungsmäßigen Ermittlung der Leitfähigkeit unseres Mischkörpers dienen. Zu beachten ist dabei außerdem, daß sowohl $\varkappa_1$ wie auch $\varkappa_2$ Temperaturfunktionen sind. Im Laufe des Reaktionsprozesses ändern sich auch die Größen τ bzw. $x\,\%$. Die beiden letzten Formeln führen im Grenzfall der Auflösung des Kokses ($\tau = \infty$ bzw. $x = 0$) zum Leitfähigkeitswert $\varkappa_1 = \varkappa_2$, wobei sodann unter $\varkappa_2$ die Leitfähigkeit des Reaktionsproduktes zu verstehen ist.

Die Betrachtung der Leistungsdichtenverteilung in unserem idealisierten Mischkörper führt zu nachstehendem Ergebnis: Die Kokswürfelsäule wird von einem Stromanteil mit einer bestimmten Stromdichte durchflossen. Die Werte der Feldstärke sind jedoch entlang eines solchen Stromweges nicht konstant, sie sind, solange die Leitfähigkeit des Kalkes geringer ist, als die des Kokses im Kalkraumteil zwischen den in Reihe liegenden Kokskörnern größer als im von dem Koks erfüllten Raumteil. Damit weist auch die Leistungsdichte im Kalkgebiet höhere Werte auf als im Kokskorn selbst. An der Diskontinuitätsfläche Koks-Kalk springt sie auf ihren Größtwert. Das ist auch wünschenswert, da ja hier die endotherme Reaktion einsetzt. Die Höhe dieses Sprunges hängt von dem Verhältnis $\varkappa_2/\varkappa_1$ ab und wird als Temperaturfunktion örtlich und zeitlich verschieden sein.

Wie bereits erwähnt, treten an den Elektroden Kontaktlichtbogen auf, doch kann damit nicht von ausgesprochenen Lichtbogenzonen oder von einem Lichtbogenbetrieb des Karbidofens gesprochen werden. Die kathodische Brennfleckstromdichte bei Kohlenelektroden liegt in der Größenordnung von rd. 500 A/cm², bei den im Karbidofen verwendeten großflächigen Elektroden wäre bei einem kompakten Lichtbogen sodann nur ein kleiner Teil des Elektrodenquerschnittes als Bogenansatzstelle denkbar. Tatsächlich treten jedoch an vielen Stellen der Elektrode, zeitlich und örtlich verteilt, Lichtbogenentladungen auf, die nur kleine Brennfleckausdehnungen aufweisen können und auch bei der ihnen zur Verfügung stehenden Spannung trotz der kleinen Ionisierungsspannung des Kalziumdampfes nur kleine Längen besitzen können, so daß eine Lichtbogenzone kaum angenommen werden kann.

Wir sind also berechtigt, hier in erster Annäherung mit einer Widerstandsströmung zu rechnen, wobei wir jedoch ϱ bzw. $\varkappa$ nicht mehr als konstant betrachten wollen.

Ganz allgemein folgt für ein Gebiet, in dem die Leitfähigkeit $\varkappa = f(x\,y\,z)$ eine gegebene Ortsfunktion ist, für den Leitungsstrom

$$\mathrm{div}\,\mathfrak{G} = 0 \tag{14}$$

$$\mathfrak{E} = -\,\mathrm{grad}\,\varphi \tag{15}$$

$$\mathfrak{G} = \varkappa\,\mathfrak{E} \tag{16}$$

also $\qquad \mathrm{div}\,\varkappa\,\mathfrak{E} = \varkappa\,\mathrm{div}\,\mathfrak{E} + \mathfrak{E}\,\mathrm{grad}\,\varkappa = 0\,. \tag{17}$

Weiter ist

$$\mathrm{div}\,\mathfrak{E} = \frac{\partial\,\mathfrak{E}_x}{\partial\,x} + \frac{\partial\,\mathfrak{E}_y}{\partial\,y} + \frac{\partial\,\mathfrak{E}_z}{\partial\,z}\,. \tag{18}$$

$$\mathrm{grad}\,\varkappa = \mathfrak{i}\,\frac{\partial\,\varkappa}{\partial\,x} + \mathfrak{j}\,\frac{\partial\,\varkappa}{\partial\,y} + \mathfrak{k}\,\frac{\partial\,\varkappa}{\partial\,z}\,. \tag{19}$$

Zur rechnerischen Behandlung unserer Strömung ersetzen wir das unbekannte statistische Gesetz der Leitfähigkeitsverteilung im Strömungsgebiet durch eine einfache analytische Funktion und machen folgenden Ansatz: Bezeichnen wir den spez. Widerstand im Punkt $z = 0$ (Elektrodenende) mit ϱ_a, so möge gelten

$$\varrho = \varrho_a\,e^{-\beta z} \tag{20}$$

oder

$$\varkappa = \varkappa_a\,e^{\beta z}\,. \tag{20 a}$$

Damit ist $\varkappa$ nur eine Funktion der z-Koordinate, und es folgt aus den Gl. (17), (18), (19)

$$\varkappa\,\mathrm{div}\,\mathfrak{E} = -\,\mathfrak{E}\,\mathrm{grad}\,\varkappa$$

$$\varkappa \frac{d\mathfrak{E}}{dz} = -\mathfrak{E}\frac{d\varkappa}{dz} = -\mathfrak{E}\varkappa_a\beta e^{\beta z},$$

$$\frac{d\mathfrak{E}}{dz} = -\frac{1}{\varkappa}\mathfrak{E}\varkappa_a\beta e^{\beta z} = -\mathfrak{E}\beta,$$

$$\frac{d\mathfrak{E}}{\mathfrak{E}} = -\beta\,dz; \quad \ln\mathfrak{E} = -\beta z + \ln C,$$

$$\mathfrak{E} = C e^{-\beta z}.$$

Die Konstante C bestimmt sich wie folgt:

Für $z = 0$ ist $\mathfrak{E} = \mathfrak{E}_0 = \mathfrak{G}\varrho_a = \dfrac{\mathfrak{G}}{\varkappa_a}$,

also

$$C = \mathfrak{G}\varrho_a,$$

und somit

$$\mathfrak{E} = \mathfrak{G}\varrho_a e^{-\beta z}. \tag{21}$$

Weiter ist

$$d\varphi = -\mathfrak{E}\,dz = -\mathfrak{G}\varrho_a e^{-\beta z}dz$$

$$\varphi = \mathfrak{G}\frac{\varrho_a}{\beta}e^{-\beta z} + C_1.$$

Da für $z = 0$ $\varphi = U_0$ ist, wird die Konstante C_1

$$C_1 = U_0 - \mathfrak{G}\frac{\varrho_a}{\beta}$$

und daher

$$\varphi = U_0 - \mathfrak{G}\frac{\varrho_a}{\beta}(1 - e^{-\beta z}). \tag{22}$$

Daraus folgt, da mit $z = h$ $\varphi = 0$ ist,

$$U_0 = \mathfrak{G}\frac{\varrho_a}{\beta}(1 - e^{-\beta h}). \tag{23}$$

Mit $\mathfrak{G} = \dfrac{I}{F}$ finden wir aus Gl. (23) auch die Größe des Herdwiderstandes zu

$$R = \frac{U_0}{I} = \frac{\varrho_a}{F\beta}(1 - e^{-\beta h}). \tag{24}$$

Die Leistungsdichte ergibt sich aus der Beziehung $v = \mathfrak{E}\cdot\mathfrak{G}$ zu

$$v = \mathfrak{G}^2\varrho_a e^{-\beta z}. \tag{25}$$

Wir erhalten somit als Ergebnis: Während im ganzen Strömungsfeld die Stromdichte konstant bleibt — als Folge der Annahme konstanten Strömungsquerschnittes —, sind die Größen $\mathfrak{E}$, φ und v Funktionen der Abstandskoordinate z.

In Abb. 84 ist zur Gegenüberstellung der Verlauf dieser Kenngrößen entlang der z-Achse bei konstantem spez. Widerstand wie auch bei ortsabhängigem spez. Widerstand aufgezeichnet.

Wie ersichtlich, nehmen im letzten Fall sämtliche Kenngrößen mit Ausnahme der Stromdichte $\mathfrak{G}$ bei zunehmender Entfernung von der Elektrode ab. Das Tempo der Abnahme ist bestimmt durch den Wert der Größe β. Vor allem erscheint es wichtig zu sein, daß die Leistungsdichte v innerhalb der Reaktionszone einen bestimmten Schwellenwert nicht unterschreitet, da sonst die Reaktionszeit zu groß wird, oder da es unter Umständen zu einem Abbruch der Reaktion kommen könnte. Ebenso könnte es bei zu geringer Leistungsdichte am Ofenboden zum

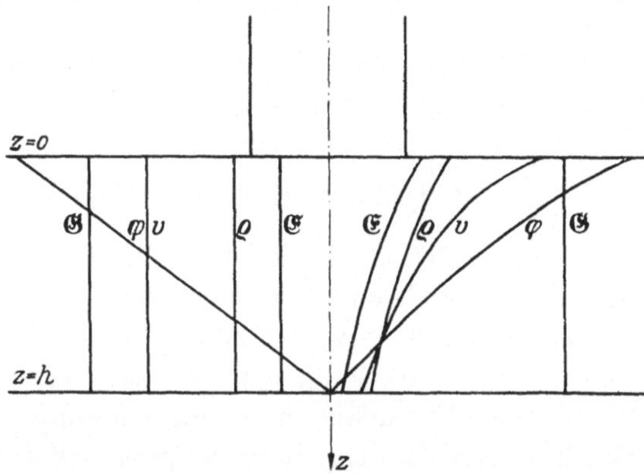

Abb. 84. Verlauf der Kenngrößen im Strömungsfeld bei örtlich konstanter sowie nach der z-Richtung veränderlicher elektrischer Leitfähigkeit.

Einfrieren daselbst kommen. Auch der umgekehrte Fall kann eintreten, daß nämlich die Leistungsdichte in jenen Gebieten, in denen die Reaktion bereits abgelaufen ist, noch Werte behält, die zu einem Verdampfen bzw. zu einem Zerfall des Materials an diesen Stellen führen muß.

Die Untersuchung derartiger Fragen gehört in das Gebiet der Wärmeprobleme und der Chemie und nicht in den Rahmen dieses Buches.

Es wurde hier versucht, das elektrische Strömungsfeld geometrisch möglichst einfach darzustellen und dadurch einfache Beziehungen zwischen den elektrischen Größen, wie auch zwischen diesen und den geometrischen Größen aufzustellen. Die in den Gl. (20) bzw. (20a) angegebene Ortsfunktion ist vorerst eine ganz willkürliche, analytisch möglichst einfache Funktion. Wie weit sie den tatsächlichen Verhältnissen im Strömungsraum gerecht wird, müßte erst durch Messungen, die mit großen Schwierigkeiten verbunden sind, untersucht werden. Es sollte hier vor allem angedeutet werden, welcher Weg zu beschreiten wäre, um an die Lösung der elektrischen Probleme im Strömungsfeld eines Widerstandsofens, bei dem die Energiedichtenverteilung die bedeutsamste Rolle spielt, schrittweise heranzukommen.

Im allgemeinen wird man auch an der Konstanz des Strömungsquerschnittes F nicht festhalten können, so daß auch die Stromdichte $\mathfrak{G}$ eine Ortsfunktion wird. Ohne eine bestimmte geometrische Konfiguration des

Feldes im Auge zu haben, wird man annehmen können, daß die Leistungsdichte v mit zunehmender Entfernung vom unteren Elektrodenende an zunimmt. Es wird also allgemein, unabhängig von der speziellen geometrischen Form der elektrischen Strömung, die bei konstanter Leistungsdichte von der Geometrie der Anordnung abhängt, für die örtliche Verteilung der Leistungsdichte ein Gesetz der Form

$$v = v_a\,f(e^{-\beta z}) \tag{26}$$

gelten.

Dieses Gesetz bestimmt in erster Linie die Geometrie der elektrischen Strömung im Möller des Ofens.

3. Strömungsfeld beim Mehrelektrodenofen.

Bei einem Mehrelektrodenofen (Einphasenofen mit zwei Elektroden und Bodenelektrode oder Drehstromofen mit drei Elektroden und Bodenelektrode) ist selbst bei angenommener ortsunabhängiger elektrischer Leitfähigkeit das Feld streng mathematisch nicht zu ermitteln. Zwar ist unter gewissen Vereinfachungen eine näherungsweise rechnerische Lösung möglich, aber auch diese führt zu praktisch kaum verwertbaren Beziehungen. Nimmt man beispielsweise an, daß bei Elektroden mit rechteckigem Querschnitt, deren Längsseite ungleich größer als die Breitseite ist, die untere Endfläche der Elektrode, wie sich oft im Betrieb zeigt, halbkreisförmig abgerundet ist, so daß man die Elektroden als „Halbzylinder“, die in den „Halbraum“ der Ofenwanne eingetaucht sind, auffassen kann, so läßt sich dieses „Zylinderfeld“ in der Mittelebene des Ofens näherungsweise ermitteln, durch „sukzessive Spiegelung“ am Ofenboden und an den Seitenwänden der Wannenbegrenzung kann die Strömung den Randbedingungen angepaßt werden. Ähnlich kann bei Elektroden, die kreisförmigen Querschnitt besitzen, das Elektrodenende, das sich im Betrieb abrundet, als „Halbkugel“ aufgefaßt werden und in ähnlicher Weise das „Kugelfeld“ im „Halbraum“ näherungsweise ermittelt werden.

Beide Verfahren setzen Homogenität des Mediums voraus. Man kann auf dieser Grundlage aufbauend ein Verfahren entwickeln ähnlich dem, wie es in der Hochspannungstechnik zum Entwurf elektrischer Feldbilder bei komplizierten Elektrodenanordnungen angewendet wird, man gelangt damit zu einer qualitativen Erfassung der Feldkonfiguration, bei der auch der veränderlichen Leitfähigkeit Rechnung getragen werden kann.

Es sollen hier als Beispiele die Strömungsfelder in den bei den Karbidöfen vorkommenden Bauarten,

1. Rundelektroden in symmetrischer Dreiecksanordnung,
2. Elektroden mit rechteckförmigem Querschnitt, nebeneinander angeordnet,

qualitativ untersucht werden. Dazu sind noch folgende Voraussetzungen notwendig:

1. Es ist im Ofen elektrische Symmetrie vorhanden, d. h. die Phasenspannungen zwischen Elektrode und Boden (Arbeitsspannung) sind in allen drei Phasen gleichgroß. Der Bodenelektrode (Ofenboden) wird das einheitliche Potential Null zugeordnet, d. h. in ihr tritt keine Strömung auf, ihre elektrische Leitfähigkeit ist praktisch ungleich größer als die des Möllers.

2. Der Möller wird als einheitliches Kontinuum betrachtet, seine Diskontinuität infolge Körnung und infolge seiner Komponenten (Kalk-Koks) wird in dieser makroskopischen Betrachtungsweise übergangen, ebenso seine örtliche physikalische und chemische Zustandsänderung. Der Einfluß dieser Zustandsänderung auf das elektrische Strömungsfeld wird dadurch zu erfassen versucht, daß für die elektrische Leitfähigkeit das in Gl. (20a) angegebene Gesetz zugrunde gelegt wird. Von Stromverdrängungseffekten wird abgesehen, so daß das Strömungsfeld einer skalaren Potentialfunktion gehorcht.

3. Die Elektroden sollen als — für die Feldberechnung notwendig — einfache geometrische Körper aufgefaßt werden (Halbzylinder, Halbkugel, siehe oben).

Damit ist eine qualitative Ermittlung der Potentialverteilung längs der Elektrodenachse zum Ofenboden vorerst allerdings nur bei konstantem spez. Widerstand möglich.

Andererseits ist nach früherem die Potentialverteilung in einem homogenen Feld mit ortsabhängigem spez. Widerstand errechenbar. Um nun bei der Rundelektrode die Potentialverteilung des „Kugelfeldes‘‘ längs der z-Achse bei ortsveränderlichem spez. Widerstand zu ermitteln, nehmen wir an, daß es sich in erster Näherung aus der Überlagerung der beiden erstgenannten Verteilungen ergibt. Ebenso läßt sich bei der „Rechteck-Elektrode‘‘ die Potentialverteilung des „Zylinderfeldes‘‘ längs der z-Achse ermitteln. Durch diese näherungsweise ermittelten Potentialpunkte der z-Achse gehen nun die Niveaulinien, deren weiterer Verlauf gefühlsgemäß gezeichnet wird. Sie werden von den Stromlinien orthogonal geschnitten. Die Dichte der Strömungslinien ergibt sich aus der Bedingung, daß zwischen je zwei Niveauflächen jedes „Stromröhrenelement‘‘ gleichen Widerstand besitzen muß.

Abb. 85 zeigt die geometrische Anord-

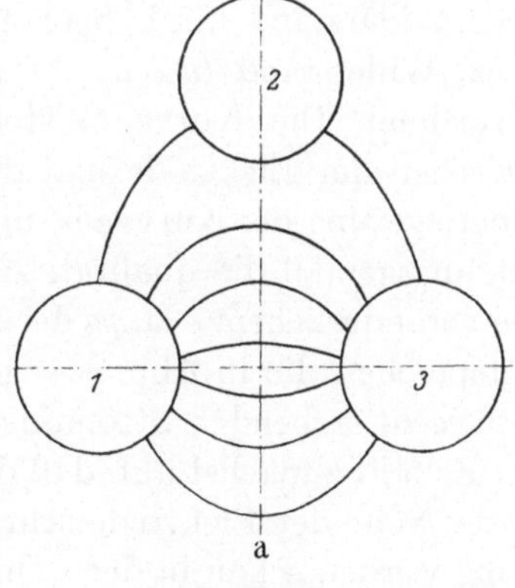

Abb. 85.
Strömungsfeld in der Ebene x—x in dem im Zeitbild gezeichneten Augenblick.

nung der drei Elektroden. Abb. 86a zeigt das Strömungsfeld in dem Zeitmoment, in dem die Elektrode 2 stromlos ist. Die Arbeitshöhe h ist mit 1 m angenommen. In Abb. 86b ist mit a) der Potentialverlauf entlang der z-Achse bei homogener Strömung mit örtlich konstantem

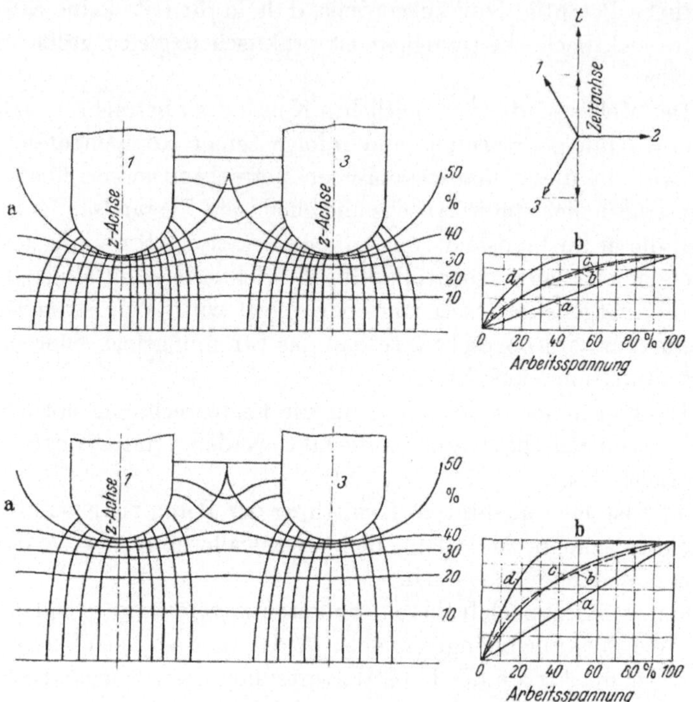

Abb. 86 u. 87. Strömungsfeld bei symmetrischen Drehstromöfen.

spez. Widerstand, mit b) bei homogener Strömung bei ortsveränderlichem spez. Widerstand $(\varrho = \varrho_a\, e^{-\beta z})$, wobei $\beta = 0{,}023$ angenommen wurde, gezeichnet. Die Kurve c) stellt den Potentialverlauf des Kugelfeldes zwischen der Elektrode und dem Boden entlang der z-Achse dar. Die Überlagerung der Kurven b) und c) ergibt die Kurve d), die uns voraussetzungsgemäß die qualitative Potentialverteilung des Strömungsfeldes bei veränderlichem ϱ längs der z-Achse liefert. Dieser Potentialverteilung entsprechen die in Abb. 86a gezeichneten Niveaulinien und die auf sie senkrecht stehenden Strömungslinien, also das Strömungsfeld.

Es fällt zunächst auf, daß der Gradient $\mathfrak{E}$ auf der z-Achse in unmittelbarer Nähe der Elektrode sehr hoch ist, denn 50 % der gesamten Spannung werden schon in der unmittelbaren Umgebung der Elektrode verbraucht, daselbst ist auch die Stromdichte größer als im übrigen Teil des Feldes. Damit muß auch die Leistungsdichte in der Elektrodennähe hohe

Werte erreichen, besonders wenn man den Ofen auf höhere Spannung stuft. Diese Leistungsdichte ist wesentlich höher als im Homogenfeld bei veränderlichem ϱ.

Weiter zeigt sich, daß die Strömung eine deutliche Tendenz zum Boden hin besitzt, da ja mit abnehmender Entfernung vom Boden die Leitfähigkeit des Möllers immer höher wird. Entsprechend der schlechten Leitfähigkeit in den oberen Schichten ist auch die direkte Strömung zur Gegenelektrode ungleich schwächer als zum Boden. Sie gewinnt jedoch an Bedeutung, wenn die Arbeitshöhe h zunimmt (Abb. 87 mit $h = 1{,}6$ m).

Eine Betrachtung des Feldes zu einem anderen Zeitpunkt bringt nichts wesentlich Neues, da ja bei dieser geometrischen Anordnung das zeitliche Drehfeld mit dem örtlichen „Drehfeld" identisch ist, d. h. auch die Strömungslinien „drehen" sich periodisch um die Zentralachse des Ofens als Drehachse.

Abb. 88 zeigt das Strömungsbild im unsymmetrischen Ofensystem mit Rechteckelektroden. Abb. 88a zeigt das Strömungsfeld im Zeitpunkt, in dem die Mittelelektrode den Maximalstrom führt, Abb. 88b gibt die Potentialverteilung entlang der z-Achse. Das „Zylinderfeld" besitzt gegenüber dem „Kugelfeld" einen wesentlich flacheren Potentialverlauf. Auch hier breitet sich die Strömung hauptsächlich gegen den Boden aus, da dort voraussetzungsgemäß bessere Leitfähigkeitsverhältnisse vorzufinden sind.

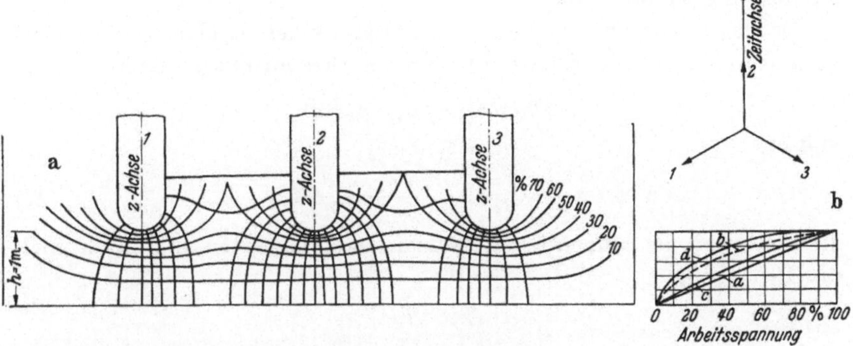

Abb. 88. Strömungsfeld bei nebeneinanderliegenden Paketelektroden in der durch die Elektrodenmitte gehenden Ebene.

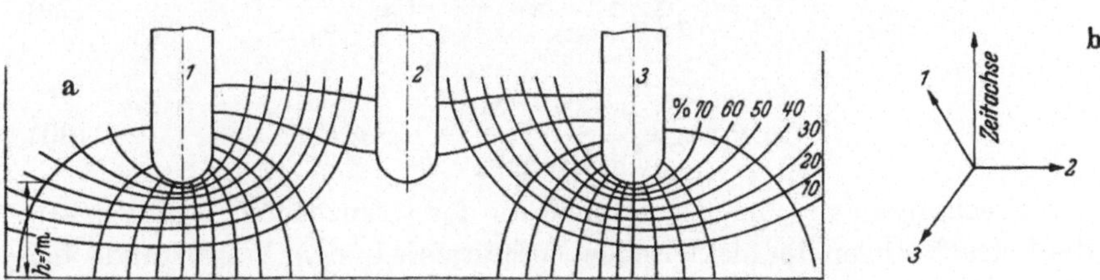

Abb. 89. Strömungsfeld beim unsymmetrischen Drehstromofen.

Bei dieser unsymmetrischen Elektrodenanordnung ist das Bild des Drehstromströmungsfeldes wesentlich abhängig vom Zeitaugenblick. Abb. 89 zeigt das Strömungsfeld in dem Augenblick, in dem die Mittelelektrode stromlos ist. Das Feld breitet sich hauptsächlich zwischen jeder Elektrode und dem Boden aus, nur eine schwache Teilströmung zeigt sich direkt zwischen den stromführenden Elektroden, wobei die stromlose Elektrode die Strömung zum Teil kurzschließt. Innerhalb eines Drehstromzyklus „dreht" sich hier das Strömungsbild nicht um ein Zentrum, wie bei der früheren Anordnung, sondern es „pendelt" innerhalb dieses Zyklus um die Ofenachse, also um die durch die Elektrode 2 gehende z-Achse.

Zu beachten an diesen beiden Feldermittlungen ist noch folgendes: Die hier durchgeführten Überlegungen gelten nur, wenn wir ihnen das eingangs erwähnte Leitfähigkeits-e-Potenzgesetz zugrunde legen, solange wir durch die Elektrodenformen von einem „Kugel-" oder „Zylinderfeld" sprechen können und solange der Feldraum selbst kontinuierlich angesehen werden kann.

Treten sprunghafte Diskontinuitäten auf, also Gebiete, an deren Begrenzungsflächen sich die elektrische Leitfähigkeit sprunghaft ändert, so wird dadurch das Feldbild wesentlich umgebildet und verzerrt.

Das Verhalten der stationären Strömung an der Grenzfläche zweier Medien mit den Leitfähigkeiten $\varkappa_1$ und $\varkappa_2$ ist durch folgende Grenzbedingungen gekennzeichnet:

Da das Linienintegral $\oint \mathfrak{E}\, d\mathfrak{s} = 0$ entlang einer geschlossenen Kurve verschwinden muß, so folgt daraus an der Diskontinuitätsfläche

$$\int \mathfrak{E}_{t_1}\, d\mathfrak{s}_1 - \int \mathfrak{E}_{t_2}\, d\mathfrak{s}_2 = 0$$

und mit

$$d\mathfrak{s}_1 = d\mathfrak{s}_2$$

$$\mathfrak{E}_{t_1} = \mathfrak{E}_{t_2}\,; \qquad \frac{\partial \varphi_1}{\partial s_{t_1}} = \frac{\partial \varphi_2}{\partial s_{t_2}} \tag{27}$$

die Gleichheit der tangentiellen Feldstärkekomponenten und damit auch die Bedingung

$$\varphi_1 = \varphi_2. \tag{28}$$

Weiter ergibt sich aus der Stetigkeit der die Grenzfläche normal durchsetzenden Strömung $\mathfrak{G}_{n_1} = \mathfrak{G}_{n_2}$

$$\varkappa_1 \mathfrak{E}_{n_1} = \varkappa_2 \mathfrak{E}_{n_2}\,; \qquad \varkappa_1 \frac{\partial \varphi_1}{\partial s_{n_1}} = \varkappa_2 \frac{\partial \varphi_2}{\partial s_{n_2}} \tag{29}$$

und damit

$$\operatorname{tg} \alpha_1 : \operatorname{tg} \alpha_2 = \frac{\mathfrak{E}_{t_1}}{\mathfrak{E}_{n_1}} : \frac{\mathfrak{E}_{t_2}}{\mathfrak{E}_{n_2}} = \varkappa_1 : \varkappa_2 \tag{30}$$

das Brechungsgesetz der Stromlinien an der Grenzfläche. Damit sollen die Betrachtungen der elektrischen Verhältnisse in dem Widerstandsofen abgeschlossen sein.

§ 2. Der Lichtbogenofen.

1. Allgemeine Eigenschaften der Lichtbogenentladung.
[44] [45] [46].

a) Gleichstromlichtbogen. Wir wollen vorerst die Verhältnisse an einem Gleichstromlichtbogen betrachten. Zwischen zwei Kohlenelektroden in etwa 10 cm Abstand soll der Bogenstrom rund 10 A betragen. Der Lichtbogen breitet sich zwischen den beiden kleinen glühenden Ansatzstellen an den Elektroden, dem kathodischen (—) und dem anodischen (+) Brennfleck als sogenannte (zylindrische) Bogensäule, deren Kern von einem Flammenmantel (Aureole) umgeben ist, aus.

In Abb. 90 ist der Verlauf der wichtigsten Kenngrößen einer Lichtbogenentladung entlang ihrer Achse (Abstand zwischen den Elektroden) dargestellt. Der Lichtbogen werde von einer Gleichspannungsquelle U über einen Ohmschen Widerstand R gespeist. Mißt man mittels einer Sonde die örtliche Abhängigkeit der zwischen Sonde und Kathode herrschenden Potentialdifferenz $U_{(x)}$, so zeigt sich schon in unmittelbarer Nähe der Kathode ein Spannungssprung U_K, der sog. Kathodenfall, er liegt in der Größenordnung von rund 10 V, im übrigen Teil der Bogenentladung ist

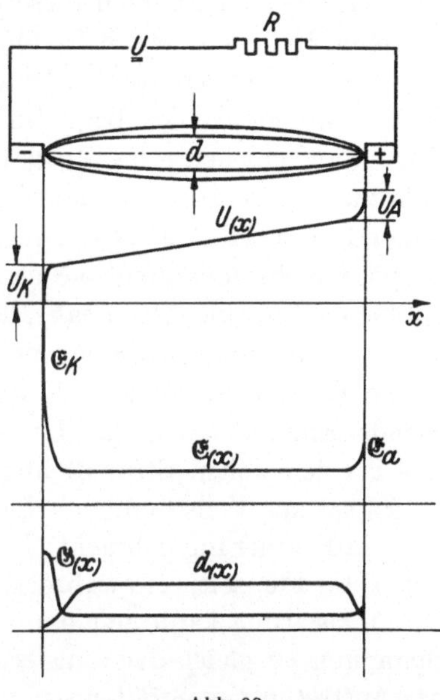

Abb. 90.
Verlauf der Kenngrößen der Lichtbogenachse.

die Spannungszunahme $\Delta U / \Delta x$ klein und konstant, bis sie jedoch an der unmittelbaren Nähe der Anode wieder rasch ansteigt (Anodenfall).

Der Anodenfall ist im allgemeinen von dem Kathodenfall verschieden, liegt jedoch in derselben Größenordnung. Die elektrische Feldstärke (Gradient) $\mathfrak{E} = d U / d x$ ist an der Kathode am größten ($10^5 - 10^6$ V/cm), längs der Säule ist sie konstant und steigt wieder an der Anode an. Einen ähnlichen Verlauf zeigt die Stromdichte $\mathfrak{G}$. Der Durchmesser d der Bogensäule ist längs der Bogenachse konstant, nur in den Fallgebieten nimmt er rasch auf einen bestimmten Mindestwert ab. Die axiale Dicke des Kathodenfallgebietes beträgt etwa 10^{-5} cm, die des Anodenfallgebietes ist wahrscheinlich etwas größer.

Raumladungen sind nur in den Fallgebieten vorhanden, das Gebiet der Bogensäule ist raumladungsfrei (Bogenplasma). Von grundlegendster

Bedeutung für die Bogenentladung sind die Vorgänge an der Kathode, sie sollen deshalb kurz zusammengefaßt gebracht werden. Der totale Bogenstrom setzt sich aus dem Elektronenstrom (i^-) und dem positiven Ionenstrom (i^+) zusammen. Zur Aufrechterhaltung eines stationären Stromes müssen jeweils die an die Elektroden abwandernden Ladungsträger neu erzeugt werden. Die durch die hohe Stromdichte im Brennfleck der Kathode (z. B. bei Cu 3000 A/cm², Fe 7200 A/cm²) bewirkte Erhitzung ist vor allem zur Elektronenbefreiung nötig (glühelektrischer Effekt). Aus der vor der Kathode (Kohle) befindlichen positiven Raumladungswolke stürzen sich infolge der hohen elektrischen Feldstärke positive Ionen auf die Kathode und erhitzen diese durch ihren Aufprall. Dabei verbindet sich jedes Ion mit einem befreiten Elektron zu einem neutralen Gasmolekül, während ein zweites austretendes Elektron vom Feld beschleunigt in das Kathodengebiet fliegt. Im Mittel stößt es nach einer freien Weglänge λ auf ein neutrales Molekül und ionisiert dieses infolge seiner im Fallraum gewonnenen kinetischen Energie (Stoßionisation). Das entstehende Ion füllt die ursprünglich entstandene Lücke wieder auf, so daß die positive Raumladung zeitlich unverändert bleibt; im stationären Fall muß jedes Ion eine solche Zahl Elektronen kathodisch befreien, daß diese in der Raumladungszone ein neues Ion erzeugen. Die zur Ionisierung nötige Energie ist kleiner als die der „Ionisierungsspannung" entsprechende Energie, wenn das Ion etwa auf ein angeregtes Molekül trifft, was bei den hohen Stromdichten im Fallraum häufig vorkommt.

Es sei der Vollständigkeit halber der Begriff der Ionisierungsspannung in Erinnerung gebracht: Ladungsträger nehmen ihre Energie während ihrer Flugzeit, also während des Durchlaufens der freien Weglänge λ auf. Ionisierung kann erst dann eintreten, wenn die dabei durchlaufene Spannung $\lambda\mathfrak{E}$ gleich der Ionisierungsspannung U_j ist. Die Bedingung für das Auftreten von Stoßionisierung lautet daher

$$\lambda\mathfrak{E} \geqq U_j. \tag{31}$$

Beispielsweise beträgt die Ionisierungsspannung U_j bei Helium 24,5 V, Quecksilberdampf 10,4 V, Natriumdampf 5,1 V. Die Energie, die ein Ladungsträger mit der Ladung e beim Durchlaufen der Pontentialdifferenz V aufnimmt, beträgt $e \cdot V$. Ein Elektron besitzt eine negative Ladung von rd. $1{,}6 \cdot 10^{-19}$ $C = e_0$ (Elementarladung). e ist im allgemeinen ein Vielfaches der Elementarladung. Die Energie wird in Volt Elektronenladung (VE) ausgedrückt. 1 VE $= 1{,}6 \cdot 10^{-12}$ Erg $= 1{,}6 \cdot 10^{-19}$ Ws.

Für das jeweils am losesten gebundene Elektron ist als Ionisierungsarbeit 4—25 VE notwendig. Wird noch ein weiteres Elektron dem bereits einfachen positiven Ion entzogen, so ist die neu aufzuwendende Energie größer, rd. 50 VE. Wird also ein Elektron aus einem Atom oder Molekül entfernt, so ist die vorher angegebene Ionisierungsarbeit zu leisten. Wird dagegen das Elektron aus einem größeren, zusammenhängenden Stück des gleichen Stoffes entfernt, so ist die aufzuwendende Energie für die Befreiung des Elektrons im allgemeinen kleiner. Diese Arbeit heißt Austrittsarbeit. Z. B. beträgt die Ionisierungsarbeit, die Arbeit, die zur Befreiung eines Elektrons aus einem Atom dampfförmigen Kaliums aufzuwenden ist, 4,3 VE, die Austrittsarbeit, die zu leisten ist, um ein Elektron aus der Oberfläche von festem Kalium zu befreien, beträgt dagegen nur 2,0 VE. Sind in einem cm^3 n^- Elektronen vorhanden, die eine mittlere Wanderungsgeschwindigkeit v^- cm/sec besitzen, so beträgt die Stromdichte des Elektronenstroms

$$\mathfrak{G}^- = e_0 n^- v^- = \varrho^- v^-, \tag{32}$$

wobei
$$\varrho^- = e_0 n^- \tag{33}$$

die Raumladungsdichte bedeutet.

Bei Vorhandensein von positiven und negativen Ladungsträgern ergibt sich die Stromdichte sinngemäß zu

$$\mathfrak{G} = \varrho^+ v^+ + \varrho^- v^-. \tag{32a}$$

Anstatt durch hohe Temperatur kann die Elektronenauslösung auch durch ein starkes elektrisches Feld erfolgen. Die positive Ionenschicht vor der Kathode erzeugt an ihrer Oberfläche eine so hohe Feldstärke ($10^5 - 10^6$ V/cm), daß die Elektronen aus der Kathode gleichsam herausgerissen werden. Die auf die Kathode fallenden Ionen erhitzen sie bis zur Verdampfung. In dieser Dampfatmosphäre treffen die kathodischen Elektronen auf Dampfatome, und die dabei entstehenden Ionen ersetzen die zur Kathode abgewanderten. Die Bereitstellung einer genügend dichten Dampfwolke ist also eine Aufgabe der positiven Ionen. Die Kathoden-(Brennfleck-)Temperatur ist gering, daß Glühelektronen praktisch nicht entstehen.

Die Tabelle zeigt einige aus Messungen gefolgerte ungefähre Werte der Kathoden- und Anodenfälle (U_K U_A), Stromdichten (G_K G_A) und Temperaturen im Brennfleck (T_K T_A) [44].

Kathode	Gas	Anode	U_K V	U_A V	G_K A/cm²	G_A A/cm²	T_K °K	T_A °K
C	Luft	C	10	12	470	60	3500	4200
C	N	C	11	12	500	70	3500	4000
Cu	Luft	Cu	9	2	3000	600	2200	2500
Hg	Dampf	Hg	7	1	4000	—	600	—

Der Bogen-Kathodenfall ist vom Strom- und Gasdruck praktisch unabhängig.

Aus der Energiebilanz der Kathode findet man den Anteil des Elektronen- und Ionenstromes ($i^- i^+$) am Kathodenstrom. Bei der Kohlenkathode kann Strahlungsleistung (3 %), Wärmeleitung vom Brennfleck ins Innere und chemische Reaktion vernachlässigt werden. Zugeführt wird die kinetische (Kathodenfall U_K) und potentielle (Ionisierungsspannung U_j) Ionenenergie, abgegeben die Elektronenaustrittsarbeit U_{au} und die gleichgroße Ionen-Neutralisierungsenergie. Es gilt also für die Leistungsbilanz

$$i^+ (U_K + U_j - U_{au}) = i^- U_{au} . \tag{34}$$

Damit erhält man beispielsweise für eine Kohlenkathode mit

$$U_K = 10\ \text{V}; \quad U_j = 10\ \text{V}; \quad U_{au} = 4{,}1\ \text{V}.$$

$$i^+/i^- \approx 20\% ; \quad i^+/i \approx 16\% .$$

Der Höchstwert von i^+/i^- ergibt sich aus der Stationäritätsbedingung, daß jedes Elektron höchstens 1 Ion und umgekehrt befreien kann:

$$i^+/i^- = 100\% , \qquad i^+/i = 50\% .$$

Der aus der Kohlenelektrode austretende Elektronenstrom ist rund 80 % des Gesamtstromes. Die glühelektrische Emission errechnet sich aus der Beziehung

$$\mathfrak{G}^- = A T^2 e^{-b/T}\ \text{A/cm}^2. \tag{35}$$

Bei einer Stromdichte von rd. 480 A/cm² ergibt sich aus Formel (35) mit A = 60, B = 45000 für Kohlenstoff eine Temperatur von $T_K = 3200\ °\text{K}$. Die rein thermische Emission genügt also vollauf zur Erzeugung dieser Stromdichte.

Von der Anode werden die Elektronen aus der Bogensäule angezogen, die Ionen abgestoßen, es entsteht vor der Anode eine negative Raumladung, die den Anodenfall verursacht. Die anodische Energiebilanz ist einfach: Die Elektronen geben beim Eintritt in die Anode kinetische Energie (Anodenfall U_A) und potentielle (Eintrittsarbeit = Austrittsarbeit U_{au}) Energie ab. Die Energieabfuhr besorgt fast nur die Strahlung des Anodenfleckes. Für die Leistung je Flächeneinheit folgt daraus:

$$\mathfrak{G}_A U_A + \mathfrak{G}_A U_{au} = \alpha \sigma T^4 . \tag{36}$$

Dabei ist σ Strahlungskonstante $= 5{,}8 \cdot 10^{-12}\ \text{W/(Grad)}^4\ \text{cm}^2$,

      a Schwärzungsziffer $= 0{,}7$,

     $\mathfrak{G}_A$ Stromdichte A/cm².

Die Bogensäule enthält das durch die Stromwärme hoch erhitzte neutrale Gas (7000 °K und darüber), in dem die Elektronen fast zu 99 % den Strom tragen, während die trägen positiven Ionen die Elektronenladung kompensieren. Das Wärmegleichgewicht fordert: Die pro cm Säulenlänge enthaltene elektrische Energie $\mathfrak{E} i$, wobei $\mathfrak{E}$ die elektrische axiale Feldstärke in der Bogensäule, i der Bogenstrom ist, muß die Verluste durch Abstrahlung und Ableitung decken können.

$$\mathfrak{E} \cdot i = \text{Ausstrahlung} + \text{Ableitung.} \tag{37}$$

Vernachlässigen wir die Ableitung, so haben wir aus obiger Beziehung die Größe der pro cm Säulenlänge in die Umgebung ausgestrahlten Energie. In obiger Gleichung ist $\mathfrak{E}$ aber selbst eine Funktion des Stromes. Die experimentelle Untersuchung zeigt, daß die Feldstärke $\mathfrak{E}$ bei freibrennendem Bogen mit zunehmendem Strom sinkt. Ihre Werte betragen etwa 50 V/cm bei kleinen Strömen (Größenordnung 1 A) und 10 — 5 V/cm bei großen Strömen (rd. 1000 A). Sie ist längs der Säulenachse örtlich konstant. Die im Säulenfeld $\mathfrak{E}$ beschleunigten Elektronen stoßen schon nach kurzem Flug, also mit einer zur Ionisierung oder Anregung unzureichenden Energie, elastisch auf Gasmoleküle (Atome) und geben einen kleinen Teil ihrer Energie (das aber sehr häufig) ab. Der Wärmekontakt zwischen dem „Elektronengas" und dem neutralen Gas ist also um so inniger, je höher der Gasdruck steigt, da die sekundliche Stoßzahl ansteigt. Zum Unterschied der Glimmentladung, bei der die Elektronentemperatur weit über der Gastemperatur liegt, hat im Lichtbogen die Elektronentemperatur größenordnungsgemäß denselben Wert wie die Gastemperatur. Stoßionisation wird infolge der niedrigen Gradienten im Lichtbogenkanal sehr selten eintreten, liegt eine erhebliche Ionisation darin vor, so wird diese in der Hauptsache Thermoionisation sein. Die Lichtbogenzone ist ein raumladungsfreies Gebiet, da die negative Raumladung der Elektronen überall durch die positive Raumladung der Ionen kompensiert wird. Man nennt einen derartigen quasineutralen Zustand einer Gasentladung ein Plasma (Lichtbogenplasma).

Die betrieblichen Eigenschaften eines Lichtbogens ersieht man am deutlichsten aus seiner Charakteristik. Man versteht darunter die Abhängigkeit der Bogenspannung u_b von dem Lichtbogenstrom i_b bei konstanter Elektronenentfernung (Abb. 91). Die Charakteristik ist eine hyperbelartige Kurve, mit zunehmendem

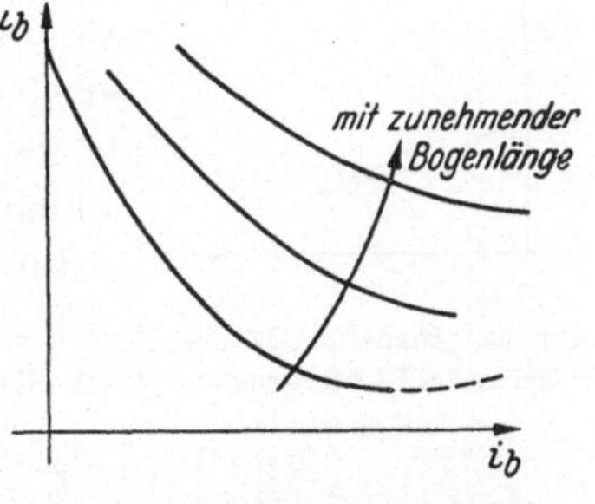

Abb. 91. Lichtbogencharakteristik.

Strom fällt die ihm zugeordnete Bogenspannung, nur bei sehr großen Strömen (Größenordnung 10000 A) tritt mit wachsendem Strom ein Ansteigen der Bogenspannung auf. Mit zunehmender Bogenlänge verschiebt sich die Charakteristik nach aufwärts. Der Quotient u_b/i_b in jedem Betriebspunkt definiert den Lichtbogenwiderstand daselbst; er ist keine konstante Größe, fällt vielmehr mit wachsendem Strom rasch ab.

Der einer bestimmten Charakteristik zugehörige Betriebspunkt $u_{b_0} i_{b_0}$ hängt von der Größe des dem Lichtbogen vorgeschalteten Widerstandes R ab und ergibt sich aus dem Schnittpunkt der Widerstandslinie $U - i_b R$, wobei U die den Lichtbogenstromkreis speisende Spannung bedeutet (Abb. 92). Für diesen Betriebspunkt gilt die Kaufmannsche Stabilitätsbedingung

$$\frac{d u_b}{d i_b} + R > 0 . \tag{38}$$

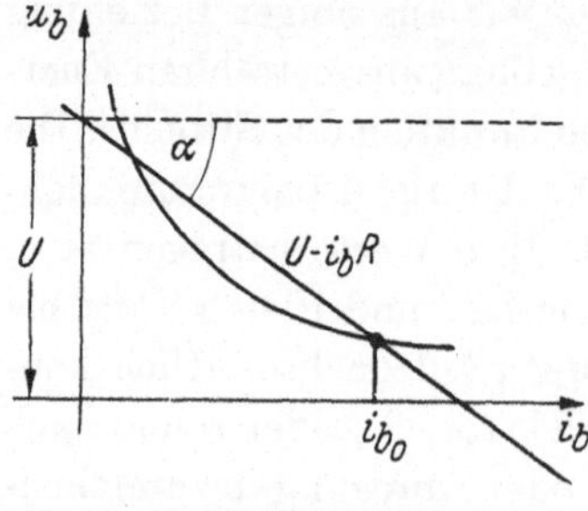

Abb. 92. Zur Stabilitätsbedingung des Lichtbogens.

Eine Zunahme des Widerstandes bedeutet ein Wachsen des Winkels α. Damit nimmt der Lichtbogenstrom ab, bis er im Berührungspunkt der Widerstandslinie mit der Charakteristik sein Minimum erreicht. Eine weitere Vergrößerung von R hat das Verlöschen des Bogens zur Folge.

Die Lichtbogenentladung entwickelt sich, wenn man von der Kontaktzündung absieht, aus einer Towsententladung über die Glimmentladung. Ihre Charakteristik ist also ein Teil der allgemeinen Gasentladungscharakteristik. Da der Strombereich der der Lichtbogenentladung vorangehenden Glimmentladung um mehrere Größenordnungen kleiner ist als der der Lichtbogenentladung, kann man in die Lichtbogencharakteristik auch die Zündspannung u_z, d. h. die Spannung, in der der Lichtbogen zündet, einbeziehen. Die Bogenentladung beginnt dann bei dem Strom $i_b = 0$ und der Zündspannung u_z. Im allgemeinen erlischt er bei

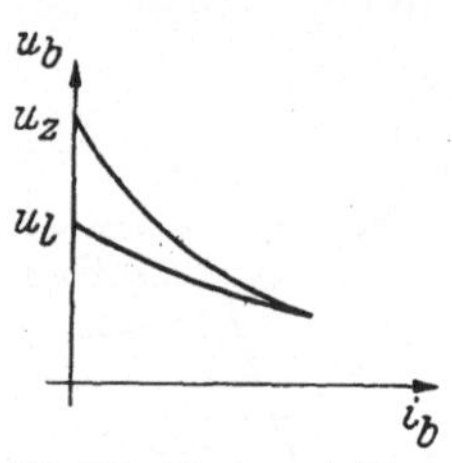

Abb. 93. Zünd- und Löschspitze des Lichtbogens.

stetig abnehmendem Strom bei einem vom u_z verschiedenen Wert, der Löschspannung u_l (Abb. 93). Der Unterschied $(u_z - u_l)$ hängt von der Wärmeleitfähigkeit der Elektroden und Lichtbogengase ab. Je größer die Wärmeleitfähigkeiten sind, um so kleiner ist $(u_z - u_l)$.

Im allgemeinen ist im Lichtbogenstromkreis auch eine Induktivität vorhanden. Dann gilt für den Stromkreis folgende Spannungsgleichung

$$U = R i + u_b + L \frac{d i}{d t} . \tag{39}$$

Beim Ausschaltvorgang, unter Voraussetzung konstanter Bogenlänge, wird

$$L \frac{d i}{d t} = (U - R i) - u_b = \Delta u . \tag{40}$$

$|\Delta u|$ ist die absolute Größe der Selbstinduktionsspannung (Abb. 94), sie bestimmt die Änderungsgeschwindigkeit des Stromes beim Ausschalten.

Die höchste Ausschaltspannung tritt am Ende der Löschperiode ($i = 0$)
auf, sie beträgt

$$\Delta u_l = - L \frac{d i}{d t}\bigg|_{i=0} = u_l - U. \tag{41}$$

Sie ist unabhängig von den elektrischen Eigenschaften des Stromkreises,
sie wird nur noch bestimmt durch die Löschspannung u_l des Lichtbogens
und die Netzspannung U. Die Selbstinduktion und der Ohmsche Widerstand des Stromkreises haben keinerlei Einfluß auf die Höhe der Aus-

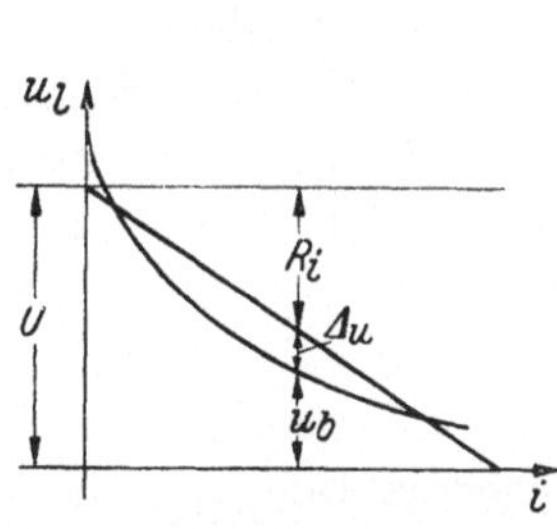

Abb. 94.
Zum Ausschaltvorgang des Lichtbogens.

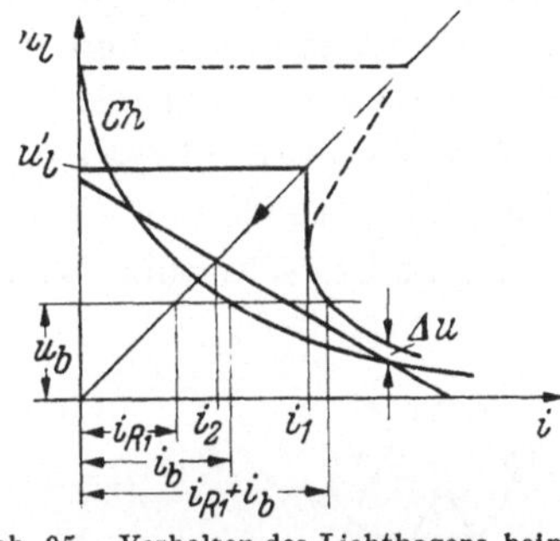

Abb. 95. Verhalten des Lichtbogens beim Vorhandensein eines Ohmschen Widerstandes parallel zur Bogenstrecke.

schaltspannung, sie bestimmen lediglich die Dauer und den Verlauf des
Ausschaltvorganges. Die Kenntnis der Lichtbogencharakteristik gestattet auch das Verhalten des Lichtbogens zu untersuchen, wenn parallel
zur Lichtbogenstrecke ein Ohmscher Widerstand geschaltet wird. In
Abb. 95 sei Ch die Charakteristik des Lichtbogens. Der gesamte Strom
verzweigt sich in den Lichtbogenstrom i_b und in den Strom i_{R_1} im Widerstand R_1 parallel zur Bogenstrecke. Die Spannung am Lichtbogen, wie
auch an dem Widerstand ist u_b. Ihr Zusammenhang mit dem Gesamtstrom $i = i_b + i_{R_1}$ ergibt sich dadurch, daß die Abszissen um $i_{R_1} = u_b/R_1$
vergrößert werden (Scherung). Durch den Parallelwiderstand wird die
Differenzspannung Δu vergrößert, und der Strom fällt schnell auf den
Wert i_1 bei dem die Charakteristik abbiegt und eine vertikale Tangente
besitzt. Die Lichtbogenspannung kann nun nicht mehr steigen, da der
gesamte Strom sonst wieder zunehmen müßte, und der Lichtbogen erlischt. Der ganze Strom geht auf den Widerstand über, wobei seine Spannung auf u_l' steigt, die wesentlich kleiner ist als die Löschspannung u_l
ohne Widerstand. Hiernach nimmt Δu linear mit dem Strom ab, er klingt
exponentiell bis auf den Wert i_2 im Schnittpunkt der beiden Geraden
$(U - Ri) = f(i)$ und $u = f(i_{R_1})$ ab.

b) Wechselstromlichtbogen. Die Stromstärke im Lichtbogen ändert
sich periodisch. Sie steigt nach der Zündung des Lichtbogens nach Maßgabe der Spannung und des Widerstandes im Stromkreis an und fällt

wieder ab. Wenn die Stromstärke einen gewissen Betrag, der von der Anordnung abhängig ist, unterschreitet, wird der Strom unterbrochen, der Lichtbogen verlöscht, und die Spannung in der Lichtbogenstrecke nimmt ihren Verlauf an, der nunmehr dem geöffneten Stromkreis entspricht. Steigt diese wiederkehrende Spannung nach der Stromunterbrechung zwischen den Elektroden genügend rasch und genügend hoch an, dann wird der Lichtbogen erneut eingeleitet, gezündet. Die Höhe der Spannung, bei der die Wiederzündung erfolgt, hängt von den Nachwirkungen des Lichtbogens ab, die durch die hohe Temperatur der Lichtbogenfußpunkte auf den Elektroden, durch die hohe Temperatur des Gaskanals und durch die Ionisation des Gases hervorgerufen werden.

Beim Wechselstrombogen wird mit der Stromumkehr jede Elektrode abwechselnd Kathode und Anode. Es wechselt die Richtung der Trägerströmung, und es schwanken zeitlich Leistungszufuhr, Temperaturen der Brennflecke und der Säule. Der zeitliche Verlauf der Spannung an einem Wechselstrombogen größerer Länge zeigt folgendes Bild, Abb. 96. Zu Beginn steigt die Spannungskurve bis zur Wiederzündung (Zündspannung u_z) an, fällt dann auf einen ziemlich gleichbleibenden Betrag u_b (Bogenspannung) ab und kann gegen Ende der Halbwelle wieder etwas ansteigen u_l (Löschspannung).

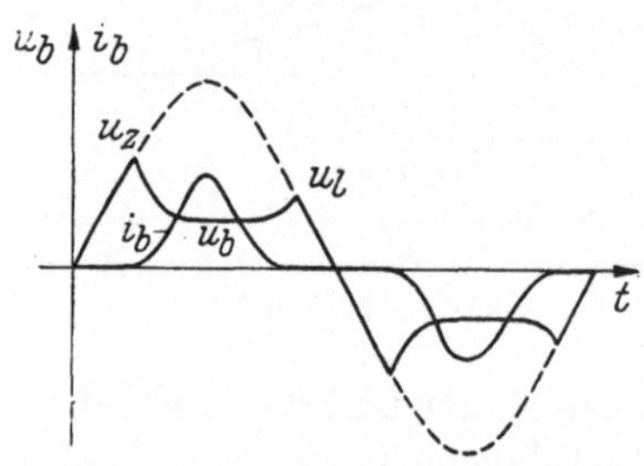

Abb. 96. Strom- und Spannungsverlauf beim Wechselstromlichtbogen.

Die Form der Spannungskurve ist durch die thermische Trägheit des Säulengases zu erklären: Bei steigendem Strom erfolgt zunächst eine Aufladung der Wärmekapazität des leitenden Gases, wobei die Gastemperatur verzögert folgt (Hysterese). Da bei „heißen" Säulen infolge der anfänglich kleinen Temperatur auch der Ionisierungsgrad gering ist, kann der gegebene Strom von einer kleineren Zahl von Ladungsträgern nur durch größere Geschwindigkeit, also durch eine höhere Feldstärke (Spannung) transportiert werden. Umgekehrt liegen die Verhältnisse bei sinkendem Strom. Die Verzögerungserscheinungen treten immer mehr hervor, je kleiner die Einstellzeit für das thermische Gleichgewicht, also je größer die Frequenz ist. Bei großer Frequenz wird schließlich aus der fallenden eine steigende Stromspannungskennlinie. Diese steigende dynamische — im Gegensatz zur statischen Charakteristik bei Gleichstrom — Charakteristik kann auch bei geringerer Frequenz auftreten, wenn infolge hoher Trägerkonzentration in der Säule (leicht ionisierbare Dämpfe und angeregte Atome großer Lebensdauer) die Stromschwankungen nicht mehr wesentlich von Schwankungen der Trägerkonzentration begleitet sind. In diesem Fall ist die Bogenspannung einfach sinusförmig, wie es bei Starkstrombogen häufig beobachtet wird. Die Abhängigkeit der Bogenspannung vom Bogenstrom bei Wechselstrom, die dynamische Charakteristik, zeigt Abb. 97 (Lichtbogen-Hysterese).

Eine Vergrößerung der Bogenlänge bedingt ein Steigen der Zünd- und Löschspitze, wie auch ein Steigen der Bogenspannung bei gleichzeitigem Fallen des Stromwertes.

Die Aufrechterhaltung eines Wechselstromlichtbogens hängt allein von der Möglichkeit der Neuzündung zu Beginn jeder Halbperiode ab. Der Bogen erlischt mit der Löschspannung u_l. Von diesem Zeitpunkt an nimmt die Temperatur der Elektroden und die Ionisation in der Gasstrecke ab, die Spannung, die ein Wiederzünden bewirkt, muß steigen. Mit Abnahme der Temperatur der Kathode sinkt der Nachschub neuer Elektronen, während die

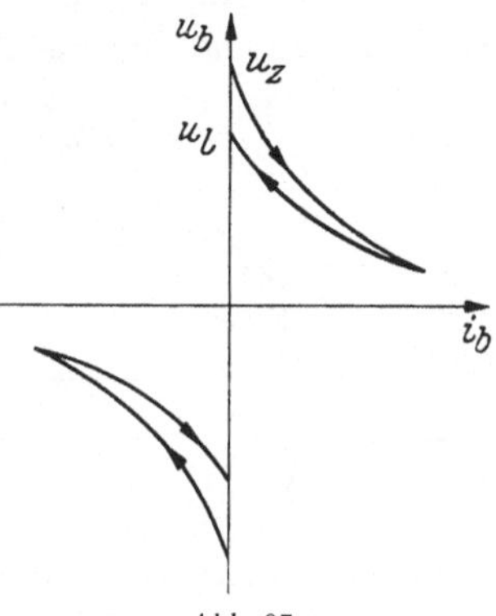

Abb. 97.
Dynamische Lichtbogencharakteristik.

zwischen den Elektroden befindlichen Elektronen und Ionen den elektrischen Feldkräften und ihren gegenseitigen Kraftwirkungen unterworfen sind. Da die Elektronengeschwindigkeit bedeutend größer ist als die der Ionen und erstere sich unter dem Einfluß des Kathodenfalles rasch von der Kathode entfernen, so wächst vor der Kathode die positive Raumladung. Dies hat zur Folge, daß sich die herrschende Elektrodenspannung fast ganz auf das Gebiet vor der Kathode zusammendrängt. Die Frage, ob der Bogen nach dem Erlöschen zu Beginn der neuen Periode wieder zündet, kann durch eine Art Wettrennen zwischen der an den Elektroden wiederkehrenden Spannung und der wachsenden dielektrischen Festigkeit der vor der Kathode liegenden Gasstrecke betrachtet werden. Abb. 98 soll die Verhältnisse qualitativ zeigen.

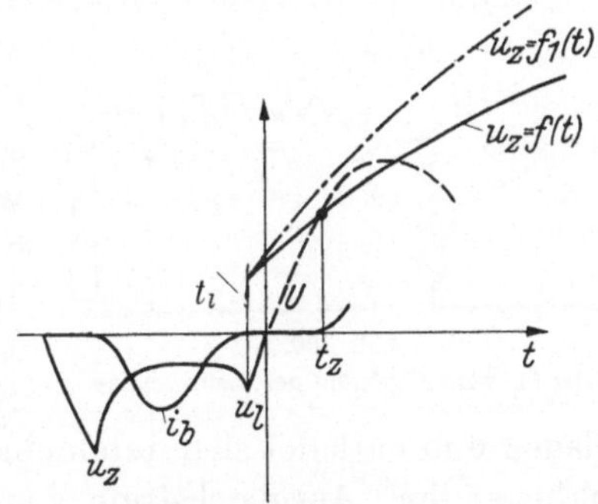

Abb. 98. Der Wiederzündvorgang eines Wechselstrombogens.

Im Zeitpunkt t_l ist der Lichtbogen mit der Löschspannung erloschen. Von da an hat die zur Neuzündung notwendige Spannung u_z infolge der zeitlich wachsenden Durchschlagsfestigkeit der Gasstrecke nach einer Funktion $u_z = f(t)$, zugenommen. Holt die wiederkehrende Spannung U u_z in t_z ein, so erfolgt in diesem Zeitpunkt die Neuzündung des Lichtbogens in der nächsten Halbperiode. Bei einem Verlauf der Zündcharakteristik nach $u_z = f_1(t)$ wäre ein Wiederzünden des Ofens nicht möglich.

Günstiger für die Zündung des Lichtbogens sind die Bedingungen, wenn der Stromkreis eine Induktivität enthält. Durch die im Stromkreis wirksame Selbstinduktion wird die treibende Spannung U gegenüber der Zündspannung u_z für die Zündfähigkeit günstig verschoben (Abb. 99), dazu kommt noch, daß die Induktivität mit der Stromänderung vor dem Erlöschen eine Zusatzspannung $L\,di/dt$ erzeugt, welche ebenfalls, wie die treibende Spannung das Wiederzünden erleichtert. Durch beide Maßnahmen wird den Elektroden rascher eine zur Wiederzündung ausreichende Spannung geliefert, die Wiederzündung also früher durchgesetzt als in einem nur mit Ohmschem Widerstand belasteten Kreis.

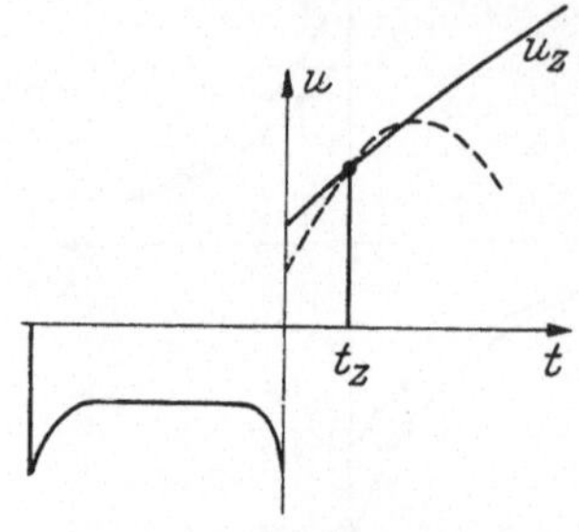

Abb. 99. Zündung des Lichtbogens bei Vorhandensein einer Induktivität im Stromkreis.

Bisher wurde stillschweigend angenommen, daß die wiederkehrende Spannung im Zeitpunkt $t = 0$ mit ihrem quasistationären Wert einsetzt. Das ist jedoch tatsächlich nicht der Fall, vielmehr überlagert sich der Netzperiode eine abklingende Ausgleichsschwingung, deren Eigenfrequenz im allgemeinen viel höher liegt, so daß die wiederkehrende Spannung mittels dieser Ausgleichsschwingung in ihren quasistationären Wert einpendelt [48]. Der Ofenstromkreis stellt elektrisch einen Schwingungskreis mit der aus der Streuinduktivität des Transformators und der Induktivität der Leitung bestehenden Selbstinduktion L, dem Ohmschen Widerstand des Kreises R und der den Transformatoren sowie der gesamten Anlage zukommenden Netzkapazität C dar (Abb. 100). Im Augenblick des Erlöschens des Lichtbogens im Zeitpunkt $t = 0$ ist die Kapazität auf die Löschspannung auf-

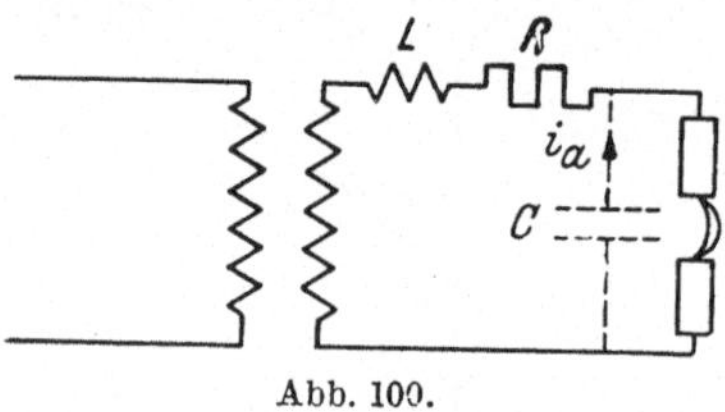

Abb. 100.
Der Schwingungskreis des Lichtbogens.

geladen und entladet sich durch einen, infolge der Ohmschen Dämpfung abklingenden, Ausgleichstrom i_a. Der Rhythmus dieser Ausgleichsschwingung entspricht der Eigenfrequenz des Schwingungskreises. Dieser Ausgleichsvorgang soll hier gerechnet werden. Im Schwingungskreis gilt für jeden Augenblick die Spannungsgleichung

$$i_a R = u_L + u_C$$

oder

$$i_a R + L \frac{d\,i_a}{d\,t} + \frac{1}{C} \int i_a \, dt = 0$$

bzw. daraus

$$\frac{d^2 i_a}{d t^2} + \frac{R}{L}\frac{d i_a}{d t} + \frac{1}{LC}\, i_a = 0\,. \tag{42}$$

Mit dem Lösungsansatz $i_a = I_a\, e^{\gamma t}$ wird

$$\gamma^2 + \gamma\,\frac{R}{L} + \frac{1}{LC} = 0$$

$$\gamma_{12} = -\frac{R}{2L} + j\sqrt{\frac{1}{LC} - \frac{R^2}{4L^2}} = \alpha \pm j\nu\,, \tag{43}$$

wobei

$$\alpha = \frac{R}{2L} = \frac{1}{2T} \tag{44}$$

mit

$$\frac{L}{R} = T \tag{45}$$

als Zeitkonstante des Stromkreises,

$$\gamma = \sqrt{\frac{1}{LC} - \frac{R^2}{4L^2}} \cong \sqrt{\frac{1}{LC}} \tag{46}$$

als die Kreiseigenfrequenz des Schwingungskreises. Damit erhält man als Lösung von Gl. (42)

$$i_a = I_{1a}\, e^{(-\alpha + j\nu)t} + I_{2a}\, e^{(-\alpha - j\nu)t} =$$

$$= I_{1a}\, e^{-\alpha t}\,(\cos \nu t + j\sin \nu t) + I_{2a}\, e^{-\alpha t}\,(\cos \nu t - j\sin \nu t)$$

$$i_a = e^{-\alpha t}\{(I_{1a} + I_{2a})\cos \nu t + j(I_{1a} - I_{2a})\sin \nu t\}\,.$$

Da i_a reell ist, gilt

$$I_{1a} + I_{2a} = \text{reell},$$
$$I_{1a} - I_{2a} = \text{imaginär}.$$

I_{1a} und I_{2a} sind daher konjugiert komplexe Größen. Wir setzen

$$\left.\begin{aligned} I_{1a} &= a + jb \\ I_{2a} &= a - jb \end{aligned}\right\} \quad I_{1a} + I_{2a} = 2a;\quad I_{1a} - I_{2a} = j2b$$

und erhalten

$$i_a = 2e^{-\alpha t}\{a\cos \nu t - b\sin \nu t\}\,.$$

Mit $a = c\cos\psi$, $\quad b = c\sin\psi$, $\quad$ wobei $\operatorname{tg}\psi = \dfrac{b}{a}$,

wird weiter

$$i_a = 2\,c\,e^{-\alpha t}\{\cos\psi\cos\nu t - \sin\psi\sin\nu t\} = 2\,c\,e^{-\alpha t}\cos(\nu t + \psi)$$

oder

$$i_a = \overline{I_a}\, e^{-\alpha t}\cos(\nu t + \psi)\,. \tag{47}$$

Nun kann die Spannung an der Selbstinduktion ermittelt werden. Es ist

$$-u_L = L\frac{di}{dt} = L\overline{I}_a\, e^{-\alpha t}\left(-\alpha\cos\left[\nu t + \psi\right] - \nu\sin\left[\nu t + \psi\right]\right) =$$

$$= -L\overline{I}_a\, e^{-\alpha t}\left(\nu\sin\left[\nu t + \psi\right] + \alpha\cos\left[\nu t + \psi\right]\right).$$

Wir setzen $\nu = B\cos\delta, \quad \alpha = B\sin\delta$

$$\operatorname{tg}\delta = \frac{a}{\nu} = \frac{R}{2\nu L} \tag{48}$$

$$\nu^2 + \alpha^2 = B^2 = \frac{1}{LC} - \frac{R^2}{4L^2} + \frac{R^2}{4L^2} = \frac{1}{LC}; \quad B = \frac{1}{\sqrt{LC}}$$

$$-u_L = -L\overline{I}_a\, e^{-\alpha t}\frac{1}{\sqrt{LC}}\sin(\nu t + \psi + \delta) = -\overline{I}_a\sqrt{\frac{L}{C}}\, e^{-\alpha t}\sin(\nu t + \psi + \delta). \tag{49}$$

Für die Spannung am Kondensator erhält man:

$$u_C = -u_L + R\,i_a = -L\overline{I}_a\, e^{-\alpha t}(\nu\sin\left[\nu t + \psi\right] + \alpha\cos\left[\nu t + \psi\right]) +$$

$$+ R\overline{I}_a\, e^{-\alpha t}\cos(\nu t + \psi) =$$

$$= -L\overline{I}_a\, e^{-\alpha t}\left(\nu\sin(\nu t + \psi) + \left(\alpha - \frac{R}{L}\right)\cos(\nu t + \psi)\right).$$

Da $\alpha - \dfrac{R}{L} = -\dfrac{R}{2L}$ wird

$$u_C = L\overline{I}_a\, e^{-\alpha t}\left(\frac{R}{2L}\cos(\nu t + \psi) - \nu\sin(\nu t + \psi)\right) =$$

$$= L\overline{I}_a\, e^{-\alpha t}\left(\nu\sin(\nu t + \psi) - \frac{R}{2L}\cos(\nu t + \psi)\right)$$

$$u_C = -\overline{I}_a\sqrt{\frac{L}{C}}\, e^{-\alpha t}\sin(\nu t + \psi - \delta). \tag{50}$$

Im Zeitpunkt des Erlöschens, $t = 0$ ist aus Gl. (47) mit $i_a = 0$

$$i_a = \overline{I}_a\cos\psi = 0; \quad \psi = \frac{\pi}{2}.$$

Weiter ist bei $t = 0$: $u_C = u_l$ (Löschspannung), daher aus Gl. (50)

$$u_C = -\overline{I}_a\sqrt{\frac{L}{C}}\sin\left(\frac{\pi}{2} - \delta\right).$$

Nach Gl. (48) ist δ sehr klein ($\delta \to 0$), somit

$$u_{C/t=0} = -\overline{I}_a\sqrt{\frac{L}{C}}.$$

Errechnen wir daraus I_a und setzen diesen Wert in Gl. (50) ein, erhalten wir unter Beachtung, daß $\sin\left(\nu t + \dfrac{\pi}{2}\right) = \cos\nu t$ ist,

$$u_C = u_l e^{-\alpha t}\cos\nu t = u_l e^{-\frac{t}{2T}}\cos\nu t. \tag{51}$$

Abb. 101 zeigt diese Ausgleichsspannung u_C. Von Bedeutung ist der Wert der Kondensatorspannung im Zeitpunkt t_1, denn die Summe aus ihr und dem quasistationären Wert gibt die tatsächlich zwischen den Elektroden zur Zündung verfügbare Spannung.

Es ist:
$$\nu t_1 = \pi; \quad t_1 = \frac{\pi}{\nu} = \pi\,\sqrt{LC}\,,$$

und damit wird

$$u_{C/t=t_1} = -u_l e^{-\frac{\pi}{2}\frac{\sqrt{LC}}{T}} = -u_l e^{-\frac{\pi}{2}R\sqrt{\frac{C}{L}}}. \tag{52}$$

Auf die Lage der Zündcharakteristik zur einpendelnden wiederkehrenden Spannung kommt es nun an, ob beide Kurven einen Schnittpunkt bzw. im Extremfall einen Berührungspunkt aufweisen und damit die Neuzündung des Lichtbogens ermöglichen (Zeitpunkt t_z).

Zunächst ist dafür die Höhe der Löschspannung, wie auch die Eigenfrequenz des Schwingungskreises maßgebend. Die Höhe der Löschspannung ist von dem Elektrodenabstand und den physikalischen Verhältnissen in der Bogenstrecke abhängig, die Eigenfrequenz von den Werten der sie bestimmenden Größen L und C. Die Induktion L setzt sich, wie

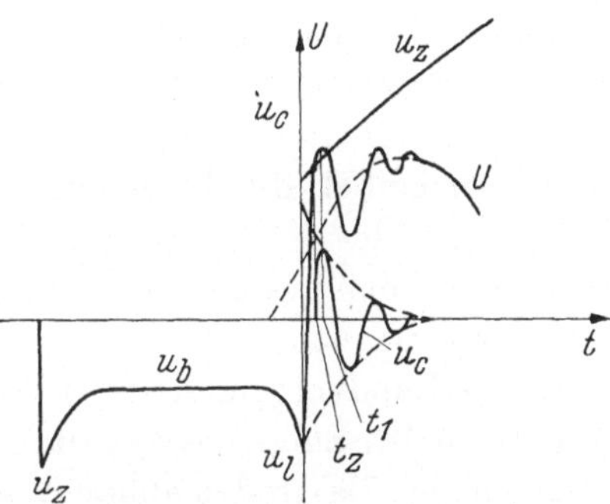

Abb. 101. Verlauf der Hochfrequenzschwingung und ihr Einfluß auf die Wiederzündung.

schon erwähnt, aus der Streuinduktivität des Transformators und aus der Betriebsinduktivität des übrigen Stromkreises zusammen, sie kann rechnerisch größenordnungsgemäß ermittelt werden. Schwierig, wenn nicht unmöglich, ist die rechnerische Ermittlung von C. Sie setzt sich aus einer kapazitiven Größe des Transformators und der der übrigen Leitung zusammen. Die Transformatorenkapazität wäre bei Kenntnis des Wellenwiderstandes des Transformators auffindbar. Im allgemeinen liegen die Werte des Wellenwiderstandes eines Transformators in der Größenordnung von 5000—10000 Ω, die Eigenschwingungen des Transformators um rd. 10000 Hz. Für die Transformatorenkapazität ergibt sich größenordnungsgemäß ein Wert von $0{,}001 \cdot 10^{-6}$ F/Phase.

Der Kapazitätswert des übrigen Stromkreises läßt sich sehr schwer und nur angenähert durch Rechnung ermitteln. Weit befriedigender und genauer wäre die Ermittlung des Einschwingvorganges auf experimentellem Wege durch Aufnahme eines Kathodenoszillogramms. Für die Zeitspanne von $t = 0$ bis $t = t_1(\tau)$ erhält man $\tau = \dfrac{1}{4 f_e} = \dfrac{1}{8 \pi \nu}$, wenn man mit f_e die Eigenfrequenz, mit τ, wie früher, die Kreisfrequenz bezeichnet. Für τ ergeben sich stark streuende Werte im Bereich von $10\text{—}1000\cdot10^{-6}$ Sek. Innerhalb dieses Zeitintervalls darf die Zündcharakteristik nicht über einen bestimmten Schwellenwert, dem Berührungspunkt mit der Kurve der wiederkehrenden Spannung, angestiegen sein. Für den Anstieg der Zündcharakteristik sind vor allem die Temperaturen und die Abkühlungsmöglichkeit der Kathode und der Gassäule und die in letzterer dadurch beschleunigte Entionisierung maßgebend, sie nähert sich mit zunehmender Zeit der statischen Durchschlagspannung (in Luft ~ 30 kV/cm).

Bei Metallelektroden ist ihr anfänglicher Anstieg steiler als bei Kohlenelektroden, bei denen die Temperaturabnahme langsamer erfolgt als bei Metallelektroden. Daher sind beispielsweise bei Kohlenelektroden und kurzen Bögen in Luft Wiederzündspannungen von $100\text{—}200$ V bis $^1/_4$ bis $^1/_2$ Sek. möglich. Wird die Bogenlänge erhöht, dann sinkt die Wiederzündspannung, da die Träger aus der Säule längere Wege bis zu den Elektroden zurücklegen müssen. Erst eine weitere Steigerung bringt wieder eine Zunahme der Wiederzündspannung, weil jetzt die Entionisierung vornehmlich durch die radiale Abwanderung der Träger aus der Säule stattfindet. Näheres über den zeitlichen Verlauf der Zündcharakteristik findet man in einem Aufsatz von SLEPIAN [47], darin auch weitere Schrifttumangaben.

Da der Zündvorgang und der Lichtbogenstrom, wie oben angedeutet, sowohl von den Emissionsverhältnissen wie auch den Abkühlungsverhältnissen an den Elektroden abhängt, so sind bei Lichtbögen zwischen Elektroden aus verschiedenen Materialien, z. B. bei den Lichtbogenöfen der Stahlindustrie, bei denen die eine Elektrode aus Kohle oder Graphit, die andere aus festem oder flüssigem Eisen oder Schlacke von wechselnder Zusammensetzung besteht, Polaritätseffekte, eine Art Gleichrichterwirkung, zu erwarten. Sie sind auch schon beobachtet worden.

Zur rechnerischen Ermittlung des quasistationären Lichtbogenstromes in einem mit Widerstand und Selbstinduktion behafteten Kreis nehmen wir für die Bogenspannung nachstehende einfache Charakteristik an, Abb. 102.

Es gilt für den Stromkreis folgende Spannungsgleichung

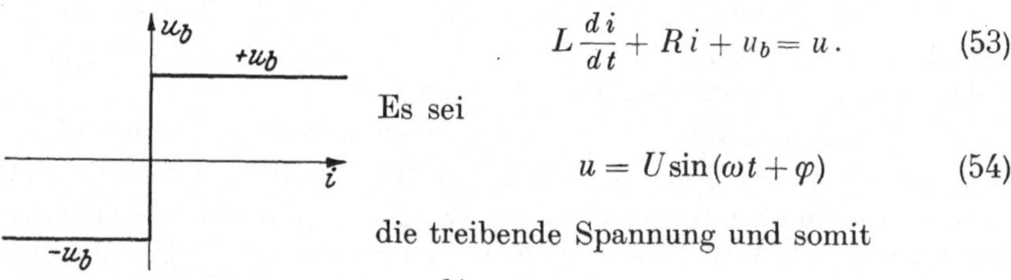

$$L\frac{di}{dt} + Ri + u_b = u. \tag{53}$$

Es sei

$$u = U\sin(\omega t + \varphi) \tag{54}$$

die treibende Spannung und somit

$$L\frac{di}{dt} + Ri + u_b - U\sin(\omega t + \varphi) = 0. \tag{55}$$

Abb. 102.
Vereinfachte Wechselstrombogen.

Ihre Lösung lautet

$$i = e^{-\frac{R}{L}t}\left[-\frac{1}{L}\int\left(u_b\, e^{\frac{R}{L}t} - U\sin(\omega t + \varphi)\, e^{-\frac{R}{L}t}\right)dt + C\right].$$

Darin ist

$$J_1 = \int u_b\, e^{\frac{R}{L}t}\, dt = \frac{u_b L}{R}\, e^{\frac{R}{L}t},$$

$$J_2 = \int U\sin(\omega t + \varphi)\, e^{-\frac{R}{L}t}\, dt = \frac{\frac{R}{L}\sin(\omega t + \varphi) - \omega\cos(\omega t + \varphi)}{\frac{R^2}{L^2} + \omega^2}\, e^{\frac{R}{L}t},$$

somit

$$i = e^{-\frac{R}{L}t}\left[-\frac{u_b}{R}\, e^{\frac{R}{L}t} + \frac{U}{L}\,\frac{R L\sin(\omega t + \varphi) - \omega L^2\cos(\omega t + \varphi)}{R^2 + \omega^2 L^2}\, e^{\frac{R}{L}t} + C\right].$$

Im Zeitpunkt $t = 0$ soll der Strom gerade beginnen, also $i = 0$. Damit bestimmt sich die Konstante C zu

$$C = \frac{u_b}{R} - U\,\frac{R\sin\varphi - \omega L\cos\varphi}{R^2 + \omega^2 L^2}$$

und damit der Strom:

$$i = U\,\frac{R\sin(\omega t + \varphi) - \omega L\cos(\omega t + \varphi)}{R^2 + \omega^2 L^2} - \frac{u_b}{R} + \frac{u_b}{R}\, e^{-\frac{R}{L}t}$$

$$- U\,\frac{R\sin\varphi - \omega L\cos\varphi}{R^2 + \omega^2 L^2}\, e^{-\frac{R}{L}t}.$$

Wir setzen für $R^2 + \omega^2 L^2 = z^2$ und schreiben

$$\left.\begin{aligned}
i = &\frac{U R}{z^2}\sin(\omega t + \varphi) - \frac{U\omega L}{z^2}\cos(\omega t + \varphi) - \frac{u_b}{R} + \\
&+ \left(\frac{u_b}{R} - \frac{U R}{z^2}\sin\varphi + \frac{U\omega L}{z^2}\cos\varphi\right)e^{-\frac{R}{L}t}.
\end{aligned}\right\} \quad (56)$$

Für $\omega t = \pi$ ist $i = 0$; damit ergibt sich

$$\frac{U R}{z^2}\sin\varphi - \frac{U\omega L}{z^2}\cos\varphi = \frac{u_b}{R}\,\frac{e^{-\frac{R\pi}{\omega L}} - 1}{1 + e^{-\frac{R\pi}{\omega L}}}.$$

Setzen wir weiter

$$\frac{R}{z} = \cos\psi; \qquad \frac{\omega L}{z} = \sin\psi,$$

so folgt

$$\sin(\varphi - \psi) = \frac{u_b\, z}{U R}\,\frac{e^{-\frac{R\pi}{\omega L}} - 1}{1 + e^{-\frac{R\pi}{\omega L}}}. \qquad (57)$$

Damit ergibt sich aus Gl. (56)

$$i = \frac{U}{z}\sin(\omega t + \varphi - \psi) - \frac{u_b}{R}\left(1 - e^{-\frac{R}{L}t}\right) - \frac{u_b}{R}\,\frac{e^{-\frac{R\pi}{\omega L}} - 1}{1 + e^{-\frac{R\pi}{\omega L}}}\,e^{-\frac{R}{L}t},$$

nach einer weiteren Umrechnung erhalten wir schließlich den Stromverlauf zu:

$$i = \frac{U}{z}\sin(\omega t + \varphi - \psi) + \frac{u_b}{R}\left[\frac{2e^{-\frac{R}{L}t}}{1 + e^{-\frac{R\pi}{\omega L}}} - 1\right] = i' + i''. \tag{58}$$

Der Strom besteht aus zwei Komponenten, i', i'' (Abb. 103). i' ist der stationäre Strom im Stromkreis ohne Lichtbogen, i'' verläuft nach einer Exponentialfunktion mit der Zeitkonstanten L/R des Stromkreises und

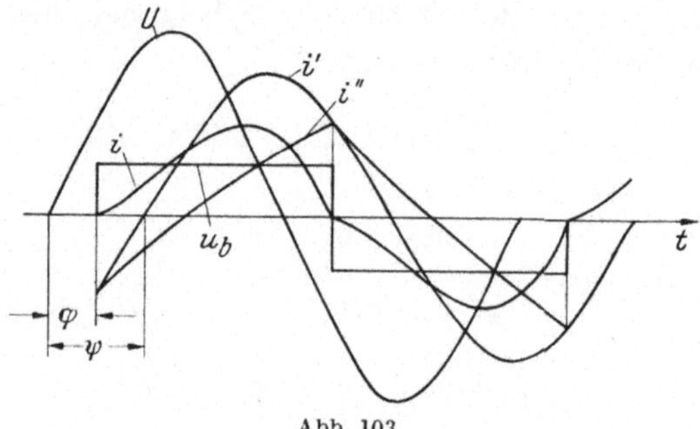

Abb. 103.

Der Stromverlauf in einem mit Widerstand und Selbstinduktion versehenen Lichtbogenstromkreis.

hängt von der Lichtbogenspannung ab. Der Strom i selbst verläuft mit flachem Anstieg und steilem Abfall. Abb. 104 zeigt eine oszillographische Aufnahme des Wechselstromlichtbogens. Durch den Lichtbogen wird ferner der Nulldurchgang des Stromes dem der Spannung um den Win-

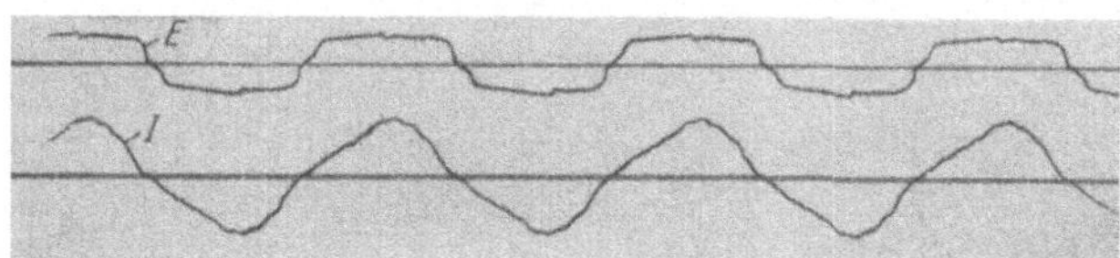

kel $(\varphi - \psi)$ nähergerückt, diese Verschiebung hängt nach Gl. (57) nur von dem Verhältnis u_b/U und vom Winkel ψ, wie nachstehende Umformung von Gl. (56) zeigt, ab.

Da $R/z = \cos\psi$ und damit $\omega L/R = \operatorname{tg}\psi$, kann man Gl. (56) schreiben:

$$\sin(\varphi - \psi) = \frac{u_b}{U\cos\psi}\,\frac{e^{-\pi/\operatorname{tg}\psi} - 1}{e^{-\pi/\operatorname{tg}\psi} + 1}\,. \tag{59}$$

Die Funktion

$$f(\psi) = \frac{1}{\cos\psi}\,\frac{e^{-\pi/\operatorname{tg}\psi} - 1}{e^{-\pi/\operatorname{tg}\psi} + 1} \tag{60}$$

erhält bei rein induktiver Belastung ($R = 0$, $\cos\psi = 0$) den Wert $\dfrac{\pi}{2} = 1{,}57$, und es wird damit $\cos\varphi = \dfrac{u_b}{U}\dfrac{\pi}{2}$.

Für $R = 0$ vereinfacht sich die Beziehung (58), es wird

$$\left.\begin{aligned}
i &= \frac{U}{\omega L}\sin\left(\omega t + \varphi - \frac{\pi}{2}\right) + \frac{u_b}{\omega L}\left(\frac{\pi}{2} = \omega t\right) = \\
&= -\frac{U}{\omega L}\cos(\omega t + \varphi) + \frac{u_b}{\omega L}\left(\frac{\pi}{2} - \omega t\right).
\end{aligned}\right\} \tag{61}$$

Der Strom i'' verläuft hier nach einer Geraden. Für die Steilheit des Stromanstieges zu Beginn ($t = 0$) und am Ende $\left(t = \dfrac{\pi}{\omega}\right)$ einer Halbperiode erhält man in diesem Fall, wenn wir zu diesen beiden Zeitpunkten statt der Lichtbogenspannung die Zünd- bzw. Löschspannung einsetzen

$$\left.\begin{aligned}
\frac{di}{dt}\bigg|_{t=0} &= \frac{1}{L}\,(U\sin\varphi - u_z) \\
\frac{di}{dt}\bigg|_{t=\frac{\pi}{\omega}} &= -\frac{1}{L}\,(U\sin\varphi + u_l),
\end{aligned}\right\} \tag{62}$$

wobei

$$\cos\varphi = \frac{u_b}{U}\,\frac{\pi}{2} \tag{63}$$

ist.

Daraus ergeben sich die beim Zünden und Löschen des Bogens an der Induktivität auftretenden Spannungen zu $u_i = L\,di/dt$. Sie hängen wesentlich von den Werten der Zünd- und Löschspannung ab.

Wird ein Wechselstromlichtbogen vor seinem natürlichen Nulldurchgang vorzeitig gewaltsam unterbrochen, so tritt in ähnlicher Weise wie bei dem Gleichstrombogen eine Überspannung auf, deren Spitze auch hier durch die Differenz $U - u_l$ bestimmt ist und hier als Induktionsspannung als absolute Summe beider Größen in Erscheinung tritt. Abb. 105 zeigt die Ausschaltspannung im

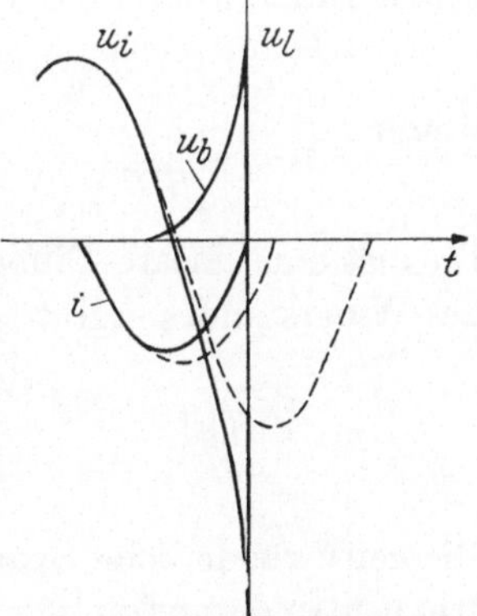

Abb. 105. Überspannung beim Erlöschen des Lichtbogens.

rein induktiven Stromkreis. Derartige Spannungsspitzen können eine große Gefahr für den Transformator bilden und Durchschläge in ihm zur Folge haben.

Aus dem Vorstehenden ist ersichtlich, daß bei den Lichtbogenöfen die elektrischen Verhältnisse vor allem von dem Verhalten des Lichtbogens gesteuert werden. Die Kenntnis seiner Charakteristik, der Höhe der Zünd- und Löschspitzen wäre erwünscht. Es ist jedoch, abgesehen von den sich ständig ändernden Entladungsbedingungen, die ein statio-näres Brennen des Lichtbogens unmöglich machen, bei dem Betrieb des Lichtbogen-ofens kaum möglich, direkte Messungen im Lichtbogen durchführen zu können, um die Charakteristik ermitteln zu kön-nen. Es kann jedoch, um einen Einblick in die Strom- und Spannungsverhält-nisse des Lichtbogens zu bekommen, ge-gebenenfalls nachstehender Weg versucht werden. Er sei hier kurz angedeutet (Abb. 106).

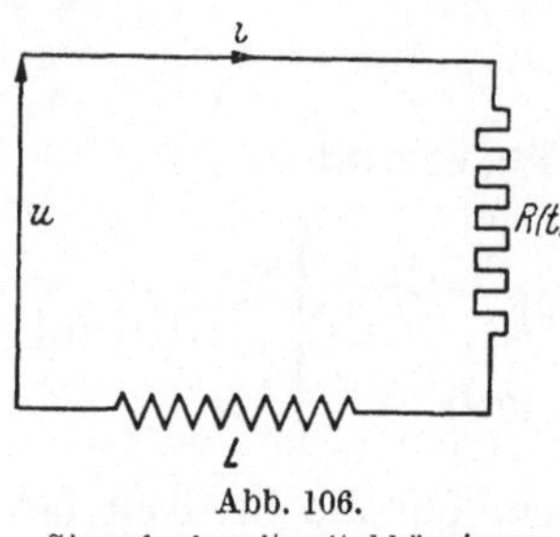

Abb. 106.
Stromkreis mit zeitabhängigem
Widerstand und Selbstinduktion.

Ein Stromkreis, bestehend aus einer Selbstinduktion L und einem zeitabhängigen Widerstand $R(t)$ (Lichtbogen), liege an einer Wechsel-spannung u. Das Zeitgesetz der Wechselspannung $u = \varphi(t)$, wie auch das des Stromes $i = \psi(t)$ sei durch Messung (Oszillogramm) ermittelt bzw. daraus mathematisch aufstellbar (Fourier-Analyse); zu suchen ist $R(t)$.

Es ist

$$L \frac{d\,i}{d\,t} + i\,R(t) = u$$

oder

$$L\,\psi'(t) + R(t)\,\psi = \varphi\,,$$

durch Differenzieren erhält man

$$L\,\psi''(t) + R'(t)\,\psi(t) + R(t)\,\psi'(t) = \varphi'\,,$$

weiter

$$R'(t)\,\psi(t) + R(t)\,\psi'(t) + L\,\psi''(t) - \varphi' = 0\,.$$

Dies ist eine lineare Differentialgleichung, deren Lösung das Zeitgesetz des Widerstandes ergibt

$$R(t) = e^{-\int \frac{\psi'(t)}{\psi(t)}\,d\,t} \left[-\int_{t_1}^{t_2} \frac{L\,\psi''(t) - \varphi'}{\psi(t)}\, e^{\int \frac{\psi'(t)}{\psi(t)}\,d\,t}\,d\,t \right]. \tag{64}$$

Die zeitveränderliche Spannung am Widerstand (Lichtbogenspannung) erhält man daraus zu

$$u_{(R)} = R_{(t)} \cdot \psi(t) = R_{(t)} \cdot i\,. \tag{65}$$

Dieser allgemeine Hinweis möge genügen. Seine besondere Auswertung kann in manchen Fällen, wenn auch verbunden mit großen Schwierigkeiten, einen Erfolg aufweisen.

c) Lichtbogenofen. Die Lichtbogenöfen verwenden den elektrischen Lichtbogen als Wärmequelle. In ihm wird die zugeführte Energie unter stärkster räumlicher Konzentration in Wärme umgewandelt. Diese Wärmeenergie wird dem Schmelzgut teils direkt — an den Bogenansatzstellen —, teils durch Strahlung der Bogensäule zugeführt. Der Bogen fließt von einer gewöhnlich vertikal gestellten Kohlen- oder Graphitelektrode über den Lichtbogen in das Schmelzgut und von dort entweder zu einer Bodenelektrode oder über einen zweiten Lichtbogen, der in einem gewissen Abstand von dem ersten Lichtbogen steht, auf eine zweite Elektrode. Da der Widerstand im Schmelzgut im allgemeinen sehr klein ist — kleine Badleistungen [49] — spielt die Innenerwärmung des Schmelzgutes praktisch keine Rolle.

Die infolge der diskreten Lichtbogenansatzstellen bedingte ungleichmäßige Erwärmung ist unerwünscht, da sie einerseits die Haltbarkeit der Ausmauerung herabsetzt, andererseits durch Überhitzen des Wärmegutes ein Verdampfen desselben und eine Qualitätsverschlechterung verursacht. Dieser lokalen Überhitzung kann nur durch einen Wärmeausgleich in dem Schmelzgut gesteuert werden, und dieser Wärmeausgleich wird durch eine Durchmischung des Schmelzbades erzielt. Neben der durch mechanische Vorrichtungen bewirkten Rühr- bzw. Schaukelbewegung unterstützt die bei Lichtbogenöfen im Innern der stromführenden metallischen Flüssigkeit auftretende, durch elektromagnetische Kraftwirkungen verur-

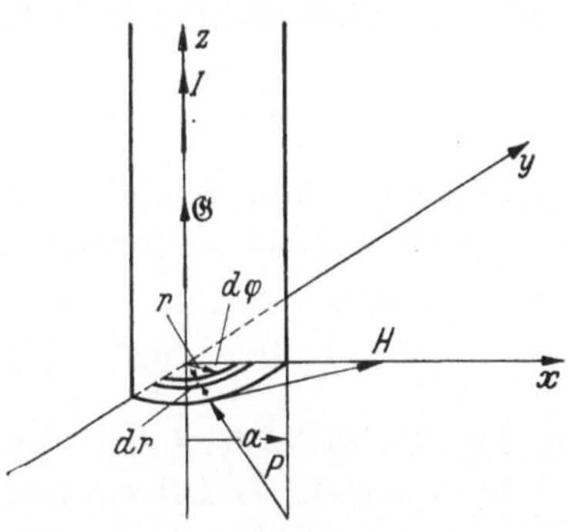

Abb. 107.
Zur Berechnung elektromagnetischer Kräfte in stromführenden Flüssigkeiten.

sachte Bewegung die beabsichtigte Durchmischung. Ihr Prinzip soll hier kurz erläutert werden [50].

In Abb. 107 sei ein zylindrischer Leiter, dessen Achse mit der z-Achse eines Koordinatensystems zusammenfalle, von dem Strom I durchflossen. Sein Halbmesser sei a cm. Wir fragen nach der Druckverteilung im Innern des Leiters. Auf ein Volumenelement $dV = r\,d\varphi\,dr\,dz$ wirkt eine Kraft von der Größe

$$dP = G \cdot H\,dV,$$

wobei G die Stromdichte im Leiter, H die magnetische Feldstärke bedeutet. Die Stromdichte sei vorerst örtlich konstant angenommen.

Weiter ist, wenn wir mit $dF = r\, d\varphi\, dz$ bezeichnen, der Druck auf die Flächeneinheit

$$p = \frac{dP}{dF} = G \cdot H \cdot dr. \tag{66}$$

Die Druckdifferenz $p_{(r=a)} - p_{(r)} = \Delta p$, die im Leiter wirksam ist, ergibt sich daraus durch Integration

$$\Delta p = G \int_r^a H\, dr. \tag{67}$$

Nun ist bekanntlich die Feldstärke im Innern des Leiters in der Entfernung r von seiner Achse

$$H = \frac{G\, r}{2},$$

somit

$$\Delta p = \frac{G^2}{2} \int_r^a r\, dr = \frac{G^2}{4}\, [a^2 - r^2] = \frac{I^2\, a^2}{4\, a^4\, \pi^2} \left[1 - \left(\frac{r}{a}\right)^2\right]$$

$$= \frac{I^2}{4\, \pi\, a^2\, \pi} \left[1 - \left(\frac{r}{a}\right)^2\right] \frac{\mathrm{WS}}{\mathrm{cm\, cm^2}}$$

oder, wenn wir den Druck in kg/cm² ausdrücken,

$$\Delta p = 1{,}02\, \frac{I^2}{a^2\, \pi} \left[1 - \left(\frac{r}{a}\right)^2\right] 10^{-8}\ \mathrm{kg/cm^2}, \tag{68}$$

hierbei ist I in Ampere und r, a in cm einzusetzen. Aus der Beziehung (68) ergibt sich, daß der Maximaldruck in der Achse des Leiters herrscht, sein Wert beträgt

$$p_m = 1{,}02 \cdot \frac{I^2}{a^2\, \pi}\, 10^{-8}\ \mathrm{kg/cm^2}, \tag{68a}$$

an der Oberfläche des Leiters ist der Druck Null.

In ausgedehnten Leitern kann bei Wechselstrom die örtlich konstante Stromdichte nicht mehr angenommen werden. Hier nimmt sowohl die Stromdichte wie auch die Feldstärke mit zunehmender Eindringtiefe in den Leiter ab. Diese Abnahme kann in Form einer Exponentialfunktion dargestellt werden (vgl. Kap. 4, 49).

$$\left.\begin{array}{l} G = G_0\, e^{-\beta\, (a-r)} \\[2mm] H = H_0\, e^{-\beta\, (a-r)} \end{array}\right\} \tag{69}$$

$G_0 H_0$ sind die Werte der Stromdichte und Feldstärke an der Oberfläche des Leiters, $G H$ im Innern, β ein Zahlenfaktor, der aus der elektrischen Leitfähigkeit und der Frequenz des Wechselstromes berechenbar ist. Damit wird

$$\Delta p = \int G H\, dr = G_0 H_0 \int_r^a e^{-2\beta(a-r)}\, dr = \frac{G_0 H_0}{2\beta}\, [1 - e^{-2\beta\, (a-r)}].$$

Weiter ist (Kap. 4, 49)

$$G_0 \cong \frac{I \sqrt{2}}{2 \pi a} \beta$$

und

$$H_0 = \frac{I}{2 \pi a},$$

daher

$$\Delta p = \frac{\sqrt{2}\, I^2}{2 \cdot 4 \pi \cdot a^2 \pi} (1 - e^{-2 \beta (a - r)}) \frac{\mathrm{WS}}{\mathrm{cm} \cdot \mathrm{cm}^2}$$

oder

$$\Delta p \cong 0{,}72 \frac{I^2}{a^2 \pi} (1 - e^{-2 \beta (a - r)})\, 10^{-8} \ \mathrm{kg/cm^2}. \tag{70}$$

Ist $2 \beta a \gg 1$, so ist der größte Druck

$$p_m \cong 0{,}72 \frac{I^2}{a^2 \pi}\, 10^{-8} \ \mathrm{kg/cm^2}. \tag{71}$$

Er erreicht bei gleicher magnetischer Randfeldstärke und ungleichmäßiger Stromverteilung mit exponentieller Abnahme der Stromdichte im Innern nur etwa 75% des Wertes bei gleichmäßiger Stromverteilung. Durch diese hier im Prinzip besprochene elektromagnetische Druckwirkung werden im Flüssigkeitsbad des Lichtbogenofens zirkulierende Bewegungen verursacht, die im Sinn der gewünschten Durchmischung wirken.

Das ruhige, gleichmäßige Brennen des Lichtbogenofens ist nur möglich, wenn, wie schon erwähnt, der Lichtbogen nach seinem Erlöschen entsprechende Bedingungen zum Wiederzünden vorfindet. Elektroden und Gasstrecke dürfen sich in der stromlosen Zeit nicht zu sehr abkühlen, damit die Zündcharakteristik nicht zu steil ansteigt. Es wird also der Lichtbogenofen nur oberhalb einer bestimmten Mindeststromstärke ruhig brennen. Weiter soll die wiederkehrende Spannung den zur Zündung notwendigen Wert möglichst bald erreichen, dies wird durch die, durch die Induktivitäten bedingte, Phasenverschiebung zwischen treibender Spannung U und dem Strom erreicht. Man schaltet in den Stromkreis noch eine Drossel ein, so daß man Kurzschlußspannungen (Transformator und Drosselspule) von rd. 30% erreicht. Oszillographische Aufnahmen an Lichtbogenöfen zeigen deutlich eine Abnahme der Laststöße und Spannungsschwankungen mit zunehmender Stromstärke [51]. Weitere Untersuchungen zeigen, daß zur Erzielung eines ruhigen Brennens und damit günstiger Arbeitsverhältnisse Strom und Spannung einander genau zugeordnet werden müssen und daß der Drossel nicht die Bedeutung zur Beruhigung zukommt, die ihr meist beigemessen wird.

Die beim unruhigen Brennen des Lichtbogens auftretenden Laststöße bedingen entsprechende Spannungsschwankungen im Betriebsnetz.

Besonders im Lichtnetz der Anlage wirken sich diese Schwankungen störend aus, da bei den gewöhnlichen Glühlampen schon bei 1 % Spannungsschwankungen die Lichtschwankungen wegen der starken Spannungsabhängigkeit der Lichtausbeute wahrgenommen werden. Erst Spannungsschwankungen unter 0,5 % werden auch bei der ungünstigsten Frequenz von etwa 4—7 Hz nicht mehr störend empfunden [52].

Achtes Kapitel.

Unsymmetrieprobleme.

Bei Drehstromöfen, bei denen die elektrische Energie über eine Drehstromofenleitung mittels dreier Elektroden dem Schmelzgut zugeführt wird, sind im allgemeinen die Ströme bzw. die Belastungen der drei Phasen nicht gleich groß. Abgesehen davon, daß die den einzelnen Phasen zugeordneten „Herdwiderstände" unterschiedlich sind — örtlich verschiedene elektrische Leitfähigkeit, verschiedene Arbeitshöhe der Elektroden —, treten insbesondere bei jenen Ofenbauarten, die keine geometrische Symmetrie hinsichtlich ihrer Elektrodenanordnung und Ofenleitung aufweisen, Unterschiede in der Induktivität des Leitungssystems und damit unterschiedliche induktive Widerstände desselben auf, die eine unerwünschte Unsymmetrie der elektrischen Verhältnisse im Drehstromsystem zur Folge haben. Um ihr begegnen zu können bzw. um sie auf ein gewünschtes Maß beschränken zu können, werden die Ofentransformatoren von Großöfen vielfach mit veränderlichen Phasenspannungen, die unter Last einstellbar sind, ausgerüstet. Derartige Regeltransformatoren ermöglichen weitgehendst eine unerwünschte Unsymmetrie zu kompensieren bzw. eine für den Betrieb notwendige einzustellen.

Im folgenden soll auf das unsymmetrische Drehstromsystem und seine Regelfähigkeit ausführlicher eingegangen werden. Dabei werde vorausgesetzt, daß Spannungen und Ströme einfach harmonische Zeitfunktionen seien.

§ 1. Das allgemeine Drehstromsystem.

1. Drehstromsystem ohne Nulleiter.

Abb. 108 zeigt die Belastung eines regelbaren Drehstromsystems durch drei in Stern geschaltete, im allgemeinen komplexe Phasenwiderstände $\mathfrak{Z}_1, \mathfrak{Z}_2, \mathfrak{Z}_3$. Das Drehstromsystem wird von drei um je 120° gegeneinander phasenverschobenen Phasenspannungen $\mathfrak{U}_1, \mathfrak{U}_2$ und $\mathfrak{U}_3$ gebildet, von denen jede einzelne von Null bis zu einem Höchstwert U_m regelbar ist.

Die Widerstände der Zuleitung zur Belastung sollen als vernachlässigbar klein unberücksichtigt bleiben. Im allgemeinen wird zwischen dem Belastungsnullpunkt 0 und dem Systemsternpunkt $0'$ eine Nullspannung $\mathfrak{U}_0$ auftreten. Gefragt ist nach der Größe dieser Spannung sowie nach den Phasenströmen $\mathfrak{J}_1, \mathfrak{J}_2, \mathfrak{J}_3$ bei bekannten Widerständen $\mathfrak{Z}$ und bei angegebenen, im einzelnen verschieden großen Phasenspannungen (schiefes Spannungssystem).

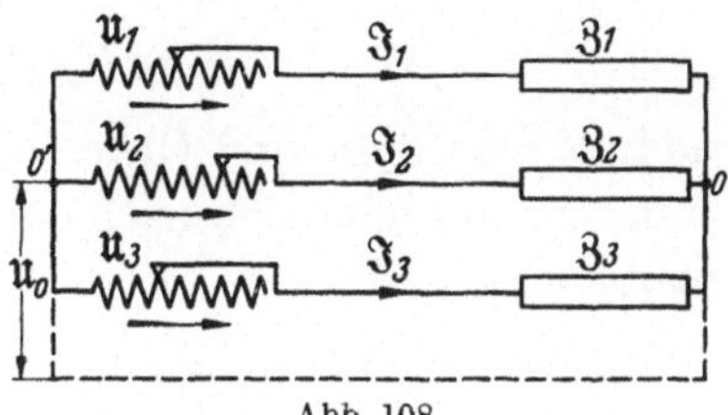
Abb. 108.
Drehstromsystem ohne Nulleiter.

Aus dem zweiten Kirchhoffschen Satz ergeben sich die bekannten Spannungsgleichungen

$$\left.\begin{aligned}
\mathfrak{U}_1 + \mathfrak{U}_0 &= \mathfrak{J}_1\mathfrak{Z}_1 \\
\mathfrak{U}_2 + \mathfrak{U}_0 &= \mathfrak{J}_2\mathfrak{Z}_2 \\
\mathfrak{U}_3 + \mathfrak{U}_0 &= \mathfrak{J}_3\mathfrak{Z}_3 .
\end{aligned}\right\} \tag{1}$$

Da kein Nulleiter vorhanden ist, folgt aus dem ersten Kirchhoffschen Satz für die Ströme

$$\mathfrak{J}_1 + \mathfrak{J}_2 + \mathfrak{J}_3 = 0 . \tag{2}$$

Statt der Widerstände $\mathfrak{Z}$ werden ihre Kehrwerte, die Leitwerte $\mathfrak{Y}$, eingeführt. Es ist dann

$$\frac{1}{\mathfrak{Z}_1} = \mathfrak{Y}_1 ; \qquad \frac{1}{\mathfrak{Z}_2} = \mathfrak{Y}_2 ; \qquad \frac{1}{\mathfrak{Z}_3} = \mathfrak{Y}_3 . \tag{3}$$

Die jeweils eingestellten Phasenspannungen stehen zu ihren Maximalwerten in nachstehender Beziehung

$$\left.\begin{aligned}
\mathfrak{U}_1 &= \alpha\,\mathfrak{U}_{m_1} \\
\mathfrak{U}_2 &= \beta\,\mathfrak{U}_{m_2} \\
\mathfrak{U}_3 &= \gamma\,\mathfrak{U}_{m_3} .
\end{aligned}\right\} \tag{4}$$

Dabei sind die Größen α, β, γ echte Brüche, deren Wert von dem Grad der Regelbarkeit der einzelnen Phasenspannungen abhängt. Orientiert man das Spannungssystem in einem Vektorbild derart, daß der Vektor $\mathfrak{U}_{m_1}$ in die positive Richtung der reellen Achse fällt, dann kann die Lage der Spannungen $\mathfrak{U}_{m_2}$ und $\mathfrak{U}_{m_3}$ bekanntlich durch den Operator $\mathfrak{a}$ [Kap. 2 (41)] ausgedrückt werden. Es ist

$$\left.\begin{aligned}
\mathfrak{U}_{m_1} &= U_m \\
\mathfrak{U}_{m_2} &= \mathfrak{a}^2\,U_m \\
\mathfrak{U}_{m_3} &= \mathfrak{a}\,U_m .
\end{aligned}\right\} \tag{5}$$

Aus den Gl. (4) und (5) erhält man unter Berücksichtigung von den Gl. (3) für das Gleichungstripel (1)

$$\left.\begin{aligned}\alpha\, U_m\, \mathfrak{Y}_1 + \mathfrak{U}_0\, \mathfrak{Y}_1 &= \mathfrak{J}_1 \\ \beta\, \mathfrak{a}^2 U_m\, \mathfrak{Y}_2 + \mathfrak{U}_0\, \mathfrak{Y}_2 &= \mathfrak{J}_2 \\ \gamma\, \mathfrak{a}\, U_m\, \mathfrak{Y}_3 + \mathfrak{U}_0\, \mathfrak{Y}_3 &= \mathfrak{J}_3 .\end{aligned}\right\} \tag{6}$$

Addiert man diese drei Gleichungen und berücksichtigt man die Beziehung (2), so ergibt sich nach einer einfachen Umrechnung für die Nullspannung der Wert

$$\mathfrak{U}_0 = - U_m\, \frac{\alpha\, \mathfrak{Y}_1 + \beta\, \mathfrak{a}^2\, \mathfrak{Y}_2 + \gamma\, \mathfrak{a}\, \mathfrak{Y}_3}{\mathfrak{Y}_1 + \mathfrak{Y}_2 + \mathfrak{Y}_3} \tag{7}$$

Durch Einsetzen dieses Ausdruckes in das Gleichungssystem (6) ergeben sich die gesuchten Werte für die Belastungströme

$$\left.\begin{aligned}\mathfrak{J}_1 &= \left(\alpha \quad - \frac{\alpha\, \mathfrak{Y}_1 + \beta\, \mathfrak{a}^2\, \mathfrak{Y}_2 + \gamma\, \mathfrak{a}\, \mathfrak{Y}_3}{\mathfrak{Y}_1 + \mathfrak{Y}_2 + \mathfrak{Y}_3}\right) \mathfrak{Y}_1\, U_m \\ \mathfrak{J}_2 &= \left(\beta\, \mathfrak{a}^2 - \frac{\alpha\, \mathfrak{Y}_1 + \beta\, \mathfrak{a}^2\, \mathfrak{Y}_2 + \gamma\, \mathfrak{a}\, \mathfrak{Y}_3}{\mathfrak{Y}_1 + \mathfrak{Y}_2 + \mathfrak{Y}_3}\right) \mathfrak{Y}_2\, U_m \\ \mathfrak{J}_3 &= \left(\gamma\, \mathfrak{a} - \frac{\alpha\, \mathfrak{Y}_1 + \beta\, \mathfrak{a}^2\, \mathfrak{Y}_2 + \gamma\, \mathfrak{a}\, \mathfrak{Y}_3}{\mathfrak{Y}_1 + \mathfrak{Y}_2 + \mathfrak{Y}_3}\right) \mathfrak{Y}_3\, U_m .\end{aligned}\right\} \tag{8}$$

Hier sind die Ströme $\mathfrak{J}$ bei einer, das Reguliersystem kennzeichnenden Spannungsgröße U_m und bei vorgegebenen Belastungswiderständen $\mathfrak{Z}$, eine Funktion der jeweiligen Regulierstufen. Das Gleichungstripel (8) stellt somit die Grundgleichungen des Regulierproblems dar. Der einfachste Sonderfall tritt auf, wenn die Belastungswiderstände gleichartig und gleichgroß, z. B. $\mathfrak{Z}_1 = \mathfrak{Z}_2 = \mathfrak{Z}_3 = \mathfrak{Z} = R$ und die Phasenspannungen gleich einreguliert sind, z. B. $\alpha = \beta = \gamma = 1$.

Aus Gl. (7) ergibt sich dann für die Nullspannung

$$\mathfrak{U}_0 = - U_m\, \frac{1 + \mathfrak{a}^2 + \mathfrak{a}}{3} = 0 .$$

Damit folgt für die Ströme

$$\mathfrak{J}_1 = \frac{U_m}{R}; \qquad \mathfrak{J}_2 = \mathfrak{a}^2\, \frac{U_m}{R}; \qquad \mathfrak{J}_3 = \mathfrak{a}\, \frac{U_m}{R} .$$

Sie sind bekanntlich gleichgroß und mit ihren Phasenspannungen gleichphasig. Zwischen dem Belastungs- und Systemsternpunkt tritt keine Spannung auf ($\mathfrak{U}_0 = 0$).

2. Drehstromsystem mit Nulleiter.

Der Vollständigkeit halber sei auch dieses System unserer Betrachtung unterzogen, Abb. 109.

Zwischen dem Belastungs- und Systemsternpunkt ist noch ein, im allgemeinen Fall, komplexer Widerstand $\mathfrak{Z}_0$ geschaltet. Die Berechnung der Nullspannung sowie der Belastungsströme erfolgt in ähnlicher Weise wie oben. An Stelle der Gl. (1) erhält man jedoch:

$$\left.\begin{aligned}
\mathfrak{U}_1 + \mathfrak{U}_0 &= \mathfrak{J}_1 \mathfrak{Z}_1 \\
\mathfrak{U}_2 + \mathfrak{U}_0 &= \mathfrak{J}_2 \mathfrak{Z}_2 \\
\mathfrak{U}_3 + \mathfrak{U}_0 &= \mathfrak{J}_3 \mathfrak{Z}_3 \\
\mathfrak{U}_0 &= -\mathfrak{J}_0 \mathfrak{Z}_0 \,.
\end{aligned}\right\} \qquad (9)$$

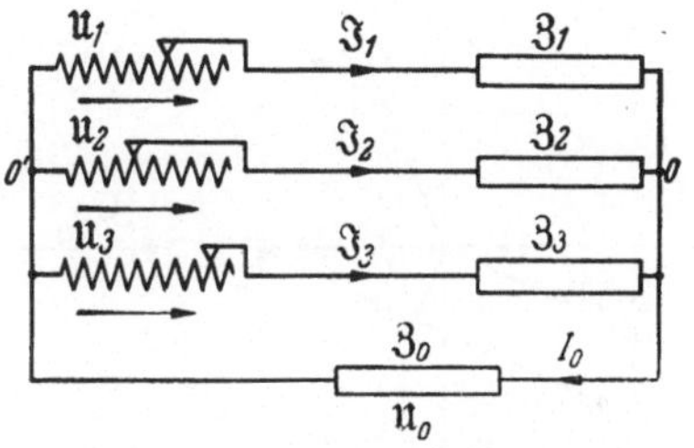

Abb. 109. Drehstromsystem mit Nulleiter.

Die Stromgleichung lautet demnach

$$\mathfrak{J}_1 + \mathfrak{J}_2 + \mathfrak{J}_3 - \mathfrak{J}_0 = 0 \,. \qquad (10)$$

Weiter ist

$$\frac{1}{\mathfrak{Z}_0} = \mathfrak{Y}_0 \,. \qquad (11)$$

Damit erhält man schließlich für die Nullspannung

$$\mathfrak{U}_0 = -U_m \frac{\alpha \mathfrak{Y}_1 + \beta \mathfrak{a}^2 \mathfrak{Y}_2 + \gamma \mathfrak{a} \mathfrak{Y}_3}{\mathfrak{Y}_1 + \mathfrak{Y}_2 + \mathfrak{Y}_3 + \mathfrak{Y}_0} \qquad (12)$$

und für die Belastungsströme

$$\left.\begin{aligned}
\mathfrak{J}_1 &= \left(\alpha \quad - \frac{\alpha \mathfrak{Y}_1 + \beta \mathfrak{a}^2 \mathfrak{Y}_2 + \gamma \mathfrak{a} \mathfrak{Y}_3}{\mathfrak{Y}_1 + \mathfrak{Y}_2 + \mathfrak{Y}_3 + \mathfrak{Y}_0}\right) \mathfrak{Y}_1 U_m \\
\mathfrak{J}_2 &= \left(\beta \mathfrak{a}^2 - \frac{\alpha \mathfrak{Y}_1 + \beta \mathfrak{a}^2 \mathfrak{Y}_2 + \gamma \mathfrak{a} \mathfrak{Y}_3}{\mathfrak{Y}_1 + \mathfrak{Y}_2 + \mathfrak{Y}_3 + \mathfrak{Y}_0}\right) \mathfrak{Y}_2 U_m \\
\mathfrak{J}_3 &= \left(\gamma \mathfrak{a} - \frac{\alpha \mathfrak{Y}_1 + \beta \mathfrak{a}^2 \mathfrak{Y}_2 + \gamma \mathfrak{a} \mathfrak{Y}_3}{\mathfrak{Y}_1 + \mathfrak{Y}_2 + \mathfrak{Y}_3 + \mathfrak{Y}_0}\right) \mathfrak{Y}_3 U_m \,.
\end{aligned}\right\} \qquad (13)$$

Es seien nun in einem Netz alle drei Belastungswiderstände gleichgroß, gleich $\mathfrak{Z}$, Leitwert $\mathfrak{Y}$.

Die Nullspannung in einem Netz ohne Nulleiter ergibt den Wert

$$\mathfrak{U}_0 = -U_m \frac{\alpha + \beta \mathfrak{a}^2 + \gamma \mathfrak{a}}{3} \,. \qquad (14)$$

In einem Netz mit Nulleiter erhält man für die Nullspannung

$$\mathfrak{U}_0 = -U_m \frac{\alpha + \beta \mathfrak{a}^2 + \gamma \mathfrak{a}}{3 + \dfrac{\mathfrak{Y}_0}{\mathfrak{Y}}} \,. \qquad (15)$$

Eine Gegenüberstellung der Gl. (14) und (15) zeigt: Solange $\dfrac{\mathfrak{Y}_0}{\mathfrak{Y}} = \dfrac{\mathfrak{Z}}{\mathfrak{Z}_0}$ positiv sind, wird die Nullspannung beim Verwenden eines Nullwiderstandes abgesenkt. Dies ist der Fall, wenn beide Widerstände ohmisch, induktiv oder kapazitiv sind. Sind jedoch beispielsweise die Widerstände $\mathfrak{Z}$ kapazitiv, $\mathfrak{Z}_0$ dagegen induktiv komplex oder umgekehrt, so tritt innerhalb eines bestimmten Größenbereiches eine Vergrößerung der

Nullspannung auf. Abb. 110a zeigt diese Verhältnisse, wenn die Belastungswiderstände $\mathfrak{Z}$ rein kapazitiv, der Nullwiderstand induktiv komplex ist. Der Nenner des Bruches (15) erreicht im Vektor $O\,P_0$ einen

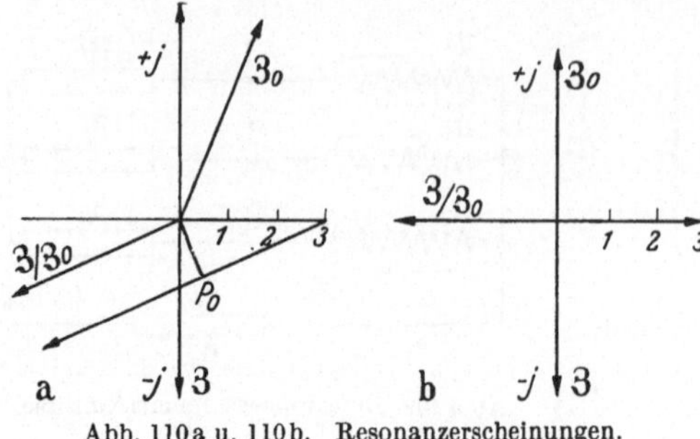

Abb. 110a u. 110b.   Resonanzerscheinungen.

Mindestwert, die Nullspannung $\mathfrak{U}_0$ erreicht damit bei einer bestimmten vorgegebenen Spannungsunsymmetrie $(\alpha,\,\beta,\,\gamma)$ einen Maximalwert. Ist, als nur theoretisch möglicher Fall, der Nullwiderstand rein induktiv, dann wird der Mindestwert des Vektors $O\,P_0 = 0$, Abb. 110b die Nullspannung damit unendlich (Resonanz). Es ist in diesem Fall:

$$\mathfrak{Z}_0 = j\,\omega\,L; \qquad \mathfrak{Z} = \frac{1}{j\,\omega\,C}$$

$$\mathfrak{U}_0 \to \infty \quad \text{für} \quad 3 + \frac{\mathfrak{Z}}{\mathfrak{Z}_0} = 0$$

ergibt die Resonanzbedingung

$$\omega\,L = \frac{1}{3\,\omega\,C}\,.$$

Die Beziehung (15) wie auch die Abb. 110a zeigt, daß es auch bei gleicher Phasenbelastung im System mit Nulleiter infolge Spannungsunsymmetrie dann zu Resonanzerscheinungen, hohen Nullpunktsspannungen, kommen kann, wenn die Belastungswiderstände kapazitiv, der Nullwiderstand dagegen induktiv oder umgekehrt ist. Obwohl derartige Belastungsarten im Ofenbetrieb nicht vorkommen, wurde der Vollständigkeit halber die Resonanzmöglichkeit in unsymmetrischen Netzen mit Nulleiter kurz erwähnt.

§ 2. Das Drehstromsystem ohne Nulleiter mit Berücksichtigung der Widerstände in den Leitungen zum Verbraucher.
Der Stromkreis des Ofens.

Abb. 111 zeigt den Stromkreis einer Drehstromofenanlage. Von dem Regeltransformator führen die drei Phasenleitungen über die Elektroden zu den Nutzwiderständen $\mathfrak{Z}_1$, $\mathfrak{Z}_2$, $\mathfrak{Z}_3$ (Herdwiderständen). Jede dieser Leitungen, einschließlich der Elektroden, weist einen Verlustwiderstand R_v

auf, außerdem besitzen sie infolge ihrer Selbstinduktion und ihrer gegenseitigen magnetischen Verkettung einen bestimmten induktiven Widerstand X.

Die Belastungswiderstände sind im Ofenbetrieb fast durchweg praktisch rein Ohmsche, daher

$$\mathfrak{Z}_1 = R_1; \quad \mathfrak{Z}_2 = R_2; \quad \mathfrak{Z}_3 = R_3.$$

Für die Phasenspannungen des Ofentransformators gelten die Beziehungen (4) und (5). Das Stromsystem ist unsymmetrisch und kann nach Gl. (51), Kap. 2, in symmetrische Komponenten zerlegt werden, wobei jedoch hier die Nullkomponente fehlt. Wir erhalten dann nach den Gl. (52) und (53) des Kapitels 2, wenn wir noch die Verlustwiderstände R_v berücksichtigen, für die Spannungsabfälle in den einzelnen Phasenleitern folgende Ausdrücke:

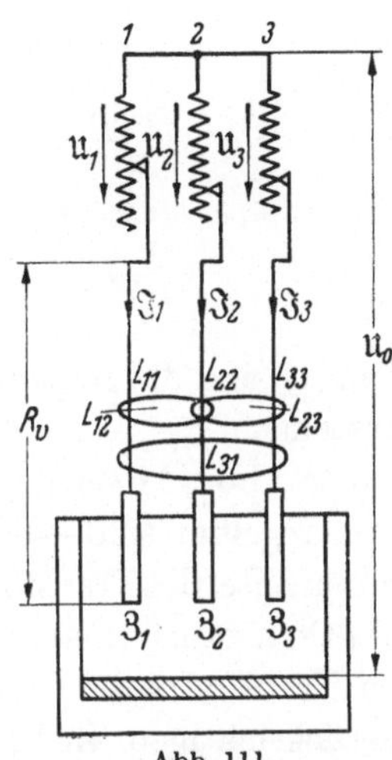

Abb. 111.
Stromkreis eines Drehstromofens.

$$-\frac{\partial u_1}{\partial x} \cdot l = \mathfrak{I}_{1m} R_{v1} + j\omega \mathfrak{I}_{1m} (L_{11} + \mathfrak{a}^2 L_{12} + \mathfrak{a} L_{13})$$
$$+ \mathfrak{I}_{1g} R_{v1} + j\omega \mathfrak{I}_{1g} (L_{11} + \mathfrak{a} L_{12} + \mathfrak{a}^2 L_{13})$$
$$-\frac{\partial u_2}{\partial x} \cdot l = \mathfrak{I}_{2m} R_{v2} + j\omega \mathfrak{I}_{2m} (L_{22} + \mathfrak{a} L_{21} + \mathfrak{a}^2 L_{23})$$
$$+ \mathfrak{I}_{2g} R_{v2} + j\omega \mathfrak{I}_{2g} (L_{22} + \mathfrak{a}^2 L_{21} + \mathfrak{a} L_{23})$$
$$-\frac{\partial u_3}{\partial x} \cdot l = \mathfrak{I}_{3m} R_{v3} + j\omega \mathfrak{I}_{3m} (L_{33} + \mathfrak{a}^2 L_{31} + \mathfrak{a} L_{32})$$
$$+ \mathfrak{I}_{3g} R_{v3} + j\omega \mathfrak{I}_{3g} (L_{33} + \mathfrak{a} L_{31} + \mathfrak{a}^2 L_{32}). \tag{16}$$

Setzen wir für die einzelnen L_{ik} die geometrischen Größen nach Gl. (9), Kap. 2, ein, so erhalten wir endgültig nachstehendes Gleichungstripel:

$$-\frac{\partial u_1}{\partial x} \cdot l = \mathfrak{I}_{1m} R_{v1} + 2j\omega l \mathfrak{I}_{1m} (-\ln x_{11} - \mathfrak{a}^2 \ln x_{12} - \mathfrak{a} \ln x_{13}) 10^{-9}$$
$$+ \mathfrak{I}_{1g} R_{v1} + 2j\omega l \mathfrak{I}_{1g} (-\ln x_{11} - \mathfrak{a} \ln x_{12} - \mathfrak{a}^2 \ln x_{13}) 10^{-9}$$
$$-\frac{\partial u_2}{\partial x} \cdot l = \mathfrak{I}_{2m} R_{v2} + 2j\omega l \mathfrak{I}_{2m} (-\ln x_{22} - \mathfrak{a} \ln x_{21} - \mathfrak{a}^2 \ln x_{23}) 10^{-9}$$
$$+ \mathfrak{I}_{2g} R_{v2} + 2j\omega l \mathfrak{I}_{2g} (-\ln x_{22} - \mathfrak{a}^2 \ln x_{21} - \mathfrak{a} \ln x_{23}) 10^{-9}$$
$$-\frac{\partial u_3}{\partial x} \cdot l = \mathfrak{I}_{3m} R_{v3} + 2j\omega l \mathfrak{I}_{3m} (-\ln x_{33} - \mathfrak{a}^2 \ln x_{31} - \mathfrak{a} \ln x_{32}) 10^{-9}$$
$$+ \mathfrak{I}_{3g} R_{v3} + 2j\omega l \mathfrak{I}_{3g} (-\ln x_{33} - \mathfrak{a} \ln x_{31} - \mathfrak{a}^2 \ln x_{32}) 10^{-9}. \tag{17}$$

In Gl. (16) können wir die den einzelnen Strömen zugeordneten Widerstände zusammenfassen und erhalten:

$$
\left.\begin{aligned}
[R_{v1} + j\omega(L_{11} + \mathfrak{a}^2 L_{12} + \mathfrak{a}L_{13})] &= \mathfrak{Z}_{1m} \\
[R_{v1} + j\omega(L_{11} + \mathfrak{a}L_{12} + \mathfrak{a}^2 L_{13})] &= \mathfrak{Z}_{1g} \\
[R_{v2} + j\omega(L_{22} + \mathfrak{a}L_{21} + \mathfrak{a}^2 L_{23})] &= \mathfrak{Z}_{2m} \\
[R_{v2} + j\omega(L_{22} + \mathfrak{a}^2 L_{21} + \mathfrak{a}L_{23})] &= \mathfrak{Z}_{2g} \\
[R_{v3} + j\omega(L_{33} + \mathfrak{a}^2 L_{31} + \mathfrak{a}L_{32})] &= \mathfrak{Z}_{3m} \\
[R_{v3} + j\omega(L_{33} + \mathfrak{a}L_{31} + \mathfrak{a}^2 L_{32})] &= \mathfrak{Z}_{3g} .
\end{aligned}\right\} \tag{18}
$$

Die $\mathfrak{Z}_m$ sind die Impedanzen des Mit-, die $\mathfrak{Z}_g$ die Impedanzen des Gegen-systems.

In Abb. 111 seien unter den Phasenspannungen $\mathfrak{U}_1$, $\mathfrak{U}_2$, $\mathfrak{U}_3$, welche einzeln regelbar sind — die Regelung erfolgt in der Praxis auf der Oberspannungsseite des Transformators —, die inneren elektromotorischen Kräfte des Ofentransformators zu verstehen, dann sind die Reaktanzspannungen im Transformator durch die entsprechenden Induktionskoeffizienten zu berücksichtigen. Zur Erfassung eines, jeder Phase zukommenden Herdwiderstandes, denken wir uns die in Wirklichkeit vorwiegend räumliche Strömung (Widerstandsofen) ersetzt durch eine genau definierte, von Unterkante Elektrode bis zum Ofenboden gerichtete homogene Strömung. Wir können so jeder Phase einen bestimmten Herdwiderstand als Nutzwiderstand R zuordnen. Die Bodenelektrode wird als absolut leitend angenommen, so daß sie ein einheitliches Potential besitzt und einen Belastungsnullpunkt 0 mit einer bestimmten Nullspannung $\mathfrak{U}_0$ gegen den Transformatorensternpunkt 0' bildet.

Unter diesen Voraussetzungen ergeben sich für die Spannungen in den einzelnen Teilkreisen nachstehende Systemgleichungen:

$$
\left.\begin{aligned}
\mathfrak{U}_1 + \mathfrak{U}_0 &= \mathfrak{I}_1 R_{v1} + j\omega L_{11}\mathfrak{I}_1 + j\omega L_{12}\mathfrak{I}_2 + j\omega L_{13}\mathfrak{I}_3 + \mathfrak{I}_1 R_1 \\
\mathfrak{U}_2 + \mathfrak{U}_0 &= \mathfrak{I}_2 R_{v2} + j\omega L_{21}\mathfrak{I}_1 + j\omega L_{22}\mathfrak{I}_2 + j\omega L_{23}\mathfrak{I}_3 + \mathfrak{I}_2 R_2 \\
\mathfrak{U}_3 + \mathfrak{U}_0 &= \mathfrak{I}_3 R_{v3} + j\omega L_{31}\mathfrak{I}_1 + j\omega L_{32}\mathfrak{I}_2 + j\omega L_{33}\mathfrak{I}_3 + \mathfrak{I}_3 R_3 .
\end{aligned}\right\} \tag{19}
$$

Der erste Kirchhoffsche Satz liefert auch hier die bekannte Gleichung

$$
\mathfrak{I}_1 + \mathfrak{I}_2 + \mathfrak{I}_3 = 0 . \tag{2}
$$

Führt man für die Spannungsgrößen die Bezeichnungen (4) und (5) ein und setzt man ferner den aus Gl. (2) gerechneten Strom $\mathfrak{I}_3$ in das Gleichungstripel (19) ein, so erhält man drei Gleichungen mit den drei Unbekannten $\mathfrak{I}_1$, $\mathfrak{I}_2$, $\mathfrak{U}_0$. Eliminiert man $\mathfrak{U}_0$ aus der dritten Gl. (19) und setzt ihren Ausdruck in die zwei ersten Gl. (19) ein, so ergeben sich nach einiger Umrechnung folgende Gleichungen:

$$\left.\begin{aligned}
&[(R_{v1} + R_1) + (R_{v3} + R_3) + j\omega(L_{11} + L_{33} - 2L_{13})]\mathfrak{J}_1 + \\
&+ [(R_{v3} + R_3) + j\omega(L_{33} + L_{12} - L_{13} - L_{23})]\mathfrak{J}_2 = (\alpha - \gamma\,\mathfrak{a})\,U_m \\
&[(R_{v3} + R_3) + j\omega(L_{33} + L_{21} - L_{23} - L_{31})]\mathfrak{J}_1 + \\
&+ [(R_{v2} + R_2) + (R_{v3} + R_3) + j\omega(L_{22} + L_{33} - 2L_{23})]\mathfrak{J}_2 = \\
&\qquad\qquad = (\beta\,\mathfrak{a}^2 - \gamma\,\mathfrak{a})\,U_m\ .
\end{aligned}\right\} \quad (20)$$

Dies sind zwei Vektorgleichungen mit den zwei Unbekannten $\mathfrak{J}_1$ und $\mathfrak{J}_2$, die Koeffizienten dieser Gleichungen sind im allgemeinen komplexe Größen. Sie werden als gegeben vorausgesetzt. (Eine ähnliche Aufgabe im symmetrischen System wird von OBERDORFER behandelt) [53]. Die Auflösung der Gl. (20) erfolgt am einfachsten mittels der Determinantenmethode.

Zur weiteren Durchführung unserer Rechnung treffen wir folgende Vereinfachungen.

1. Die Verlustwiderstände R_v seien vernachlässigbar klein,

$$R_{v1} = R_{v2} = R_{v3} = 0\,.$$

2. Die Nutzwiderstände seien gleichgroß,

$$R_1 = R_2 = R_3 = R\,.$$

3. Die Leiter haben gleiche geometrische Querschnitte und seien nebeneinander in gleichen Abständen angeordnet, dann ist:

$$\begin{aligned}
L_{11} &= L_{22} = L_{33} = L\,,\\
L_{12} &= L_{23} = M_{12}\,,\\
L_{13} &= M_{13}\,.
\end{aligned}$$

Damit vereinfachen sich die Gl. (20) wie folgt:

$$\left.\begin{aligned}
2[R + j\omega(L - M_{13})]\mathfrak{J}_1 + [R + j\omega(L - M_{13})]\mathfrak{J}_2 &= (\alpha - \gamma\,\mathfrak{a})\,U_m \\
[R + j\omega(L - M_{13})]\mathfrak{J}_1 + 2[R + j\omega(L - M_{12})]\mathfrak{J}_2 &= (\beta\,\mathfrak{a}^2 - \gamma\,\mathfrak{a})\,U_m\,.
\end{aligned}\right\} \quad (20\,\mathrm{a})$$

Es werden zur Abkürzung eingeführt

$$\left.\begin{aligned}
[R + j\omega(L - M_{13})] &= \mathfrak{Z}_{13} \\
[R + j\omega(L - M_{12})] &= \mathfrak{Z}_{12}\,.
\end{aligned}\right\} \quad (21)$$

Die Koeffizienten-Determinante des Gleichungssystems (20 a) wird damit

$$D = \begin{vmatrix} 2\,\mathfrak{Z}_{13} & \mathfrak{Z}_{13} \\ \mathfrak{Z}_{13} & 2\,\mathfrak{Z}_{12} \end{vmatrix} = \mathfrak{Z}_{13}(4\,\mathfrak{Z}_{12} - \mathfrak{Z}_{13})\,. \quad (22)$$

Bezeichnet man mit

$$D_{\mathfrak{J}_1} = \begin{vmatrix} [(\alpha - \gamma\,\mathfrak{a})\,U_m]\,\mathfrak{Z}_{13} \\ [(\beta\,\mathfrak{a}^2 - \gamma\,\mathfrak{a})\,U_m]\,2\,\mathfrak{Z}_{12} \end{vmatrix} = U_m[2(\alpha - \gamma\,\mathfrak{a})\,\mathfrak{Z}_{12} - (\beta\,\mathfrak{a}^2 - \gamma\,\mathfrak{a})\,\mathfrak{Z}_{13}] \quad (23)$$

und mit

$$D_{\mathfrak{J}_2} = \begin{vmatrix} 2\,\mathfrak{Z}_{13}[(\alpha-\gamma\,\mathfrak{a})U_m] \\ \mathfrak{Z}_{13}[(\beta\,\mathfrak{a}^2-\gamma\,\mathfrak{a})U_m] \end{vmatrix} = U_m\,\mathfrak{Z}_{13}[2(\beta\,\mathfrak{a}^2-\gamma\,\mathfrak{a})-(\alpha-\gamma\,\mathfrak{a})]\,, \qquad (24)$$

so erhält man als Lösung des Gleichungssystems (20a)

$$\mathfrak{J}_1 = \frac{D_{\mathfrak{J}_1}}{D} = U_m\,\frac{2\,(\alpha-\gamma\,\mathfrak{a})\,\mathfrak{Z}_{12} - (\beta\,\mathfrak{a}^2-\gamma\,\mathfrak{a})\,\mathfrak{Z}_{13}}{\mathfrak{Z}_{13}\,(4\,\mathfrak{Z}_{12}-\mathfrak{Z}_{13})} \qquad (25)$$

$$\mathfrak{J}_2 = \frac{D_{\mathfrak{J}_2}}{D} = U_m\,\frac{2\,(\beta\,\mathfrak{a}^2-\gamma\,\mathfrak{a}) - (\alpha-\gamma\,\mathfrak{a})}{4\,\mathfrak{Z}_{12}-\mathfrak{Z}_{13}}\,. \qquad (26)$$

Aus Gl. (2) läßt sich sodann $\mathfrak{J}_3$ berechnen. Es ergibt sich dafür

$$\mathfrak{J}_3 = -\,\mathfrak{J}_1 - \mathfrak{J}_2 = -\,U_m\,\frac{2\,(\alpha-\gamma\,\mathfrak{a})\,\mathfrak{Z}_{12} + (\beta\,\mathfrak{a}^2-\alpha)\,\mathfrak{Z}_{13}}{\mathfrak{Z}_{13}\,(4\,\mathfrak{Z}_{12}-\mathfrak{Z}_{13})}\,. \qquad (27)$$

Die Gl. (25), (26), (27) sollen Reguliergleichungen heißen. Sie stellen die Phasenströme bei konstantem Nutzwiderstand als Funktionen der einzelnen Phasenspannungsstufen dar. Eine Erweiterung dieser Beziehungen auf verschiedene Phasenwiderstände bereitet keine Schwierigkeiten.

Sind alle drei Phasenspannungen auf dieselbe absolute Größe, z. B. U_m gestuft, dann wird $\alpha = \beta = \gamma = 1$.

$$\mathfrak{J}_1 = U_m\,\frac{2\,(1-\mathfrak{a})\,\mathfrak{Z}_{12} - (\mathfrak{a}^2-\mathfrak{a})\,\mathfrak{Z}_{13}}{\mathfrak{Z}_{13}\,(4\,\mathfrak{Z}_{12}-\mathfrak{Z}_{13})}\,. \qquad (28)$$

$$\mathfrak{J}_2 = U_m\,\frac{2\,(\mathfrak{a}^2-\mathfrak{a}) - (1-\mathfrak{a})}{4\,\mathfrak{Z}_{12}-\mathfrak{Z}_{13}}\,. \qquad (29)$$

$$\mathfrak{J}_3 = -\,U_m\,\frac{2\,(1-\mathfrak{a})\,\mathfrak{Z}_{12} + (\mathfrak{a}^2-1)\,\mathfrak{Z}_{13}}{\mathfrak{Z}_{13}\,(4\,\mathfrak{Z}_{12}-\mathfrak{Z}_{13})}\,. \qquad (30)$$

Die Ausdrücke für die Ströme $\mathfrak{J}_1$ und $\mathfrak{J}_3$ unterscheiden sich nur durch die Größe im Zähler des Bruches. Diese Größe ist ein Vektor, der im allgemeinen beim Strom $\mathfrak{J}_3$ nicht nur der Richtung nach, sondern auch der Größe nach gegenüber dem entsprechenden Ausdruck beim Strom $\mathfrak{J}_1$ verschieden ist.

Es sind somit auch bei drei gleichgroßen Belastungswiderständen und gleichen Phasenspannungen ($\alpha = \beta = \gamma = 1$) die Belastungsströme nicht gleichgroß und um 120° phasenverschoben, sie sind vielmehr hinsichtlich Größe und Phasenverschiebung verschieden. Diese Erscheinung ist dem Betriebsmann unter der Bezeichnung „tote" und „scharfe" Phase bekannt [5, 6, 22, 23].

Durch Ändern der Spannungsstufen ($\alpha\beta\gamma$) kann die Stromverteilung weitgehendst beeinflußt werden [Gl. (25)–(27)].

Ordnet man die Phasenleitungen im gleichseitigen Dreieck an, so daß die gegenseitigen Induktionskoeffizienten einander gleich werden, dann wird in Gl. (21) $\mathfrak{Z}_{12} = \mathfrak{Z}_{13} = \mathfrak{Z}$. Führt man diese Größe in die Gl. (28) bis (30) ein, so erhält man die Belastungsströme

$$\mathfrak{J}_1 = U_m \frac{2 - 2\mathfrak{a} - \mathfrak{a}^2 + \mathfrak{a}}{3\mathfrak{Z}} = U_m \frac{2 - 2\mathfrak{a} + 1 + \mathfrak{a} + \mathfrak{a}}{3\mathfrak{Z}} = \frac{U_m}{\mathfrak{Z}}.$$

$$\mathfrak{J}_2 = U_m \frac{2\mathfrak{a}^2 - 2\mathfrak{a} - 1 + \mathfrak{a}}{3\mathfrak{Z}} = U_m \frac{\mathfrak{a}^2}{\mathfrak{Z}} = \mathfrak{a}^2 \frac{U_m}{\mathfrak{Z}}.$$

$$\mathfrak{J}_3 = -U_m \frac{2 - 2\mathfrak{a} + \mathfrak{a}^2 - 1}{3\mathfrak{Z}} = -U_m \frac{1 - 2\mathfrak{a} - 1 - \mathfrak{a}}{3\mathfrak{Z}} = \mathfrak{a} \frac{U_m}{\mathfrak{Z}}.$$

Wie zu erwarten war, tritt vollständige Symmetrie auf, die Phasenströme sind gleichgroß und um je 120° untereinander phasenverschoben. Die Erscheinung der Stromunsymmetrie bei gleichgroßen Phasenspannungen und gleichen Belastungswiderständen ist lediglich auf die schiefen Reaktanzen der Zuleitung zurückzuführen.

Mit den ermittelten Ofenströmen ergeben sich die Ofenspannungen (Arbeitsspannungen) zu $\mathfrak{J}_1 R$, $\mathfrak{J}_2 R$, $\mathfrak{J}_3 R$ und auch die einzelnen Phasenleistungen im Ofen: $I_1^2 R$; $I_2^2 R$; $I_3^2 R$.

Aus den Strömen und den Phasenspannungen im Transformator ergeben sich die Leistungen der einzelnen Phasen des Transformators. Weiter kann nun aus einer der Gl. (19) die Nullspannung ermittelt werden. Damit sind alle Größen des Stromkreises bestimmt.

Mit Hilfe der Reguliergleichungen (25) bis (27) lassen sich die Symmetriebedingungen ermitteln. Sollen die Ofenströme symmetrisch sein, d. h. das Gegensystem = 0 sein, dann lauten nach den Gl. (25) bis (27) die Symmetriebedingungen wie folgt:

$$\mathfrak{J}_1 = U_m \frac{2(\alpha - \gamma \mathfrak{a})\,\mathfrak{Z}_{12} - (\beta \mathfrak{a}^2 - \gamma \mathfrak{a})\,\mathfrak{Z}_{13}}{\mathfrak{Z}_{13}(4\,\mathfrak{Z}_{12} - \mathfrak{Z}_{13})}.$$

$$\mathfrak{J}_2 = \mathfrak{a}^2 I_1 = U_m \frac{2(\beta \mathfrak{a}^2 - \gamma \mathfrak{a}) - (\alpha - \gamma \mathfrak{a})}{4\,\mathfrak{Z}_{12} - \mathfrak{Z}_{13}}.$$

$$\mathfrak{J}_3 = \mathfrak{a} I_1 = -U_m \frac{2(\alpha - \gamma \mathfrak{a})\,\mathfrak{Z}_{12} + (\beta \mathfrak{a}^2 - \alpha)\,\mathfrak{Z}_{13}}{\mathfrak{Z}_{13}(4\,\mathfrak{Z}_{12} - \mathfrak{Z}_{13})}.$$

Aus diesen Gleichungen sind die Werte α, β, γ zu ermitteln. Ihre Werte geben die Größe jener Phasenspannungen an, die zur Kompensation der Unsymmetrie benötigt werden.

Aus den Reguliergleichungen ist zu ersehen, daß mit Stufung einer einzelnen Phase, bei Festhalten der anderen beiden, dennoch alle drei Phasenströme geändert werden. Mit dem Ändern der Belastungsströme ändern sich gleichfalls die Ofenleistungen der einzelnen Phasen und auch die Phasenleistungen des Ofentransformators. Dabei ist zu beachten, daß bei unsymmetrischer Lastverteilung die Aufteilung der Leistung auf die einzelnen Phasen im Transformator verschieden ist von der Aufteilung derselben im Ofen. Wir können zusammenfassend sagen:

1. Die Änderung *nur* einer Phasenspannung bedingt zwangsläufig auch die Änderung der Ströme in den anderen Phasen und bewirkt damit eine Leistungsverschiebung im Ofen.

2. Die in den Nutzwiderständen verbrauchten Phasenleistungen weisen andere Beträge auf als die ihnen entsprechenden Phasenleistungen im Transformator. Das heißt, messen wir die einzelnen Phasenleistungen im Transformator, so ergeben ihre Werte keineswegs die Verteilung der Leistungen im Ofen, auch bei Vernachlässigung der Zuleitungsverluste nicht.

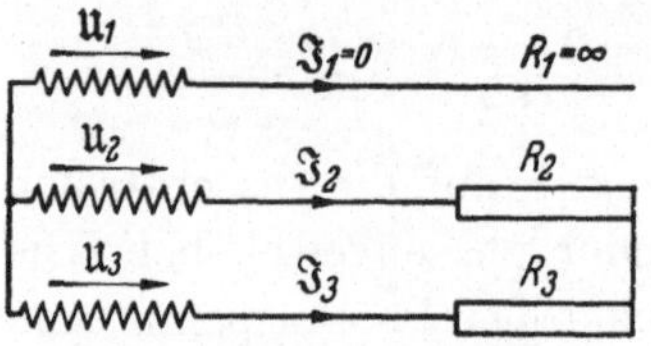

Ein besonderer Fall von Unsymmetrie kann z. B. bei Lichtbogenöfen eintreten, wenn an einer der drei Elektroden der Lichtbogen erlischt bzw. nicht zündet (Abb. 112). Es sei die Phase 1 stromlos, $\mathfrak{J}_1 = 0$, die Lichtbogenwiderstände der Phasen 2 und 3 seien R_2 bzw. R_3. Nach dem zweiten Kirchhoffschen Satz erhält man für die Spannungsgleichung des Kreises $\mathfrak{U}_2 - \mathfrak{U}_3$:

Abb. 112. Einphasige Belastung eines Drehstromlichtbogenofens.

$$\mathfrak{U}_2 - \mathfrak{U}_3 = \mathfrak{J}_2 R_2 - \mathfrak{J}_3 R_3.$$

Weiter ist:

$$\mathfrak{J}_2 + \mathfrak{J}_3 = 0 \quad \text{bzw.} \quad \mathfrak{J}_3 = -\mathfrak{J}_2.$$

Damit erhalten wir aus der Spannungsgleichung

$$\mathfrak{U}_2 - \mathfrak{U}_3 = \mathfrak{U}_{23} = \mathfrak{J}_2(R_2 + R_3)$$

$$\mathfrak{J}_2 = \frac{\mathfrak{U}_{23}}{R_2 + R_3}. \tag{31}$$

Der Ofen ist einphasig belastet, die treibende Spannung $\mathfrak{U}_{23}$ ist die verkettete Spannung zwischen den zwei stromführenden Phasenspannungen, der Widerstandswert beträgt die Summe der beiden Phasenwiderstände $R_2 + R_3$.

Neuntes Kapitel.

Transformatoren.

§ 1. Allgemeine Beziehungen.

Wird eine Spule mit der Selbstinduktion L und der Windungszahl w_1 an eine Wechselspannung $u_{(t)}$ gelegt, so wird durch den in ihr fließenden Strom $i_{(t)}$ ein Wechselfeld $\psi_{(t)}$ erzeugt, das seinerseits in der Spule eine Spannung induziert. Ist der Ohmsche Widerstand des Stromkreises vernachlässigbar klein, so muß die in der Spule induzierte Spannung e_{i1} der aufgedruckten Spannung das Gleichgewicht halten. Es ist also $u_1 + e_{i1} = 0$.

$$e_{i1} = -\frac{d\Psi}{dt} = -w_1 \frac{d\Phi}{dt} = -L\frac{di}{dt}. \tag{1}$$

Dabei denken wir den gesamten Fluß Ψ rechnerisch ersetzt durch einen fiktiven Fluß Φ, dem sog. Bündelfluß, der mit einer Windung verkettet ist. Ist $\Phi = \Phi_{max} e^{j\omega t}$, so folgt aus Gl. (1)

$$e_{i1_{max}} = -j\omega w_1 \Phi_{max} = -j\,2\pi f w_1 \Phi_{max} \text{ Volt}$$

und

$$e_{eff_1} = -j\frac{2\pi}{\sqrt{2}} f w_1 \Phi_{max} = -j\,4{,}44\,f w_1 \Phi_{max} \text{ Volt,}$$

wobei der Fluß Φ_{max} in Vs ausgedrückt ist. Wird Φ_{max} in Maxwell angegeben, so ist

$$e_{eff_1} = -j\,4{,}44\,f w_1 \Phi_{max}\,10^{-8} \text{ Volt.} \tag{2}$$

Die induzierte Spannung eilt dem Fluß und damit dem ihn erzeugenden Strom i um 90° nach, ihre Größe ist proportional der Frequenz f und der Windungszahl der Spule. Wird eine zweite Spule mit der Windungszahl w_2 in unmittelbarer Nähe der ersten von dem gleichen Fluß Φ durchflossen, so wird in ihr nach Gl. (2) eine Spannung induziert, deren Effektivwert

$$e_{eff_2} = -j\,4{,}44\,f w_2 \Phi_{max}\,10^{-8} \text{ Volt}$$

beträgt. Es verhalten sich die beiden induzierten Spannungen so wie die Windungszahlen beider Spulen. Diese Beziehung zwischen den beiden Spulen trifft das Wesentliche eines Transformators, und zwar eines unbelasteten, also bei Leerlauf.

Im allgemeinen enthalten die beiden Stromkreise der Spulen (1 primär, 2 sekundär) noch Ohmsche Widerstände $R_1 R_2$, ihre Selbstinduktionskoeffizienten seien $L_1 L_2$, weiter tritt noch ein Koeffizient der gegenseitigen Induktion M in Erscheinung. Die sekundäre Spule sei an einen Verbraucher (Belastung), dessen Ohmscher Widerstand R_a und dessen Induktivität L_a ist, angeschlossen. Es ergibt sich damit das in Abb. 113 gezeigte prinzipielle Transformatorenschaltschema.

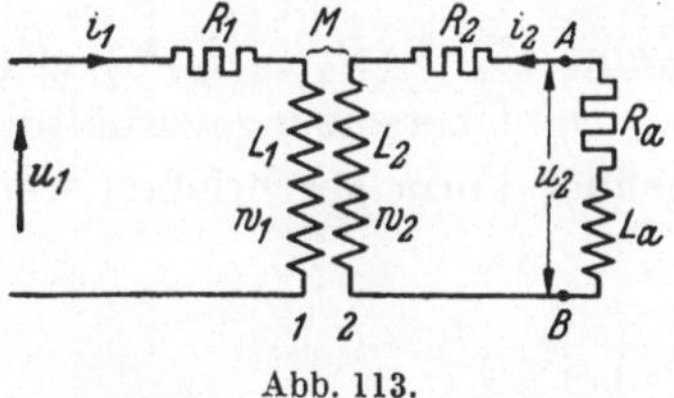

Abb. 113.
Schema eines Transformators.

Die Spannungsgleichungen für die beiden Kreise lauten:

$$u_1 = i_1 R_1 + L_1 \frac{d i_1}{d t} + M \frac{d i_2}{d t}, \tag{3}$$

$$0 = i_2 R_2 + L_2 \frac{d i_2}{d t} + M \frac{d i_1}{d t} + \left(i_2 R_a + L_a \frac{d i_2}{d t}\right). \tag{4}$$

Die aufgedrückte primäre Klemmspannung u_1 sei eine einfach harmonische Zeitfunktion

$$u_1 = \mathfrak{U}_1 e^{j\omega t}. \tag{5}$$

Für die beiden Ströme i_1 und i_2, die ja auch einfach harmonische Zeit-funktionen sein müssen, machen wir nachstehenden Lösungsansatz

$$\left.\begin{aligned} i_1 &= \mathfrak{I}_1 e^{j\omega t} \\ i_2 &= \mathfrak{I}_2 e^{j\omega t} . \end{aligned}\right\} \tag{6}$$

Weiter besteht folgende Beziehung zwischen beiden Strömen

$$\mathfrak{I}_2 = \ddot{u}\,\mathfrak{I}_1 . \tag{7}$$

ü wird das Übersetzungsverhältnis des Transformators genannt. Setzt man ferner zur Abkürzung

$$\left.\begin{aligned} R_1 + j\omega L_1 &= \mathfrak{Z}_1 \\ R_2 + j\omega L_2 &= \mathfrak{Z}_2 \\ R_a + j\omega L_a &= \mathfrak{Z}_a , \end{aligned}\right\} \tag{8}$$

so erhält man aus den Gl. (3) und (4) durch Einsetzen der Gl. (5) und (6)

$$\mathfrak{U}_1 = \mathfrak{I}_1 \mathfrak{Z}_1 + j\omega M \mathfrak{I}_2 . \tag{9}$$

$$0 = \mathfrak{I}_2 \mathfrak{Z}_2 + j\omega M \mathfrak{I}_1 + \mathfrak{I}_2 \mathfrak{Z}_a . \tag{10}$$

Nach Gl. (7) wird aus Gl. (10)

$$\left.\begin{aligned} \ddot{u} = \frac{\mathfrak{I}_2}{\mathfrak{I}_1} &= - \frac{j\omega M}{\mathfrak{Z}_2 + \mathfrak{Z}_a} = - \\ = - \frac{j\omega M}{(R_2 + R_a) + j\omega(L_2 + L_a)} &= - \frac{j\omega M[(R_2 + R_a) - j\omega(L_2 + L_a)]}{(R_2 + R_a)^2 + \omega^2(L_2 + L_a)^2} = \\ = \frac{1}{Z_s^2}[- \omega^2 M(L_2 + L_a) &- j\omega M(R_2 + R_a)], \end{aligned}\right\} \tag{11}$$

wenn $\ Z_s^2 = (R_2 + R_a)^2 + \omega^2(L_2 + L_a)^2\ $ ist.

Das Übersetzungsverhältnis ist eine komplexe Größe und kann in folgender Form geschrieben werden

$$\ddot{u} = \ddot{u}\,e^{j\vartheta} , \tag{11a}$$

wobei

$$\operatorname{tg}\vartheta = \frac{R_2 + R_a}{\omega(L_2 + L_a)} \tag{12}$$

ist. Für seinen Absolutwert erhalten wir aus Gl. (11)

$$|\ddot{u}| = \frac{\omega M}{Z_s} . \tag{13}$$

Weiter erhalten wir aus Gl. (11)

$$\mathfrak{I}_2 = - \frac{j\omega M(R_2 + R_a)}{Z_s^2}\mathfrak{I}_1 - \frac{\omega^2 M(L_2 + L_a)}{Z_s^2}\mathfrak{I}_1 .$$

Aus Gl. (9) ergibt sich damit

$$\left. \begin{aligned} \mathfrak{U}_1 &= \mathfrak{I}_1\,(R_1 + j\,\omega\,L_1) + \mathfrak{I}_1\,\frac{\omega^2\,M^2\,(R_2 + R_a)}{Z_8^2} - j\,\mathfrak{I}_1\,\frac{\omega^3\,M^2\,(L_2 + L_a)}{Z_8^2} = \\ &= \mathfrak{I}_1[R_1 + \ddot{u}^2(R_2 + R_a)] + j\,\mathfrak{I}_1[\omega\,L_1 - \ddot{u}^2\,\omega\,(L_2 + L_a)]\,. \end{aligned} \right\} \quad (14)$$

Diese Beziehung zeigt:

1. Die Widerstandsgrößen der Sekundärseite des Transformators werden mit dem Quadrat des Übersetzungsverhältnisses auf die Primärseite des Transformators reduziert.

2. Durch Anwesenheit des zweiten Kreises tritt eine Vergrößerung des Wirkwiderstandes und Verkleinerung des Blindwiderstandes auf. Setzt man

$$R_1 + \ddot{u}^2(R_2 + R_a) = R_T; \quad \omega\,L_1 - \ddot{u}^2\,\omega\,(L_2 + L_a) = \omega\,L_T, \qquad (15)$$

so läßt sich Gl. (14) schreiben

$$\mathfrak{U}_1 = \mathfrak{I}_1 R_T + j\,\mathfrak{I}_1\,\omega\,L_T = \mathfrak{I}_1(R_T + j\,\omega\,L_T). \qquad (14\mathrm{a})$$

Weiter

$$\frac{\mathfrak{U}_1}{\mathfrak{I}_1} = R_T + j\,\omega\,L_T = \mathfrak{Z}_T \qquad (16)$$

$$\varphi_1 = \operatorname{arctg}\frac{\omega\,L_T}{R_T} = \frac{\omega\,[L_1 - \ddot{u}^2\,(L_2 + L_a)]}{R_1 + \ddot{u}^2\,(R_2 + R_a)}\,. \qquad (17)$$

Im Leerlauf ist: $\mathfrak{I}_2 = 0;\ \mathfrak{I}_1 = \mathfrak{I}_{10}$.

An den Sekundärklemmen des Transformators beträgt die Spannung $\mathfrak{U}_2 = \mathfrak{I}_2(R_a + j\,\omega\,L_a)$. Aus Gl. (10) ergibt sich

$$0 = \mathfrak{I}_2\mathfrak{Z}_2 + \mathfrak{I}_2\mathfrak{Z}_a + j\,\omega\,M\,\mathfrak{I}_1 = \mathfrak{I}_2\mathfrak{Z}_2 + \mathfrak{U}_2 + j\,\omega\,M\,\mathfrak{I}_1,$$

mit $\mathfrak{I}_2 = 0$ wird daraus $0 = \mathfrak{U}_2 + j\,\omega\,M\,\mathfrak{I}_{10}$ oder

$$\mathfrak{U}_2 = -j\,\omega\,M\,\mathfrak{I}_{10} \qquad (18)$$

und

$$\varphi_{10} = \operatorname{arctg}\frac{\omega\,L_1}{R_1} \qquad (19)$$

$$\mathfrak{U}_1 = \mathfrak{I}_{10}\,(R_1 + j\,\omega\,L_1) = \mathfrak{I}_{10}\mathfrak{Z}_{T0}\,. \qquad (20)$$

Im Kurzschluß ist: $R_a + j\,\omega\,L_a = 0;\ \mathfrak{Z}_{8K} = R_2 + j\,\omega\,L_2$

$$\ddot{u}_K = \frac{\omega\,M}{Z_{8K}}, \qquad (21)$$

$$\varphi_K = \operatorname{arctg}\frac{R_2}{\omega\,L_2}\,. \qquad (22)$$

Das letzte Glied in der Gl. (3) gibt an, wie groß derjenige Anteil der Spannung ist, der von dem anderen Strom induziert wird. Der größte Wert, den M erreichen kann, ist bestimmt durch

$$M^2 = L_1 L_2\,. \qquad (23)$$

Dieser Wert kann nur theoretisch erreicht werden, wenn die beiden
Stromkreise völlig ineinander fallen, wenn beide Spulen von demselben
gleichstarken Feld durchsetzt werden (Transformator ohne Streuung).
Wenn die beiden Wicklungen nicht völlig zusammenfallen, ist M kleiner,
es ist

$$M^2 < L_1 L_2 = k^2 L_1 L_2. \tag{23a}$$

k wird der Kopplungsfaktor genannt.

Es ist

$$k^2 = k_1 k_2, \tag{24}$$

wobei

$$k_1 = \frac{M}{L_1} \; ; \quad k_2 = \frac{M}{L_2} . \tag{25}$$

Weiter bezeichnet man als totalen Streufaktor σ den Ausdruck

$$\sigma = \frac{L_1 L_2 - M^2}{L_1 L_2} = (1 - k^2) . \tag{26}$$

Mittels der hier aufgestellten Beziehungen läßt sich nun das allgemeine
Strom- und Spannungsvektorendiagramm des Transformators, und zwar,
wie wir hier ausdrücklich betonen wollen, des Lufttransformators (ohne
Eisenwege) entwerfen. Verläuft der gemeinsame magnetische Fluß im
Eisen, dadurch, daß beide Wicklungen um einen geschlossenen Eisen-
körper angeordnet sind, wie es bei technischen Transformatoren der Fall
ist, treten, abgesehen von den dabei auftretenden, weit stärkeren Feldern, Eisenverluste auf. Strom und Feld verlaufen nicht mehr gleichphasig, vielmehr eilt das Feld dem Strom um einen bestimmten Winkel nach.
Man kann die Eisenverluste durch Einführung einer komplexen Permeabilität berücksichtigen [54, 55].

Während die bisher gebrachte Darstellung hauptsächlich in der Physik
und in der theoretischen Elektrotechnik gebräuchlich ist, verwendet die
Starkstromtechnik eine andere Darstellungsweise. Wir greifen auf
Abb. 113 zurück, wobei wir der Einfachheit halber auf der sekundären
Seite an Stelle der dortigen Belastung als Belastung R_2 annehmen. Da-
mit lauten die Gl. (3) und (4)

$$u_1 = i_1 R_1 + L_1 \frac{d i_1}{d t} + M \frac{d i_2}{d t} , \tag{3a}$$

$$0 = i_2 R_2 + L_2 \frac{d i_2}{d t} + M \frac{d i_1}{d t} . \tag{4a}$$

Es ist nun

$$u_1 - i_1 R_1 = \frac{d \Psi_1}{d t} = L_1 \frac{d i_1}{d t} + M \frac{d i_2}{d t}$$

$$- i_2 R_2 = \frac{d \Psi_2}{d t} = L_2 \frac{d i_2}{d t} + M \frac{d i_1}{d t} .$$

Die beiden Flüsse Ψ_1 und Ψ_2 sind damit gegeben durch

$$\Psi_1 = L_1 i_1 + M i_2, \tag{27}$$

$$\Psi_2 = L_2 i_2 + M i_1. \tag{28}$$

Man rechnet jedoch meist nicht mit diesen Flüssen Ψ_1 und Ψ_2, weil man beide Kraftflüsse im Eisen überlagern müßte, das einfache Überlagerungsgesetz jedoch wegen der Eisensättigung nicht gilt. Man führt vielmehr einen gemeinsamen Fluß Ψ_{12} ein (Abb. 114).

Ist die Sekundärwicklung offen, so wird der Fluß durch den primären Strom i_1 erzeugt (primärer Fluß Ψ_1). Mit der Wicklung 2 ist ein bestimmter Fluß Ψ_{12} verkettet. Man denkt sich die beiden Flüsse Ψ_1 und Ψ_{12} durch Bündelflüsse Φ_1 und Φ_{12} von solcher Größe ersetzt, daß sie in den

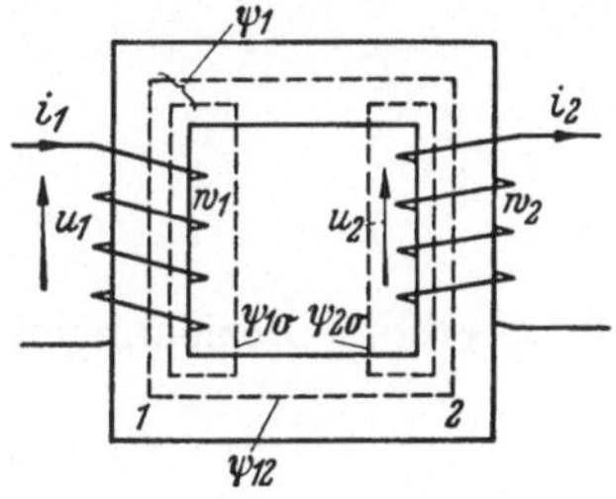

Abb. 114. Magnetische Flüsse im Transformator.

beiden Wicklungen die gleichen Gesamtflüsse ergeben würden, also

$\Phi_1 = \dfrac{\Psi_1}{w_1}$; $\Phi_{12} = \dfrac{\Psi_{12}}{w_2}$. Dabei ist $\Phi_{12} < \Phi_1$.

Man bezeichnet

$$\Phi_1 - \Phi_{12} = \Phi_{\sigma_1} \tag{29}$$

als den primären Streufluß.

Weiter ist:

Primäre Gesamtinduktivität $\qquad L_1 = \dfrac{w_1 \Phi_1}{i_1}$, $\hfill$ (30)

Primäre Streuinduktivität $\qquad L_{\sigma_1} = \dfrac{w_1 \Phi_{\sigma_1}}{i_1}$, $\hfill$ (31)

Primäre Hauptfeldinduktivität $L_{h_1} = L_1 - L_{\sigma_1} = \dfrac{w_1 \Phi_{12}}{i_1}$, $\hfill$ (32)

Gegeninduktivität $\qquad M = \dfrac{w_2 \Phi_{12}}{i_1}$. $\hfill$ (33)

Es ist

$$L_{h_1} = \frac{w_1}{w_2} M, \tag{34}$$

$$L_{\sigma_1} = L_1 - \frac{w_1}{w_2} M. \tag{35}$$

Ebenso finden wir für die Sekundärseite

Sekundäre Gesamtinduktivität $\qquad L_2 = \dfrac{w_2 \Phi_2}{i_2}$, $\hfill$ (36)

Sekundäre Streuinduktivität $\qquad L_{\sigma_2} = \dfrac{w_2 \Phi_{\sigma_2}}{i_2}$, $\hfill$ (37)

Sekundäre Hauptfeldinduktivität $L_{h_2} = L_2 - L_{\sigma_2} = \dfrac{w_2 \Phi_{12}}{i_2}$ $\hfill$ (38)

$$L_{h_2} = \frac{w_2}{w_1}\,M\,, \tag{39}$$

$$L_{\sigma_2} = L_2 - \frac{w_2}{w_1}\,M\,. \tag{40}$$

Weiter ist

$$M = \sqrt{L_{h_1}\,L_{h_2}} \tag{41}$$

$$\frac{L_{h_1}}{L_{h_2}} = \frac{w_1^2}{w_2^2} \tag{42}$$

und

$$\sigma = \frac{L_{\sigma_1}}{L_1} + \frac{L_{\sigma_2}}{L_2}\,. \tag{43}$$

Mittels dieser Beziehungen folgt aus den Gl. (27) und (28)

$$\left.\begin{aligned}
\Psi_1 &= L_{\sigma_1}\,i_1 + \frac{M}{w_2}\,(w_1\,i_1 + w_2\,i_2) = \\
&= \left(L_1 - \frac{w_1}{w_2}\,M\right) i_1 + \frac{M}{w_2}\,(w_1\,i_1 + w_2\,i_2)\,.
\end{aligned}\right\} \tag{44}$$

$$\left.\begin{aligned}
\Psi_2 &= L_{\sigma_2}\,i_2 + \frac{M}{w_1}\,(w_2\,i_2 + w_1\,i_1) = \\
&= \left(L_2 - \frac{w_2}{w_1}\,M\right) i_2 + \frac{M}{w_1}\,(w_1\,i_1 + w_2\,i_2)\,.
\end{aligned}\right\} \tag{45}$$

Diese beiden Gleichungen bedeuten jedoch nur eine rein mathematische Zerlegung ohne physikalische Realität. Darin bedeuten

$$\left(L_1 - \frac{w_1}{w_2}\,M\right) i_1 \quad \text{bzw.} \quad \left(L_2 - \frac{w_2}{w_1}\,M\right) i_2$$

die Streuflüsse und

$$\frac{M}{w_2}\,(w_1\,i_1 + w_2\,i_2) \quad \text{bzw.} \quad \frac{M}{w_1}\,(w_1\,i_1 + w_2\,i_2)$$

die Ausdrücke für den gemeinsamen Fluß.

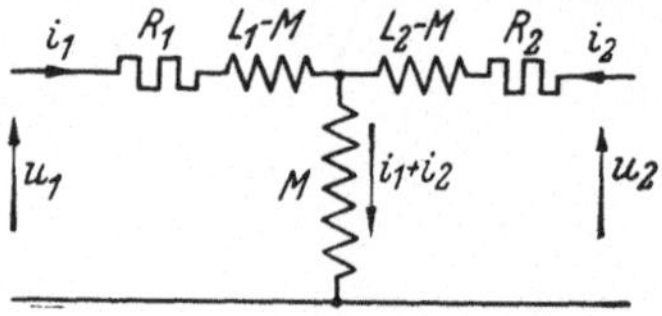

Damit ergeben sich für das elektrische Schaltbild eines Transformators folgende zwei Ersatzschemen (Abb. 115 und 116).

Bei Vernachlässigung der Ohmschen Widerstände ergeben sich einfachere, übersichtlichere Verhältnisse, die der Vollständigkeit halber hier noch kurz zusammengefaßt gebracht werden sollen. Die vom gemeinsamen Fluß in den beiden Wicklungen im Leerlauf induzierten Spannungen $e_{i_1}\,e_{i_2}$ sind, wenn i_0 der Leerlaufstrom bedeutet,

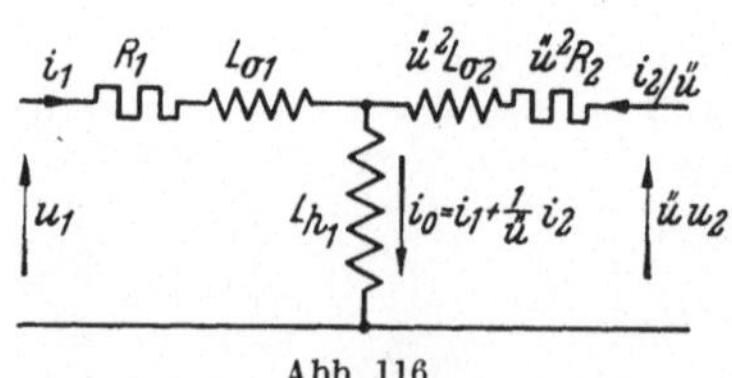

Abb. 115.
Ersatzbild erster Art des Transformators.

Abb. 116.
Ersatzbild zweiter Art des Transformators.

$$e_{i_1} = - L_{h_1} \frac{d\,i_0}{d\,t} = - j\,\omega\,L_{h_1}\,I_0\,e^{j\,\omega\,t}\,, \qquad (46)$$

$$e_{i_2} = - M \frac{d\,i_0}{d\,t} = - j\,\omega\,M\,I_0\,e^{j\,\omega\,t}\,. \qquad (47)$$

Im Kurzschluß, wobei die Spannung an der Primärwicklung e_K beträgt, ist:

$$e_K = i_1 L_1 \omega + i_2 M \omega\,,$$
$$0 = i_2 L_2 \omega + i_1 M \omega\,;$$

daraus ist
$$\frac{i_2}{i_1} = - \frac{M}{L_2}$$

und $\quad e_K = i_1 \left(L_1 \omega - \frac{M^2}{L_2} \omega\right) = i_1 L_1 \omega \left(1 - \frac{M^2}{L_1 L_2}\right) = i_1 L_1 \omega \cdot \sigma\,. \qquad (48)$

$\omega L_1 \cdot \sigma$ ist die primärseitig gemessene Kurzschlußreaktanz des Transformators, die auf die Primärseite bezogene Streureaktanz des Transformators; ebenso ergibt sich auf die Sekundärseite bezogen der Wert $\omega L_2 \cdot \sigma$, man läßt also sämtliche Streukraftlinien in der Primärwicklung bzw. in der Sekundärwicklung auftreten und erhält damit die auf die betreffende Wicklung bezogene totale Streureaktanz des Transformators.

Wie bereits erwähnt, treten im Eisen des Transformators infolge der Magnetisierung Verluste auf. Es wird also der Leerlaufstrom I_0 selbst nicht reiner Magnetisierungsstrom sein I_m, sondern noch eine Wattkomponente I_w entsprechend den Eisenverlusten (bei Vernachlässigung seiner sehr geringen Kupferverluste) aufweisen. Diesen Verluststrom kann man sich im Schaltbild bewirkt denken durch einen Ohmschen Widerstand R_v, der parallel zur Hauptfeldreaktanz $X_h = \omega L_h$ angeordnet ist. Damit erhält man als vollständiges Ersatzbild eines Transformators Abb. 117. Da der Magnetisierungsstrom bzw. der Leerlaufstrom bei technischen Transformatoren sehr klein ist, einige Prozent des Vollaststromes, wird er bei allgemeinen orientierenden Betrachtungen der Verhältnisse meist vernachlässigt. Bezeichnet man mit $\omega L \sigma_1 = X_{\sigma_1}$ bzw. $\omega L \sigma_2 = X_{\sigma_2}$ die Streureaktanzen, so ergibt sich damit nachstehendes vollständiges Transformatorenvektordiagramm (Abb. 118).

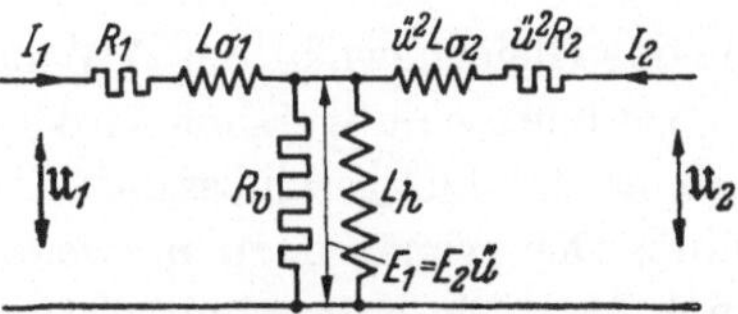

Abb. 117. Berücksichtigung der Eisenverluste im Ersatzbild.

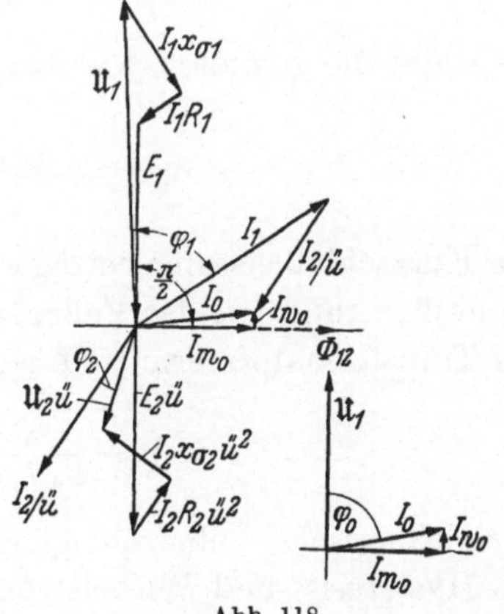

Abb. 118.
Das Vektordiagramm des Transformators.

Im Leerlaufversuch bestimmt man das Übersetzungsverhältnis und die Leerlaufverluste (Eisenverluste) aus der Leerlaufsleistung N_0.

$$\frac{E_1}{E_2} = \frac{w_1}{w_2} = \ddot{u}\,. \qquad (49) \qquad\qquad \cos\varphi_0 = \frac{I_{w_0}}{I_0}\,. \qquad (50)$$

Weiter ist

$$R_v = \frac{U_1}{I_{w_0}}, \qquad (51)$$

$$\chi_h = \frac{U_1}{I_{m_0}}\,. \qquad (52)$$

Die Leerlaufsverlustleistung beträgt ungefähr 1,5% der Vollastleistung bei kleinen und rund 0,2% bei großen Transformatoren. Bei Drehstrom-transformatoren ist unter U die Pha-senspannung U_φ zu verstehen, wobei $U_\varphi \sqrt{3} = U_v$ die verkettete Spannung be-deutet. Bei Vernachlässigung des Leerlauf-stromes, der nur einige Prozent des Voll-laststromes beträgt, vereinfacht sich das Diagramm, wie Abb. 119 zeigt. Es besteht dann die Relation

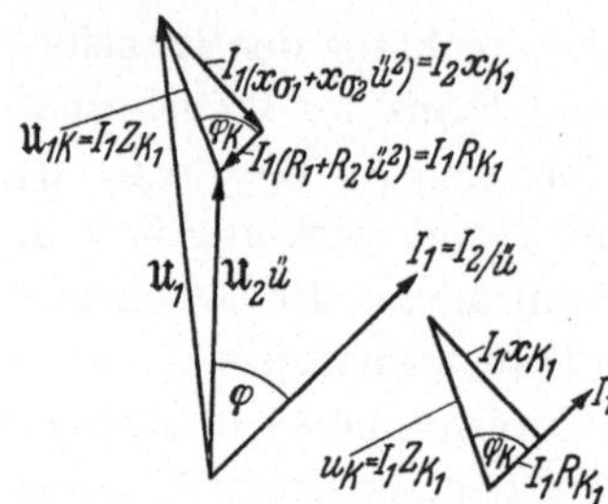

Abb. 119. Vereinfachtes Vektordia-gramm des Transformators.

$$I_1 w_1 = I_2 w_2, \qquad (53)$$

die das Gleichgewicht der AW ausdrückt.

Im Kurzschlußversuch wird der Transformator primär so weit erregt, daß er bei kurzgeschlossener Sekundärwicklung den normalen Strom führt. Die primär dazu notwendige Spannung ist die Kurzschlußspan-nung U_K. Die Kurzschlußleistung ermittelt man aus der Angabe des Wattmeters. Es ist

$$N_K = I_1^2 R_{K_1}\,. \qquad (54)$$

Sie ergibt die gesamten Kupferverluste. Weiter ist

$$\cos\varphi_K = \frac{I_1 R_{K_1}}{U_K}\,. \qquad (55)$$

Die Kurzschlußleistung beträgt bei kleinen Transformatoren rund 4%, bei großen rund 1% der Vollastleistung. Damit kann der Wirkungsgrad des Transformators ermittelt werden. Es ist

$$\eta = \frac{U_2 I_2 \cos\varphi_2}{U_2 I_2 \cos\varphi_2 + N_0 + N_K}\,. \qquad (56)$$

Zur rechnerischen, überschlägigen Ermittlung der Eisenverluste, die sich aus Hysteresis- und Wirbelstromverlusten zusammensetzen, verwendet man nachstehende praktische Formel.

Die Hysteresisverluste ergeben

$$p_h = v_h \frac{f}{100} \left(\frac{\mathfrak{B}}{10\,000}\right)^2 \text{Watt/kg} . \tag{57}$$

Dabei bedeutet f die Frequenz, $\mathfrak{B}$ die Induktion in Gauß. v_h ist bei guten Blechen $v_h = 2$, bei gewöhnlichen $v_h \sim 4.5$.

Die Wirbelstromverluste ermittelt man zu

$$p_w = v_w \left(\frac{f}{100}\right)^2 \left(\frac{\mathfrak{B}}{10\,000}\right)^2 \text{Watt/kg} , \tag{58}$$

wobei

$$v_w = 5{,}6 \text{ für } 0{,}5 \ \text{ mm Blech (gewöhnliches Dynamoblech)}$$
$$= 3{,}2 \text{ für } 0{,}35 \text{ mm Blech (gewöhnliches Dynamoblech)}$$
$$v_w = 1{,}2 \text{ für } 0{,}5 \ \text{ mm Blech (hochlegiertes Blech)}$$
$$= 0{,}6 \text{ für } 0{,}35 \text{ mm Blech (hochlegiertes Blech)} .$$

Damit erhält man für die Gesamtverluste

$$p_{fe} = \left(v_h \frac{f}{100} + v_w \left(\frac{f}{100}\right)^2\right) \left(\frac{\mathfrak{B}}{10\,000}\right)^2 \text{Watt/kg} . \tag{59}$$

Ist $f = 50$ Hz, wird

$$p_{fe} = (0{,}5\,v_h + 0{,}25\,v_w) \left(\frac{\mathfrak{B}}{10\,000}\right)^2 = v_{fe}\left(\frac{\mathfrak{B}}{10\,000}\right)^2 \text{Watt/kg} , \tag{60}$$

wobei v_{fe} die Verlustziffer bedeutet.

Für $\mathfrak{B} = 10\,000$ Gauß und $f = 50$ Hz ist $v_{fe} = 3{,}6 - 1{,}35$ W/kg. Im allgemeinen werden für Transformatoren Bleche mit einer Verlustziffer von $1{,}1 - 1{,}3$ Watt/kg verwendet.

Bei Drehstromtransformatoren liegen die Primär- und die Sekundärspule gemeinsam je auf einem besonderen Kern, wobei die Kerne zu einer Einheit zusammengebaut werden. Da sowohl die Primär- wie auch die Sekundärwicklungen in Dreieck, Stern oder Zickzack geschaltet werden können, ergeben sich damit bekanntlich eine große Zahl von Transformatorenschaltgruppen. Es liegt außerhalb des Rahmens dieses Buches, das elektrische Verhalten dieser Schaltungen, ihre Verwendungsmöglichkeit beim Parallelarbeiten von Transformatoren zu untersuchen.

Da jedoch der Drehstromofenbetrieb stets eine Unsymmetrie hinsichtlich der Leistungsaufteilung auf die drei Phasen aufweist, soll das Verhalten einiger bei dem Ofenbetrieb gebräuchlicher Transformatorenschaltungen bei unsymmetrischer Belastung untersucht werden. Der Einfachheit und Übersichtlichkeit halber vernachlässigen wir dabei die inneren Spannungsabfälle in den Wicklungen der Transformatoren, so daß aufgedrückte Netzspannung und innere induzierte Transformatorenspannung absolut gleiche Größe aufweisen. Weiter nehmen wir die Windungszahlen der primären w_p und sekundären w_s Wicklungen gleichgroß an, es ist also das Übersetzungsverhältnis $w_p/w_s = \ddot{u} = 1$. Eine Umrechnung auf ein gegebenes Übersetzungsverhältnis bringt keine Schwierigkeiten.

§ 2. Ofentransformatorenschaltungen und ihre Belastungsverhältnisse.

Die größte Unsymmetrie erfährt ein Drehstromtransformator bei einphasiger Belastung. Es sei ein Drehstromtransformator in λ/λ-Schaltung [Schaltgruppe $A_2(Yy0)$ oder $B_2(Yy6)$] sekundär einphasig durch den Ofenstrom I_0 belastet (Abb. 120).

Wir fragen nach der Verteilung des Laststromes im Transformator und in seiner Zuleitung. Bei Vernachlässigung des Magnetisierungsstromes verlangt das magnetische Gleichgewicht der AW (Amperewindungen) nachstehende Beziehung

$$i_1 + i_2 - I_2 - I_1 = 0.$$

Weiter ist

$$I_1 = I_0; \quad I_2 = -I_0;$$

daraus folgt:

$$I_1 = -I_2,$$
$$i_1 = -i_2.$$

Die Stromverteilung ist eindeutig. In der Zuleitung zum Transformator ist eine Phase stromlos, während die beiden anderen Phasen den Einphasenstrom als Hin- und Rückleiter führen.

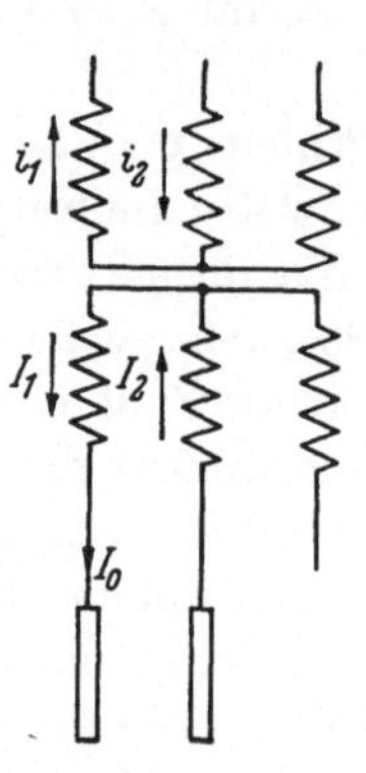

Abb. 120.

Einphasige Belastung eines λ/λ-Transformators.

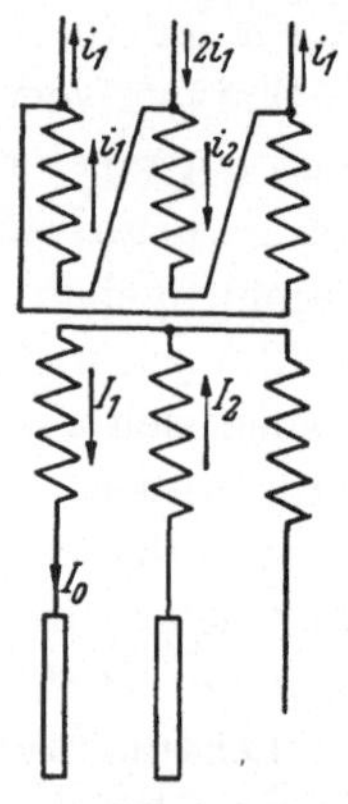

Abb. 121.

Einphasige Belastung eines Δ/λ-Transformators.

Ähnlich einfach gestaltet sich die Stromverteilung bei folgender Transformatorschaltung (Abb. 121). [Schaltgruppe C_1 (Dy5), D_1 (Dy11).]

$$i_1 + i_2 - I_2 - I_1 = 0,$$
$$I_1 = I_0; \quad I_2 = -I_0,$$
$$i_2 = -i_1.$$

Auch hier haben die Wicklungsströme gleiche Größe. In der Leitung zum Transformator führt ein Leiter den doppelten Strom.

In den beiden hier betrachteten Fällen wirkt sich der Kernaufbau des Transformators (Kern- oder Manteltransformator oder zusammengeschaltete Einphasentransformatoren) nicht aus, da Primär- und Sekundäramperewindungen sich auf jedem einzelnen Schenkel ausgleichen können.

Als weiteres Beispiel soll die einphasige Belastung der Schaltung $D_2(Yd11)$ eines Drehstromtransformators gebracht werden (Abb. 122). Der Einphasenstrom sei I_{0e}. Die Stromverteilung in der Dreieckswicklung ergibt

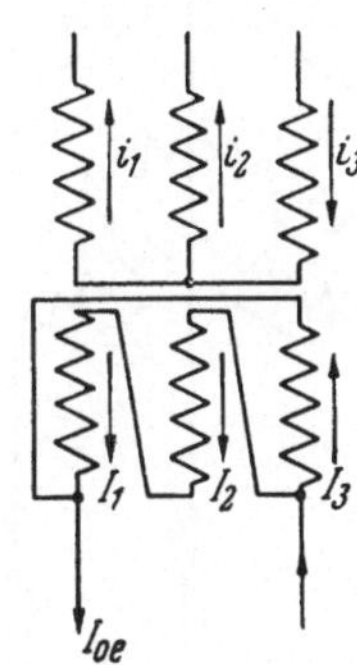

$$\left.\begin{array}{l} I_3 + I_1 = I_{0e} \\ I_3 + I_2 = I_{0e} \end{array}\right\} \text{ daraus } I_1 = I_2$$

$$I_3 = 2I_1$$

$$2I_1 + I_1 = I_{0e}$$

$$I_1 = \frac{I_{0e}}{3} = I_2; \quad I_3 = \frac{2I_{0e}}{3}.$$

Abb. 122. Einphasige Belastung eines λ/Δ-Transformators.

Weiter ist

$$i_1 - i_2 + I_2 - I_1 = 0$$
$$i_1 + i_3 - I_3 - I_1 = 0$$
$$i_1 - i_2 = 0 \qquad i_1 = i_2$$
$$i_2 + i_3 = I_{0e}$$
$$i_1 + i_3 = I_{0e}$$
$$i_3 = i_1 + i_2 = 2i_1.$$

Soll nun etwa einphasig dieselbe Leistung dem Ofen zugeführt werden, die er dreiphasig normal aufnimmt, so ist

$$I_{0e}U = \sqrt{3}I_{0d}U \quad \text{oder} \quad I_{0e} = \sqrt{3}I_{0d}$$

und daher

$$I_3 = \frac{2}{3}I_{0e} = \frac{2}{\sqrt{3}}I_{0d}; \quad I_1 = I_2 = \frac{1}{\sqrt{3}}I_{0d}.$$

In den Zuleitungen treten wie früher ungleiche Ströme und damit ein unsymmetrischer Spannungsabfall auf.

Vielfach werden bei Großöfen drei Einphasentransformatoren zu einer Drehstromtransformatorengruppe zusammengesetzt. Diese Einphasentransformatoren haben gleiche Nennleistung, gleiche primäre Nennspannungen und gleiches Übersetzungsverhältnis. Je nach der Wahl der Netzbzw. der benötigten Ofenspannungen werden sie in Δ/Δ oder Δ/λ und umgekehrt geschaltet. Bei Ausfall einer dieser drei Einphaseneinheiten kann der Ofen mit den beiden anderen Einheiten, allerdings bei verminderter Belastung, weiter betrieben werden. Es sollen nun die Schaltarten mit zwei Einphasentransformatoren kurz erläutert werden.

Zur Abgabe dreiphasiger Belastung können die beiden Einphasentransformatoren in der sogenannten V/V-Schaltung (Abb. 123) geschaltet werden [56]. Man kann sich die sekundäre Stromaufteilung auf die beiden Transformatoren aus der Δ-Schaltung eines Drehstromtransformators entwickelt denken. Es ist

$$I_{\mathrm{I}} = I_1 + I_{\mathrm{III}}$$
$$I_{\mathrm{II}} = I_3 + I_{\mathrm{I}}$$
$$I_{\mathrm{III}} = I_2 + I_{\mathrm{II}}$$

oder

$$I_1 = I_{\mathrm{I}} \quad - I_{\mathrm{III}}$$
$$I_3 = I_{\mathrm{II}} - I_{\mathrm{I}}$$
$$I_2 = I_{\mathrm{III}} - I_{\mathrm{II}}.$$

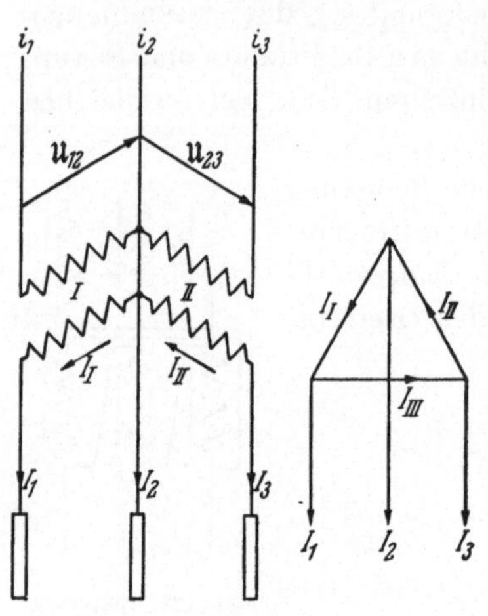

Abb. 123. Die V/V-Schaltung zweier Einphasentransformatoren.

Die Belastung ($I_1 I_2 I_3$) soll bestehen bleiben, I_{III} jedoch Null werden

$$I_{\mathrm{III}} = 0,$$

damit wird

$$I_1 = I_{\mathrm{I}}$$
$$I_2 = - I_{\mathrm{II}}.$$

Damit erhält man die Vektorabb. 124. Die beiden Transformatorenströme I_{I} und I_{II} sind auch bei rein Ohmscher Belastung gegenüber ihren Spannungen um 30° phasenverschoben, und zwar im Transformator I induktiv, im Transformator II dagegen kapazitiv. Die Leistung des Transformators I beträgt somit, wenn man setzt $|\mathfrak{U}_{12}| = |\mathfrak{U}_{23}| = U$,

$$N_{\mathrm{I}} = \mathfrak{U}_{12} I_{\mathrm{I}} \cos 30° = U I_{\mathrm{I}} \frac{1}{2} \sqrt{3} \quad (61\,\mathrm{a})$$

und die des Transformators II

$$N_{\mathrm{II}} = \mathfrak{U}_{23} I_{\mathrm{II}} \cos 30° =$$
$$= U I_{\mathrm{II}} \frac{1}{2} \sqrt{3}. \quad (61\,\mathrm{b})$$

Die gesamte übertragene Leistung somit ($I_{\mathrm{I}} = I_{\mathrm{II}} = I$)

$$\Sigma N = U I \sqrt{3}. \quad (62)$$

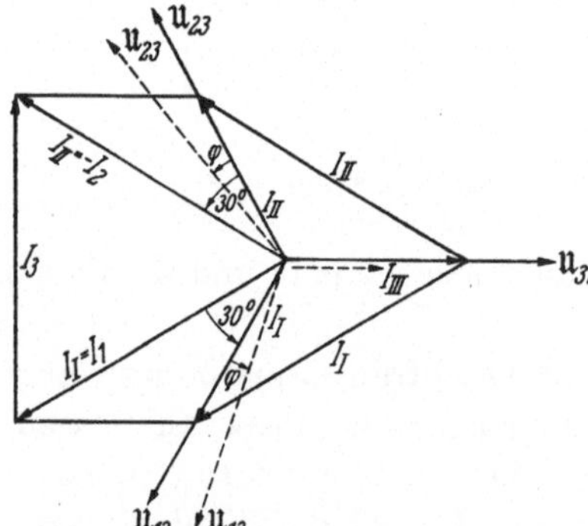

Abb. 124.
Vektordiagramm der V/V-Schaltung.

Die Vollastleistung der beiden Transformatoren beträgt jedoch $2\,UI$. Es ist somit das Verhältnis der in der V/V-Schaltung übertragenen Leistung zur normalen einphasig übertragbaren Leistung

$$\frac{N_V}{\Sigma N_E} = \frac{\sqrt{3}}{2} = 0{,}866\,. \tag{63}$$

In der V/V-Schaltung können somit die Einphasentransformatoren nur zu 86,6% ihrer normalen deklarierten Einphasenleistung ausgenutzt werden. Die Verbraucherleistung beträgt $(|I_1| = |I_2| = |I_3| = I\,|)\; N = \dfrac{I\,U}{\sqrt{3}} \cdot 3$

$= \sqrt{3}\,UI$. Bei einer komplexen Belastung mit dem Phasenwinkel φ (Abb. 124) wird die Lastaufteilung auf die beiden Transformatoren ungleichmäßig, es ergibt sich, wie man aus dem Vektordiagramm ablesen kann, für die Gesamtleistung beider Transformatoren

$$\begin{aligned} \Sigma N &= UI\cos(30+\varphi) + UI\cos(30-\varphi) \\ &= UI\sqrt{3}\cdot 2\cos 30\cos\varphi = 3\,UI\cos\varphi\,. \end{aligned} \right\} \tag{64}$$

Im Vergleich zur vollen Drehstromleistung mit drei Einphasentransformatoren geht die dem Ofen zur Verfügung stehende Leistung bei der V/V-Schaltung auf 57,75% zurück.

Wie bereits erwähnt, ist der Transformator I induktiv, der Transformator II kapazitiv belastet. Diese unterschiedliche Belastungsart hat in den Impedanzen beider Transformatoren verschieden gerichtete Spannungsabfälle zur Folge. Damit ergeben sich auch an den Sekundärklemmen der Transformatoren unterschiedliche, gegeneinander verdrehte Spannungen, es tritt eine Verzerrung des Spannungssystems und damit auch des Stromsystems auf. Bezeichnet man mit Δu_r den prozentuellen Ohmschen Spannungsabfall in einem Transformator, mit Δu_x den induktiven Spannungsabfall, so ist allgemein der gesamte Spannungsabfall ΔU im Transformator in erster Näherung

$$\Delta U = \Delta u_r \cos\varphi + \Delta u_x \sin\varphi\,. \tag{65}$$

Setzen wir $\Delta u_r \cong 0$ infolge seiner Kleinheit, so wird in unserem Fall für den Transformator I

$$\Delta U_\mathrm{I} = \Delta u_x \sin(30+\varphi)$$

und ebenso für den Transformator II

$$\Delta U_\mathrm{II} = -\Delta u_x \sin(30-\varphi)\,.$$

Daraus ergibt sich als gesamter Spannungsabfall angenähert

$$\Delta U_\mathrm{I+II} = \Delta u_x \sqrt{3}\,\sin\varphi\,. \tag{66}$$

Zur Ermittlung der Stromverteilung in den Leitern ohne Berücksichtigung der Magnetisierungsströme dient nachstehendes Ersatzbild der V/V-Schaltung (Abb. 125). Es bezeichnet Z_K die Kurzschlußimpedanz jedes Transformators, $I_1'\,I_2'\,I_3'$ die auf die Primärseite reduzierten Lastströme, $i_1\,i_2\,i_3$ die Lastströme in den primären Zuleitungen und $Z_1'\,Z_3'\,Z_2'$ die auf die Primärseite reduzierten Belastungsimpedanzen.

Es gelten folgende Beziehungen, die zur Ermittlung der Ströme $i_1\,i_3\,i_2$ führen.

$$\mathfrak{U}_{12} - i_3 Z_3' + i_1(Z_K + Z_1') = 0$$
$$\mathfrak{U}_{23} - i_2(Z_K + Z_2') + i_3 Z_3' = 0$$
$$i_1 + i_2 + i_3 = 0.$$

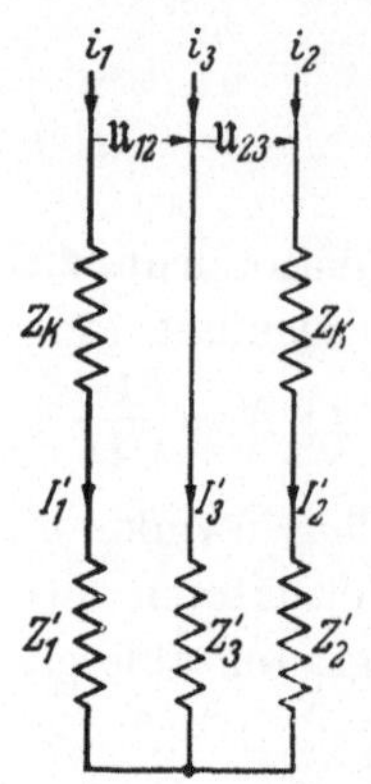

Abb. 125. Ersatzbild der V/V-Schaltung.

Diese Vektorgleichungen führen zur Ermittlung der unbekannten Ströme $i_1\,i_2\,i_3$. Es ergibt sich nach einer längeren, aber elementaren Rechnung

$$i_1 = -\,\frac{\mathfrak{U}_{12}\,(Z_K + Z_2' + Z_3') + \mathfrak{U}_{23}\,Z_3'}{(Z_K + Z_2' + Z_3')\,(Z_K + Z_1') + Z_3'\,(Z_K + Z_2')} = -\,I_1', \qquad (67)$$

$$i_2 = \frac{\mathfrak{U}_{12}\,Z_2' + \mathfrak{U}_{23}\,(Z_K + Z_1' + Z_3')}{(Z_K + Z_2' + Z_3')\,(Z_K + Z_1') + Z_3'\,(Z_K + Z_2')} = -\,I_2', \qquad (68)$$

$$i_3 = \frac{\mathfrak{U}_{12}\,(Z_K + Z_3') - \mathfrak{U}_{23}\,(Z_K + Z_1')}{(Z_K + Z_2' + Z_3')\,(Z_K + Z_1') + Z_3'\,(Z_K + Z_2')} = -\,I_3'. \qquad (69)$$

Ist bei Lastsymmetrie $Z_1' = Z_2' = Z_3' = Z'$, so vereinfachen sich obige Beziehungen zu

$$i_1 = -\,\frac{\mathfrak{U}_{12}\,(Z_K + 2\,Z') + \mathfrak{U}_{23}\,Z'}{(Z_K + 3\,Z')\,(Z_K + Z')}, \qquad (67a)$$

$$i_2 = \frac{\mathfrak{U}_{12}\,Z' + \mathfrak{U}_{23}\,(Z_K + 2\,Z')}{(Z_K + 3\,Z')\,(Z_K + Z')}, \qquad (68a)$$

$$i_3 = \frac{\mathfrak{U}_{12} - \mathfrak{U}_{23}}{Z_K + 3\,Z'}. \qquad (69a)$$

Wie ersichtlich, weisen trotz Lastsymmetrie die Ströme $i_1\,i_2$ bzw. i_3 unterschiedliche Werte auf; dieser Unterschied ist auf die Berücksichtigung der Transformatorenreaktanz zurückzuführen. Die infolge dieses Unterschiedes auftretende Stromunsymmetrie ist abhängig von den Größen Z_K und Z'. Da jedoch Z_K im allgemeinen gegenüber Z' sehr klein ist (rd. 10%), ist auch die Unsymmetrie praktisch unbedeutend. Für $Z_K = 0$ verschwindet sie, es ist dann

$$i_1 = -\frac{2\,\mathfrak{U}_{12} + \mathfrak{U}_{23}}{3\,Z'} = \frac{\mathfrak{U}_{31} - \mathfrak{U}_{12}}{3\,Z'},$$

$$i_2 = \frac{\mathfrak{U}_{12} + 2\,\mathfrak{U}_{23}}{3\,Z'} = \frac{\mathfrak{U}_{23} - \mathfrak{U}_{31}}{3\,Z'},$$

$$i_3 = \frac{\mathfrak{U}_{12} - \mathfrak{U}_{23}}{3\,Z'}.$$

Es sind dann alle drei Ströme absolut gleichgroß, wie wir es bereits früher fanden.

Als weitere Ersatzmöglichkeit zum Betrieb des Ofens soll die einphasige Belastung der V/V-Schaltung untersucht werden (Abb. 126). Wir nehmen wieder das Übersetzungsverhältnis $\ddot{u} = 1$ an. Weiter ist absolut $|\mathfrak{U}_{12}| = |\mathfrak{U}_{23}| = U$. Bei rein Ohmscher Belastung beträgt auf der Sekundärseite bei einem Ofenstrom I die Leistung

$$N = U\,I. \tag{70}$$

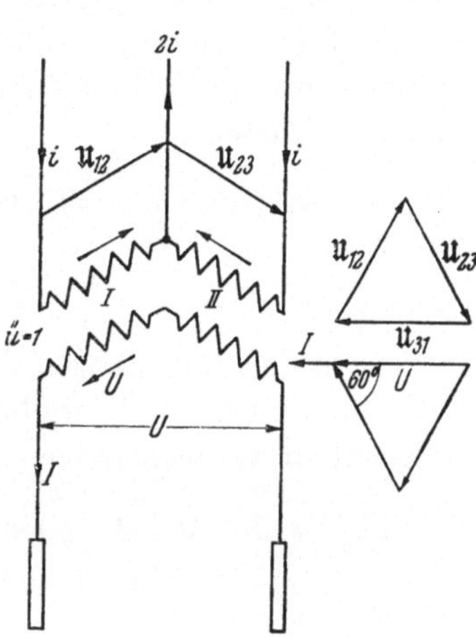

Abb. 126.   V/E-Schaltung.

Der Strom I schließt mit den Spannungen der beiden Transformatoren je einen Winkel von 60° ein; damit erhält man für die Leistungen der Transformatoren

$$\left.\begin{array}{l} N_{\mathrm{I}} = U\,I\cos 60° = \dfrac{1}{2}\,U\,I \\[2mm] N_{\mathrm{II}} = U\,I\cos 60° = \dfrac{1}{2}\,U\,I. \end{array}\right\} \tag{71}$$

Jeder Transformator ist nur zu 50% seiner Volllastleistung ausgenutzt. Das einphasige, sekundäre Stromsystem überträgt sich einphasig auf die Primärseite derart, daß zwei Leiter den Laststrom, der dritte Leiter den doppelten Strom führt.

Bei induktiv komplexer Belastung eilt der Stromvektor dem Spannungsvektor um den Winkel φ nach (Abb. 127). Die Ofenleistung beträgt:

$$N = U\,I\cos\varphi. \tag{72}$$

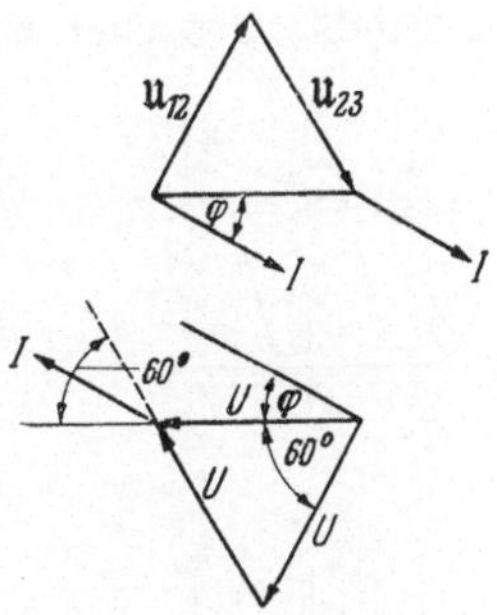

Sie teilt sich auf die beiden Transformatoren folgendermaßen auf:

Abb. 127.   Vektordiagramm
der V/E-Schaltung.

$$\left.\begin{array}{l} N_{\mathrm{I}} = U\,I\cos(60 + \varphi) = U\,I\,(\cos 60\cos\varphi - \sin 60\sin\varphi) \\[2mm] N_{\mathrm{II}} = U\,I\cos(60 - \varphi) = U\,I\,(\cos 60\cos\varphi + \sin 60\sin\varphi). \end{array}\right\} \tag{73}$$

Daraus ergibt sich als Summenleistung der obige Wert

$$N = N_{\mathrm{I}} + N_{\mathrm{II}} = U I \cos \varphi.$$

Die Aufteilung der Leistung auf die beiden Transformatoren ist sehr ungleichmäßig; schon bei verhältnismäßig kleinen Phasenverschiebungen ($\varphi > 30°$, $\cos \varphi < 0{,}866$) kehrt sich die Leistungsrichtung im Transformator I um, seine Leistung wie auch die dem Ofen zugeführte Leistung, muß der Transformator II übernehmen. Auch bei dieser Schaltung ist der Transformator I induktiv, der Transformator II bei $\varphi = 0$ bis $60°$ kapazitiv belastet.

Ist im Grenzfall $\varphi = 60°$, wird $N_{\mathrm{II}} = U I$, $N_{\mathrm{I}} = -\dfrac{1}{2} U I$ und

$$N = \frac{1}{2} U I = U I \cos 60°.$$

Für den an den Impedanzen der Transformatoren auftretenden prozentuellen Spannungsabfall ergibt sich, wenn wir auch hier $\varDelta u_r$ wegen seiner Kleinheit vernachlässigen ($\varDelta u_r = 0$)

$$\varDelta U_{\mathrm{I}} = \varDelta u_x \sin (60 + \varphi) = \varDelta u_x (\sin 60 \cos \varphi + \cos 60 \sin \varphi)$$
$$\varDelta U_{\mathrm{II}} = -\varDelta u_x \sin (60 - \varphi) = -\varDelta u_x (\sin 60 \cos \varphi - \cos 60 \sin \varphi),$$

und somit der gesamte perzentuelle Spannungsabfall

$$\varDelta u_{\mathrm{I+II}} = \varDelta u_x 2 \cos 60 \sin \varphi = \varDelta u_x \sin \varphi. \tag{74}$$

Eine im Ofenbetrieb häufig vorkommende Ersatzschaltung für Einphasenbetrieb besteht in folgender Kombination:

Zwei Einphasentransformatoren sind primär (auf der Drehstromseite) in V-Schaltung und sekundär in umgekehrter Verkettung in V-Schaltung zum Anschluß an die Einphasenlast geschaltet. Diese Schaltung läßt sich aus der $\varDelta/\lambda$-Schaltung eines Drehstromtransformators entwickeln, an den sekundär zwischen zwei Phasen eine Einphasenlast angeschlossen ist.

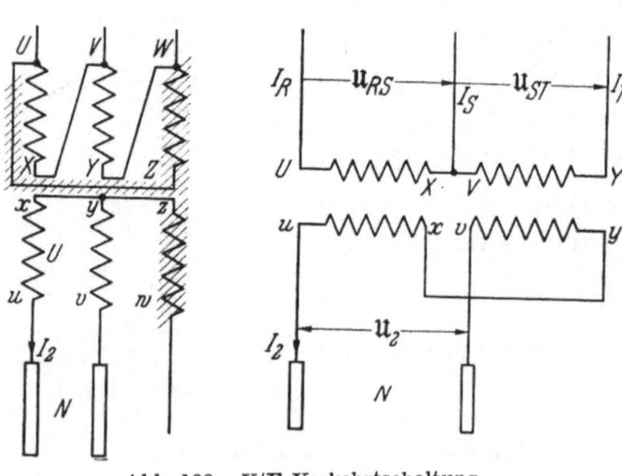

Läßt man dabei die unbelastete Wicklung der dritten Phase primär und sekundär weg, so entsteht die erwähnte Schaltung (Abb. 128).

Die sekundäre Klemmspannung beträgt, wenn die Phasenspannung [primär, wie auch sekundär ($\ddot{u} = 1$)] den Wert U besitzt, $U_2 = U \sqrt{3}$. Ist zu-

Abb. 128. V/E-Verkehrtschaltung.

nächst N eine rein Ohmsche Belastung, dann ergibt sich der Sekundärstrom I_2 zu

$$I_2 = \frac{N}{U_2} = \frac{N}{U\sqrt{3}} = I_R = I_T \,.$$

Da der Sekundärstrom beide Wicklungen in Reihe durchfließt, müssen die primären Ströme, die mit I_R und I_T phasengleich sind, sich zum doppelten Strom I_S addieren.

$$I_S = I_R + I_T = 2\,I_R = \frac{2\,N}{U\sqrt{3}} \,.$$

Die sekundäre einphasige Belastung überträgt sich primär als einphasige Belastung des Drehstromnetzes.

Das Spannungsdiagramm zeigt Abb. 129. Der primäre Strom I_R bzw. I_T schließt mit seiner Spannung $\mathfrak{U}_{RS}$ bzw. $\mathfrak{U}_{ST}$ den Winkel von 30° ein. Es ist also die Leistung des Transformators I

$$N_\mathrm{I} = I\,U\cos 30° = I\,U\,\frac{1}{2}\sqrt{3} \,. \tag{75}$$

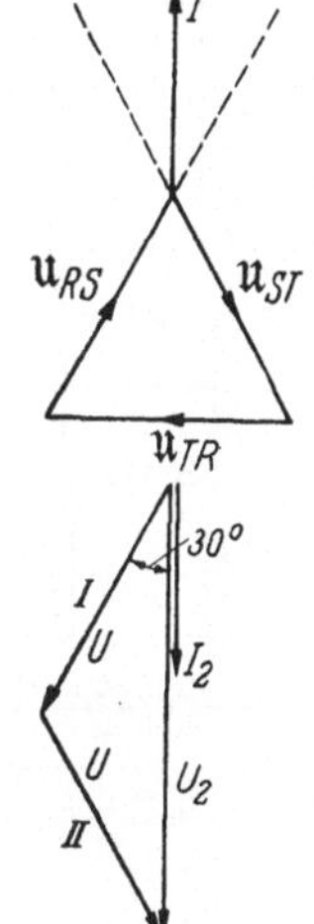

Abb. 129. Vektordiagramm der V/E-Verkehrtschaltung, ohmsche Belastung.

Ebenso groß ist die Leistung des Transformators II. Es zeigt sich, so wie bei der V/V-Schaltung, bei dreiphasiger Belastung, daß die beiden Einphasentransformatoren nur zu 86,6% ihrer ausgelegten Leistung dauernd belastet werden können. Auch hier tritt für den einen Transformator eine induktive, für den zweiten eine kapazitive Belastung und dadurch mit Rücksicht auf die inneren Spannungsabfälle eine unsymmetrische Verzerrung ihrer Spannungen auf.

Ist die Belastung komplex, so erfolgt sekundär eine Drehung des Stromvektors I_2 um den Winkel φ gegenüber der Spannung $\mathfrak{U}_2$. Der Primärstrom schließt jetzt mit seinen dazugehörigen Spannungen verschiedene Winkel $\varphi_\mathrm{I} = (30 - \varphi)$, $\varphi_\mathrm{II} = (30 + \varphi)$ ein (Abb. 130).

Es ist also

$$\left.\begin{aligned}
N_\mathrm{I} &= I_R\,U\cos\varphi_\mathrm{I} = I\,U\cos(30 - \varphi) \\
N_\mathrm{II} &= I_T\,U\cos\varphi_\mathrm{II} = I\,U\cos(30 + \varphi).
\end{aligned}\right\} \tag{76}$$

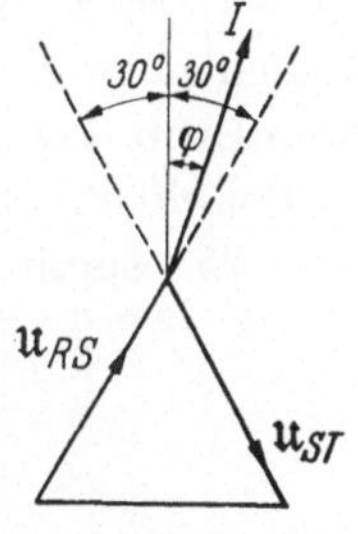

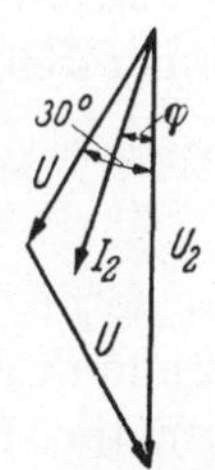

Abb. 130. Vektordiagramm der V/E-Verkehrtschaltung, komplexe Belastung.

Es tritt eine ungleichmäßige Aufteilung der Wirklast auf die beiden Transformatoren auf.

Die hier aufgezeigten Verhältnisse mögen in einem Zahlenbeispiel erläutert werden:

Drei Einphasentransformatoren seien in Δ/λ-Schaltung zum Betrieb eines Drehstromkarbidofens zusam mengeschaltet (Abb. 131). Die elektrischen Daten jedes Einzeltransformators wären:

$$\text{Nennleistung} \quad 9000 \text{ kVA,}$$
$$\text{Nennspannung} \quad 6350/84{-}128 \text{ V,}$$
$$\text{Nennstrom} \quad 1415/70\,000 \text{ A.}$$

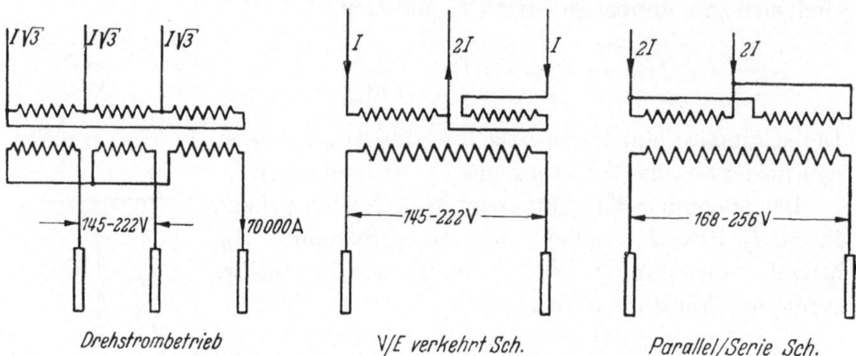

Abb. 131. Ofenbetriebsarten mittels Einphasentransformatoren.

Bei einem $\cos\varphi = 0{,}707$ beträgt die Ofenleistung $N = 19\,100$ kW. In den primären Zuleitungen betragen die Ströme je $I = 2450$ A, die sekundäre Klemmspannung $U = 154{-}222$ V, der Ofenstrom $I_2 = 70\,000$ A.

Bei Ausfall eines Einphasentransformators werden die beiden gesunden Transformatoren in der besprochenen umgekehrten V-Schaltung geschaltet, wobei die Vertauschung statt sekundär auch primär erfolgen kann (Abb. 131 b).

Bei einem Lastwinkel von $45°$ ($\cos\varphi = 0{,}707$) beträgt $\varphi_I = -15°$, $\varphi_{II} = 75°$, somit

$$N_I = 6350 \cdot 1415 \cdot 0{,}965 = 8680 \text{ kW,}$$
$$N_{II} = 6350 \cdot 1415 \cdot 0{,}259 = 2315 \text{ kW.}$$

Beide Transformatoren ergeben zusammen, ohne Berücksichtigung der Transformatorenwirkungsgrade, die sekundär verlangte Wirklast

$$N = 6350 \cdot 1415 \cdot \sqrt{3} \cdot 0{,}707 = 10\,995 \text{ kW.}$$

Der Transformator I arbeitet mit einem sehr günstigen $\cos\varphi_I = 0{,}965$ und übernimmt den Großteil der vom Verbraucher geforderten Wirklast. Transformator II deckt den Großteil der auftretenden Blindlast. Die primären Leitungsströme betragen je 1415 A in zwei Leitungen, 2830 A in der dritten. Die sekundäre Klemmspannung ist wieder 145—222 V, der Ofenstrom 70 000 A.

Als zweite mögliche Ersatzschaltung möge die primäre Parallel-, sekundäre Reihenschaltung (Abb. 131 c) untersucht werden. Die dem Ofen zugeführte Leistung beträgt hier

$$N = 18000 \cdot 0{,}707 = 12720 \text{ kW.}$$

Der Primärstrom, der nur in zwei Leitern des Drehstromsystems fließt, hat den Wert $2I = 2830$ A.

Die sekundäre Klemmspannung ergibt sich hier als algebraische Summe der beiden Transformatorenspannungen zu $168 - 256$ V, der Ofenstrom hat seinen früheren Wert (70000 A).

Ein Vergleich der beiden letzten Ersatzschaltungen zeigt, daß bei der Parallelreihenschaltung der beiden Einphasentransformatoren dem Ofen eine größere Leistung zugeführt werden könnte als bei der verkehrten V-Schaltung. Auf der Drehstromseite führt die Parallelreihenschaltung in zwei Phasen den doppelten Transformatorenstrom, während die dritte Phase stromlos ist, dem gegenüber fließen bei der verkehrten V-Schaltung in zwei Phasen die einfachen Transformatorenströme, in der dritten Phase der doppelte Strom. Da hier also alle drei Phasen Strom führen, betrachtet man diese Schaltung hinsichtlich der Netzunsymmetrie als die günstigere. Viele Elektrizitätswerke lassen daher den Anschluß verhältnismäßig hoher einphasiger Belastungen (wie sie elektrische Öfen darstellen) über die V-Schaltung zu, während sie den Anschluß der gleichen Belastung zwischen zwei Leitern des Drehstromnetzes verbieten.

Es soll deshalb die Unsymmetrie beider einphasiger Belastungen miteinander verglichen werden. Diese Aufgabe wird hier allgemein gelöst. Der Impedanzwinkel der primären Leitung, einschließlich der Generatoren, Leitung und Transformatoren wurde zu $\alpha = 18°25'$ angenommen, d. h. das Verhältnis der Ohmschen zu den induktiven Widerständen des primären Stromkreises beträgt $1:3$. Um bei der graphischen Lösung der Aufgabe noch deutlich erscheinende Streckenverhältnisse zu erhalten, wurde die Impedanz der Leitung absichtlich sehr hoch gewählt, um entsprechend deutlich in Erscheinung tretende Spannungsabfälle und damit die entsprechende Verzerrung des Spannungssystems zu erhalten. Da es uns nur auf eine vergleichende allgemeine Untersuchung ankommt, ist dies zulässig.

Ein symmetrisches Spannungssystem mit den verketteten Spannungen $\mathfrak{U}_{RS}\,\mathfrak{U}_{ST}\,\mathfrak{U}_{TR}$ wird durch die V-Schaltung einphasig belastet. Der Leistungsfaktor zwischen der sekundären Spannung U_2 und dem Strom I_2 sei $\cos \varphi = 0{,}707$. Infolge der V-Schaltung entstehen in dem Leitungssystem in zwei Phasen (R, T) gleiche, in der Phase S der doppelte Spannungsabfall infolge der Leitungsimpedanz. Dadurch tritt eine Verzerrung des symmetrischen Spannungssystems RST in das unsymmetrische System $R'S'T'$ auf (Abb. 132).

Mit Hilfe der Methode der symmetrischen Komponenten wurde mittels der Gl. (79), Kap. 4, das Mit- und Gegensystem dieses unsymmetrischen Systems ermittelt. Es zeigt sich: Das Mitsystem beträgt 81,5% des symmetrischen Systems ($U_\mathrm{m} = 0,815\,U_\mathrm{sym}$), das Gegensystem 20,7% ($U_\mathrm{g} = 0,207\,U_\mathrm{sym}$), daraus ergibt sich weiter, daß das Gegensystem 25,5% des Mitsystems beträgt ($U_\mathrm{g} = 0,255\,U_\mathrm{m}$).

Eine gleiche Untersuchung der Netzbelastung durch die gleiche Einphasenlast auf nur zwei Phasen des Systems verteilt, führt zu folgendem Ergebnis (Abb. 133).

$$(U_\mathrm{m} = 0,89\,U_\mathrm{sym}\,,$$
$$U_\mathrm{g} = 0,232\,U_\mathrm{sym}\,,$$
$$U_\mathrm{g} = 0,284\,U_\mathrm{m}).$$

Die Zerlegung des Systems in das Mit- und Gegensystem ermöglicht einen zahlenmäßigen Ausdruck für den in Erscheinung tretenden Unsymmetriegrad zu finden. Ein Vergleich beider einphasiger Belastungen zeigt das überraschende Ergebnis, daß die Unsymmetrie im rein einphasigen Belastungsfall nur um weniges größer, d. h. praktisch gleich groß der Unsymmetrie des anderen Belastungsfalles ist, ein Vorteil der V-Schaltung ist daraus nicht zu ersehen, um so mehr als bei ihr die Ausnutzbarkeit der Transformatoren gegenüber dem reinen Einphasenbetrieb um rund 13% herabgesetzt ist.

Die Ergebnisse der hier aufgezeigten Ersatzschaltungen haben vorerst nur einen theoretischen Wert. Weiter müßte die Möglichkeit der Angleichung der inneren Ofenverhältnisse (Herdwiderstände) an die geänderten elektrischen Verhältnisse untersucht werden.

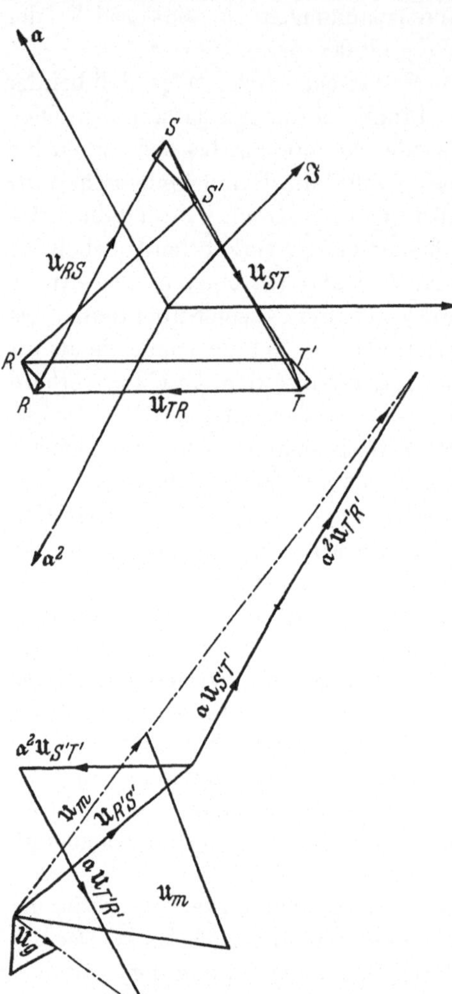

Abb. 132. Netzunsymmetrie bei V-Schaltung.

V-Schaltung
$U_\mathrm{m} = 81,5\%$ des sym. Systems
$U_\mathrm{g} = 20,7\%$ „ „
$U_\mathrm{g} = 25,5\%$ von U_m

Eine weitere Schaltart, die zum Anschluß von Einphasenöfen an ein Drehstromnetz verwendet wird, ist die sog. Scottschaltung (Abb. 134). Die beiden Transformatoren, der Basistransformator I und der Höhentransformator II, sind in der in Abb. 134 angedeuteten Weise an das Drehstromnetz geschaltet. Aus dem Vektordiagramm ergibt sich, daß das Übersetzungsverhältnis des Basistransformators, wenn das des Höhentransformators $1:1$ ist, $1:\frac{1}{2}\sqrt{3}=1:0{,}866$ sein muß.

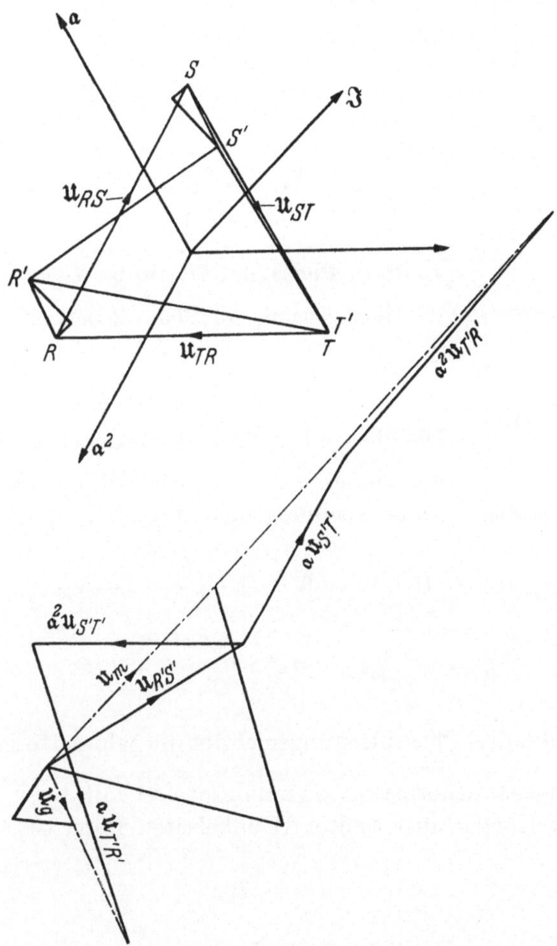

Abb. 133. Netzunsymmetrie bei Parallelschaltung zweier Einphasentransformatoren.

Parallelschaltung

$U_\mathrm{m} = 89$ % des sym. Systems

$U_\mathrm{g} = 23{,}2\%$ „   „   „

$U_\mathrm{g} = 28{,}4\%$ von U_m

Der Basistransformator muß für die volle Netzspannung ausgelegt sein, der Höhentransformator braucht nur 86,6% der Netzspannung aufzunehmen.

Wir untersuchen nun einige Belastungsfälle dieser Schaltung und setzen der Einfachheit halber rein Ohmsche Belastung voraus.

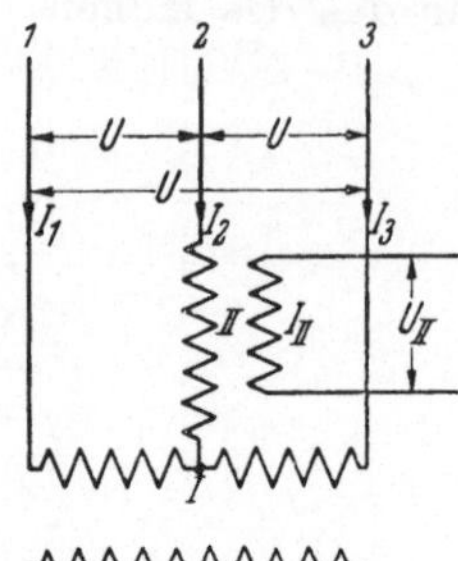

1. Der Höhentransformator II sei induktionsfrei mit der Last N_{II} belastet, der Basistransformator I sei unbelastet. Es ist

$$N_{II} = I_{II} U_{II}; \quad U_{II} = U_h; \quad I_2 = I_{II}.$$

Weiter ist

$$U_h = \frac{U}{2} \sqrt{3}$$

und

$$I_2 = \frac{N_{II}}{U_h} = \frac{2\,N_{II}}{U\sqrt{3}}; \qquad I_1 = I_3 = \frac{N_{II}}{U\sqrt{3}}.$$

I_2 ist in Phase mit U_2, wobei $U_2 = \frac{2}{3} U_h$.

Die Leistung der Phase 2 beträgt

$$N_2 = U_2 I_2 = \frac{2}{3} U_h I_2 = \frac{2}{3} N_{II}.$$

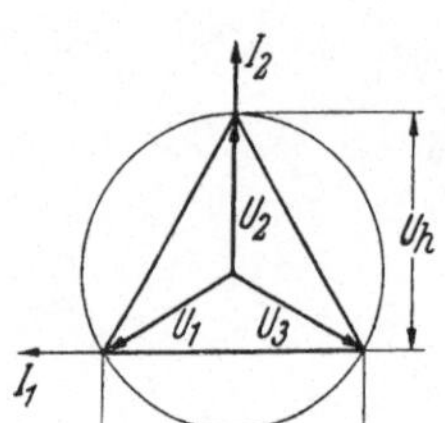

Abb. 134. Scottschaltung.

Die Phasen 1 und 3 sind mit dem Strom $\frac{I_2}{2}$ belastet, der Phasenwinkel zwischen diesem Strom und den Phasenspannungen beträgt $60°$, somit ist

$$N_1 = U_1 \frac{I_2}{2} \cos 60^0 = \frac{2}{3} U_h \frac{I_{II}}{4} = \frac{1}{6} N_{II},$$

$$N_3 = U_3 \frac{I_2}{2} \cos 60^0 = \qquad = \frac{1}{6} N_{II}.$$

Die Summe der drei Phasenleistungen ergibt die geforderte Leistung N_{II}.

2. Der Basistransformator sei induktionsfrei mit einer Leistung N_I belastet, der Höhentransformator II unbelastet. Dann ist

$$I_1 = -I_3.$$

Andererseits ist $I_1 = 0{,}866\, I_I$ infolge des Übersetzungsverhältnisses. Der Phasenwinkel zwischen I_1 und U_1 beträgt $30°$. Damit wird die Leistung der Phase I

$$N_1 = U_1 I_1 \cos 30° = U_1 I_1 \frac{1}{2} \sqrt{3}.$$

Da $U_{II} = U_1 = U_h$ und $U_1 = \dfrac{2}{3} U_h$ ist, ist $U_1 = \dfrac{2}{3} U_1$, und damit

$$N_1 = \frac{2}{3} U_1 I_1 \frac{1}{2} \sqrt{3} \frac{1}{2} \sqrt{3} = \frac{1}{2} U_1 I_1 = \frac{1}{2} N_1,$$

ebenso ist $N_3 = \dfrac{1}{2} N_I$ und $N_2 = 0$.

3. Beide Phasen seien mit je $\dfrac{N}{2}$ induktionsfrei belastet. Wir denken uns die Wirkung der beiden Belastungen in bezug auf das Drehstromsystem überlagert und erhalten damit nachstehende übersichtliche Zusammenstellung.

Belastung der Phasen:	Von Tr. I	Von Tr. II	Summe
Phase 1	$\dfrac{1}{2}\dfrac{N}{2}$	$\dfrac{1}{6}\dfrac{N}{2}$	$\dfrac{2}{3}\dfrac{N}{2}=\dfrac{N}{3}$
Phase 2	0	$\dfrac{2}{3}\dfrac{N}{2}$	$\dfrac{N}{3}$
Phase 3	$\dfrac{1}{2}\dfrac{N}{2}$	$\dfrac{1}{6}\dfrac{N}{2}$	$\dfrac{N}{3}$
		Summe:	N

Bei gleicher einphasiger Lastentnahme wird auch das Drehstromnetz gleichmäßig belastet. Bei komplexer Belastung werden die Verhältnisse der Lastverteilung verwickelter.

§ 3. Regeltransformatoren.

Die Entwicklung der elektrischen Öfen strebt immer größeren Leistungen zu, so daß moderne Bauarten der elektrischen Schmelzöfen an erster Stelle zu den Großabnehmern gehören. Es sind dies vor allem:

der Ofen für Kalziumkarbid und Ferrolegierungen,

der Lichtbogenofen mit unmittelbarer Beheizung für die Herstellung von Stahl und Roheisen,

der Widerstandsofen, als Beispiel der Graphitierungs- oder Karborundumofen.

Mit dem Anwachsen der Ofenleistungen treten für die Betriebsführung des Ofens immer mehr und mehr bestimmte, zu erfüllende Forderungen in den Vordergrund. Sie lauten kurz zusammengefaßt [57]:

1. Der Betrieb der Ofenanlage muß möglichst wirtschaftlich sein.

2. Das Erzeugnis muß die gewünschten hochwertigen Eigenschaften aufweisen.

3. Verbesserung der Rückwirkung der Ofenanlage auf das Netz.

Die Einhaltung dieser Forderungen erfordert, daß dem jeweiligen Betriebszustand eine ihm entsprechende Spannung bzw. Leistung zugeord-

net werden kann. Insbesondere ist, wie schon erwähnt, bei Drehstromöfen unsymmetrischer Bauart durch die verschiedene Leistungsauf-
nahmefähigkeit der einzelnen Elektroden eine in jeder Phase unabhängige
Spannungsregelung erforderlich.

Dies wird ermöglicht, durch Ofentransformatoren, die unter Last in
weiten Grenzen feinstufig spannungsregelbar sind, sog. Regeltransformatoren [58, 5].

Für die Spannungsregelung an Transformatoren stehen die bekannten
Verfahren zur Verfügung, das Windungsübersetzungsverhältnis mit Hilfe
von Wicklungsanzapfungen oder durch Wicklungsumschaltungen, z. B.
durch wahlweises Hintereinander- und Parallelschalten von Wicklungs-
zweigen, oder bei Drehstromtransformatoren durch Umschalten von
Dreieckschaltung auf Sternschaltung, zu ändern. Der Ofentransformator,
der auf der Niederspannungsseite verhältnismäßig kleine Spannungen,
aber sehr große Ströme aufweist, läßt eine derartige Regelung auf der
Sekundärseite, die zweifellos den Vorteil der konstanten Eisensättigung
hätte, nicht zu, die Regelung wird immer auf der Primärseite durchgeführt. Es ist nicht unsere Aufgabe, hier das Regelproblem des Transformators grundlegend zu erörtern, dies fällt dem Berechner und Konstruk-
teur von Regeltransformatoren zu. Es interessiert uns hier nur allgemein,
das Strom- und Spannungsverhältnis eines regelbaren Drehstromtransformators zu untersuchen. Diese Untersuchung kann rein graphisch aus
dem gegebenen Strom- und Spannungsdiagramm durchgeführt werden
[59], es wird hier jedoch eine rechnerische Methode angewendet, da diese
uns deutlicher die Abhängigkeit der einander zugeordneten Größen zeigt.

1. Drehstromtransformator mit primär in Stern geschalteter regelbarer Wicklung.

Ein Drehstromkerntransformator, dessen regelbare Primärwicklung
in Stern geschaltet ist, liege an einem gegebenen symmetrischen Dreh-
stromnetz mit den verketteten Spannungen $\mathfrak{U}_{12}$, $\mathfrak{U}_{23}$, $\mathfrak{U}_{31}$ (Abb. 135). Die
echten Brüche α, β, γ geben den Grad der
Regelbarkeit jeder Phase an, derart, daß
z. B. dem Wert $\alpha = 0$ die ganze einge-
schaltete Spule entspricht, während bei
$\alpha = 1$ die Spule völlig abgeschaltet wäre.
Die gesamte Windungszahl jeder Spule sei
w_p. Weiter seien die magnetischen Flüsse
in den Schenkeln mit Φ_1, Φ_2, Φ_3 bezeichnet. Bezeichnet man mit $k = 4{,}44/10^{-8}$
(siehe Formel 2), so ergeben sich folgende
Beziehungen

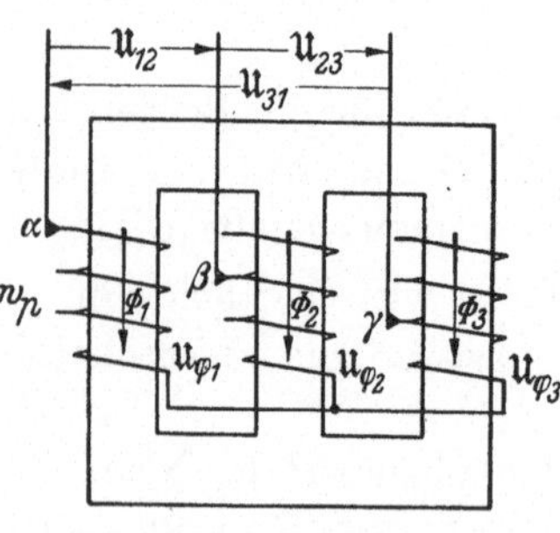

Abb. 135. Die anzapfbare Primärwicklung eines Regeltransformators.

$$\begin{aligned}
\mathfrak{U}_{12} &= j\,kw_p[\Phi_1(1-\alpha)-\Phi_2(1-\beta)] \\
\mathfrak{U}_{23} &= j\,kw_p[\Phi_2(1-\beta)-\Phi_3(1-\gamma)]\,.
\end{aligned} \right\} \tag{77}$$

Für die magnetischen Flüsse gilt

$$\Phi_1+\Phi_2+\Phi_3 = 0\,. \tag{78}$$

Eliminiert man aus Gl. (78) Φ_3 und setzt diesen Wert in die zweite Gl. (77) ein, schreibt man weiter zur Abkürzung

$$(1-\alpha)=a \qquad (1-\beta)=b \qquad (1-\gamma)=c\,, \tag{79}$$

so lassen sich aus den beiden Gl. (77) die unbekannten Flüsse Φ_1 und Φ_2 und schließlich mit Gl. (78) auch Φ_3 leicht ermitteln. Wir erhalten

$$\Phi_1 = \frac{1}{j\,k\,w_p}\;\frac{\mathfrak{U}_{12}(1-\beta+1-\gamma)+\mathfrak{U}_{23}(1-\beta)}{(1-\alpha)(1-\beta+1-\gamma)+(1-\gamma)(1-\beta)}\,, \tag{80}$$

$$\Phi_2 = \frac{1}{j\,k\,w_p}\;\frac{\mathfrak{U}_{23}(1-\alpha)-\mathfrak{U}_{12}(1-\gamma)}{(1-\alpha)(1-\beta+1-\gamma)+(1-\gamma)(1-\beta)}\,, \tag{81}$$

$$\Phi_3 = -\frac{1}{j\,k\,w_p}\;\frac{\mathfrak{U}_{12}(1-\beta)+\mathfrak{U}_{23}(1-\beta+1-\alpha)}{(1-\alpha)(1-\beta+1-\gamma)+(1-\gamma)(1-\beta)}\,. \tag{82}$$

Aus den errechneten Flüssen ergeben sich die Spannungen an den einzelnen Spulen zu

$$\begin{aligned}
\mathfrak{U}_{\varphi_1} &= j\,k\Phi_1(1-\alpha)w_p \\
\mathfrak{U}_{\varphi_2} &= j\,k\Phi_2(1-\beta)w_p \\
\mathfrak{U}_{\varphi_3} &= j\,k\Phi_3(1-\gamma)w_p\,.
\end{aligned} \right\} \tag{83}$$

Ebenso läßt sich die Spulenspannung jeder Sekundärspule bei gegebener Windungszahl w_S ermitteln. Eine eingehendere Untersuchung dieser Sternschaltung wurde von K. SEDLMAYR durchgeführt [60].

Da die Vektorensumme der drei Schenkelflüsse jederzeit Null ergibt [Gl. (78)], kann die nicht geregelte Sekundärwicklung, sofern sie in jeder Phase gleiche Windungszahl besitzt, auch im Dreieck geschaltet werden.

Zur Ermittlung der Stromverteilung in der Regelwicklung nehmen wir an, die sekundäre Wicklung sei in Stern geschaltet und führe die vorgegebenen Belastungsströme I_1, I_2, I_3 (Ofenströme, Abb. 136).

Das Amperewindungsdiagramm, wie auch das Stromdiagramm auf der Sekundärseite, muß geschlossen sein. Auf der Primärseite gilt für die AW

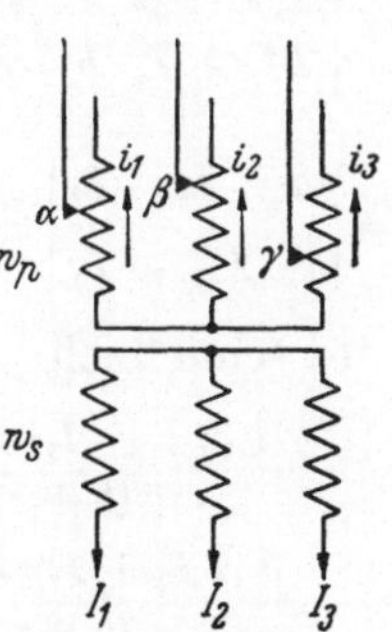

Abb. 136. Regeltransformator in ⋏/⋏-Schaltung.

$$\begin{aligned}
AW_1 &= i_1(1-\alpha)w_p \\
AW_2 &= i_2(1-\beta)w_p \\
AW_3 &= i_3(1-\gamma)w_p\,.
\end{aligned} \right\} \tag{84}$$

Es gilt weiter für die Amperewindungen

$$AW_1 + AW_2 + AW_3 + 3AW_0 = 0. \qquad (84\,\text{a})$$

Eine im Dreieck geschaltete Ausgleichswicklung $w_\varDelta$ würde den Strom

$$i_\varDelta = \frac{AW_0}{w_\varDelta} \text{ führen.}$$

Nehmen wir wieder der Einfachheit halber das Übersetzungsverhältnis $\ddot{u} = 1$ an, so gehorcht die Stromverteilung nachstehendem Gleichungssystem

$$\left.\begin{aligned}
(1-\alpha)\,i_1 - (1-\beta)\,i_2 + I_2 - I_1 &= 0 \\
(1-\beta)\,i_2 - (1-\gamma)\,i_3 + I_3 - I_2 &= 0 \\
(1-\gamma)\,i_3 - (1-\alpha)\,i_1 + I_1 - I_3 &= 0\,.
\end{aligned}\right\} \qquad (85)$$

Weiter ist
$$I_1 + I_2 + I_3 = 0 \qquad (86)$$

$$i_1 + i_2 + i_3 = 0\,. \qquad (87)$$

Mit Berücksichtigung von Gl. (79) und mit Substitution von I_3 aus Gl. (86) ergeben die beiden ersten Gl. von (75)

$$\left.\begin{aligned}
a\,i_1 - b\,i_2 &= I_1 - I_2 \\
c\,i_1 + (b+c)\,i_2 &= 2I_2 + I_1\,.
\end{aligned}\right\} \qquad (88)$$

Aus diesen beiden Gleichungen lassen sich die unbekannten Ströme i_1 und i_2 leicht ermitteln und mit ihnen aus Gl. (87) der Strom i_3. Die Ermittlung von i_1 und i_2 aus Gl. (88) geschieht am einfachsten mittels der Determinantenmethode. Bezeichnet man mit D:

$$D = \begin{vmatrix} a & -b \\ c & b+c \end{vmatrix} = a\,(b+c) + b\,c$$

$$D_{i_1} = \begin{vmatrix} I_1 - I_2 & -b \\ 2I_2 + I_1 & b+c \end{vmatrix} = (I_1 - I_2)\,(b+c) + (2I_2 + I_1)\,b = b\,(2I_1 + I_2) + c\,(I_1 - I_2)$$

$$D_{i_2} = \begin{vmatrix} a & I_1 - I_2 \\ c & 2I_2 + I_1 \end{vmatrix} = a\,(2I_2 + I_1) - c\,(I_1 - I_2)\,,$$

so wird schließlich

$$i_1 = \frac{b\,(2I_1 + I_2) + c\,(I_1 - I_2)}{a\,(b+c) + b\,c} = \frac{(1-\beta)\,(2I_1 + I_2) + (1-\gamma)\,(I_1 - I_2)}{(1-\alpha)\,(1-\beta + 1-\gamma) + (1-\beta)\,(1-\gamma)} \qquad (89)$$

$$i_2 = \frac{a\,(2I_2 + I_1) - c\,(I_1 - I_2)}{a\,(b+c) + b\,c} = \frac{(1-\alpha)\,(2I_2 + I_1) - (1-\gamma)\,(I_1 - I_2)}{(1-\alpha)\,(1-\beta + 1-\gamma) + (1-\beta)\,(1-\gamma)} \qquad (90)$$

$$i_3 = -\frac{a\,(2I_2 + I_1) + b\,(2I_1 + I_2)}{a\,(b+c) + b\,c} = -\frac{(1-\alpha)\,(2I_2 + I_1) + (1-\beta)\,(2I_1 + I_2)}{(1-\alpha)\,(1-\beta + 1-\gamma) + (1-\beta)\,(1-\gamma)} \qquad (91)$$

Damit ist die Stromverteilung im Transformator bei gegebenen Lastströmen I_1, I_2, I_3 in Abhängigkeit von den jeweiligen Schaltstufen bestimmt. Infolge der durch die unterschiedlichen Ströme bedingten Unsymmetrie erfordert die primäre Sternschaltung bei Einzelregelung eine im Dreieck geschaltete Ausgleichswicklung.

Ist z. B. $\alpha = \beta = \gamma = 0$, in jeder Phase ist die volle Windungszahl ein geschaltet, dann ist

$$i_1 = \frac{2\,I_1 + I_2 + I_1 - I_2}{3} = \frac{3\,I_1}{3} = I_1,$$

$$i_2 = \frac{2\,I_2 + I_1 - I_1 + I_2}{3} = \frac{3\,I_2}{3} = I_2,$$

$$i_3 = -\frac{2\,I_2 + I_1 + 2\,I_1 + I_2}{3} = -\frac{3\,I_2 + 3\,I_1}{3} = -I_1 - I_2 = I_3.$$

2. Drehstromtransformator mit primär im Dreieck geschalteter regelbarer Wicklung.

Bei unsymmetrischer Regelung in einer Dreieckschaltung ist zu beachten, daß bei Dreischenkelkernen niemals die Windungszahl einer Phasenwicklung im Dreieck unsymmetrisch geändert werden darf. Die unsymmetrische Regelung erfolgt ausschließlich durch unsymmetrische Anzapfung des geschlossenen symmetrischen Dreiecks (Abb. 137). Mit den früheren Bezeichnungen gilt auch hier für die geometrische Summe der Schenkelflüsse

$$\Phi_1 + \Phi_2 + \Phi_3 = 0. \tag{78}$$

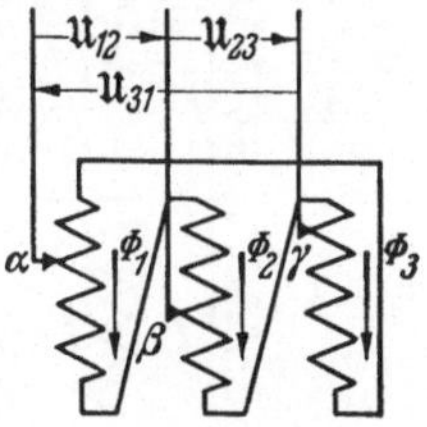

Für die gegebenen Spannungen $\mathfrak{U}_{12}\ \mathfrak{U}_{23}$ folgt das Gleichungssystem (92)

Abb. 137.
Regelwicklung im $\varDelta$.

$$\left.\begin{aligned}\mathfrak{U}_{12} &= j\,k\,w_p[\Phi_1(1-\alpha) + \Phi_2\,\beta] \\ \mathfrak{U}_{23} &= j\,k\,w_p[\Phi_2(1-\beta) + \Phi_3\,\gamma]\,.\end{aligned}\right\} \tag{92}$$

Mit Berücksichtigung von Gl. (78) und (79) ergeben sich daraus die zur Auffindung der unbekannten Flüsse Φ_1 und Φ_2 benötigten zwei Gleichungen

$$\left.\begin{aligned}\frac{\mathfrak{U}_{12}}{j\,\mathfrak{k}\,w_p} &= \Phi_1\,a + \Phi_2\,\beta \\ \frac{\mathfrak{U}_{23}}{j\,\mathfrak{k}\,w_p} &= \Phi_2\,b + \Phi_3\,\gamma\,.\end{aligned}\right\} \tag{93}$$

Aus diesen beiden Gleichungen erhält man nach einer einfachen elementaren Rechnung die Werte der beiden Flüsse Φ_1 und Φ_2 aus Gl. (78), damit auch den Wert Φ_3. Es ist

$$\Phi_1 = \frac{1}{j\,\mathfrak{k}\,w_p}\,\frac{\mathfrak{U}_{12}(b-\gamma) - \mathfrak{U}_{23}\,\beta}{a\,(b-\gamma) + \beta\,\gamma} = \frac{1}{j\,\mathfrak{k}\,w_p}\,\frac{\mathfrak{U}_{12}(1-\beta-\gamma) - \mathfrak{U}_{23}\,\beta}{(1-\alpha)(1-\beta-\gamma) + \beta\,\gamma}, \tag{94}$$

$$\Phi_2 = \frac{1}{j\,\mathfrak{k}\,w_p}\,\frac{\mathfrak{U}_{23}\,a + \mathfrak{U}_{12}\,\gamma}{a\,(b-\gamma) + \beta\,\gamma} = \frac{1}{j\,\mathfrak{k}\,w_p}\,\frac{\mathfrak{U}_{23}(1-\alpha) + \mathfrak{U}_{12}\,\gamma}{(1-a)(1-\beta-\gamma) + \beta\,\gamma}, \tag{95}$$

$$\Phi_3 = -\frac{1}{j\,\mathfrak{k}\,w_p}\,\frac{\mathfrak{U}_{12}\,b + \mathfrak{U}_{23}(a-\beta)}{a\,(b-\gamma) + \beta\,\gamma} = -\frac{1}{j\,\mathfrak{k}\,w_p}\,\frac{\mathfrak{U}_{12}(1-\beta) + \mathfrak{U}_{23}(1-\alpha-\beta)}{(1-\alpha)(1-\beta-\gamma) + \beta\,\gamma}. \tag{96}$$

Mit der Ermittlung dieser Flüsse lassen sich auch die in den einzelnen
Phasen induzierten Spannungen der Sekundärwicklung (Windungszahl
w_s) berechnen:

$$\left.\begin{aligned}
\mathfrak{U}_{\varphi_1} &= j\,k\varPhi_1 w_s \\
\mathfrak{U}_{\varphi_2} &= j\,k\varPhi_2 w_s \\
\mathfrak{U}_{\varphi_3} &= j\,k\varPhi_3 w_s \,.\,.
\end{aligned}\right\} \tag{97}$$

Da auch hier die Summe der Flüsse $\overset{3}{\underset{1}{\sum}}\varPhi = 0$ ist, kann bei der primär
geschlossenen Dreieckswicklung auch die Sekundärwicklung im Dreieck
geschaltet werden.

Ist die regelbare Primärwicklung im offenen Dreieck geschaltet, besitzt
sie also bei unterschiedlicher Regelung der einzelnen Phasen ungleiche
Windungszahlen, so tritt im magnetischen Fluß
eine Nullkomponente auf. Diese Schaltung ist
nur zulässig, wenn ein Hilfsschenkel als magnetischer Rückschluß vorgesehen ist, oder Einpha-
senkerne verwendet werden, außerdem darf
keine zweite symmetrische Dreieckwicklung zur
Verwendung kommen. Aus dem gleichen Grunde
können drei Einphasentransformatoren bei
unterschiedlicher Einzelregelung nicht in $\varDelta/\varDelta$
geschaltet werden.

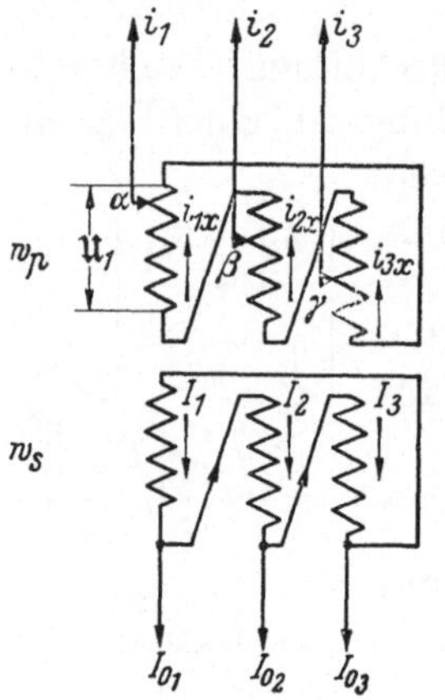

Abb. 138. Regeltransformator
in $\varDelta/\varDelta$-Schaltung.

Die Stromverteilung im Regeltransformator
bei Dreieckschaltung läßt sich in ähnlicher Weise
wie bei der Sternschaltung ermitteln. Sie soll hier
nur angedeutet werden. In Abb. 138 sei ein primär regelbarer Drehstromkerntransformator in
$\varDelta/\varDelta$-Schaltung mit den gegebenen Verbraucherströmen I_{01}, I_{02}, I_{03}
belastet. Wir setzen der Einfachheit halber wieder $\ddot{u} = w_p/w_s = 1$. Es
gelten nachstehende Beziehungen:

$$I_{01} + I_{02} + I_{03} \tag{98}$$

$$i_1 + i_2 + i_3 = 0. \tag{99}$$

Weiter ist

$$\left.\begin{aligned}
I_{01} + I_2 &= I_1 \\
I_{02} + I_3 &= I_2 \\
I_{03} + I_1 &= I_3
\end{aligned}\right\} \tag{100}$$

$$\left.\begin{aligned}
i_{1x} &= i_1 + i_{3x} \\
i_{2x} &= i_2 + i_{1x} \\
i_{3x} &= i_3 + i_{2x} \,.
\end{aligned}\right\} \tag{101}$$

Das magnetische Gleichgewicht fordert

$$\left.\begin{array}{l} (1-\alpha)\,i_{1\,x} + \alpha\,i_{3\,x} - \beta\,i_{1\,x} - (1-\beta)\,i_{2\,x} + I_2 - I_1 = 0 \\ (1-\beta)\,i_{2\,x} + \beta\,i_{1\,x} - \gamma\,i_{2\,x} - (1-\gamma)\,i_{3\,x} + I_3 - I_2 = 0 \\ (1-\gamma)\,i_{3\,x} + \gamma\,i_{2\,x} - \alpha\,i_{3\,x} - (1-\alpha)\,i_{1\,x} + I_1 - I_3 = 0 \end{array}\right\} \qquad (102)$$

oder mit Berücksichtigung von Gl. (79) und (100) erhält man aus den ersten zwei Gl. (92)

$$\left.\begin{array}{l} a\,i_{1\,x} + \alpha\,i_{3\,x} - \beta\,i_{1\,x} - b\,i_{2\,x} = I_{01} \\ b\,i_{2\,x} + \beta\,i_{1\,x} - \gamma\,i_{2\,x} - c\,i_{3\,x} = I_{02}. \end{array}\right\} \qquad (103)$$

Für die unbekannten Ströme $i_{1\,x}$, $i_{2\,x}$, $x_{3\,x}$ sind uns hier nur zwei Gleichungen gegeben. Eine dritte notwendige Gleichung ergibt sich aus folgender Betrachtung:

Bezeichnet man mit $\mathfrak{Z}$ die Impedanz der Wicklung einer Phase, mit $\mathfrak{U}_1$, $\mathfrak{U}_2$, $\mathfrak{U}_3$ die an diesen Phasenwicklungen liegenden Spannungen, so ist:

$$\mathfrak{U}_1 = i_{1\,x}(1-\alpha)\,\mathfrak{Z} + i_{3\,x}\,\alpha\,\mathfrak{Z} = i_{1\,x}\,a\,\mathfrak{Z} + i_{3\,x}\,\alpha\,\mathfrak{Z},$$
$$\mathfrak{U}_2 = i_{2\,x}(1-\beta)\,\mathfrak{Z} + i_{1\,x}\,\beta\,\mathfrak{Z} = i_{2\,x}\,b\,\mathfrak{Z} + i_{1\,x}\,\beta\,\mathfrak{Z},$$
$$\mathfrak{U}_3 = i_{3\,x}(1-\gamma)\,\mathfrak{Z} + i_{2\,x}\,\gamma\,\mathfrak{Z} = i_{3\,x}\,c\,\mathfrak{Z} + i_{2\,x}\,\gamma\,\mathfrak{Z}.$$

Weiter ist

$$\mathfrak{U}_1 + \mathfrak{U}_2 + \mathfrak{U}_3 = 0$$

und somit

$$i_{1\,x}\,\mathfrak{Z}(a+\beta) + i_{2\,x}\,\mathfrak{Z}(b+\gamma) + i_{3\,x}\,\mathfrak{Z}(c+\alpha) = 0$$

und daraus

$$i_{3\,x} = -\,i_{1\,x}\frac{a+\beta}{c+a} - i_{2\,x}\frac{b+\gamma}{c+\alpha}. \qquad (104)$$

Dies ist die notwendige dritte Beziehung zur Ermittlung der Ströme $i_{1\,x}$, $i_{2\,x}$, $i_{3\,x}$. Setzen wir den Wert $i_{3\,x}$ aus Gl. (104) in das Gleichungssystem (103) ein, so erhalten wir

$$\left.\begin{array}{l} \left(a = \alpha\,\dfrac{a+\beta}{c+\alpha} - \beta\right)i_{1\,x} - \left(\alpha\,\dfrac{b+\gamma}{c+\alpha} + b\right)i_{2\,x} = I_{01} \\[2mm] \left(\beta + c\,\dfrac{a+\beta}{c+\alpha}\right)i_{1\,x} + \left(b - \gamma + c\,\dfrac{b+\gamma}{c+\alpha}\right)i_{2\,x} = I_{02}. \end{array}\right\} \qquad (105)$$

Setzen wir zur Abkürzung

$$\left(a - \alpha\,\frac{a+\beta}{c+\alpha} - \beta\right) = A_1;\qquad \left(\alpha\,\frac{b+\gamma}{c+\alpha} + b\right) = A_2,$$
$$\left(\beta + c\,\frac{a+\beta}{c+\alpha}\right) = B_1;\qquad \left(b - \gamma + c\,\frac{b+\gamma}{c+\alpha}\right) = B_2,$$

so erhalten wir zur Auffindung der Ströme $i_{1\,x}$ und $i_{2\,x}$ ein einfaches Gleichungssystem

$$\left.\begin{array}{l} A_1 i_{1\,x} - A_2 i_{2\,x} = I_{01} \\ B_1 i_{1\,x} + B_2 i_{2\,x} = I_{02}. \end{array}\right\} \qquad (106)$$

Bezeichnet man mit

$$D = \begin{vmatrix} A_1 & -A_2 \\ B_1 & B_2 \end{vmatrix} = A_1 B_2 + A_2 B_1 ,$$

$$D\, i_{1\,x} = \begin{vmatrix} I_{01} & -A_2 \\ I_{02} & B_2 \end{vmatrix} = I_{01} B_2 + I_{02} A_2 ;$$

$$D\, i_{2\,x} = \begin{vmatrix} A_1 & I_{01} \\ B_1 & I_{02} \end{vmatrix} = I_{02} A_1 - I_{01} B_1 ,$$

so erhält man als Lösung des Systems (106)

$$i_{1\,x} = \frac{I_{01} B_2 + I_{02} A_2}{A_1 B_2 + A_2 B_1} , \tag{107}$$

$$i_{2\,x} = \frac{I_{02} A_1 - I_{01} B_1}{A_1 B_2 + A_2 B_1} . \tag{108}$$

und sodann aus Gl (104) $i_{3\,x}$. Weiter lassen sich nun auch aus Gl. (101) die primären Lastströme ermitteln. Damit ist unsere Aufgabe, die Stromverteilung im Regeltransformator bei $\varDelta/\varDelta$-Schaltung zu finden, gelöst.

Das Grundlegende sei damit über das Prinzip der Regeltransformatoren gesagt. Für weitere Einzelheiten wird auf das Schrifttum verwiesen [57—61].

Dazu gehören auch die Ausführungen der bei diesen Regeltransformatoren verwendeten Lastschalter [57, 62, 63].

Bei großen, unter Last zu regelnden Ofentransformatoren, wird die Spannungsregulierung durch einen besonderen Zusatztransformator, dessen primäre Spannungsregelung von dem Haupttransformator aus mittels Grobstufung und dessen Feinregelung noch über einen Feinstufentransformator erfolgt, erreicht. Ein derartiger Ofentransformator ist demnach aus drei Einheiten, dem Haupttransformator, dem Feinstufentransformator und dem Zusatztransformator zusammengebaut [5].

Zehntes Kapitel.

Nichtstationäre Betriebszustände. Ausgleichsvorgänge.

§ 1. Ausgleichsvorgänge beim Schalten von Transformatoren.

1. Der Ausgleichsvorgang.

Bekanntlich hat jede Änderung der elektrischen Verhältnisse eines Stromkreises einen Ausgleichsvorgang zur Folge, der die Überführung des alten Zustandes in den neuen vollführt. Ganz allgemein besteht zwischen der in einem beliebigen Stromkreis wirkenden Spannung u und den im Kreis fließenden Strom i nachstehender funktioneller Zusammenhang.

$$u = \varphi\left(R\,i, \ L\frac{d\,i}{d\,t}, \ M\frac{d\,i}{d\,t}, \ \frac{1}{C}\int i\,d\,t\right). \tag{1}$$

Sind die Größen $RLMC$ konstant (Leitungskonstanten), so daß u eine lineare Funktion von i darstellt, kann der Strom aus zwei Teilen bestehend gedacht werden

$$i = i_e + i_f, \tag{2}$$

wobei i_e der erzwungene stationäre Strom, i_f der freie Ausgleichsstrom bedeutet. Dann gilt

$$\left. \begin{aligned} u &= \varphi\left(R\,i_e,\ L\frac{d\,i_e}{d\,t},\ M\frac{d\,i_e}{d\,t},\ \frac{1}{C}\!\int i_e\,d\,t\right) + \\ &\quad + \varphi\left(R\,i_f,\ L\frac{d\,i_f}{d\,t},\ M\frac{d\,i_f}{d\,t},\ \frac{1}{C}\!\int i_f\,d\,t\right). \end{aligned} \right\} \tag{3}$$

Für den stationären Strom gilt aber

$$u = \varphi\left(R\,i_e,\ L\frac{d\,i_e}{d\,t},\ M\frac{d\,i_e}{d\,t},\ \frac{1}{C}\!\int i_e\,d\,t\right),$$

somit erhält man für den Ausgleichsstrom i_f die Gleichung

$$\varphi\left(R\,i_f,\ L\frac{d\,i_f}{d\,t},\ M\frac{d\,i_f}{d\,t},\ \frac{1}{C}\!\int i_f\,d f\right) = 0. \tag{4}$$

Der Ausgleichsstrom i_f verläuft ohne Einwirkung einer eingeprägten äußeren Spannung und muß daher nach einiger Zeit verlöschen. Es sei allgemein mit Φ irgendeine Zustandsgröße (Strom, Spannung, Feld) bezeichnet. Sie hätte vor dem Schaltmoment ($t = 0$) einen bestimmten vorgegebenen Wert $\Phi_{a\,(t\,\leq\,0)}$. Diese Größe geht beim Schalten von Stromkreisen im Zeitpunkt $t = 0$ nicht augenblicklich in den neuen stationären Wert $\Phi_{e\,(t\,=\,0)}$ über, vielmehr tritt ein Ausgleichsvorgang Φ_f ein, der mit wachsender Zeit verlischt und den allmählichen Übergang vom ursprünglichen in den neuen Wert vermittelt (Abb. 139).

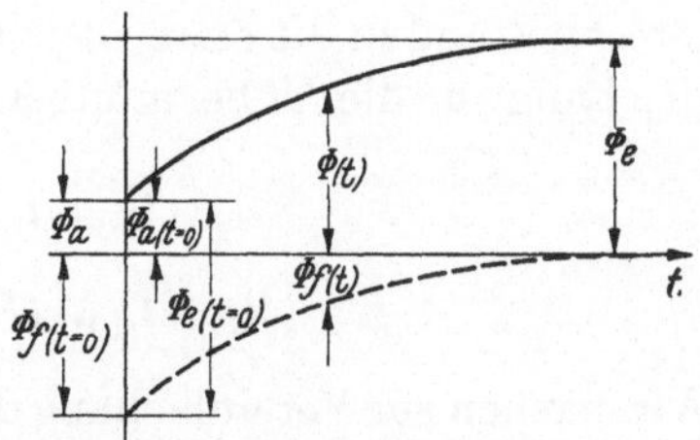

Abb. 139. Übergang vom ursprünglichen Zustand in den neuen.

Die Größe des Anfangswertes des freien Ausgleichsvorganges $\Phi_{f\,(t\,=\,0)}$ ergibt sich als Differenz der stationären Werte vor und nach dem Schalten. Es ist also

$$\Phi_{f\,(t\,=\,0)} = \Phi_{a\,(t\,=\,0)} - \Phi_{e\,(t\,=\,0)}. \tag{5}$$

Die vorübergehenden Schaltwerte $\Phi_{f\,(t)}$ verlöschen so, als ob sie im Stromkreis allein, ohne äußere, eingeprägte Spannung vorhanden wären.

2. Das Einschalten eines kurzgeschlossenen Transformators. [64, 65]

Da es uns hier nur auf das Grundsätzliche bei den Ausgleichsvorgängen ankommt, treffen wir die einfachsten Annahmen. Das Übersetzungsverhältnis sei $\ddot{u} = 1$, von Sättigungserscheinungen sehen wir ab, somit können die Induktionskoeffizienten als konstante Größen betrachtet werden. Für die beim primären Zuschalten des sekundär kurzgeschlossenen Transformators in den beiden Kreisen auftretenden Ausgleichsströme i_{1f} und i_{2f} gilt mit den in Abb. 113 bezeichneten Größen, wenn wir den Transformator zwischen den Punkten $A\,B$ kurzschließen.

$$\left.\begin{aligned} i_{1f}R_1 + L_1\frac{d\,i_{1f}}{d\,t} + M\frac{d\,i_{2f}}{d\,t} = 0 \\[2mm] i_{2f}R_2 + L_2\frac{d\,i_{2f}}{d\,t} + M\frac{d\,i_{1f}}{d\,t} = 0 \,. \end{aligned}\right\} \tag{6}$$

Der allgemeine Lösungsansatz für dieses simultane Gleichungssystem lautet

$$i_{f\,(t)} = i_f\,e^{\alpha\,t}\,. \tag{7}$$

Damit erhält man aus Gl. (6)

$$\left.\begin{aligned} i_{1f}\,(R_1 + L_1\,\alpha) + i_{2f}M\alpha = 0 \\[2mm] i_{2f}\,(R_2 + L_2\,\alpha) + i_{2f}M\alpha = 0 \,. \end{aligned}\right\} \tag{8}$$

Aus der zweiten Gleichung

$$i_{2f} = -i_{1f}\,\frac{M\,\alpha}{R_2 + L_2\,\alpha} \tag{9}$$

gerechnet und in die erste Gleichung eingesetzt, ergibt die Bestimmungsgleichung für die Unbekannte α

$$i_{1f}\left((R_1 + L_1\,\alpha) - \frac{M^2\,\alpha}{R_2 + L_2\,\alpha}\right) = 0$$

$$(R_1 + L_1\,\alpha)\,(R_2 + L_2\,\alpha) - M^2\,\alpha^2 = 0\,.$$

Wir machen zur Vereinfachung der Rechnung die Annahme, daß $R_1 = R_2 = R$, $L_1 = L_2 = L$ ist, sie trifft bei technischen Transformatoren, wenn wir die Konstanten auf gleiche Windungszahlen beziehen, mit großer Annäherung zu, dann wird

$$(R + L\alpha)^2 - M\alpha^2 = 0\,.$$

Diese Gleichung hat als Lösung die beiden Wurzeln

$$\left.\begin{aligned} \alpha_1 = -\frac{R}{L + M} = -\frac{1}{T_H} \\[3mm] \alpha_2 = -\frac{R}{L - M} = -\frac{1}{T_s}\,. \end{aligned}\right\} \tag{10}$$

Damit ergeben sich für die freien Ausgleichströme die nachstehenden Gleichungen

$$\left.\begin{aligned}
i_{1f} &= A_1 e^{\alpha_1 t} + B_1 e^{\alpha_2 t} \\
i_{2f} &= A_2 e^{\alpha_1 t} + B_2 e^{\alpha_2 t}.
\end{aligned}\right\} \tag{11}$$

Die Größe T_H ist die Zeitkonstante des Hauptfeldes, das mit beiden Wicklungen verkettet ist, T_s die Zeitkonstante des Streufeldes, welche im allgemeinen gegenüber T_H eine recht geringe Größe darstellt.

Die vier Integrationskonstanten A_1, B_1, A_2, B_2 sind nicht unabhängig voneinander, zwischen ihnen bestehen Beziehungen, die ermittelt werden, wenn man die Werte i_{1f} und i_{2f} der Gl. (11) in Gl. (6) einsetzt. Es ergibt sich

$$A_2 = A_1; \qquad B_2 = -B_1. \tag{12}$$

Somit aus Gl. (11) das Zeitgesetz der Ausgleichsströme

$$\left.\begin{aligned}
i_{1f} &= A_1 e^{-\frac{1}{T_H}t} + B_1 e^{-\frac{1}{T_s}t} \\
i_{2f} &= A_1 e^{-\frac{1}{T_H}t} - B_1 e^{-\frac{1}{T_s}t}.
\end{aligned}\right\} \tag{13}$$

Die stationären Ströme des Transformators seien einfach harmonische Zeitfunktionen der Form:

$$\left.\begin{aligned}
i_1 &= I_1 e^{j\omega t} \\
i_2 &= I_2 e^{j\omega t}.
\end{aligned}\right\} \tag{14}$$

Wir nehmen an, daß die Zuschaltung des Transformators im ungünstigsten Zeitmoment, wenn nämlich die stationären Ströme ihr Maximum besitzen würden, erfolge, dann ist für $t = 0$

$$i_{1\,(t=0)} = I_1 \qquad i_{2\,(t=0)} = I_2.$$

Für den Beginn der Zustandsänderung war im Anfangszustand $i_{1a\,(t=0)} = 0$ der des erzwungenen Endzustandes $i_{1e\,(t=0)} = I_1$, daher gilt für den Anfangswert des freien Ausgleichsstromes $i_{1f\,(t=0)}$ nach Gl. (5)

$$i_{1f\,(t=0)} = i_{1a\,(t=0)} - i_{1e\,(t=0)} = -I_1$$

und ebenso

$$i_{2f\,(t=0)} = -I_2.$$

Diese Werte in Gl. (13) eingesetzt ergeben

$$-I_1 = A_1 + B_1; \qquad -I_2 = A_1 - B_1,$$

somit

$$A_1 = -\frac{I_1 + I_2}{2} = -\frac{i_m}{2}\,(t=0)$$

$$B_1 = \frac{-I_1 + I_2}{2} = -i_K\,(t=0),$$

daher erhält man aus Gl. (13) für den Verlauf der Ausgleichsströme

$$\left.\begin{aligned}
i_{1f} &= -\frac{i_m}{2}\, e^{-\frac{1}{T_H}t} - i_K\, e^{-\frac{1}{T_s}t} \\[2ex]
i_{2f} &= -\frac{i_m}{2}\, e^{-\frac{1}{T_H}t} + i_K\, e^{-\frac{1}{T_s}t}
\end{aligned}\right\} \tag{15}$$

Sämtliche Ausgleichsströme stellen aperiodisch abklingende Gleichströme dar [64]. Auf das Hauptfeld wirkt stets die Summe der beiden Wicklungsströme als Magnetisierungsstrom $i_{m\,\text{Stoß}} = I_1 + I_2$. Dieser Strom verteilt sich auf die primären und sekundären Wicklungen symmetrisch und klingt mit der großen Hauptfeldzeitkonstanten T_H ab. Die Einschaltströme von Transformatoren mit geschlossener Sekundärwicklung sind daher nur halb so groß wie bei offener Sekundärwicklung, besitzen aber die doppelte Dauer.

Die Teilströme B_1 sind entgegengesetzt gerichtet. Sie sind die Belastungsausgleichsströme, die mit der Zeitkonstanten T_s des Streufeldes abklingen. Diese Belastungsströme werden lediglich vom Streufeld des Transformators beeinflußt, und zwar so, als wenn der Belastungsstrom zwei Drosselspulen mit der Zeitkonstanten des primären und sekundären Streufeldes in Reihe durchfließen würde.

Beim Vorhandensein von magnetischen Sättigungen im Eisen des Transformators ist $i_{m\,\text{Stoß}}$ aus der Charakteristik des Transformators zu entnehmen und kann sehr große Werte annehmen. Diese Ströme $I_1 + I_2 = i_{m\,\text{Stoß}}$ fließen im Innern der beiden Wicklungen gleichsinnig um den Eisenkern und sind daher in den Außenleitern entgegengesetzt gerichtet. Die Belastungsausgleichsströme B fließen im Transformator im entgegengesetzten Sinn und sind daher in den Außenleitern gleichgerichtet. Sie verlöschen entsprechend der gegenüber T_H kleineren Zeitkonstanten schneller als i_m. Es sollen die hier gewonnenen Ergebnisse nochmals zusammenfassend gebracht werden:

Beim plötzlichen Einschalten eines sekundär kurzgeschlossenen Transformators laufen zwei Ausgleichsvorgänge nebeneinander her [65]: Der Kurzschlußstrom B kann nur dann vom Schaltmoment ab seinen ungestörten stationären Verlauf nehmen, wenn er in jenem Augenblick gerade betriebsmäßig die Nullinie passieren würde. Ist dies nicht der Fall, wird also zu einem anderen Zeitpunkt geschaltet, so lagert sich über den stationären Kurzschlußstrom ein Gleichstrom, der diesen im Einschaltmoment zu Null ergänzt, also im Höchstfall dessen Amplitudenwert erreichen kann. Dieser Ausgleichsstrom hat in der Primär- und Sekundärwicklung entgegengesetzte Richtung, hebt sich also in seiner Wirkung auf das gemeinsame Feld auf und ist, da er nur vom Streufeld getragen wird, ziemlich stark gedämpft.

Auch das im Kurzschluß vorhandene gemeinsame Feld wird je nach dem Einschaltmoment durch ein sich ihm überlagerndes Gleichfeld zu Null ergänzt. Es spielt sich also im kurzgeschlossenen Transformator noch ein zweiter Vorgang ab. Der zur Aufrechterhaltung dieses Feldes nötige Magnetisierungsstrom wird von den beiden Wicklungen in gleicher Weise gedeckt, während der stationäre Magnetisierungsstrom nur von der Primärseite geliefert wird.

Ist der Transformator im Vergleich zur Leistungsfähigkeit des Netzes groß, fällt also infolge des Kurzschlusses die Netzspannung stark ab, so besitzt das gemeinsame Feld und damit i_m nur geringe Höhe, $i_{m\,(t\,=\,0)}$ ist also gegenüber $i_{k\,(t\,=\,0)}$ zu vernachlässigen, und in der Primär- und Sekundärwicklung sind Ströme von gleicher Höhe zu erwarten, welche im ungünstigsten Fall die doppelte Höhe des stationären Kurzschlußstromes erreichen.

Ist der Transformator dagegen klein im Vergleich zur Leistungsfähigkeit des Netzes, hält dasselbe seine Spannung aufrecht, so können im Eisenkern, besonders wenn die sekundäre Streuung groß und das primäre Streufeld zum großen Teil im Eisen verläuft, infolge des überlagerten Gleichfeldes hohe Sättigungen und damit in der Primärwicklung erhebliche Magnetisierungsstromstöße auftreten. Das Gleichstromglied in der Sekundärwicklung erreicht natürlich nur die halbe Höhe des dem überlagerten Gleichfeld entsprechenden Magnetisierungsstromes.

Während also in der Sekundärwicklung nur etwa der doppelte stationäre Kurzschlußstrom zu erwarten ist, können in der Primärwicklung, wenn die Streuung nicht zu klein ist, wesentlich höhere Stromstöße auftreten.

Die bisherige Berechnung der Ausgleichsströme war auf gleiche Windungszahl der beiden Stromkreise im Transformator bezogen und hatte gleiche Verhältnisse von L und R zur Voraussetzung. Die wirklichen Ströme im Hochspannungskreis sind nach Maßgabe des Übersetzungsverhältnisses kleiner, wenn wir die Verhältnisse der Niederspannung zugrunde legen.

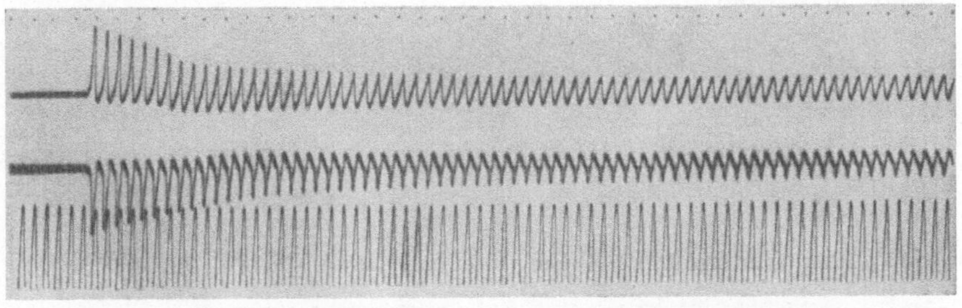

Abb. 140.   Verlauf des Primärstromes eines Karbidofentransformators.

Beim Einschalten eines normal belasteten Transformators ist der Anteil des Sekundärkreises am Ausgleichsstrom des Hauptfeldes sehr klein, dagegen sind beide Wicklungen am Belastungsausgleichsstrom nahezu gleichstark beteiligt. Er ist stark gedämpft, weil sich die dämpfende Wirkung des Belastungswiderstandes geltend macht. Der Belastungswiderstand bewirkt also eine starke Dämpfung des Ausgleichsvorganges: Abb. 140 zeigt den Verlauf des Primärstromes eines Karbidofentransformators von 37600 kVA ($U = 6200/83{,}5-281{,}5$) ($I = 3500/90000$, $e_K = 7{,}3-20{,}5\%$). Das Oszillogramm zeigt deutlich den Einfluß der Eisensättigung.

3. Der Kurzschlußstrom des Transformators.

Ein Transformator sei primärseitig an eine Wechselspannung U gelegt und werde auf der Sekundärseite plötzlich kurzgeschlossen (Abb. 141). Es sei zunächst der Ohmsche Widerstand R vernachlässigt. Für den stationären Kurzschlußstrom gilt

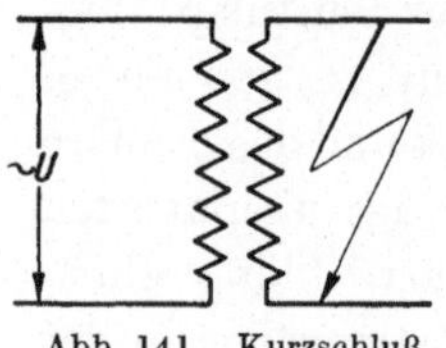

Abb. 141. Kurzschluß des Transformators.

$$\left. \begin{aligned} L\,\frac{d\,i_{1e}}{d\,t} + M\,\frac{d\,i_{2e}}{d\,t} &= U\,e^{j\,\omega\,t} \\[2mm] L\,\frac{d\,i_{2e}}{d\,t} + M\,\frac{d\,i_{1e}}{d\,t} &= 0 \end{aligned} \right\} \tag{16}$$

und daraus

$$L\,\frac{d\,i_{1e}}{d\,t} - \frac{M^2}{L}\,\frac{d\,i_{1e}}{d\,t} = U\,e^{j\,\omega\,t}.$$

Der Strom i_{1e} muß dem gleichen Zeitgesetz gehorchen wie die treibende Spannung, es ist also

$$i_{1e} = I_{1e}\,e^{j\,\omega\,t}.$$

Sein Absolutwert errechnet sich aus voriger Gleichung zu

$$|I_{1e}| = \frac{U}{\omega L\left(1 - \dfrac{M}{L}\right)^2} = \frac{U}{\omega(L - M)\left(1 + \dfrac{M}{L}\right)} = \frac{U}{\omega S\left(1 + \dfrac{M}{L}\right)}, \tag{17}$$

wenn man setzt

$$L - M = L_\sigma = S.$$

Weiter ist

$$I_{2e} = -\frac{M}{L}\,I_{1e} = -\frac{U}{\omega S\left(1 + \dfrac{L}{M}\right)}. \tag{18}$$

Bei Vernachlässigung des Unterschiedes zwischen L und M ($L \cong M$) folgt

$$|I_{1e}| = \frac{U}{2\,\omega S} = \frac{U}{\omega S_t} = I_{Ke}. \tag{19}$$

Der stationäre Kurzschlußstrom des Transformators berechnet sich als Quotient der Netzspannung und der doppelten Streureaktanz jeder Transformatorenwicklung, d. i. die gesamte Streureaktanz des Transformators ωS_t.

Aus Gl. (19) ergibt sich, wenn I_n den Normalstrom bedeutet,

$$\frac{I_{Ke}}{I_n} = \frac{U}{\omega S_t I_n} = \frac{U}{E_s}, \qquad (20)$$

wobei

$$E_s = I w S_t \qquad (21)$$

die Streuspannung des Transformators bei Normalstrom ist.

Beträgt beispielsweise die Streuspannung eines Transformators $E_s = 3\%$, so erhält man aus Gl. (20)

$$\frac{I_{Ke}}{I_n} = \frac{100}{3} = 33,3.$$

Der stationäre Kurzschlußstrom beträgt somit das 33,3 fache des normalen Betriebsstromes des Transformators. Dabei ist jedoch vorausgesetzt, daß die Netzspannung bei Kurzschluß ihren vollen Wert behält. In Wirklichkeit sinkt die Netzspannung je nach Art und Größe des Netzes bzw. des Transformators ab, und damit verringert sich der Wert des stationären Kurzschlußstromes. Eine genauere Erfassung der Kurzschlußströme an Ofentransformatoren erfordert daher die Berücksichtigung der gesamten in der Kurzschlußbahn liegenden Netzimpedanzen. Die Kurzschlußströme an der Ofenseite der Transformatoren können bei Großöfen gewaltige Werte annehmen und in der Größenordnung von 10^6 A liegen.

Bei Lichtbogenöfen treten im praktischen Betrieb durch die Beschickung häufig Stromunterbrechungen auf, die durch Berührung der

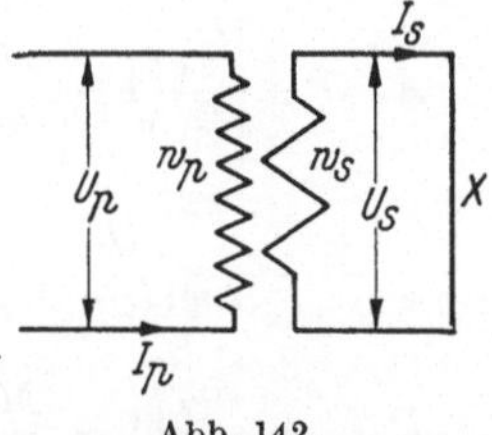

Abb. 142.
Ofentransformator.

Elektroden mit dem Schmelzmaterial wieder behoben werden. Dadurch kommt es zu Kurzschlüssen im Lichtbogenofen und damit zu großen Stromschwankungen [33, 66].

Bei regulierbaren Ofentransformatoren geht der primäre Kurzschlußstrom, wie nachstehend gezeigt, mit dem Quadrat der sekundären Elektrodenspannung zurück (Abb. 142).

Es ist, wenn X die sekundäre Kurzschlußreaktanz bedeutet,

$$I_s = \frac{U_s}{X},$$

$$I_p = \frac{w_s}{w_p} I_s = \frac{w_s}{w_p} \frac{U_s}{X},$$

$$\frac{U_p}{U_s} = \frac{w_p}{w_s},$$

daher

$$I_p = \frac{U_s^2}{U_p X} \,.$$ (22)

Die Ausgleichsströme im Transformator beim Kurzschluß seines Sekundärkreises ergeben sich aus dem Gleichungssystem (13). Wir nehmen wieder für den Kurzschlußbeginn den ungünstigsten Zeitpunkt, wenn nämlich der stationäre Primärstrom $i_{1\,e} = I_{1\,e}$ sein Maximum durchschreiten würde. Dann muß für $t = 0$ die Summe dieses Stromes und des primären Ausgleichsstromes $i_{1\,f}$ mit dem Magnetisierungsstrom übereinstimmen, der dann auch gerade seinen Höchstwert $I_m = \dfrac{U}{\omega L}$ durchschreitet, denn Kurzschlußstrom und Magnetisierungsstrom sind fast beide rein induktiv und somit phasengleich. Es ist also für $t = 0$

$$i_{1\,f\,(t\,=\,0)} = A_1 + B_1 = -I_{1\,e} + I_m \,.$$

Ebenso ergänzt der sekundäre Ausgleichsstrom im Zeitpunkt $t = 0$ den sekundären Dauerkurzschlußstrom zu Null:

$$i_{2\,f\,(t\,=\,0)} = A_1 - B_1 = -I_{2\,e} = \frac{M}{L} I_{1\,e} \,.$$

Aus diesen beiden Gleichungen ergibt sich unter Berücksichtigung von Gl. (17)

$$A_1 = -\frac{I_{1\,e}}{2}\left(1 - \frac{M}{L}\right) + \frac{I_m}{2} = -\frac{1}{2}\,\frac{L-M}{L}\,\frac{U}{\omega(L-M)\left(1 + \dfrac{M}{L}\right)} + \frac{I_m}{2}$$

$$= -\frac{U}{2\,w(L+M)} + \frac{I_m}{2} \cong \frac{1}{4}\,I_m \,,$$

$$B_1 = -\frac{I_{1\,e}}{2}\left(1 + \frac{M}{L}\right) + \frac{I_m}{2} = -\frac{1}{2}\left(1 + \frac{M}{L}\right)\frac{U}{\omega(L-M)\left(1 + \dfrac{M}{L}\right)} + \frac{I_m}{2}$$

$$= -\frac{U}{\omega S_t} + \frac{I_m}{2} = -I_{e\,k} + \frac{I_m}{2} \cong -I_{e\,k} \,.$$

Damit erhält man die freien Ausgleichsströme zu

$$\left.\begin{aligned}
i_{1\,f} &= \frac{1}{4}\,I_m\,e^{-\frac{t}{T_H}} - I_{e\,k}\,e^{-\frac{t}{T_s}} \\[2mm]
i_{2\,f} &= \frac{1}{4}\,I_m\,e^{-\frac{t}{T_H}} + I_{e\,k}\,e^{-\frac{t}{T_s}}\,.
\end{aligned}\right\}$$ (23)

Der sekundäre Kurzschluß des Transformators hat also das Einsetzen einer Entladung der Magnetisierungsströme des Feldes mit der ihnen entsprechenden Zeitkonstanten T_H zur Folge. Doch tritt in jeder Wicklung als Anfangswert nur der vierte Teil des normalen Transformatorenmagnetisierungsstromes auf, also ein recht geringer Strom.

Vollständig beherrscht wird die Erscheinung dagegen durch das Auftreten der Kurzschlußströme I_{ek}, die wegen der kleinen Streuung der heutigen Transformatoren von $3-10\%$ bereits im stationären Betrieb gewaltige Größe besitzen. Eine halbe Periode nach dem plötzlichen Kurzschließen werden diese Ströme durch die von ihnen ausgelösten Ausgleichsströme, die mit der Zeitkonstanten des Streufeldes abklingen, nochmals auf den doppelten Wert gebracht. Bei 3% Streuspannung eines Transformators tritt nach dem plötzlichen Kurzschluß ein Stromstoß von fast dem 66 fachen Wert des Normalstromes auf, sofern der Transformator von einem ergiebigen Netz konstanter Spannung gespeist und sein Widerstand gegenüber der Streuung vernachlässigt wird.

Sieht man von der sehr geringfügigen Wirkung der Magnetisierungsausgleichsströme ab, so erkennt man, daß der sekundäre Kurzschluß eines Transformators genau so wirkt, als hätte man den Stromkreis auf eine eisenfreie Drosselspule geschaltet, deren Selbstinduktionsspannung gleich ist der gesamten Streuspannung des Transformators.

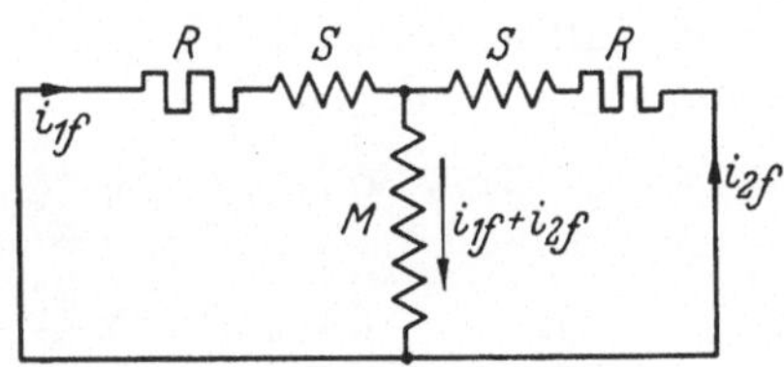

Abb. 143.   Ausgleichsströme im Transformator.

Vielfach wird zur Ermittlung der Ausgleichsvorgänge im Transformator von dem im nebenstehenden Ersatzbild eines Transformators (Abb. 143), vgl. Abb. 115, ausgegangen. Es sei deshalb auch hier die Berechnung der Ausgleichsströme gebracht. Mit den Bezeichnungen der Abb. 143 lauten die Differentialgleichungen des Ausgleichsvorganges

$$\left.\begin{aligned}
0 &= R\,i_{1f} + S\,\frac{d\,i_{1f}}{d\,t} + M\,\frac{d\,(i_{1f}+i_{2f})}{d\,t} \\
0 &= R\,i_{2f} + S\,\frac{d\,i_{2f}}{d\,t} + M\,\frac{d\,(i_{1f}+i_{2f})}{d\,t}\,.
\end{aligned}\right\} \tag{24}$$

Aus der zweiten Gleichung $\dfrac{d\,i_{2f}}{d\,t}$ gerechnet und in die erste eingesetzt, führt nach einer kurzen Zwischenrechnung auf nachstehende Differentialgleichung zweiter Ordnung

$$[(S+M)^2 - M^2]\,\frac{d^2\,i_{1f}}{d\,t^2} + 2\,R\,(S+M)\,\frac{d\,i_{1f}}{d\,t} + R^2\,i_{1f} = 0\,. \tag{25}$$

Mit dem Ansatz $i_{1f} = A\,e^{\alpha\,t}$ erhält man daraus die Bestimmungsgleichung für α

$$\alpha^2 + \frac{2\,R\,(S+M)}{[(S+M)^2 - M^2]}\,\alpha + \frac{R^2}{(S+M)^2 - M^2} = 0$$

und die Wurzeln

$$\left.\begin{aligned}\alpha_1 &= -\frac{R}{S+2M} = -\frac{1}{T_H} \\[2mm] \alpha_2 &= -\frac{R}{S} = -\frac{1}{T_s}\,.\end{aligned}\right\} \tag{26}$$

Damit ergibt sich als Lösung des Gleichungssystems (24)

$$\left.\begin{aligned}i_{1f} &= A_1\,e^{-\frac{R}{S+2M}t} + B_1\,e^{-\frac{R}{S}t} \\[2mm] i_{2f} &= A_2\,e^{-\frac{R}{S+2M}t} + B_2\,e^{-\frac{R}{S}t}\,.\end{aligned}\right\} \tag{27}$$

Die Bestimmung der Beziehungen zwischen den Integrationskonstanten erfolgt in der gleichen Weise wie früher.

Es soll nun ein Transformator bei geschlossenem Sekundärkreis an eine konstante Spannung U geschaltet werden. Für die primär bzw. sekundär auftretenden Ströme i_1 und i_2 gelten nach Gl. (24) nachstehende Differentialgleichungen.

$$\left.\begin{aligned}U &= R\,i_1 + S\,\frac{d\,i_1}{d\,t} + M\,\frac{d\,(i_1+i_2)}{d\,t} \\[2mm] 0 &= R\,i_2 + S\,\frac{d\,i_2}{d\,t} + M\,\frac{d\,(i_1+i_2)}{d\,t}\,.\end{aligned}\right\} \tag{28}$$

Aus diesen beiden Gleichungen ergibt sich nach ähnlicher Substitution, wie früher, die inhomogene Differentialgleichung

$$\frac{d^2 i_1}{d\,t^2} + \frac{2\,R\,(S+M)}{(S+M)^2 + M^2}\,\frac{d\,i_1}{d\,t} + \frac{R^2}{(S+M)^2 - M^2}\,i = \frac{U\,R}{(S+M)^2 - M^2}\,. \tag{29}$$

Die dazugehörige homogene Gleichung ist identisch mit Gl. (25) und führt auf die Bestimmung der freien Ausgleichsströme. Die Lösung der nichthomogenen Gl. (29) mit der Störungsfunktion $\dfrac{U\,R}{(S+M)^2 - M^2} = W$ kann aus der Lösung der homogenen Gleichung mittels der Methode der „Variation der Konstanten" gefunden werden. Diese „klassische" Methode führt auf die Lösung

$$i_1 = -\frac{W}{\alpha_1 - \alpha_2}\left(\frac{1}{\alpha_1} - \frac{1}{\alpha_2}\right) + K_1\,e^{\alpha_1 t} + K_2\,e^{\alpha_2 t}\,. \tag{30}$$

Das erste Glied ergibt den sich einstellenden stationären Wert i_{1e}. Man erhält ihn, wenn man für die Größen α_1 und α_2 die Werte aus Gl. (26) einführt, zu

$$i_{1e} = \frac{U}{R}\,. \tag{31}$$

Die Ermittlung der Integrationskonstanten K_1 und K_2 erfolgt aus den gegebenen Anfangsbedingungen. Sie führen zur Berechnung des mit der Zeit abklingenden Ausgleichsstromes i_{1f}. Damit ist die Zeitfunktion des primären Stromes i_1 gefunden. Mit ihr kann sodann aus der zweiten Gl. (28) das Zeitgesetz des Stromes i_2 ermittelt werden. Für die Bestimmung der Integrationskonstanten ergeben sich nachstehende Bedingungen:

Im Schaltmoment $t = 0$ ist $i_{1\,(t)} = 0$, $i_{2\,(t)} = 0$, nach Ablauf der freien Ausgleichsströme $t \infty =$ ist $i_1 = U/R$.

Damit wird nach Gl. (5)

$$i_{1\,f(0)} = - \frac{U}{R}; \qquad i_{2\,f(0)} = 0$$

und weiter

$$K_1 = K_2 = - \frac{U}{2\,R},$$

so daß wir als endgültige Lösung erhalten.

$$i_1 = \frac{U}{R} \left(1 - \frac{1}{2}\, e^{-\frac{1}{T_H}\,t} - \frac{1}{2}\, e^{-\frac{1}{T_s}\,t} \right)$$

$$i_2 = \frac{U}{R} \left(- \frac{1}{2}\, e^{-\frac{1}{T_H}\,t} + \frac{1}{2}\, e^{-\frac{1}{T_s}\,t} \right). \tag{32}$$

Da häufig zur Lösung derartiger Differentialgleichungen im Gegensatz zu der hier angedeuteten „klassischen" Methode die Heavisidesche Operatorenmethode* benutzt wird, soll die Lösung der letzten Aufgabe auch mittels dieser Methode gebracht werden. An Stelle des Zeichens $\frac{d}{d\,t}$ wird der Differentialoperator p eingeführt. Damit schreibt sich unser Simultansystem (28) wie folgt:

$$\left.\begin{aligned} U &= R\,i_1 + p\,S\,i_1 + p\,M\,(i_1 + i_2) \\ 0 &= R\,i_2 + p\,S\,i_2 + p\,M\,(i_1 + i_2). \end{aligned}\right\} \tag{33}$$

Aus der zweiten Gleichung wird i_2 errechnet zu

$$i_2 = - i_1 \frac{p\,M}{R + p\,(S + M)}.$$

Dieser Wert in die erste Gleichung eingesetzt, liefert

$$U = i_1 \left(R + (S + M)\,p - \frac{p^2\,M^2}{R + p\,(S + M)} \right) = i_1 \frac{[R + (S + M)\,p]^2 - p^2\,M^2}{R + p\,(S + M)}.$$

Der zu errechnende Strom i_1 steht zu seiner ihn bewirkenden Spannung U in folgender Beziehung

$$i_1 = \frac{U}{\dfrac{[R + (S + M)\,p]^2 - p^2\,M^2}{R + p\,(S + M)}} = \frac{U}{Z\,(p)}. \tag{34}$$

Die Größe $Z\,(p)$ wird die „Stammfunktion" der Größe i_1 genannt. Man bestimmt nun die Wurzeln der „Stammgleichung" $Z\,(p) = 0$.

---

* K. W. Wagner, Operatorenrechnung. Johann Ambrosius Barth, Leipzig 1940.

Sie seien allgemein mit p_ν ($\nu = 1, 2 \cdots$) bezeichnet. Es sind dies die sogenannten Eigenwerte. Mit diesen Eigenwerten ergibt sich die Lösung unserer Aufgabe mittels der Heavisideschen Formel

$$i_1 = \frac{U}{Z(0)} + U \sum \frac{e^{p_\nu t}}{p_\nu \left(\dfrac{dZ(p)}{dp}\right)_{p_\nu}}. \tag{35}$$

Es ist

$$Z(p) = 0 = [R + (S + M)p]^2 - p^2 M^2 = 0 \tag{36}$$

und daraus

$$\left. \begin{aligned} p_1 &= -\frac{R}{S + 2M} = -\frac{1}{T_H} \\[2mm] p_2 &= -\frac{R}{S} \quad\;\;= -\frac{1}{T_s}, \end{aligned} \right\} \tag{37}$$

$$Z(0) = R$$

weiter

$$\frac{dZ(p)}{dp} = (S + M) - \frac{2 M^2 p (R + p(S + M)) - p^2 M^2 (S + M)}{(R + p(S + M))^2}$$

und wenn wir die Beziehung (36) berücksichtigen

$$\frac{dZ(p)}{dp} = 2(S + M) - 2M$$

und weiter

$$p\frac{dZ(p)}{dp} = 2p(S + M) - 2Mp = 2p(S + M) - 2R - 2(S + M)p = -2R,$$

damit erhalten wir aus Gl. (35) die endgültige Lösung

$$i_1 = \frac{U}{R} + U\left(-\frac{e^{-\frac{1}{T_H}t}}{2R} - \frac{e^{-\frac{1}{T_s}t}}{2R}\right) = \frac{U}{R}\left[1 - \frac{1}{2}e^{-\frac{1}{T_H}t} - \frac{1}{2}e^{-\frac{1}{T_s}t}\right]. \tag{38}$$

Diese Gleichung ist identisch mit der ersten Gl. (32). Ihre Auffindung erfolgte jedoch ohne Bestimmung von Integrationskonstanten aus bestimmten vorgegebenen Bedingungen. Darauf beruht der große Vorteil der Operatorenrechnung gegenüber der klassischen Methode.

Die Ermittlung von i_2 erfolgt in ähnlicher Weise. Aus der ersten Gl. (33) wird i_1 errechnet und sein Wert in die zweite Gl. (33) substituiert. Aus letzterer ergibt sich für i_2 die Funktion

$$i_2 = -\frac{U}{\dfrac{[R + (S + M)p]^2 - p^2 M^2}{pM}} = -\frac{U}{Z(p)}. \tag{39}$$

Hier ist die Stammfunktion

$$Z(p) = \frac{[R + (S + M)p]^2 - p^2 M^2}{pM}.$$

Die Stammgleichung $Z(p) = 0$ liefert wiederum die Eigenwerte

$$p_1 = -\frac{R}{S + 2M} = -\frac{1}{T_H}; \quad p_2 = -\frac{R}{S} = -\frac{1}{T_s}.$$

$$Z(0) = \infty.$$

Weiter wird

$$\left(p\,\frac{dZ(p)}{dp}\right)_{p_1} = 2R; \quad \left(p\,\frac{dZ(p)}{dp}\right)_{p_2} = -2R,$$

und damit ergibt sich nach der Heavisideschen Formel (35) für i_2

$$i_2 = -U\left(\frac{e^{-\frac{1}{T_H}}}{2R} - \frac{e^{-\frac{1}{T_s}}}{2R}\right) = \frac{U}{2R}\left(-e^{-\frac{1}{T_H}t} + e^{-\frac{1}{T_s}t}\right) \tag{40}$$

in Übereinstimmung mit Gl. (32)

Damit ist der Ausgleichsvorgang im Transformator bei plötzlichem Anlegen einer konstanten Spannung U, deren Funktionsbild einen einfachen Spannungsstoß (Abb. 144) darstellt, ermittelt.

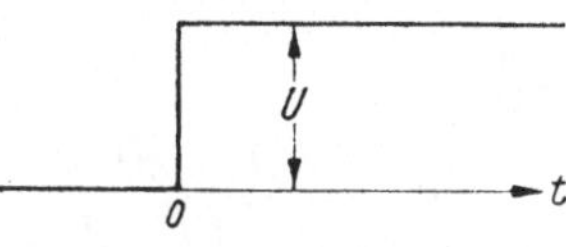

Abb. 144. Spannungsstoß.

4. Ausgleichsvorgang
beim Einschalten einer Spannung von beliebiger Zeitfunktion.

Ist die angelegte Spannung eine beliebige analytische Zeitfunktion, so kann der Ausgleichsvorgang nach der klassischen Methode durch Auflösung der dabei auftretenden inhomogenen Differentialgleichung ermittelt werden, die Durchführung dieser Rechnung ist oft langwierig und fordert außerdem noch die Auffindung der speziellen Werte der Integrationskonstanten durch vorgegebene Anfangsbedingungen. In der Operatorenrechnung gelingt die Lösung oftmals einfacher mittels des sog. Duhamelschen Integrals (siehe Operatorenrechnung).

$$i_1(t) = \frac{d}{dt}\int_0^t U(\xi)\,A(t-\xi)\,d\xi = U(t)\,A(0) + \int_0^t U(\xi)\,\frac{dA(t-\xi)}{d(t-\xi)}\,d\xi. \tag{41}$$

In unserem Beispiel bedeutet $U(\xi)$ den Wert der an den Transformator primär angelegten Spannung im Zeitpunkt ξ, $A(t-\xi)$ die Übergangsfunktion im Zeitpunkt $(t-\xi)$.

Als Beispiel berechnen wir den Ausgleichsvorgang in unserem Transformator, wenn er statt an eine Gleichspannung an eine einfach harmonische Wechselspannung $U = U_0 e^{j\omega t}$ geschaltet wird. Die für die Berechnung von i_1 erforderliche Übergangsfunktion $A(t)$ ist, wenn wir der Einfachheit halber setzen

$$-\frac{1}{T_H} = \alpha; \quad -\frac{1}{T_s} = \beta, \tag{42}$$

aus Gl. (38)

$$A(t) = \frac{1}{R}\left(1 - \frac{1}{2} e^{\alpha t} - \frac{1}{2} e^{\beta t}\right) \tag{43}$$

und somit

$$A(t - \xi) = \frac{1}{R}\left(1 - \frac{1}{2} e^{\alpha (t - \xi)} - \frac{1}{2} e^{\beta (t - \xi)}\right), \tag{44}$$

weiter wird

$$\frac{dA(t - \xi)}{d(t - \xi)} = - \frac{\alpha}{2R} e^{\alpha (t - \xi)} - \frac{\beta}{2R} e^{\beta (t - \xi)}$$

und $A(0) = 0$.

Damit erhält man mit Gl. (41)

$$i_1(t) = \frac{U_0}{2R}\int_0^t e^{j \omega \xi}\left(- \alpha\, e^{\alpha (t - \xi)} - \beta\, e^{\beta (t - \xi)} d\xi\right) = J_1 + J_2. \tag{45}$$

Es ist

$$J_1 = - \frac{U_0 \alpha\, e^{\alpha t}}{2R}\int_0^t e^{- \alpha \xi + j \omega \xi} d\xi = - \frac{U_0 \alpha\, e^{\alpha t}}{2R}\int_0^t e^{(j \omega - \alpha) \xi} d\xi =$$

$$= - \frac{U_0 \alpha}{2R(j \omega - \alpha)}\left(e^{j \omega t} - e^{\alpha t}\right),$$

und ebenso

$$J_2 = - \frac{U_0 \beta}{2R(j \omega - \beta)}\left(e^{j \omega t} - e^{\beta t}\right).$$

Mit diesen Zeitintegralen erhält man aus Gl. (45) die Zeitfunktion des Primärstromes $i_1(t)$

$$i_{1(t)} = - \frac{U_0}{2R}\left(\frac{\alpha}{j \omega - \alpha} + \frac{\beta}{j \omega - \beta}\right) e^{j \omega t} + \frac{U_0}{2R}\left(\frac{\alpha}{j \omega - \alpha} e^{\alpha t} + \frac{\beta}{j \omega - \beta} e^{\beta t}\right). \tag{46}$$

Der erste Summand ist der von der aufgedrückten Spannung erzwungene stationäre Strom

$$i_{1e(t)} = - \frac{U_0}{2R}\left(\frac{\alpha}{j \omega - \alpha} + \frac{\beta}{j \omega - \beta}\right) e^{j \omega t} = \frac{U_0}{2R}\left(\frac{\alpha}{\alpha - j \omega} + \frac{\beta}{\beta - j \omega}\right) e^{j \omega t}. \tag{47}$$

Ihm überlagert sich der nach einem exponentiellen Zeitgesetz abklingende freie Ausgleichsstrom $i_{1f(t)}$

$$i_{1f(t)} = \frac{U_0}{2R}\left(\frac{\alpha}{j \omega - \alpha} e^{\alpha t} + \frac{\beta}{j \omega - \beta} e^{\beta t}\right). \tag{48}$$

Führt man nach Gl. (42) bzw. (26) für α und β die gegebenen Größen ein, so läßt sich Gl. (47) umformen in

$$i_{1e(t)} = \frac{U_0}{2}\left(\frac{R + j \omega (S + 2M)}{R^2 + \omega^2 (S + 2M)^2} + \frac{R + j \omega S}{R^2 + \omega^2 S^2}\right) e^{j \omega t}. \tag{47a}$$

Dieser Ausdruck läßt sich durch Aufspalten des Faktors $e^{j \omega t} = \cos \omega t + j \sin \omega t$ in eine reelle cos-Funktion umwandeln, doch nehmen wir hier davon Abstand.

Auf die gleiche Weise ermitteln wir mittels Gl. (41) den Zeitverlauf des Stromes $i_2(t)$. Dabei lautet die Übergangsfunktion nach Gl. (40)

$$A_{(t)} = \frac{1}{R}\left(-\frac{1}{2}\,e^{\alpha\,t} + \frac{1}{2}\,e^{\beta\,t}\right),$$

so daß man aus Gl. (41) damit erhält

$$\left.\begin{aligned}i_{2(t)} = J_1 - J_2 &= -\frac{U_0}{2\,R}\left(\frac{\alpha}{j\,\omega - \alpha} - \frac{\beta}{j\,\omega - \beta}\right)e^{j\,\omega\,t} + \\ &+ \frac{U_0}{2\,R}\left(\frac{\alpha}{j\,\omega - \alpha}\,e^{\alpha\,t} - \frac{\beta}{j\,\omega - \beta}\,e^{-\beta\,t}\right).\end{aligned}\right\} \tag{49}$$

Auch der sekundäre Strom besteht aus zwei Teilen, einem erzwungenen stationären $i_{2\,e}$ und einem ihm überlagerten mit der Zeit abklingenden freien Ausgleichsstrom $i_{2\,f}$.

Die Ausgleichsströme verlaufen unabhängig von der Periodenzahl der aufgedrückten Spannung U, ihr Abklingen ist lediglich abhängig von den Leitungskonstanten des gesamten Stromkreises. Darauf ist Rücksicht zu nehmen, wenn man beispielsweise kurz andauernde hochfrequente Vorgänge über Spannungswandler messen bzw. oszillographisch aufnehmen will. In einem derartigen Fall würde die Nichtberücksichtigung der Wirkung der Ausgleichsströme bei der Auswertung des erhaltenen Oszillogramms zu maßgeblichen Fehlern führen.

5. Der unsymmetrische Stromkreis.

Wir gehen wieder von dem Gleichungssystem (6) aus und machen für die beiden freien Ausgleichsströme nachstehenden Lösungsansatz

$$\left.\begin{aligned}i_{1f} &= I_{1f}\,e^{-\frac{t}{T'}} \\ i_{2f} &= I_{2f}\,e^{-\frac{t}{T'}},\end{aligned}\right\} \tag{50}$$

wo T eine noch unbekannte Zeitkonstante darstellt. Mit Gl. (50) findet man aus Gl. (6)

$$\left.\begin{aligned}I_{1f}\,R_1 - \frac{L_1\,I_{1f}}{T} - M\,\frac{I_{2f}}{T} &= 0 \\ I_{2f}\,R_2 - \frac{L_2\,I_{2f}}{T} - M\,\frac{I_{1f}}{T} &= 0\end{aligned}\right\} \tag{51}$$

und aus der zweiten Gleichung

$$I_{2f} = I_{1f}\,\frac{M}{T\,R_2 - L_2}. \tag{52}$$

Letztere Gleichung für I_{2f} in die erste Gl. (51) eingesetzt, führt auf die Bestimmungsgleichung für die Unbekannte T.

$$T^2 - T\left(\frac{L_2}{R_2} + \frac{L_1}{R_1}\right) + \frac{L_1\,L_2 - M^2}{R_1\,R_2} = 0.$$

Bezeichnen wir mit

$$\frac{L_1}{R_1} = T_1; \quad \frac{L_2}{R_2} = T_2 \tag{53}$$

die Eigenzeitkonstanten der beiden Kreise, mit

$$\frac{L_1 L_2 - M^2}{L_1 L_2} = \sigma \tag{54}$$

den Streukoeffizienten der verketteten Stromkreise, so erhalten wir für T nachstehende quadratische Gleichung.

$$T^2 - T(T_1 + T_2) + \sigma T_1 T_2 = 0.$$

Da die Größen $T_1 T_2$ im allgemeinen sehr klein sind, besitzt die vorstehende Gleichung eine große und eine kleine Wurzel, die sich beide angenähert leicht bestimmen lassen.

Die große Wurzel kann aus obiger Gleichung nach Streichung des dritten Gliedes bestimmt werden.

$$T^2 - T(T_1 + T_2) = 0 \quad \text{daraus} \quad T_H = T_1 + T_2. \tag{55}$$

Zur Bestimmung der kleinen Wurzel kann man durch Weglassen des ersten Gliedes obiger Gleichung ansetzen:

$$- T(T_1 + T_2) + \sigma T_1 T_2 = 0,$$

und daraus

$$T_s = \frac{\sigma T_1 T_2}{T_1 + T_2} = \frac{\sigma}{\dfrac{1}{T_1} + \dfrac{1}{T_2}}. \tag{56}$$

T_H stellt die Zeitkonstante des Hauptfeldes dar, T_s die Zeitkonstante des Streufeldes.

Wir erhalten damit für das Gleichungssystem (6) als Lösung

$$\left. \begin{aligned} i_{1f} &= A_1 e^{-t/T_H} + B_1 e^{-t/T_s} \\ i_{2f} &= A_2 e^{-t/T_H} + B_2 e^{-t/T_s} . \end{aligned} \right\} \tag{57}$$

Aus der ersten Gl. (51) ergibt sich

$$I_{2f} = I_{1f} \frac{R_1 T - L_1}{M}.$$

Da diese Gleichung auch für die Zeitwerte i_{1f}, i_{2f} gilt, findet man damit aus Gl. (57)

$$A_2 e^{-t/T_H} + B_2 e^{-t/T_s} = \left(A_1 e^{-t/T_H} + B_1 e^{-t/T_s} \right)\left(\frac{R_1 T - L_1}{M} \right),$$

und daraus mit Berücksichtigung von Gl. (55) für $t = 0$

$$\left. \begin{aligned} A_2 &= A_1 \frac{R_1(T_1 + T_2) - L_1}{M} = A_1 \frac{\left(\dfrac{L_1}{T_1}(T_1 + T_2) - L_1 \right)}{M} = \\ &= A_1 \frac{T_2}{T_1} \frac{L_1}{M} = A_1 \frac{T_2}{T_1} \sqrt{\frac{L_1}{L_2}} \end{aligned} \right\} \tag{58}$$

und ebenso für die Streufelder mit Gl. (56)

$$B_2 = B_1 \frac{R_1 T_S - L_1}{M} = B_1 \frac{T_S - \dfrac{L_1}{R_1}}{\dfrac{M}{R_1}} \, .$$

Wenn wir beachten, daß die Streufeldzeitkonstante T_s sehr klein ist gegenüber der primären Zeitkonstanten, erhält man daraus

$$B_2 \cong - B_1 \frac{L_1}{M} \cong - B_1 \sqrt{\frac{L_1}{L_2}} \, . \tag{59}$$

Diese Werte in Gl. (57) eingesetzt, ergibt

$$\left.\begin{aligned}
i_{1f} &= A_1 e^{-t/T_H} + B_1 e^{-t/T_s} \\
i_{2f} &= \sqrt{\frac{L_1}{L_2}} \left(\frac{T_2}{T_1} A_1 e^{-t/T_H} - B_1 e^{-t/T_s} \right).
\end{aligned}\right\} \tag{60}$$

Es sollen nun die Ausgleichsströme, die in beiden miteinander verketteten Kreisen entstehen, wenn der Primärkreis mit dem Strom I_1 durch plötzliches Kurzschließen abgeschaltet wird, bestimmt werden. Dann ist im Zeitpunkt des Schaltens $t = 0$

$$i_{1f(t=0)} = A_1 + B_1 = I_1$$

$$\sqrt{\frac{L_2}{L_1}} \, i_{2f(t=0)} = \frac{T_2}{T_1} A_1 - B_1 = 0 \, .$$

Aus diesen beiden Gleichungen ergibt sich

$$A_1 = \frac{T_1}{T_1 + T_2} I_1 = \frac{T_1}{T_H} I_1$$

$$B_1 = \frac{T_2}{T_1 + T_2} I_1 = \frac{T_2}{T_H} I_1$$

und somit aus Gl. (60)

$$\left.\begin{aligned}
i_{1f} &= \frac{I_1}{T_H} \left(T_1 e^{-t/T_H} + T_2 e^{-t/T_s} \right) \\
\sqrt{\frac{L_2}{L_1}} \, i_{2f} &= \frac{I_1}{T_H} \left(T_2 e^{-t/T_H} - T_2 e^{-t/T_s} \right).
\end{aligned}\right\} \tag{61}$$

Die magnetische Energie des Feldes wird durch Ausgleichsströme in beiden Kreisen abgebaut. Ihre Summe ergibt den gesamten abklingenden Magnetisierungsstrom i_{mf}.

$$i_{mf} = i_{1f} + \sqrt{\frac{L_2}{L_1}} \, i_{2f} = \frac{I_1}{T_H} (T_1 + T_2) e^{-t/T_H} = I_1 e^{-t/T_H} \, .$$

Das Tempo seines Abbaues ist durch die Größe der Hauptfeldzeitkonstante bestimmt.

Beim Ausschalten des primären Stromes durch Öffnen des Primärkreises verschwindet das Feld nicht augenblicklich, sondern entsprechend der Zeitkonstanten T_2 allmählich

$$\Psi_{(t)} = \Psi_0 \, e^{-t/T_2}. \tag{62}$$

Durch die Abnahme des Feldes wird in der Primärwicklung eine Spannung induziert, die sich berechnet zu

$$e_1 = -\frac{d\Psi}{dt} = \frac{\Psi_0}{T_2} \, e^{-t/T_2}. \tag{62a}$$

Der sekundäre Kreis umschließt das der Wechselinduktion M entsprechende Feld. Beim Ausschalten kann daher der sekundäre Strom nur auf die Größe $I_1 M/L_2$ ansteigen und dann nach der Zeitfunktion

$$i_2 = \frac{M}{L_2} I_1 \, e^{-\frac{R_2}{L_2} t} \tag{63}$$

verlöschen.

Wir wollen nun die beim primären Ausschalten am Schalter freiwerdende Energie ermitteln.

Die gesamte, vor dem Schaltvorgang im System aufgespeicherte magnetische Energie beträgt

$$W_1 = \frac{1}{2} L_1 I_1^2. \tag{64}$$

Ein Teil davon wird im Schaltmoment auf den Sekundärkreis übertragen und setzt sich dort in Stromwärme um. Dieser Betrag ist

$$W_2 = \int_0^\infty i_2^2 \, R_2 \, dt. \tag{65}$$

Mit Berücksichtigung von Gl. (63) wird

$$W_2 = \left(\frac{M}{L_2}\right)^2 I_1^2 R_2 \int_0^\infty e^{-2\frac{R_2}{L_2} t} \, dt = \frac{1}{2} \frac{M^2}{L_2} I_1^2. \tag{66}$$

Die Differenz dieser beiden Energiebeträge wird am Schalter in Form von Schaltfunken und Lichtbogen, die zu Überspannungen Anlaß bieten, frei

$$W_S = W_1 - W_2 = \frac{1}{2} L_1 \left(1 - \frac{M^2}{L_1 L_2}\right) I_1^2 = \frac{1}{2} L_1 \, \sigma \, I_1^2 = \frac{1}{2} L_s \, I_1^2. \tag{67}$$

6. Überspannungen beim Abschalten leerlaufender Ofentransformatoren.

Während das primäre Ausschalten belasteter Transformatoren im allgemeinen harmlos verläuft, da die freiwerdende Energie nach Gl. (67) nur einen Differenzbetrag ausmacht, der nur bei großer Streuung eine nennenswerte Größe erreicht und dadurch dann auch Schaltüberspannungen zur Folge haben kann, können beim Abschalten von Transformatoren bei

Leerlauf Überspannungen auftreten, die zu Zerstörungen der Transformatorenwicklungen mit ihren Folgen führen. Ursache dieser Überspannung ist das beim erzwungenen Abschalten des Stromes im Schaltmoment noch vorhandene Feld. Während dieses Feld beim belasteten Transformator durch seine Verkettung mit dem Sekundärkreis eine Zeitlang weiter bestehen kann und durch den im Sekundärkreis auftretenden Ausgleichsstrom allmählich abgebaut werden kann, muß sich beim Abschalten des leerlaufenden Transformators die im Schaltmoment noch vorhandene magnetische Feldenergie in elektrostatische Energie umwandeln. Der rasche, erzwungene Abbau des Stromes wird mit einer der Schnelligkeit des Stromabbaues proportionalen Überspannung beantwortet. Besonders Druckgasschalter, die vor dem natürlichen Nulldurchgang ein vorzeitiges Abwürgen des Stromes erreichen, begünstigen mit dem dabei auftretenden großen di/dt die Entstehung der Abschaltüberspannung.

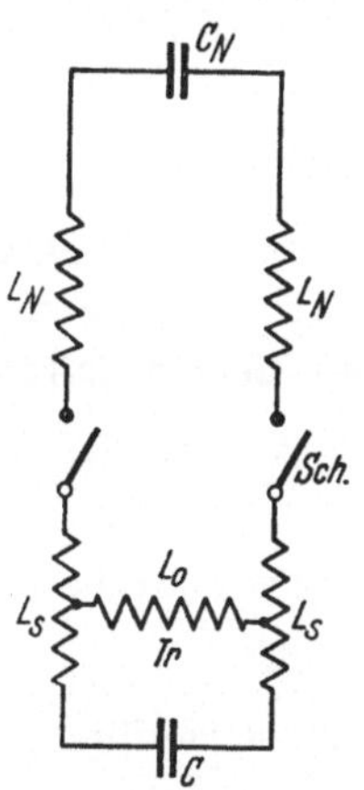

Abb. 145. Abschalten eines leerlaufenden Transformators vom Netz.

Der Abschaltvorgang erfolgt infolge der im Stromkreis vorhandenen sehr kleinen Ohmschen Widerstände und der durch sie bedingten geringen Dämpfung infolge der vorhandenen Kapazitäten nicht aperiodisch, sondern in gedämpften hochfrequenten Schwingungen.

Das Grundsätzliche dieser Erscheinung soll an nebenstehendem Schaltbild erläutert werden (Abb. 145).

Der Transformator T_r besteht aus seiner Leerlaufsinduktivität L_0, seiner Streuinduktivität L_s, außerdem besitzt er infolge seines Wellenwiderstandes eine bestimmte Kapazität, zu der sich noch (im Leerlauf bei erloschenen Lichtbögen im Ofen bzw. bei aus dem Schmelzgut herausgezogenen Elektroden) die Kapazität der Hochstromleitung und der Kohlenelektroden addiert. Er ist über den Schalter Sch mit der Netzbetriebsinduktivität L_N und der Netzbetriebskapazität C_N verbunden.

Das Ersatzbild zeigt zwei Schwingungskreise. Solange der Lichtbogen im Schalter Sch steht, ist eine Schwingung vorhanden, deren Frequenz in erster Linie durch die dem Transformator vorgeschalteten Induktivitäten des Netzes L_N, die Streureaktanz des Transformators L_s und die resultierende Kapazität C_R bestimmt wird. Diese resultierende Kapazität ergibt sich aus der Hintereinanderschaltung von C und C_N. Die Netzkapazität C_N hängt ab von der Größe des im Betrieb befindlichen Kabelnetzes, sie wird im allgemeinen durch die im Betrieb gebotenen Zu- und Abschaltungen von Kabelstrecken veränderlich sein. Ist sie groß, so kann sie für diesen Schwingungskreis nahezu einen Kurzschluß bedeuten. Mit der betrieblich veränderlichen Kapazität C_R ist auch die Frequenz des

Schwingungskreises veränderlich. Bezeichnen wir die Summe aus Netz-induktivität und Transformatoreninduktivität mit L_R, so ist die Frequenz dieser Schwingung gegeben durch den Ausdruck

$$f_1 = \frac{1}{2\,\pi}\,\sqrt{\frac{1}{L_R\,C_R}}\,.\qquad(68)$$

Sie liegt etwa in der Größenordnung von 10000 Hz. Im Augenblick des Erlöschens des Lichtbogens am Schalter entsteht eine Schwingung, mit der der Transformator über die Kapazität C und seine Leerlaufsindukti-vität, die ein Vielfaches der Streureaktanz beträgt, ausschwingen kann. Durch die bedeutende Erhöhung der Induktivität tritt eine, um vieles kleinere Frequenz auf:

$$f_2 = \frac{1}{2\,\pi}\,\sqrt{\frac{1}{L_0\,C}}\,.\qquad(69)$$

Größenordnungsgemäß ergibt sie sich zu etwa 1000 Hz. Die beim Er-löschen des Schaltlichtbogens auftretende Überspannung u ergibt sich aus dem Schaltstrom, der in diesem Fall der Leerlaufstrom I_0 ist. Es ist

$$u = I_0\,\sqrt{\frac{L_0}{C}}\,.\qquad(70)$$

Führt man die Leerlaufsleistung

$$N_0 = I_0\,U$$

ein, sowie für L_0

$$L_0 = \frac{U}{\omega\,I_0}\,,$$

wobei man näherungsweise $I_0 = I_m$ (Magnetisierungsstrom) setzt, so er-hält man für die maximale Überspannung den Ausdruck

$$u_{\max} = \sqrt{2}\,\sqrt{\frac{N_0}{\omega\,C}}\,.\qquad(71)$$

Diese theoretische Spannungsspitze, die ein plötzliches Abbrechen des Schaltstromes von seinem Höchstwert auf Null voraussetzt, wird prak-tisch nicht erreicht, da ein Teil dieser Energie im Schaltlichtbogen auf-gezehrt wird. Immerhin können in der Praxis Überspannungen auftreten, die ein Vielfaches der normalen Netzspannung ausmachen.

Der Eisenkern des Transformators wirkt auf hohe und niedrige Fre-quenzen verschieden ein; in jedem Fall vergrößert er die Erdkapazität der Wicklung beträchtlich. Für sehr hohe Frequenzen wird die Selbstinduk-tion im wesentlichen durch das Luftfeld definiert, bei langsameren Schwingungen folgt das Magnetfeld jedoch in voller Stärke, so daß das L viel höhere Werte annimmt und der Leerlaufsinduktivität gleichzu-setzen ist.

7. Das Einschalten des leerlaufenden Transformators.

Eine Spule, die den Ohmschen Widerstand R, den magnetischen Fluß Ψ, der von dem Strom i erzeugt wird, umschließt, ist an eine Spannung u geschaltet. Es besteht dann die Spannungsgleichung

$$u = R\,i + \frac{d\,\Psi}{d\,t}. \tag{72}$$

Es bestehe Proportionalität zwischen Strom und Fluß, also

$$\Psi = L\,i, \tag{73}$$

wobei L die Induktivität der Spule bedeutet. Damit wird

$$\frac{d\,\Psi}{d\,t} + \frac{R}{L}\,\Psi = u. \tag{74}$$

Ist die Spannung u zeitlich konstant ($u = U$), so ergibt Gl. (74) als Lösung

$$\Psi = \frac{U}{R}\,L + \Psi_a\,e^{-\frac{R}{L}t}. \tag{75}$$

Das erste Glied ist der stationäre Fluß, das zweite ein Ausgleichsfluß, der sich dem stationären im Schaltaugenblick $t = 0$ überlagert und im Tempo der Zeitkonstanten $T = L/R$ abklingt.

Sein Anfangswert ist aus der Grenzbedingung bestimmt. Es muß die Summe aus stationärem und Ausgleichsfluß im Schaltaugenblick ($t = 0$) den bis dahin bestehenden Fluß ergeben. War Ψ Null, so wird $\Psi = -U\,\frac{L}{R}$. Für den dem Fluß proportionalen Strom gilt das gleiche Zeitgesetz. Solch ein Ausgleichsfluß und Ausgleichsstrom überlagert sich bei jedem Schaltvorgang unabhängig von der Art der geschalteten Spannung. Er erscheint als Lösung der Gl. (74) für $u = 0$, deren partikuläre Lösung der stationäre Wert ist.

Beim Einschalten einer einfach harmonischen Wechselspannung bewirkt dieser Ausgleichswert eine einseitige Verlagerung des resultierenden Flusses bzw. des Stromes. Bei kleinem Widerstand erreichen sie eine halbe Periode nach dem Einschalten nahezu die doppelte stationäre Amplitude. Dieser ungünstigste Fall tritt dann ein, wenn im Augenblick des Spannungsnulldurchganges eingeschaltet wird.

Verläuft jedoch der magnetische Fluß, wie beim Transformator, im Eisen, so ist er keine lineare Funktion des Stromes. Die Voraussetzung für die Trennung des freien vom erzwungenen Strome oder Flusse ist nicht mehr gegeben, es können nur die resultierenden Größen betrachtet werden.

Eine mathematische Ermittlung des Stromverlaufes ist in diesem Fall nur möglich, wenn die Magnetisierungslinie durch eine analytische Ersatzfunktion dargestellt werden kann. Solche Ersatzfunktionen wurden in größerer Anzahl aufgestellt und für die Berechnung derartiger Probleme verwendet [67, 68, 69, 71].

Einige dieser Funktionen seien hier aufgeführt:

a) $\mathfrak{B} = a_1 + b_1 \, \mathfrak{Tg} \, i + C_1 \, i$

b) $\mathfrak{B} = a_2 \, (1 - e^{-b_2 i})$

c) $\mathfrak{B} = \dfrac{i}{a_3 + b_3 \, i}$

d) $i = a_4 \, \mathfrak{B} + b_4 \, \mathfrak{B}^3$

e) $\mathfrak{B} = \dfrac{i}{e^{a_5 + b_5 i}}$

e) $\mathfrak{B} = a_6 \, \sqrt{\ln\left(\dfrac{i}{b_6} + 1\right)}$

f) $\mathfrak{B} = a_7 \, i + b_7 \, i^{C_7}$

g) $\mathfrak{B} = a_8 \, i^{C_8}.$

$$\left. \right\} \quad (76)$$

Einfacher und für die in der Praxis vorkommenden Probleme genügend genau ist die Lösung der Aufgabe mit Hilfe der gegebenen Magnetisierungskurve auf zeichnerischem Wege. Auch darüber finden sich im Schrifttum mehrere Hinweise [70, 72].

Die Primärspule eines Transformators mit dem Ohmschen Widerstand R werde an eine Wechselspannung $u = \overline{U} \sin (\omega t + \varphi)$ geschaltet, der Strom i erzeugt in der Spule den Gesamtfluß Ψ. Dann gilt die Spannungsgleichung

$$\overline{U} \sin (\omega t + \varphi) = i \, R + \frac{d\, \Psi}{d\, t}. \qquad (77)$$

Vor dem Einschalten sei ein remanenter Fluß Ψ_r vorhanden. Durch Integration vom Zeitpunkt des Einschaltens $(t = 0)$ bis zu einem beliebigen Zeitpunkt t erhält man für den Fluß

$$\Psi = \Psi_r - \frac{\overline{U}}{\omega} \cos (\omega t + \varphi) + \frac{\overline{U}}{\omega} \cos \varphi - \int_0^t R \, i \, d\, t. \qquad (78)$$

Dabei ist $\dfrac{\overline{U}}{\omega} \cos (\omega t + \varphi)$ der Wechselfluß, dessen Amplitude $\overline{\Psi'} = \dfrac{\overline{U}}{\omega}$ sich im stationären Zustand einstellen würde, wenn der Widerstand der Wicklung Null wäre. Da der Ohmsche Spannungsabfall des stationären Magnetisierungsstromes sehr klein ist, ist $\overline{\Psi'}$ fast gleich dem stationären Fluß. $\dfrac{\overline{U}}{\omega} \cos \varphi$ ist ein konstanter Fluß, der den stationären Fluß im Schaltmoment $t = 0$ zu Null ergänzt. $\int_0^t R \, i \, d\, t$ kennzeichnet die Abnahme des Flusses durch den Ohmschen Spannungsabfall.

Sieht man von der Abnahme des Flusses durch den Ohmschen Spannungsabfall ab, so schwingt Ψ um einen konstanten Mittelwert $\Psi_r + \overline{\Psi'} \cos \varphi$. Zu jedem Wert des Flusses kann man aus der magnetischen Charakteristik den zugehörigen Strom entnehmen und den Ausdruck $R \int_0^t i \, d\, t$ berechnen. Zieht man diesen Wert von dem ermittelten

Flußwert ab, so erhält man den tatsächlichen Flußverlauf in erster Näherung. Entnimmt man hierzu wieder aus der Magnetisierungslinie den Strom i, so ergibt sich mit $R \int i\, d\,t$ der Verlauf in zweiter Näherung. Man kann diese Näherungsmethode beliebig oft fortsetzen.

Das Verfahren konvergiert um so rascher, je kleiner R ist. Im ungünstigsten Schaltmoment ($\varphi = 0$) würde (bei Vernachlässigung der Flußabnahme durch den Ohmschen Spannungsabfall) der Höchstwert des Flusses $\Psi_r + 2\,\overline{\Psi'}$ betragen, ihm entspräche als Magnetisierungsstromstoß $i_{m\ \text{Stoß}}$, ein im allgemeinen hoher Wert, er kann praktisch das 120fache der stationären Leerlaufsamplitude oder das 8—12fache des Vollaststromes erreichen. Infolge des Ohmschen Widerstandes klingt der Strom allmählich auf den normalen Magnetisierungsstrom ab. Die Nichtlinearität zwischen Fluß und Strom bedingt, daß der Magnetisierungsstrom keineswegs mehr eine einfach harmonsiche Zeitfunktion ist, das Zeitbild weist hohe markante Stromspitzen auf, die allmählich auf den Scheitelwert des stationären Magnetisierungsstromes abklingen. Auch der stationäre Magnetisierungsstrom ist nicht sinusförmig, sondern verzerrt und weist einen hohen Betrag höherer Harmonischer auf.

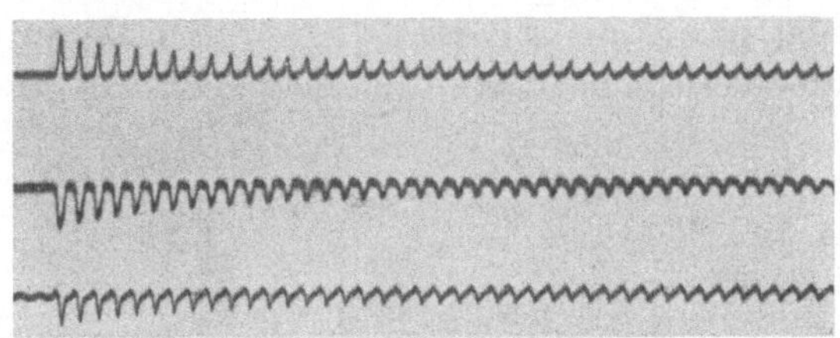

Abb. 146.
Oszillogramme des Einschaltvorganges eines belasteten Transformators.

Abb. 146, 147, 148 zeigen die Einschaltströme bei Leerlauf eines 35000 kVA Karbidofentransformators a) bei 3000 V, b) 5000 V, c) bei Normalspannung 6200 V.

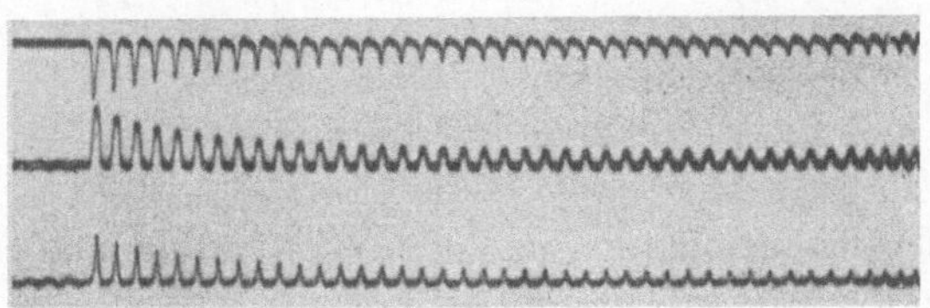

Abb. 147.
Oszillogramme des Einschaltvorganges eines belasteten Transformators.

Die Größe des Widerstandes, der beim Einschalten eines leerlaufenden Transformators die Höhe der ersten Stromspitze auf ein zulässiges Maß beschränken soll, läßt sich leicht abschätzen. Man nimmt den größtzulässigen Stromstoß i_s im Verhältnis zum stationären Magnetisierungsstrom

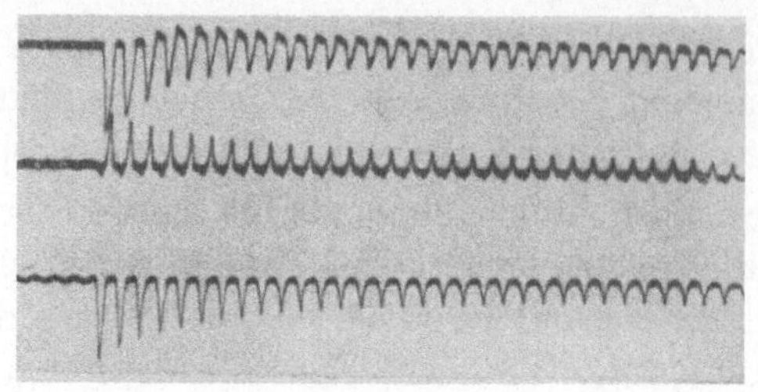

Abb. 148.
Oszillogramme des Einschaltvorganges eines belasteten Transformators.

und damit aus der Magnetisierungslinie das Verhältnis des größten Flusses zur stationären Flußamplitude $\alpha = \dfrac{\Psi_s}{\overline{\Psi}}$ an. Weiter nehmen wir an, daß der Ausgleichsfluß gleich der stationären Amplitude ist und nach einer Zeitkonstanten, die der Induktivität L_s des höchsten Flußwertes entspricht, abklingt, also $\Psi_{(t)} = \overline{\Psi}(-\cos \omega\, t + e^{-R/L_s\, t})$. Da die größte Flußspitze eine halbe Periode nach dem Einschalten auftritt, ist $(\omega\, t = \pi)$

$$\alpha = \frac{\Psi_s}{\overline{\Psi}} = 1 + e^{-\frac{\pi R}{\omega L_s}}$$

oder

$$\frac{\pi R}{\omega L_S} = \ln \frac{1}{\alpha - 1}.$$

Ist L_0 die Induktivität beim stationären Magnetisierungsstrom i_0, so ist

$$\frac{L_s}{L_0} = \frac{\Psi_s\, i_0}{\Psi_0\, i_s} = \alpha \frac{i_0}{i_s},$$

und damit

$$\frac{R}{\omega L_0} = \frac{\alpha}{\pi} \frac{i_0}{i_s} \ln \frac{1}{\alpha - 1}$$

oder

$$\frac{i_0 R}{i_0 \omega L_0} \cong \frac{i_0 R}{\overline{U}} = \frac{\alpha}{\pi} \frac{i_0}{i_s} \ln \frac{1}{\alpha - 1}. \tag{79}$$

Zum Beispiel: Im stationären Zustand sei $\overline{B} = 14000$ und eine Zunahme auf $B_s = 18000$ zugelassen. Damit ist

$$\alpha = \frac{18000}{14000} = 1{.}29 \qquad i_s \cong 8 \cdot i_0.$$

Die Stromspitze wird auf den 8fachen Magnetisierungsstrom, also etwa
auf den halben Vollaststrom beschränkt. Damit ergibt sich aus Gl. (79)

$$\frac{i_0 R}{U} = \frac{1{,}29}{\pi\,8}\ln\frac{1}{0{,}29} = 0{,}065\,.$$

Der Widerstand soll beim stationären Magnetisierungsstrom 6,5% der
Spannung drosseln. Der Vorschaltwiderstand wird also klein, man findet
durchschnittlich 5—10%. Er bringt den Ausgleichsvorgang schnell zum
Erlöschen und ist als Vorkontakt des Schalters nur wenige Perioden eingeschaltet.

§ 2. Ausgleichsvorgänge in veränderlichen Stromkreisen.

1. Ursache der Ausgleichsvorgänge.

Bisher hatten wir in dem betrachteten Stromkreis immer zeitlich konstante Leitungsgrößen, wie Widerstände, Selbst- bzw. Gegeninduktionen
(und Kapazitäten) vorausgesetzt. Strenggenommen trifft diese zeitliche
Invarianz unseres Stromkreises beim elektrischen Lichtbogen-Wider-
standsofen nicht zu. Vielmehr zeigt sich bei diesen Verbrauchern eine
zeitliche Abhängigkeit des Ohmschen Widerstandes, der infolge seiner
Änderungen Störungen im regulären Stromverlauf, also nichtstationäre
Vorgänge verursacht, die in ihrer weiteren Folge, je nach ihrer Größe
oder zeitlichen Änderungsgeschwindigkeit, Anlaß zu Überspannungen
bieten können.

Im elektrischen Wechselstromlichtbogen ist der Widerstand der Lichtbogenstrecke innerhalb einer Halbperiode zeitlich nicht konstant, vielmehr großen Änderungen unterworfen. Betrachten wir sein Verhalten vor
dem Erlöschen des Stromes: Hier tritt eine rasch ansteigende Vergrößerung des Widerstandes der Gasstrecke auf. Sie ist bedingt durch eine
Selbstentionisierung, die einerseits durch Abwanderung der Ladungsträger aus der Bogenstrecke (z. B. Elektronendiffusion) andererseits
durch Molisierung, Vernichtung freier Ladungsträger, Anlagerung freier
Elektronen an Ionen oder Moleküle hervorgerufen wird.

In beiden Fällen tritt eine Verminderung der Elektronendichte in der
Bogensäule auf. Unterstützt wird diese Verminderung noch durch künst-
liches Anblasen der Bogenstrecke, Einbringung kälteren Gases in den
Entladungsraum und damit Abkühlung der Gasstrecke. Tritt damit in
einer Zeit, die dem Spannungsnulldurchgang zur Verfügung steht, etwa
10^{-4} Sekunden, eine Erniedrigung der Elektronendichte auf rd. $10^9/\mathrm{cm}^3$
auf, so kommt es in der nächsten Halbperiode bei normaler Spannung
nicht mehr zur Zündung, der Bogen bleibt erloschen.

Die rasche Zunahme des Bogenwiderstandes hat ein stärkeres Abfallen
des Stromes vor dem Nulldurchgang zur Folge, sein $-di/dt$-Wert ist

absolut größer als der, welcher der einfach harmonischen Zeitfunktion im Nulldurchgang entspricht. Diese übernormalen di/dt-Werte erzeugen an den Induktivitäten des Stromkreises proportionale Spannungen, die also größer sind als die normalen Spannungen und somit als Überspannungen angesprochen werden können. Normalerweise sind die so entstandenen Überspannungen, die vor jedem erzwungenen Stromnulldurchgang auftreten, unbedeutend klein, um so kleiner, je weniger sich die sie verursachenden di/dt-Werte von denen des sinusförmigen Stromverlaufes unterscheiden.

Bei sehr großen Bogenströmen (Größenordnung 10 000 A) tritt infolge der thermischen Trägheit der Lichtbogenstrecke bei ruhig brennenden Bögen praktisch keine zeitliche Widerstandsänderung im Lichtbogen, auch bei Stromnulldurchgang, auf; der Widerstand der Gasstrecke hat den Charakter eines Ohmschen Widerstandes, Bogenstrom- und Bogenspannungskurven sind beide sinusförmig, die Charakteristik dieser Lichtbogen ist steigend. Umgekehrt bedeutet das Auftreten von Zünd- und Löschgipfeln in der Bogenspannungskurve und die damit verbundene Deformation der Stromkurve immer eine zeitliche Inkonstanz des Bogenwiderstandes.

Aus dem Vorhergehenden ist zu entnehmen, daß bei Lichtbogenöfen der Stahlindustrie mit dem zeitweisen Auftreten von Überspannungen an den Induktivitäten des Stromkreises, also im Ofentransformator, zu rechnen ist. Die Lichtbogenspannung weist im allgemeinen, besonders beim Einschmelzen, hohe Zünd- und Löschspitzen auf. Sie sind bedingt durch die gute Wärmeleitfähigkeit des Kathodenmaterials (Eisen), dadurch ein Auskühlen des Kathodenfleckes, so daß die Zündung erst bei höherer Spannung wieder einsetzen kann und damit der Strom stoßartig anwächst. Die gleiche Ursache bedingt das Auftreten einer Löschspitze und das rasche Abfallen des Stromes. Die gute Wärmeleitfähigkeit des Schmelzgutes ermöglicht auch ein rasches Wandern des Kathodenfleckes und damit auch stärkere Lichtbogenstromschwankungen, die auch durch die entstandenen, den Entladungsraum durchströmenden Metalldämpfe gefördert werden, auch Polaritätseffekte (Kohlenelektrode — Eisen) können eine zusätzliche Rolle spielen.

In diesem Lichtbogenofen sind also tatsächlich die erzwungenen Stromänderungen in der Lichtbogensäule die Ursache von Überspannungen. Diese Überspannungen können, je nach dem Betriebszustand des Ofens, häufig und in ihrer Größe beachtlich, auftreten.

Wesentlich anders liegen die Verhältnisse bei den Widerstandsöfen, in denen die Lichtbogenzone für den Energieumsatz eine untergeordnete Rolle spielt.

Als einen Vertreter der letzteren wollen wir den Karbidofen betrachten und an ihm die Verhältnisse untersuchen. Der Karbidofen gilt als

Urheber von Überspannungen im Stromkreis als durchaus harmloser Konsument. Im Gegensatz zu den vorher geschilderten Verhältnissen an den Lichtbogenöfen zeigen sich hier keine kurzzeitigen, störenden Stromschwankungen, Strom- und Spannungsoszillogramme zeigen im allgemeinen einen durchaus ruhigen, ungestörten Verlauf.

Und doch treten, wenn auch selten, an den Ofentransformatoren Beschädigungen auf, die ihre Primärursache, wie jahrelange Untersuchungen erwiesen, in den elektrischen Vorgängen im Karbidofen haben. Diese sollen nun hier noch erörtert werden:

Die ungestörten stationären elektrischen Vorgänge im Schmelzgut des Karbidofens gestatten, das Schmelzgut in größeren Gebieten als homogenen Widerstand zu betrachten und damit für den Stromverlauf in der Ofenwanne ein räumliches Strömungsfeld zu definieren. Seine charakteristischen Größen, wie Feldstärke, Strom- und Leistungsdichte wurden im Kapitel 7 eingehend behandelt.

Dieser stationären Strömung überlagern sich in ihrer Größe und Häufigkeit nach einem statistischen Gesetz verteilt im allgemeinen ungefährliche Störungsvorgänge. Als Ursache dieser Störungen sind, wenn man das makroskopische Bild der räumlichen Strömung im homogenen Medium verläßt, hauptsächlich folgende Tatsachen anzusprechen:

Das Schmelzgut ist, wenn man vom Sumpf, dem Fertiggut, absieht, kein homogenes Medium. Es besteht aus einzelnen Körnern, die verschiedene Leitfähigkeit aufweisen. Zwischen den einzelnen Körnern und besonders zwischen der Elektrode und der Mischung kommt es zur Bildung von Elementarlichtbögen, die im ständigen Wechsel, Werden und Vergehen durch Abbrennen und Wiederzünden begriffen sind. Ihre Verteilung längs der Berührungsfläche, Elektrode — Mischung, unterliegt einem uns unbekannten statistischen Gesetz. Das Zünden und Erlöschen jedes Elementarlichtbogens kommt aber, für den ganzen Stromkreis betrachtet, einer plötzlichen differentiellen Widerstandsänderung gleich. Diese kleinen Widerstandsänderungen sind unmaßgeblich. Sie bedeuten nur ein unmerkliches schnelles Schwanken des Betriebswiderstandes um einen auf eine längere Zeitperiode hin konstanten Wert. Bei der großen Anzahl dieser Elementarkontakte ist die wahrscheinliche Verteilung der Elementarlichtbögen derart, daß die Summe der gleichzeitig brennenden Lichtbögen nahezu konstant bleibt, daher auch die normalen, geringen, ungefährlichen Widerstandsschwankungen. Bedenklich werden diese Störungen erst, wenn beispielsweise gleichzeitig ein Großteil dieser Kontaktlichtbögen erlöscht, so daß es zu einer plötzlichen großen Widerstandsänderung kommt. Dann treten im Stromkreis infolge des großen di/dt-Wertes des Gesamtstromes Überspannungen auf, die hier näher besprochen werden sollen. Es liegt im Wesen einer statistischen Verteilung, daß auch diese Extremfälle, allerdings sehr selten, auftreten können. Dazu kommt noch folgendes: In einem Versuch wurden die elektrischen Größen, Strom und Spannung eines einzelnen, zwischen einer Kohlenstiftelektrode und einer Kalk-Koks-Mischung, brennenden Lichtbogens oszilloskopisch untersucht. Es zeigt sich, daß der Lichtbogen vor und nach der abgelaufenen Reaktion ruhig brennt, während der in unmittelbarer Nähe des Lichtbogens vor sich gehenden Reaktion brennt der Lichtbogen jedoch sehr unruhig, ja er wird zuweilen sogar plötzlich ausgeblasen, die Stromkurve zeigt deutlich erkennbare Verzerrungen, die Spannungskurve einer im Stromkreis liegenden Induktivität weist hohe Überspannungsspitzen während dieser Reaktionszeit auf. Diese Erscheinung ist wahrscheinlich auf die sich beim Reaktionsprozeß bildende Gasmenge und ihre Strömung im Lichtbogen zurückzuführen. Art und Charakter der Strom- und Spannungskurven erinnert an die bei dem Wehnelt-Effekt auftretenden charakteristischen Kurven. Diese beobachtete Erscheinung läßt eine weitere Schlußfolgerung zu. Es ist denkbar, daß sich infolge örtlich hoher Leistungsdichte an einzelnen Stellen unter der großflächigen Elektrode (oder sonstwo im Schmelzraum) lokale höhere Gasdrücke bilden, die dann in einem größeren Raumkomplex Elementarlichtbogen zum Ausblasen bringen. Die Folge davon wäre eine plötzliche starke Widerstandszunahme, deren Wirkung auf die Instrumente infolge der Trägheit der letzteren zwar nicht in Augenschein tritt, da ja im nächsten Augenblick durch Zünden oder neue Kontaktbildung der frühere Widerstandswert wieder erreicht werden kann. Diese Widerstandsänderung bedingt aber in dem Stromkreis einen Ausgleichsvorgang, der Veranlassung zu Überspannungen gibt. Derartige einschneidende Unstetigkeiten des Widerstandswertes sind als möglich anzunehmen, in einer für den Betrieb gefährlichen Größe scheinen sie sehr selten aufzutreten.

Im Gegensatz zu den Lichtbogenöfen, wie sie vorher besprochen wurden, bilden sich hier im Karbidofen Kontaktlichtbögen kleinerer Dimensionen aus, die auch wieder verlöschen, um an anderen Stellen wieder zu zünden. Jeder einzelne Elementarlichtbogen — es brennen in der Regel viele gleichzeitig — brennt ruhig, es zeigen sich gewöhnlich keine Zünd- und Löschgipfel — sofern es nicht in unmittelbarer Nähe von ihm zur Reaktion kommt — denn infolge der schlechten Wärmeleitfähigkeit der Kathode (Kohle) treten keine Kathodenfleckwanderungen auf. Dazu kommt noch die geringe Ionisierungsspannung des Kalziumdampfes. Reißt ein einzelner dieser Lichtbogen durch die Reaktionsgase rasch ab, so spürt das der gesamte Betriebsstrom nicht, da ja im allgemeinen noch viele andere Kontaktstellen die Stromleitung übernehmen.

Wir erkennen, warum der elektrische Betrieb eines Karbidofens in der Regel viel ruhiger verläuft, als der eines Stahllichtbogenofens. Doch damit kann nicht behauptet werden, daß der Karbidofen nicht Urheber von

Überspannungen sein kann. Die Möglichkeit dazu ist im statistischen Verteilungsgesetz der gleichzeitig brennenden bzw. erlöschenden Lichtbögen gegeben. Daß heißt auch hier können hohe Überspannungen entstehen, jedoch sehr selten, wenn nämlich der größte Teil der Stromübergangsstellen (Kontaktlichtbogen) gleichzeitig erlischt. Die Wahrscheinlichkeit, daß dies geschieht, ist jedoch gering.

Zur rechnerischen Erfassung dieser, dem stationären Betrieb überlagerten, nichtstationären Vorgänge stellen wir uns für den Stromkreis eines Karbidofens nebenstehendes, sehr vereinfachtes und der Wirklichkeit nur in erster Annäherung nahekommendes Schema vor (Abb. 149).

Wir denken uns den Widerstand des Schmelzgutes in viele einzelne Parallelwiderstände aufgeteilt. Jeder dieser Widerstände kann mittels eines Schalters mit der Elektrode verbunden und somit in den Stromkreis ein- oder ausgeschaltet werden. Jeder Schalter mit einem Großteil seines

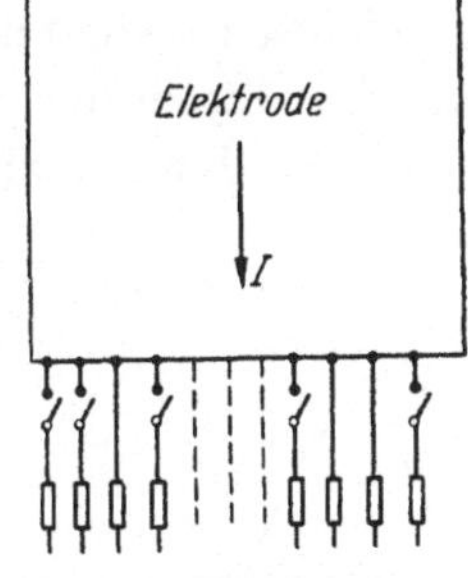

Abb. 149.
Kontaktänderungen im Widerstandsofen.

angeschlossenen Widerstandes stellt eine Kontaktstelle vor. Die gesamte Klaviatur dieser Schalter wird nun von einem statistischen Gesetz betätigt und erzeugt damit die (im allgemeinen geringen) Widerstandsschwankungen um einen stationären Widerstandswert.

2. Berechnung der Strom- und Spannungswerte bei plötzlichen Widerstandsänderungen.

Die allgemeine Aufgabe, die Zeitfunktion eines Stromes in einem invarianten Netz, bei dem die Kenngrößen (Widerstände oder Induktionskoeffizienten oder Kapazitäten) Zeitfunktionen sind, zu ermitteln [73], führt auf die Lösung einer Integralgleichung vom Volterraschen Typus, die sich oft dadurch in einfacher Weise lösen läßt, daß man die Gleichung durch die Laplacesche Transformation in den Unterbereich überführt, dort nach der gesuchten (transformierten) Funktion löst und diese dann in den Oberbereich zurückführt [74]. Sind in einem derartigen Stromkreis sowohl die treibende Spannung $U(t)$ wie auch der veränderliche Widerstand $R(t)$ harmonische Funktionen, so treten dabei eine unbegrenzte Reihe von Kombinationsschwingungen im Zeitverlauf des ermittelten Stromes auf. Es würde zu weit führen, sich mit diesen interessanten aber ziemlich umständlich zu lösenden Problemen hier weiter zu beschäftigen. Für unsere Zwecke genügt es, den

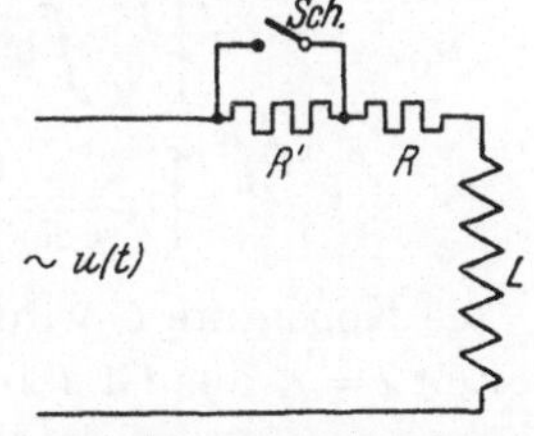

Abb. 150. Stromkreis mit veränderlichem Widerstand.

Stromverlauf bei plötzlicher vorgegebener Widerstandsänderung zu ermitteln.

In Abb. 150 ist ein einfacher Stromkreis, bestehend aus den Ohmschen Widerständen R' und R und der Induktivität L, an eine Wechselspannung von der Kreisfrequenz ω, deren Zeitwert $u = U_0 \sin \omega t$ beträgt, dargestellt. Der Widerstand R' sei vorerst durch den Schalter Sch kurzgeschlossen, so daß nur der Ohmsche Widerstand R zur Wirkung kommt und der Strom den Wert i_1 aufweist.

Es ist dann nach dem Ohmschen Gesetz bekanntlich

$$i_1 = \frac{U_0}{Z_1} = \frac{U_0}{\sqrt{R^2 + (\omega L)^2}} \sin (\omega t - \varphi_1) = I_{10} \sin (\omega t - \varphi_1). \qquad (80)$$

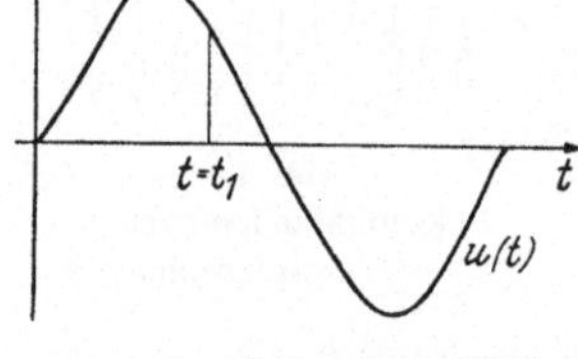

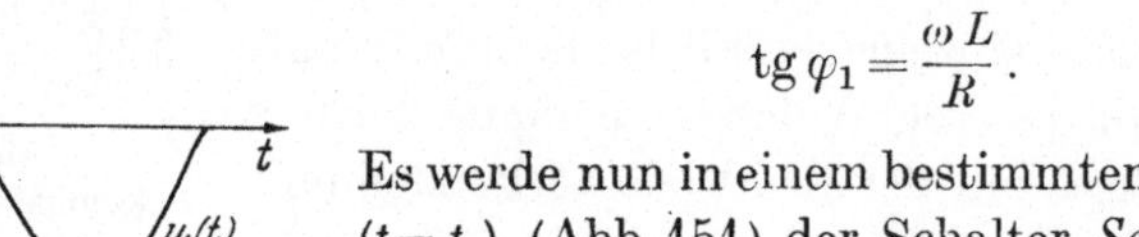

Der Winkel φ_1 ergibt sich aus der Beziehung

$$\operatorname{tg} \varphi_1 = \frac{\omega L}{R}. \qquad (81)$$

Es werde nun in einem bestimmten Zeitpunkt $(t = t_1)$ (Abb. 151) der Schalter Sch geöffnet, so daß plötzlich der Widerstand R auf $R + R' = kR$ erhöht werde. Die Folge dieses Schaltvorganges ist ein Ausgleichsvorgang,

Abb. 151. Zeitpunkt der Widerstandsänderung.

der den Strom i_1 in den stationären Wechselstrom i_2 überführt. Dabei ist

$$i_2 = \frac{U_0}{Z_2} = \frac{U_0}{\sqrt{(kR)^2 + (\omega L)^2}} \sin (\omega t - \varphi_2) = I_{20} \sin (\omega t - \varphi_2) \qquad (82)$$

mit

$$\operatorname{tg} \varphi_2 = \frac{\omega L}{kR}. \qquad (83)$$

Während des Ausgleichsvorganges gilt in jedem Augenblick das Spannungsgleichgewicht im Stromkreise. Es ist also

$$u = L \frac{di}{dt} + i k R = U_0 \sin \omega t$$

oder

$$\frac{di}{dt} + \frac{kR}{L} i - \frac{U_0}{L} \sin \omega t = 0. \qquad (84)$$

Dies ist eine einfache lineare Differentialgleichung, deren Lösung lautet:

$$\left. \begin{aligned} i_{(t)} &= e^{-\frac{kR}{L}t} \left[\frac{U_0}{L} \int \sin \omega t \cdot e^{\frac{kR}{L}t} \, dt + C \right] \\ &= e^{-\frac{kR}{L}t} \left[\frac{U_0}{\sqrt{(kR)^2 + (\omega L)^2}} \; \frac{kR \sin \omega t - \omega L \cos \omega t}{\sqrt{(kR)^2 + (\omega L)^2}} \, e^{\frac{kR}{L}t} + C \right]. \end{aligned} \right\} \qquad (85)$$

Die Konstante C wird aus der Anfangsbedingung bestimmt: Es ist zur Zeit $t = t_1$ aus Gl. (80)

$$i_1 = \frac{U_0}{\sqrt{R^2 + (\omega L)^2}} \sin (\omega t_1 - \varphi_1) = I_{10} \sin (\omega t_1 - \varphi_1). \qquad (86)$$

Damit errechnet sich aus Gl. (85) unter Berücksichtigung der Gl. (82) und (83) die Konstante C zu

$$C = I_{10} \sin(\omega t_1 - \varphi_1)\, e^{\frac{kR}{L} t_1} - I_{20} \sin(\omega t - \varphi_2)\, e^{\frac{kR}{L} t_1}.$$

Setzen wir für C diesen Wert in Gl. (85) ein, so erhalten wir nach einer kurzen Zwischenrechnung für den Stromverlauf nachstehendes Zeitgesetz:

$$i_{(t)} = I_{20} \sin(\omega t - \varphi_2) + [I_{10} \sin(\omega t - \varphi_1) - I_{20} \sin(\omega t - \varphi_2)]\, e^{-\frac{kR}{L}(t - t_1)}. \tag{87}$$

Der Strom $i_{(t)}$ besteht, wie ersichtlich, aus zwei Gliedern. Das erste Glied ist der dem geöffneten Schalter entsprechende stationäre Endwert. Diesem Strom überlagert sich der durch den zweiten Ausdruck in Gl. (87) gekennzeichnete Stromanteil, der nach einem e-Potenzgesetz nach der Zeit abklingt. Dieser Stromanteil stellt den Ausgleichsstrom $i_{a\,(t)}$ dar, der also durch nachstehenden Ausdruck bestimmt ist:

$$\left. \begin{aligned} i_{a(t)} &= [I_{10} \sin(\omega t_1 - \varphi_1) - I_{20} \sin(\omega t_1 - \varphi_2)]\, e^{-\frac{kR}{L}(t - t_1)} \\ &= I_a\, e^{-\frac{kR}{L}(t - t_1)}. \end{aligned} \right\} \tag{88}$$

Er besitzt seinen größten Wert im Augenblick der Widerstandsänderung $(t = t_1)$ und nimmt von da an mit zunehmendem Zeitwert ab. Das Tempo seines Abklingens wird durch die Größe des Zeitfaktors kR/L bestimmt, deren Kehrwert die Zeitkonstante des Stromkreises darstellt.

$$T = \frac{L}{kR}. \tag{89}$$

Die Gl. (87) läßt sich in Vektordarstellung übersichtlicher schreiben und nimmt dann folgende einfache Form an:

$$i_{(t)} = \Im_{20}\, e^{j\omega t} + (\Im_{10} - \Im_{20})\, e^{-\frac{t - t_1}{T}} = \Im_{20}\, e^{j\omega t} + \Im_{a_0}\, e^{-\frac{t - t_1}{T}}. \tag{87a}$$

Ihr entspricht das einfache Vektorbild 152.

Durch die exponentielle Abnahme des Ausgleichsstromes geht der stationäre Wechselstrom $\Im_1$ in den stationären Wert $\Im_2$ über. Ein ähnliches Zeitgesetz erhalten wir für den Ausgleichsvorgang, wenn wir den im stationären Zustand geöffneten Schalter Sch, Abb. 150, im Zeitpunkt t_2 schließen, so daß sich in diesem Zeitpunkt der Widerstand von kR plötzlich auf den Wert R erniedrigt.

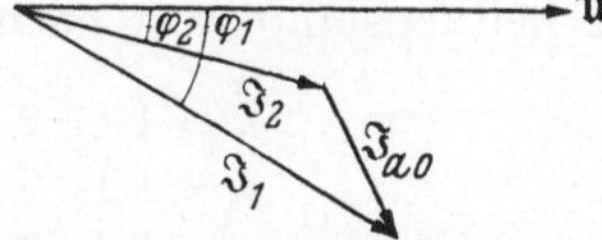

Abb. 152. Ausgleichsstrom bei Widerstandsänderung.

Der Ausgleichsstrom verläuft dann nach folgender Zeitfunktion:

$$\left. \begin{aligned} i_{(t)} = \ &I_{20} \sin(\omega t - \varphi_2) + \\ &+ [I_{10} \sin(\omega t_2 - \varphi_1) - I_{20} \sin(\omega t_2 - \varphi_2)]\, e^{-\frac{R}{L}(t - t_2)}. \end{aligned} \right\} \tag{90}$$

Wir können im allgemeinen Fall den zeitlichen Verlauf des Ausgleichsvorganges, Gl. (87a) und (90), in nachstehender Form mathematisch zusammenfassen

$$i_{i\,(t)} = I_{e_i\,(t)} + I_{a_i\,(t)}\, e^{-k_i \cdot \frac{R}{L}\,(t - t_i)} \qquad (91)$$

Die während des Ausgleichsvorganges auftretende Überspannung errechnet sich aus der Beziehung

$$u_{\ddot u} = -L\frac{d\,i}{d\,t}\,. \qquad (92)$$

Damit finden wir aus Gl. (87)

$$\left.\begin{aligned}
u_{\ddot u} &= -I_{20}\,\omega\,L\cos(\omega\,t - \varphi_2) + k\,R\,I_a\,e^{-\frac{k\,R}{L}\,(t - t_1)} \\
&= -I_{20}\,\omega\,L\cos(\omega\,t - \varphi_2) + k\,R\,I_{a\,(t)}\,.
\end{aligned}\right\} \qquad (93)$$

Sie setzt sich, wie ersichtlich, zusammen aus der normalen, harmonischen
Induktionsspannung, der eine mit der Zeit exponentiell abklingende
Ausgleichsspannung überlagert ist. Diese Ausgleichsspannung ist lediglich abhängig von der Größe des Ausgleichsstromes $I_{a\,(t)}$ und der Größe
des Widerstandes $k\,R$. Sie ändert sich mit beiden Größen linear. Die Induktivität des Stromkreises hat auf die Ausgleichsspannung nur einen
indirekten Einfluß. Je kleiner sie ist, desto größer wird bei gegebener
Widerstandsänderung der Ausgleichsstrom, weiter muß sie einen endlichen Wert aufweisen, da es sonst überhaupt nicht zum Aufbau einer
Überspannung kommen kann.

    Für den zeitlichen Ablauf des Ausgleichsstromes und der Ausgleichs-
spannung ist das Verhältnis der Induktivität zum Widerstand, die Zeitkonstante T Gl. (89) bestimmend.

    Dazu ein Zahlenbeispiel: Der Hochstromkreis eines Karbidofens hätte
mit Einschluß des Ofentransformators bei 50 Hz einen Blindwiderstand
von $700 \cdot 10^{-6}\,\Omega$. Daraus ergibt sich eine Induktivität von $2{,}23 \cdot 10^{-6}$
Henry. Der Ohmsche Widerstand des Ofenkreises betrage $1200 \cdot 10^{-6}\,\Omega$.
Aus Gl. (98) folgt für die Zeitkonstante der Wert $T = 1{,}86 \cdot 10^{-3}$ Sek.
Bei Zunahme des Widerstandes entsprechend dem Faktor k ändert sich
die Zeitkonstante laut nachstehender Zahlentafel.

$$
\begin{aligned}
k &= 1   & T &= 1{,}86   &&\cdot 10^{-3}\ \text{Sekunden} \\
k &= 1{,}1 & T &= 1{,}69   &&\cdot 10^{-3}\ \text{Sekunden} \\
k &= 1{,}25 & T &= 1{,}49   &&\cdot 10^{-3}\ \text{Sekunden} \\
k &= 1{,}5 & T &= 1{,}24   &&\cdot 10^{-3}\ \text{Sekunden} \\
k &= 2{,}0 & T &= 0{,}93   &&\cdot 10^{-3}\ \text{Sekunden} \\
k &= 3{,}0 & T &= 0{,}619 &&\cdot 10^{-3}\ \text{Sekunden} \\
k &= 4{,}0 & T &= 0{,}4645 &&\cdot 10^{-3}\ \text{Sekunden} \\
k &= 5{,}0 & T &= 0{,}372 &&\cdot 10^{-3}\ \text{Sekunden}
\end{aligned}
$$

Wir erkennen, daß die Zeitkonstanten in Ofenkreisen kleine Werte aufweisen und daß sie bei der Zunahme der Widerstandsänderungen noch weiter abnehmen. In Abb. 153, Kurve a, ist die Abhängigkeit der Zeitkonstanten von der Widerstandszunahme gezeigt. Wir sehen, daß derartige

Störungsvorgänge im Ofenkreis sehr schnell verlaufen, sie sind praktisch innerhalb einer halben Wechselstromperiode abgeklungen. In Abb. 154 wurde nun ein einfaches Zahlenbeispiel ausgewertet und der zeitliche Ablauf des Ausgleichsvorganges aufgezeichnet. Dazu nachstehende Angaben:

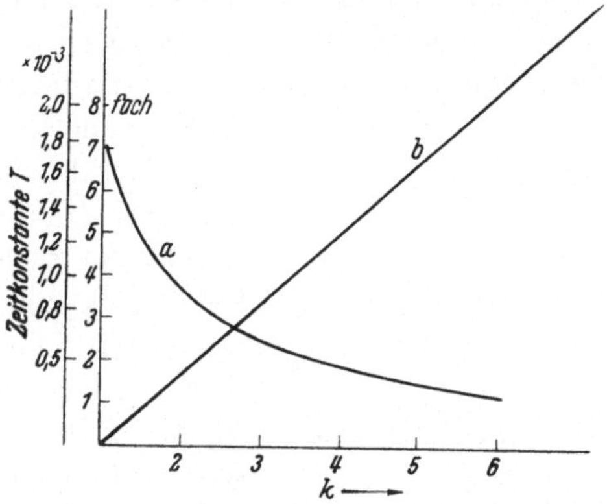

Ein Stromkreis mit einem induktiven Widerstand von $700 \cdot 10^{-6}\,\Omega$ $(f = 50\,\text{Hz})$ und einem Ohmschen Widerstand von $1200 \cdot 10^{-6}\,\Omega$ liege an

Abb. 153. a Abhängigkeit der Zeitkonstanten von der Größe der Widerstandsänderung. b Spitze der Ausgleichsüberspannung bei plötzlicher Widerstandszunahme in Vielfachen der normalen Induktionsspannung.

einer Wechselspannung von $120\,\text{V}_{\text{eff}} = 141{,}5\,\text{V}_{\text{max}}$. Der durch den Stromkreis fließende Strom hat somit einen Scheitelwert von $I_{10} = 101{,}8\,\text{kA}_{\text{max}} = 72{,}0\,\text{kA}_{\text{eff}}$. Im Zeitpunkt $t = t_1$ werde der Ohmsche Widerstand plötzlich verdoppelt $(k = 2)$. Der am Ende des Ausgleichs-

vorganges sich einstellende Strom hat einen Scheitelwert von $I_{20} = 56{,}6\,\text{kA}$. Der maximale Ausgleichsstrom $I_{a\,0}$ beträgt $48{,}6\,\text{kA}$. Abb. 154 zeigt den Übergang von dem Strom I_1 in den Strom I_2. Die ursprüngliche Sinuskurve wird während des Ausgleichsvorganges stark deformiert, um in die neue Sinuskurve übergehen zu können. Die dabei auftretende Ausgleichsüberspannung verläuft nach der

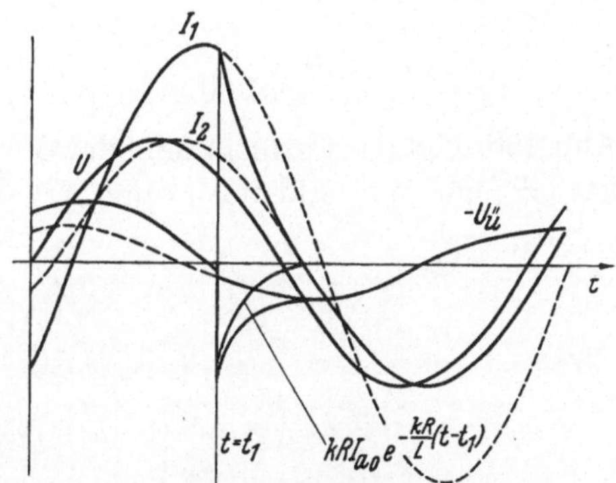

Abb. 154.   Ausgleichsvorgang bei plötzlicher Widerstandsänderung im Stromkreis.

eingezeichneten e-Potenzlinie. Die Induktionsspannung weist sprungartig eine markante Spitze auf, ihr Wert beträgt in unserem Beispiel 116,6 V, das ist das 1,63fache des ursprünglichen Induktionsspannungs-Scheitelwertes oder das 2,3fache des Effektivwertes. In Abb. 153, Kurve b, sind nun die Werte dieser maximalen Induktionsscheitelspannung in Abhängigkeit der Größe k dargestellt. Beispielsweise beträgt die Überspannung bei einer plötzlichen Widerstandszunahme auf das 5fache, das 6,8fache der normalen Induktionsscheitelspannung, das ist gleich den 13,6fachen ihres Effektivwertes.

Da im Karbidofen der Nutzwiderstand ständig laufenden Veränderungen hinsichtlich seiner Größe unterworfen ist (beständiger Wechsel der Kontaktmöglichkeiten) haben wir, genaugenommen, laufend Stromschwankungen um einen Mittelwert innerhalb einer Periode zu erwarten, wobei allerdings diese Stromschwankungen, da sie einem statistischen Gesetz unterliegen, von Periode zu Periode in ihrer Größe und Zahl sehr verschieden sein werden. Sie sind im allgemeinen bei der Vielzahl der in Verwendung stehenden Kontakte unmerklich klein. Größere Schwankungen müssen nach unserer vorherigen Betrachtung zu einer sichtbaren

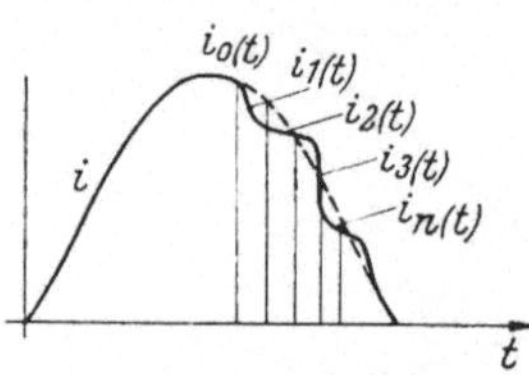

Abb. 155. Stromschwankungen infolge Widerstandsänderungen.

Deformation der Stromkurve im Oszillogramm führen, so daß sich für den zeitlichen Verlauf des Ofenstromes etwa folgendes Bild ergäbe (Abb. 155). Die Zeitstromkurve besteht dann aus einzelnen, aneinander gereihten, durch die auftretenden Widerstandsänderungen bedingten Stromkurven, deren allgemeine Gleichung in der Beziehung (91) aufgestellt ist. Nach der Theorie der Stoßfunktionen kann damit die Gleichung der deformierten Sinuskurve in nachstehender Form dargestellt werden

$$\left. \begin{aligned} i_{(t)} &= \frac{i_0(t) + i_n(t)}{2} + \frac{i_1(t) - i_0(t)}{2}\,\mathrm{sig}\,n\,(t - t_1) + \\ &+ \frac{i_2(t) - i_1(t)}{2}\,\mathrm{sig}\,n\,(t - t_2) + \cdots \frac{i_n(t) - i_{n-1}(t)}{2}\,\mathrm{sig}\,n\,(t - t_n). \end{aligned} \right\} \quad (94)$$

Abb. 156 zeigt das Oszillogramm der Ofenströme eines großen Drehstromkarbidofens. Man erkennt an den mit den Pfeilen bezeichneten Stellen

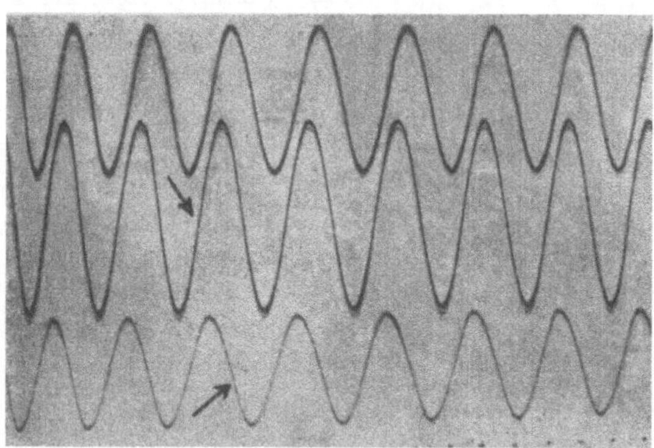

Abb. 156. Zeitweilig auftretende Stromschwankungen.

deutlich die in Abb. 155 erläuterten Deformationen der Sinuskurve. Wie ersichtlich, liegt die Frequenz dieser Stromstörungen in der Größenordnung von ungefähr 10^3 Hz.

3. Überspannungen im Ofentransformator.

Von größter Bedeutung für den Ofenbetrieb ist die Untersuchung der Frage, ob die hier durch die zeitweiligen Störimpulse im Ofenstrom erregten Überspannungen eine Gefahr für die Betriebssicherheit des Ofentransformators bilden können. Die induktive Koppelung der Stromkreise im Transformator bedingt eine Abänderung der Ausgleichsvorgänge bzw. eine Aufteilung der nichtstationären Ströme auf die beiden Stromkreise. Sie werden mathematisch beschrieben durch ein System simultaner Differentialgleichungen. Wir sehen jedoch hier von einer genaueren Untersuchung der Vorgänge im Transformator ab.

Es soll nur näherungsweise folgende Frage beantwortet werden: In welchem Ausmaß nimmt der Ofentransformator an den durch die Vorgänge im Ofen erzeugten Überspannungen teil?

Wir nehmen an, daß die Netzspannung U auf der Primärseite des Transformators gegenüber den Stromschwankungen starr ist. Den Transformator können wir uns in erster Annäherung ersetzt denken durch eine Luftdrossel mit einer der Streuinduktivität des Transformators entsprechenden Induktivität L_s. Diese Streuinduktivität macht dann einen bestimmten Teil der Gesamtinduktivität des Ofenstromkreises L aus (Abb. 157).

Die den jeweiligen Belastungsverhältnissen entsprechende sekundäre Klemmspannung u_T entspricht dann der Spannung

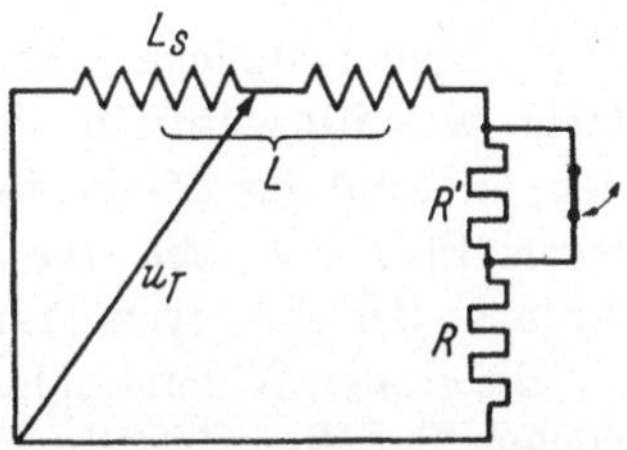

Abb. 157. Transformatorenkreis mit veränderlichem Widerstand.

zwischen den eingezeichneten Pfeilspitzen. Diese Spannung kann leicht errechnet werden. Wir gehen von Gl. (87a) aus. Durch Differenzierung erhalten wir daraus

$$\frac{d\,i_{(t)}}{d\,t} = j\,\omega\,\mathfrak{J}_{20}\,e^{j\,\omega\,t} - \frac{k\,R}{L}\,\mathfrak{J}_{a\,0}\,e^{-\frac{k\,R}{L}(t-t_1)}.$$

Für die Spannung u_T gilt

$$u_T = U - L_s\,\frac{d\,i_{(t)}}{d\,t}. \tag{95}$$

Wenn wir für $d\,i_{(t)}/d\,t$ obigen Wert einführen und der Einfachheit halber $t = t_1 = 0$ wählen, so finden wir für die Klemmspannung am Ofentransformator den Spitzenwert

$$u_T = U - j\,\omega\,L_s\,\mathfrak{J}_{20} + \frac{L_s}{L}\,k\,R\,\mathfrak{J}_{a\,0}. \tag{96}$$

Wie das dritte Glied dieses Ausdruckes erkennen läßt, überlagert sich vektoriell den stationären Werten nur ein Bruchteil der Ausgleichsspannung. Dieser Bruchteil ist abhängig von dem Verhältnis der Gesamtinduktivität zur Streuinduktivität des Ofentransformators. Je größer die Streuinduktivität L_s im Verhältnis zur Gesamtinduktivität ist, um so größere Werte der Überspannung sind zu erwarten. Da mit der Streuinduktivität auch die Kurzschlußspannung wächst, so ergibt sich die wichtige Erkenntnis:

Die auf den Ofentransformator entfallenden Überspannungen wachsen mit dem Wert seiner Kurzschlußspannung.

Dies wäre zu bedenken, wenn man Ofentransformatoren von 100 kV Primärspannung projektiert, die naturgemäß höhere Kurzschlußspannungen aufweisen.

Im allgemeinen liegt das Verhältnis L_s/L um den Wert 1/10 herum, das heißt der Blindwiderstand des Transformators beträgt rd. 10% der gesamten Induktivität des betrachteten Stromkreises. Rechnen wir mit diesem Wert, so ergeben sich bei den im allgemeinen gering anzunehmenden Widerstandsänderungen (k klein) unbedeutende, ungefährliche Spannungsspitzen. So errechnet sich in unserem Beispiel (Abb. 154), wenn wir $k = 2$ annehmen, am Ofentransformator eine Überspannungsspitze, die rund 22% über der normalen Effektivspannung des Transformators liegt. Eine plötzliche Widerstandszunahme um beispielsweise das 10fache ($k = 10$) würde in unserem Beispiel eine Spannungsspitze errechnen, die rund das 2fache der effektiven stationären Klemmspannung beträge. Ebenso ergäbe eine 30fache plötzliche Widerstandszunahme das 3,8fache der effektiven Transformatorenspannung.

Bei großen Widerstandszunahmen läßt sich die Beziehung (96) vereinfachen. Der Wert des Stromes $\mathfrak{J}_{20}$ wird in erster Annäherung vernachlässigbar klein, und statt des Ausgleichsstromes $\mathfrak{J}_{a\,0}$ kann der Wert $\mathfrak{J}_1$ gesetzt werden. So errechnet sich beispielsweise nach unseren Angaben für den Wert $k = 100$, wenn also der Widerstand auf rund 1% seines ursprünglichen Wertes im stationären Endzustand absinken müßte, eine Überspannungsspitze an den Klemmen des Transformators, die das 10fache der normalen Effektivspannung des Transformators ausmacht, ein Wert, dessen Wahrscheinlichkeit hier jedoch so gering ist, daß er praktisch nicht in Erwägung gezogen werden kann. Wie die Rechnung zeigt, würde bei einem plötzlichen Unterbrechen des Gesamtstromes ($k = \infty$) eine unendlich hohe Überspannungsspitze auftreten.

Bisher hatten wir angenommen, daß die primäre Netzspannung bei diesen Störvorgängen konstant bleibt. In Wirklichkeit wird jedoch auch die primäre Netzspannung infolge der Stromimpulse schwanken. Damit erhöhen sich noch entsprechend die hier gerechneten Transformatorenüberspannungen.

4. Die Statistik der Störvorgänge.

Die Frage über die tatsächlich auftretende Größe und der Häufigkeit der Widerstandsänderungen (k) in bezug auf einen angenommenen Mittelwert des veränderlichen R kann rechnerisch nicht beantwortet werden, da viele, bisher auch noch unbekannte Faktoren auf das „Spiel der Einzelkontakte" Einfluß nehmen. Nur systematisch durchgeführte Meß- und Versuchsreihen können schrittweise Klarheit in die interessanten und keineswegs unbedeutenden, sich im Ofen abspielenden Vorgänge bringen. Zu diesen, die Häufigkeitsverteilung der Störungen beeinflussenden Faktoren gehören vor allem lokale Überhitzungen in bestimmten Gebieten des elektrischen Strömungsfeldes, die durch zu hohe Leistungsdichte bzw. durch zu geringe Reaktionsvorgänge bzw. durch bereits abgelaufene Reaktionsvorgänge verursacht werden können, sie haben lokale höhere Gasdrucke zur Folge, die ein Unterbrechen eines größeren Stromkomplexes auslösen können. Derartige einschneidende Vorgänge sind möglich, ihr Wahrscheinlichkeitswert und ihre Häufigkeit ist einer rechnerischen Behandlung unzugänglich.

Sehen wir von diesen, allerdings in ihrer Wirkung einschneidenden, unkontrollierbaren Faktoren ab, dann läßt sich unter vereinfachenden Annahmen das statistische Gesetz, das die Klaviatur der Kontakte beherrscht, ermitteln. Doch sind die daraus zu entnehmenden Werte keineswegs als bindend anzusehen.

Wir greifen auf die Darstellung der Abb. 149 zurück. Der Stromübertritt erfolgt von der Elektrode in das Schmelzgut über die von einem statistischen Gesetz betätigte Klaviatur der Kontakte. Die Gesamtzahl der in ihrer Betätigung voneinander unabhängigen Kontakte sei N. Für jeden von ihnen besteht eine a-priori-Wahrscheinlichkeit p in einem beliebigen Augenblick geschlossen zu sein. Die Wahrscheinlichkeit des offenen Zustandes ist dann $q = 1 - p$. Die Anzahl der in einem bestimmten Zeitmoment gleichzeitig geschlossenen Schalter (brennende Kontaktlichtbogen) sei n. Die Wahrscheinlichkeit des Auftretens der Zahl n werde mit $W(n)$ bezeichnet. Die Zahl n wird im Laufe der Zeit nicht konstant bleiben, sondern um einen Mittelwert v Schwankungen ausführen.

Nach dem Bernoullischen Theorem ist

$$v = pN. \tag{97}$$

Die Größe

$$\delta = \frac{n - v}{n} \tag{98}$$

nennen wir die relative Schwankung.

Folgen die einzelnen Schaltungen in gleichen Zeitabständen τ aufeinander, so heiße „durchschnittliche Dauer des n-Zustandes" die Zeit, während derer im Mittel ununterbrochen die Zahl n auftritt. Sie werde mit T

bezeichnet. Ähnlich sei Θ die durchschnittliche Wiederkehrzeit des n-Zustandes.

Unter den als gegeben betrachteten, oben erwähnten Voraussetzungen errechnet sich damit die Wahrscheinlichkeit $W(n)$ zu

$$W(n) = \binom{N}{n} p^n \, q^{(N-n)} \quad \text{(Newtonsche Formel)}. \qquad (99)$$

Dabei gilt die Beziehung

$$\sum_0^n W(n) = 1 . \qquad (100)$$

Nun ist bekanntlich allgemein, wenn $r < n$

$$\binom{n}{r} = \frac{n!}{(n-r)!\,r!} . \qquad (101)$$

Bei großen Zahlen ist angenähert

$$n! \approx n^{n+\frac{1}{2}} e^{-n} \sqrt{2\pi} . \qquad (102)$$

Führen wir die Beziehungen (101), (102) in die Formel (99) ein, so erhalten wir nach einer kleinen Umrechnung

$$W(n) = \frac{N^{N+\frac{1}{2}}}{(N-n)^{(N-n)+\frac{1}{2}} \cdot n^{n+\frac{1}{2}} \sqrt{2\pi}} \, p^n \, q^{(N-n)} . \qquad (103)$$

Für die durchschnittliche Dauer des n-Zustandes T ergibt sich die einfache Relation

$$T = \frac{\tau}{1 - W(n)} . \qquad (104)$$

Ebenso einfach erhält man die „durchschnittliche Wiederkehrzeit des n-Zustandes" Θ

$$\Theta = \frac{\tau}{W(n)} . \qquad (105)$$

Da ein Kontakt mit gleicher Wahrscheinlichkeit zünden oder erlöschen kann, ist $p = 1/2$ und $\nu = N/2$.

In Abb. 149 ist die Anzahl der parallel geschalteten Kontakte N. Der Widerstand jedes einzelnen Kontaktes sei r, alle Kontakte hätten den gleichen Widerstand $(r_1 = r_2 = \cdots r_i = r_n)$. Der Mittelwert des gesamten Kontaktwiderstandes beträgt somit $R = \dfrac{r}{\nu} = \dfrac{2\,r}{N}$.

Eine Änderung dieses Widerstandes auf den Wert kR ergibt sich bei dem Wert

$$kR = \frac{r}{n} .$$

Aus den beiden letzten Gleichungen erhält man für die gesuchte Größe k den Wert

$$k = \frac{N}{2\,n} . \qquad (106)$$

Über die Zahl N können wir im allgemeinen keine Aussage machen. Sie wird von vielen Faktoren abhängen und sich selbst nach dem Betriebszustand ändern. Jedenfalls wird ihren Wert auch die Größe der mit der Mischung in Berührung kommenden Elektrodenoberfläche sowie der Korngröße der Mischung beeinflussen. Mit zunehmender Elektrodenoberfläche und abnehmender Korngröße muß N wachsen. Je größer N ist, um so kleiner sind die Schwankungen um den Mittelwert, um so seltener sind auch extreme Zustände zu erwarten. Demnach würden Öfen mit relativ kleinen Elektrodenquerschnitten und bei Verwendung von großkörniger Koksmischung das Auftreten derartiger Überspannungen begünstigen.

Die Bestätigung dieser Vermutung steht noch aus, wie überhaupt eine systematische Untersuchung dieses Problems. Zur Erläuterung des vorgebrachten möge ein Zahlenbeispiel gebraucht werden.

Es sei $N = 60$, daher $v = 30$ ($p = 1/2$).

Damit eine plötzliche Verdoppelung des Widerstandes eintreten könnte, ($k = 2$) müßte $n = N/2k = 15$ sein. Für die Wahrscheinlichkeit $W(n)$ des n-Zustandes $W(15)$ erhält man aus der Gl. (103) den Wert $W(15) = 3{,}5 \cdot 10^{-7}$. Nehmen wir für τ einen Wert von der Größenordnung 10^{-3} Sekunden an, so ergibt sich für die Größe der durchschnittlichen Wiederkehrzeit $\Theta = 0{,}29 \cdot 10^4$ Sek., d. h. rund alle $^3/_4$ Stunden wäre mit dem Auftreten des $W(15)$-Zustandes zu rechnen. Dem Wert $k = 2$ entspricht nach früherem eine Überspannungsspitze am Transformator von 22%. Mit anderen Worten: Rund alle $^3/_4$ Stunden wäre ein Auftreten einer Überspannung vom Betrag $1{,}22\,U_{\mathrm{normal}}$ an den Transformatorklemmen zu erwarten. Tatsächlich treten, wie wir im folgenden sehen werden, derartige Überspannungen und auch noch viel höhere auf, doch entspricht ihre Häufigkeitsverteilung nicht der hier wahrscheinlichkeitstheoretisch ermittelten, die bisher aufgefundenen und gemessenen Überspannungen lassen vorläufig keine gesetzmäßig erkannte Regelmäßigkeit erkennen. Das „Spiel der Kontakte" wird eben von Faktoren beeinflußt, über deren Ursache und über deren zeitliche Verteilung wir bis heute noch keine Aussage machen können. Die Systematik der Untersuchungen dieser Probleme hat erst vor wenigen Jahren begonnen und blieb sodann im Anfangsstadium bis auf weiteres stecken.

§ 3. Nachweis und Ermittlung der im Ofenbetrieb entstehenden Überspannungen.

Da, wie aus dem Vorhergehenden ersichtlich, die Stromschwankungen und mit diesen die Überspannungen in sehr veränderlicher Größe nur sporadisch in sehr unterschiedlichen zeitlichen Intervallen auftreten, konnte zu ihrer Ermittlung der normale Schleifenoszillograph nicht herangezogen werden. Zweckmäßig wäre es, einen Kathodenstrahlenoszillographen in einer Verwendungsart ähnlich der, wie sie zur Messung von Gewitterüberspannungen gebräuchlich ist, zu verwenden. Zur mehr orientierenden Messung der im Ofentransformator auftretenden Überspannungen reicht die Messung mittels eines Klydonographen völlig aus.

1. Der Klydonograph.

Der Klydonograph eignet sich besonders zum Aufzeichnen sehr kurz andauernder Spannungen bis herunter zu einer Zeitdauer von $0{,}3 \cdot 10^{-7}$ Sekunden, deren Anstieg in weniger als 10^{-8} Sekunden vor sich geht. Er hat deshalb zur Registrierung und Ausmessung von Überspannungen, die durch Sprung- und Wanderwellen hervorgebracht werden, in der Hochspannungstechnik weitgehendste Anwendung gefunden. Aber auch zur Ermittlung der hier im Ofenbetrieb auftretenden Überspannungen, die im Vergleich zu den Sprungwellen einen sehr flachen Anstieg aufweisen, ist er, zumindest zur orientierenden Ermittlung, gut brauchbar.

Die Spannungsmessung mit dem Klydonographen beruht auf der Erzeugung und Auswertung von Abbildungen elektrischer Entladungen auf photographischen Schichten. Die Kenntnis dieser Entladungsfiguren ist schon sehr alt. Die ersten Veröffentlichungen stammen von LICHTENBERG. In neuerer Zeit wurde die Natur dieser Entladungsfiguren von verschiedenen Autoren erforscht [75, 76, 77].

Die praktische Anwendung der Forschungsergebnisse, nämlich die laufende Registrierung dieser Entladungsfiguren, um aus den so erhaltenen Bildern die Art, Höhe und Anstiegsgeschwindigkeit ermitteln zu können, ist der Klydonograph.

Das Prinzip, auf dem die Spannungsmessung beruht, ist folgendes: Eine Metallspitze berührt als Elektrode die Schichtseite eines photographischen Films, der auf einer Metallplatte, der Gegenelektrode, aufliegt und vor Lichteinwirkung geschützt ist. Wird zwischen Spitze und Metallplatte eine Spannung im Bereich von 2,5—18 kV gelegt, so entsteht auf der photographischen Schicht infolge Stoßionisation ein rötlicher Lichtschimmer. Der entwickelte Film zeigt eine „Lichtenbergsche Figur", die, nach der Polarität der Spitze zur Platte, ein grund-

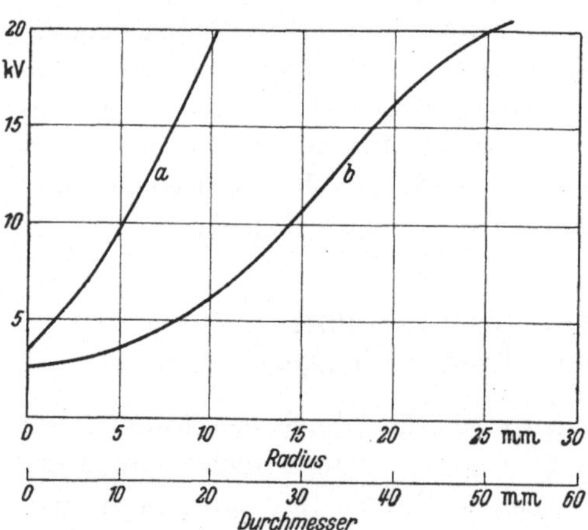

Abb. 158. Mittlere Eichkurven des Klydonographen.

sätzlich verschiedenes Aussehen hat. Bei einer +-Spitze entsteht eine positive Figur, die unter sonst gleichen Bedingungen stets größer als die negative ist. Die positive Figur besteht aus einzelnen, sich mehr oder weniger verästelnden Strahlen, deren Enden stets scharf abgegrenzt sind, die negativen aus breitflächigen, verwaschenen Sektoren, deren Enden stets allmählich auslaufen. Die Größe beider Figuren ist von der Höhe der Spannung abhängig, und aus ihrem Halbmesser wird mit Hilfe von Eichkurven die Spannung ermittelt. Abb. 158 zeigt den Zusammenhang zwischen dem Halbmesser der Entladungsfiguren und der ihr zugeordneten Spannung (Eichkurven).

Da jedoch die Figurengröße nicht allein von der Höhe der Spannung, sondern auch von dem Spannungsanstieg und in geringem Maße noch von der Luftfeuchtigkeit abhängt, so geben diese Eichkurven nur Mittelwerte an. Die Streuung ist beträchtlich, so daß auch mit einer Fehlerabweichung bis rund ± 30% zu rechnen ist. Bei höheren Spannungen (über 18 kV) werden die Figuren durch Gleitentladungen gestört, so daß sie nicht mehr in einfacher Weise ausgewertet werden können. Sollen höhere Spannungen gemessen werden, so wird der Klydonograph über kapazitive Spannungsteiler an das zu überwachende Netz angeschlossen.

2. Messungen der Überspannungen.

Da der Klydonograph zu seiner Aufzeichnung einen bestimmten Mindestwert der Spannung (rund 2 kV) benötigt, die Überspannungen jedoch auf der Ofenseite, also auf der Niederspannungsseite primär auftreten, werden die Aufzeichnungen der Vorgänge auf der Hochspannungsseite des Ofentransformators durchgeführt. Dabei interessiert vor allem die Frage, wieweit diese Überspannungen bei höheren Frequenzen bei einer Übersetzung auf die Oberspannungsseite des Transformators richtig wiedergegeben werden. Es ergibt sich, daß Vorgänge bis zu einer Frequenz von etwa 1000—1500 Hz praktisch genügend genau übertragen werden. Da die hier auftretenden Überspannungen mit ihren Frequenzen in diesem Bereich liegen dürften, kann die Messung an der Oberspannungsseite des Transformators mittels des Klydonographen erfolgen, um so mehr als klydonographische Messungen ja doch nur ein ziemlich ungenaues Ergebnis liefern.

Abb. 159 zeigt die Schaltbildskizze eines Ofentransformators (Haupttransform. H Tr),

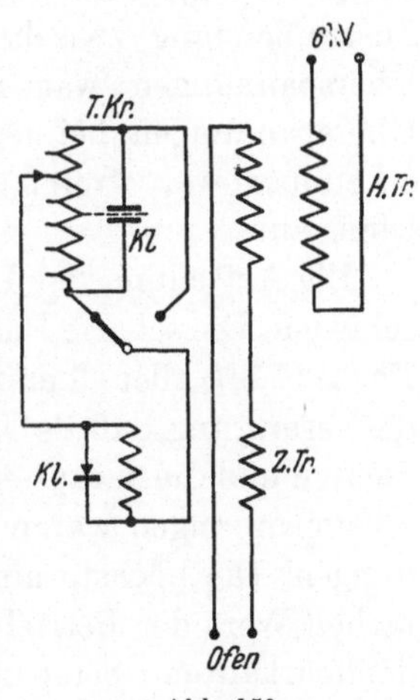

Abb. 159.
Ofenregeltransformator mit eingebauten Klydonographen.

der mittels eines Zusatztransformators Z Tr. über einen Tertiärkreis T Kr. unter Last regelbar ist. Der Klydonograph kann sowohl an den Tertiärkreis, wie auch an den Zusatztransformator angeschlossen werden.

Abb. 160 ist das prinzipielle Schaltbild des Anschlusses zweier Klydonographen an die Hochspannungswicklung über Spannungsteilerkondensatoren gezeigt.

An der Hochspannungswicklung läge beispielsweise eine Spannung von $6\,\mathrm{kV_{eff}}$, gegen Erde also $3\,\mathrm{kV_{eff}}$. Ihr entspricht eine Scheitelspannung von $4{,}24\,\mathrm{kV_{Scheitel}}$ gegen Erde. Die Klydonographen würden über die Spannungsteiler eine normale Spannung von $2{,}4\,\mathrm{kV_{Scheitel}}$ aufzeichnen, das entspräche einer dünnen Linie im Film. Tritt beispielsweise im Film eine positive Entladungsfigur mit einem Durchmesser von 8 mm auf, so entspräche diesem Durchmesser nach Abb. 158 eine Spannung von 3,2 kV. Die Spannung des Wicklungsendes gegen Erde beträgt somit $3{,}2 \cdot 4{,}24/2{,}4 = 5{,}65\,\mathrm{kV}$ gegenüber ihrer normalen Scheitelspannung 4,24 kV.

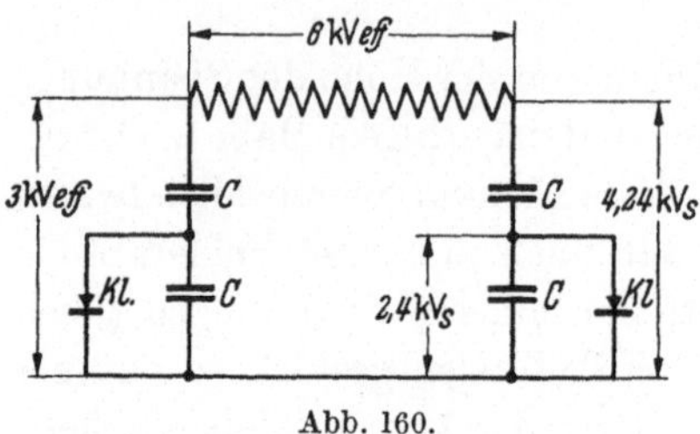

Abb. 160.
Prinzipschaltbild des Klydonographeneinbaues.

In dieser Art wurden in einem großen Karbidofenwerk durch 10 Monate laufend klydonographische Aufnahmen gemacht.

Es wurden zahlreiche Überspannungen festgestellt, im ganzen 77, die sehr unregelmäßig über die ganze Aufnahmezeit verteilt waren. Es gab Tage, an denen keine Überspannungen bemerkbar waren, andererseits einen Tag, an dem 13 Überspannungen aufgezeichnet wurden. Ein Zusammenhang zwischen der Belastung des Ofens und der Zahl der Überspannungen war nicht eindeutig erkennbar. Es scheint, daß Überspannungen bei jeder Belastung eintreten können. Soweit bisher erkennbar war, treten sie am wenigsten in der Anfahrperiode des Ofens auf.

Die Aufteilung der Überspannung auf die einzelnen Phasen ist verschieden. Die scharfe Phase zeigte 44%, die mittlere 38,2% und die tote Phase 17,8% aller Überspannungen. Diese Art der Aufteilung unterstützt die Vermutung, daß als Ursache dieser Überspannungen zu hohe Leistungsdichten und die daraus entstehenden Folgen anzusehen sind. Die meisten Überspannungen waren etwa um 25—60% höher als die Betriebsspannungen. Die höchste aufgezeichnete Überspannung erreichte den 4,43-fachen Wert der Betriebsspannung. Neben diesen sporadisch auftretenden markanten Überspannungen zeigt sich des öfteren und dann oft lange andauernd auf dem Film ein Schleier von Überspannungen in der Höhe von etwa 25% des Scheitelwertes, wie ein Belag von Haaren. Derartige

Erscheinungen sind gelegentlich bei Freileitungen beobachtet worden, daß sie beim Ofenbetrieb auch auftreten, ist neu. Es sei noch besonders vermerkt, daß bei der Auswertung der Klydonographenfilme Schaltüberspannungen, d. h. solche Überspannungen, die durch Ab- oder Zuschalten des Ofens oder des Klydonographen hervorgerufen wurden, nicht berücksichtigt sind. Sie sind aus den Klydonogrammen, aus dem Einsetzen oder Abbrechen der Lichtspur immer klar zu erkennen, während vom Ofen herrührende Überspannungen aus der ruhig durchlaufenden Lichtspur plötzlich hervorschießen.

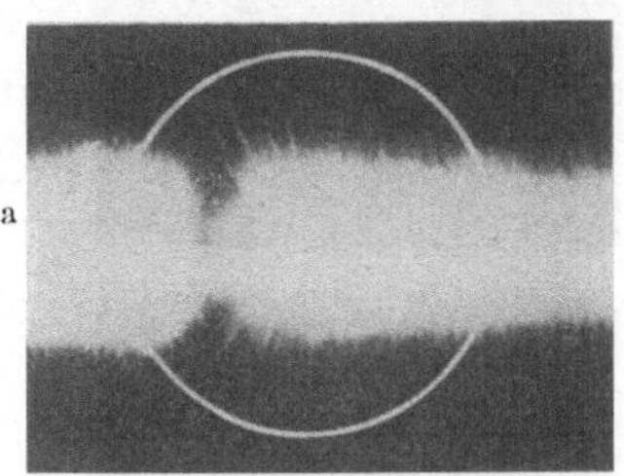
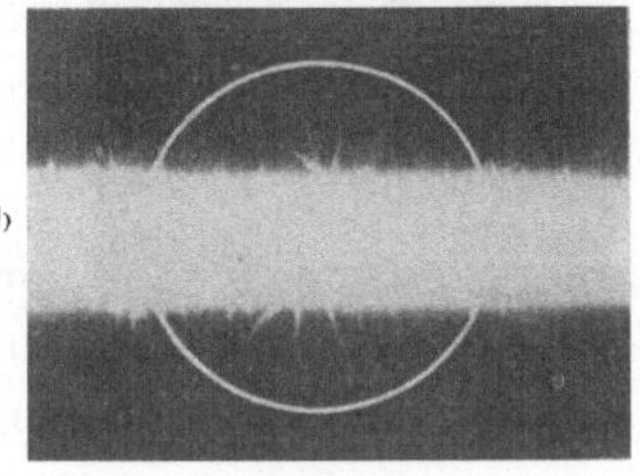

Das Ergebnis dieser Versuchsreihe war also hinsichtlich der Höhe der Überspannungen im allgemeinen beruhigend. Es war einwandfrei damit festgestellt worden, daß an den beobachteten Transformatorenwicklungen von Zeit zu Zeit Überspannungen auftreten. Die meisten Überspannungen sind klein und für die Sicherheit des Betriebes gefahrlos. Selten treten höhere Überspannungen auf. Bis zu welcher Höhe sie tatsächlich erwartet werden können, kann noch nicht gesagt werden.

Abb. 161.
a Schaltüberspannung 6,5 kV.
b Betriebsüberspannung 6,3 kV

In den folgenden Abbildungen werden derartige Überspannungen, wie sie durch den Ofenbetrieb verursacht werden, gezeigt. Die hier gezeigten Aufnahmen geben nicht die wahre Größe der Entladungsfiguren. Die

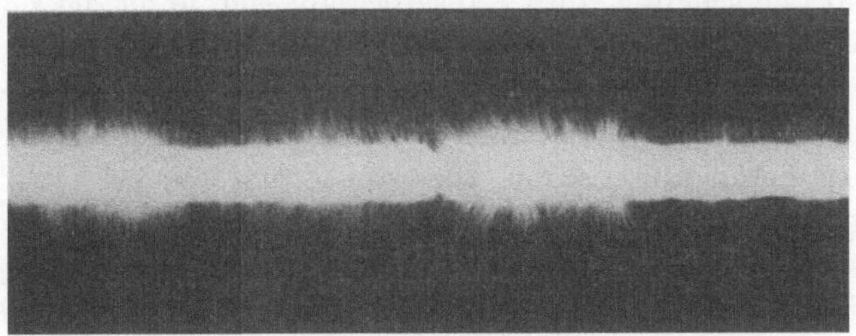

Abb. 162. Überspannungsschleier.

Kreise stammen von der Auswertung der Filme, ihr Durchmesser entspricht dem Scheitelwert der Überspannung.

Abb. 161 a zeigt eine Schaltüberspannung von 6,5 kV$_{max}$ gegenüber der normalen Betriebsspannung 3 kV$_{eff}$ gegen Erde. Deutlich erkennbar ist die Schaltüberspannung an dem Aussetzen der Lichtspur. Abb. 161 b

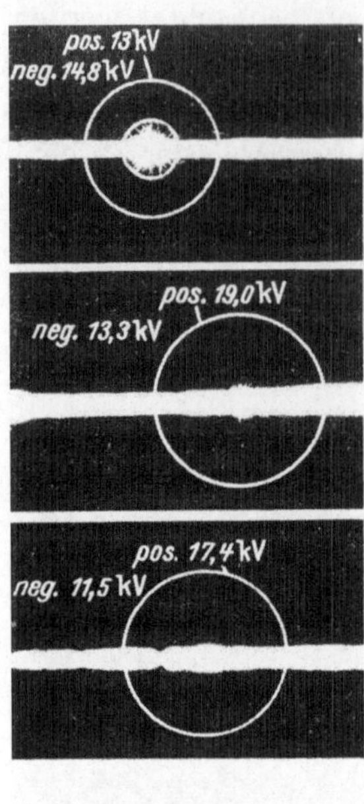

Abb. 163.
Höhere Betriebsüberspannungen.

stellt eine Betriebsüberspannung dar. In Abb. 162 erkennt man deutlich die zeitweilig auftretenden Überspannungsperioden, die sich als Schleier über die normale Lichtspur des Filmes legen. In der Abb. 163 sind größere Betriebsüberspannungen gezeigt. Als Besonderheit zeigen sich hier auch höhere Überspannungen negativer Polarität.

3. Überspannungsschutz des Ofentransformators.

Wie vorstehende Ausführungen zeigen, ist bei Karbidofentransformatoren (im allgemeinen auch bei anderen Widerstands- und Lichtbogenofentransformatoren) mit dem Auftreten von Überspannungen zu rechnen. Diese Überspannungen sind im allgemeinen für den Ofentransformator ungefährlich, ihre Höhe liegt größtenteils unterhalb der durch die elektrische Festigkeit gegebenen Höchstspannung der Transformatorenisolation, die man auf alle Fälle stark bemessen wird. Es scheint jedoch nicht ausgeschlossen zu sein, daß auch Überspannungsspitzen auftreten, allerdings sehr selten, bei der die Isolationsfestigkeit überschritten werden kann, die somit den Transformator beschädigen können. Gegen diese Überspannungen sollte jeder Ofentransformator geschützt werden.

Als Schutz könnte man an die Primärklemmen des Ofentransformators Kondensatoren schalten. Ihre Kapazität läßt sich unter der ungünstigsten Annahme, daß der Ofenstrom im Scheitelwert plötzlich auf Null absinken könnte und daß dabei die auftretende Spannungsspitze einen bestimmten vorgegebenen Wert nicht überschreiten darf, leicht ermitteln. Es ergeben sich daraus bei den Ofentransformatoren bei einer Primärspannung von 6 kV Schutzkapazitäten in der Größenordnung von rund $1\ \mu F$. Zu untersuchen ist dabei, ob der aus Kondensator und der Streuinduktivität gebildete Schwingungskreis durch die im Ofen auftretenden Stromimpulse angestoßen werden kann und zu Resonanzerscheinungen Veranlassung geben kann, ferner wieweit die Gesamtinduktivität des Ofenstromkreises dabei von Einfluß ist.

Im allgemeinen liegen die Eigenfrequenzen dieses Schwingungskreises bedeutend über der Frequenz der Störimpulse, so daß keine Resonanzerscheinung zu befürchten ist. Es ist jedoch zu bedenken, daß diese Störimpulse keine feststehende konstante Frequenz aufweisen, sondern sich in weiten Grenzen ändern können (Frequenzspektrum). Um die darin liegende Unsicherheit umgehen zu können, wird vorgeschlagen, auf der Primärseite des Ofentransformators statt der Schutzkondensatoren Überspannungsableiter (Kathodenfallableiter) anzubringen. Sie mögen wohl in den seltensten Fällen in Funktion treten, aber sie sind da, wenn es notwendig sein sollte.

Schrifttum.

1. HAUFFE: Die symbolische Behandlung der Wechselströme. S. Göschen 991; 1928.
2. BLOCH: Die Ortskurven der graphischen Wechselstromtechnik. Zürich: Rascher & Co. 1917.
3. OBERDORFER: Die Ortskurventheorie der Wechselstromtechnik. München: R. Oldenbourg 1934.
4. STEINBRÜCK: Nomogramm zur Bestimmung der Leistung an Drehstromlichtbogenöfen. ETZ 1932, H. 24.
5. WOTSCHKE: Grundlagen des elektrischen Schmelzofens. Halle: Knapp 1933.
6. WOTSCHKE: Die Leistung des Drehstromofens. Berlin: Springer 1925.
7. FISCHER: Einführung in die klassische Elektrodynamik. Berlin: Springer 1936.
8. KÜPFMÜLLER: Einführung in die theoretische Elektrotechnik. 3. Aufl. Berlin: Springer 1941.
9. ABRAHAM und FÖPPL: Theorie der Elektrizität. Leipzig-Berlin: Teubner 1923.
10. MAXWELL: Lehrbuch der Elektrizität und des Magnetismus. Berlin: Springer 1883, 2. Bd., S. 398.
    ORLICH: Kapazität und Induktivität. Braunschweig: Vieweg 1909.
11. KLUSS: Die Stromverteilung in Bündelleitern bei Wechselstrom. Arch. Elektrotechnik 35, 1941 H. 10, S. 616.
12. PETROW: Weitere Entwicklung der allgemeinen Methode zur Berechnung der Streuung von Transformatoren. EuM. 52. Jahrg. 1934 H. 34, S. 397.
13. SCHWENKHAGEN: Stromverdrängung in rechteckigen Querschnitten. Archiv Elektrotechnik 17, 1927.
14. TSCHIASSNY: Der Spannungsabfall und die zusätzlichen Verluste in parallelen Einleiterkabeln. EuM. 54. Jahrg. 1936 H. 29, S. 337.
15. BASHENOFF: Die Induktivität von Stromkreisen beliebiger Form. EuM. 47. Jahrg. 1929 H. 47, S. 1027.
16. HERZOG-FELDMANN: Berechnung elektr. Leitungsnetze. Berlin 1903.
17. KYSER: Die elektr. Kraftübertragung. 3. Aufl. Berlin: Springer 1930.
18. RUSSEL: Induktivitätskoeffizienten von Teilstromkreisen und ihre Anwendung. Instn. elektr. Engr. Bd. 69, S. 270.
19. WANGER: Untersuchungen über Wechselstromleistung und -spannung bei Leiterstücken von ausgedehntem Querschnitt. EuM. 48. Jahrg. 1930 H. 17, S. 381.
20. WALTJEN: Die Bestimmung des Leiterquerschnittes in Schaltanlagen. Siemens-Zeitschrift 1924, S. 338.
21. OBERDORFER: Lehrbuch der Elektrotechnik Bd. II, S. 199. München: Oldenbourg 1940.
22. WALTER: Die Leistung eines neuzeitlichen Drehstromlichtbogenofens. Elektrowärme 7. Jahrg. 1937 H. 2.
23. WALTER: Kurzschlußströme und Nullpunktsverlagerungen in dem elektrischen Drehstromnetz eines Lichtbogenofens. Wissenschaftliche Veröffentlichungen aus den Siemens-Werken. XVIII. Bd. 3. H., S. 113. Berlin: Springer 1939.
24. RANDAL: El. Journal 1917, S. 283.
25. HAGUE: Word Power 1926. Bd. 5, S. 124, 205.
26. ROTHE-OLLENDORFF-POHLHAUSEN: Funktionstheorie und ihre Anwendung in der Technik. Berlin: Springer 1931.

27. FLEISCHMANN: Kraftliniendurchsetzung und Kraftlinienverkettung. EuM. 47. Jahrg. 1929 H. 22, S. 457.

28. BRAUER: Der elektr. Lichtbogenofen. ETZ. 65 1944, S. 424.

29. POHL: Elektrizitätslehre. 5. Aufl. Berlin: Springer 1940.

30. BEETZ: Die Stromkraft bei parallelen und konzentrischen Leitern. EuM. 48. Jahrg. 1930 H. 33, S. 761.

31. FRÖHLICH: Ein Fall, in dem das Magnetfeld zweier komplanarer Stromschleifen keine die beiden Ströme gemeinsam umschlingende Kraftlinien aufweist. EuM. 47. Jahrg. 1929 H. 22, S. 469.

32. BACHERT: Elektromagnetische Kraftwirkungen großer Ströme im Innern von Stromleitern und deren Berechnung. ETZ. 61 1940, S. 51.

33. SCHAEFER: Einführung in die theoretische Physik. Berlin-Leipzig 1929, Bd. 3.

34. Handbuch der Physik Bd. XIII. Berlin: Springer 1928.

35. GROSS: Die Berechnung der Stromverteilung. Arch. Elektrotechnik 34. 1940, H. 5.

36. MIE: Annalen der Physik Bd. 2 1900, S. 201.

37. NIETHAMMER: Zusätzliche Verluste durch Stromverdrängung in wechselstromdurchflossenen Leitern. EuM. 35. Jahrg. 1917 H. 2.

38. LANG: Wirbelströme im massiven Eisen. EuM. 41. Jahrg. 1923 H. 43.

39. ROSENBERG: Wirbelströme in massivem Eisen. EuM. 41. Jahrg. 1923 H. 22.

40. ROSENBERG: Massive Eisenleiter und Wirbelstrombremsen. EuM. Jahrg. 1923 H. 49.

41. MANDL: Wirbelstromverluste in einer leitenden Ebene erregt von parallel zu ihr fließendem Wechselstrom. EuM. 46. Jahrg. 1928 H. 2.

42. HOLM: Aus der techn. Physik elektr. Kontakte. ETZ. 62. Jahrg. 1941 H. 29.

43. HOLM: Die techn. Physik der elektr. Kontakte. Berlin: Springer 1941.

44. ENGEL: Die wichtigsten Eigenschaften der elektr. Bogenentladungen und ihre techn. Bedeutung. EuM. 54. Jahrg. 1936 H. 28, S. 325.

45. ENGEL-STEENBECK: El. Gasentladungen. Berlin: Springer 1932.

46. SEELIGER: Physik der Gasentladungen. Leipzig: Barth 1934.

47. SLEPIAN: Die Löschung eines Wechselstromlichtbogens im Gasraum. EuM. 51. Jahrg. 1933 H. 14/15, S. 180.

48. KLUSS: Über die Stabilität eines durch einen Gasstrom zur Stichflamme gedehnten Gleich- und Wechselstrombogens. Dissertation T. H. Wien 1931.

49. LOHAUSEN: Stromverlauf und Leistungsumsatz im Bad von Lichtbogen-Elektrostahlöfen. Arch. Elektrotechnik 26 1932 H. 9, S. 611.

50. WALTER: Zur Entwicklung von Lichtbogenöfen großer Leistungsfähigkeit. Siemens, Elektrochemie.

51. SIEGEL: Der Lichtbogen als Heizquelle im Elektroofen. Stahl u. Eisen 59. Jahrg. 1939 H. 47.

52. ROJAHN: Spannungsabfallkoordinaten zur Untersuchung von Netzstörungen durch Lichtbogenöfen. ETZ. 61. Jahrg. 1940 H. 44.

53. OBERDORFER: Graphische Berechnung eines durch drei verschieden große Widerstände belasteten, symmetrischen Drehstromsystems. EuM. 51. Jahrg. 1933 H. 32, S. 433.

54. HAUFFE: Die Berücksichtigung der Eisenverluste im theoretischen Elektromaschinenbau. EuM. 49 1931 H. 28, S. 541.

55. HAUFFE: Die symbolische Behandlung der Wechselströme. S. Göschen 1928, Bd. 991.

56. VIDMAR: Zur Theorie der V-Schaltung. EuM. 46 1928 H. 43, S. 1001.

57. SCHWAIGER: Die Versorgung von Ofenbetrieben mit geregelter Spannung. Conference Internationale de Grand Reseaux Electriques à Haute Tension. 1939.

58. ALBRECHT: Ofentransformatoren. Siemens-Zeitschrift 1926, S. 173—177, 227 bis 232.
59. KRÄMER: Spannung und Stromverteilung bei unsymmetrisch geregelten Drehstromtransformatoren. ETZ. 65 1944 H. 51/52, S. 447.
60. SEDLMAYR: Der Leerlauf des Transformators bei allgemeiner Sternschaltung. EuM. 51 1933 H. 48, S. 625.
61. KÜCHLER: Transformatoren für Spannungsregelung unter Last. ETZ. 1934 H. 43, S. 1054.
62. JANSEN: ETZ. 58 1937, S. 874.
63. REICHE: Untersuchungen an einem schnellschaltenden Lastschalter für Stufen-Regeltransformatoren. ETZ. 59 1938 H. 1, S. 7.
64. RÜDENBERG: Elektrische Ausgleichsvorgänge. Berlin: Springer 1933.
65. BIERMANNS: Überströme in Hochspannungsanlagen. Berlin: Springer 1926.
66. FISCHER: Kurzschlußströme bei Lichtbogenöfen. Elektrowärme 1938 H. 7, S. 168.
67. HAK: Können Magnetisierungsformeln zur rechnerischen Verfolgung von Einschaltvorgängen verwendet werden? EuM. 50. Jahrg. 1932 H. 44, S. 597.
68. TAEGER: Stromkreise mit eisenhaltiger Induktivität. Arch. Elektrotechnik 22, 1938, S. 233—250.
69. FREIBERGER: Theorie des Fünfschenkeltransformators. EuM. 53. Jahrg. 1935 H. 7, S. 73.
70. FLEISCHMANN: Ein graphisches Verfahren zur Behandlung einiger Wechselstromprobleme unter Berücksichtigung der Magnetisierungskurve. AEG-Mitteilung 1926 H. 2.
71. SEDLMAYR: Über eine Ersatzgleichung für die Hysteresisschleife. EuM. 53. Jahrg. 1935 H. 35, S. 414.
72. Verfahren zur Zeichnung der Stromkurven beim Einschalten von Eisenspulen. HAY: El. Rev. 43 (1898), SCHWAIGER: EuM. 27 (1909), LINKE: Arch. El. 1 (1913). ROGOWSKY: Arch. El. 1 (1913).
73. CARSON, OLLENDORF, POHLHAUSEN: Elektrische Ausgleichsvorgänge und Operatorenrechnung. Berlin: Springer 1929.
74. WAGNER: Operatorenrechnung. Leipzig: J. A. Barth Verlag 1940.
75. PRZIBRAM: Phys. Zeitschrift Bd. 20, 1919, S. 299.
76. TOEPLER: Arch. Elektr. Bd. 10, 1921, S. 157.
77. PEDERSEN: Ann. d. Phys. Bd. 69, 1922, S. 205.

Nachtrag.

WEIZEL, W., R. ROMPE: Theorie elektrischer Lichtbögen und Funken. Leipzig J. A. Barth Verlag 1949.
WALTER, Fritz: Zur Entwicklung von Lichtbogenöfen großer Leistungsfähigkeit. Elektrowärme 5 (1935) Nr. 2, S. 25/31, Nr. 3, S. 53/58, Nr. 4, S. 86/90.
WALTER, Fritz: Grundlagen der Elektrischen Ofenheizung. (In der Reihe „Handbuch der tech. Elektrochemie".) Leipzig: Akademische Verlagsgesellschaft Geest & Portig 1950.
ARNOLD, Samuel: Anforderungen an die elektrische Ausrüstung von Lichtbogen-Elektrostahlöfen. Iron Steel Eng. 6 (1929) Nr. 2, S. 75/80.
WOTSCHKE, J.: Kernprobleme des Energieumsatzes am großen elektrischen Schmelzofen. „Schweizer Archiv für angewandte Wissenschaft und Technik", H. 10, 14. Jahrg. 1948.
VOLKERT u. SCHWARZ: Der Energieumsatz im Dreiphasen-Niederschachtofen bei der Ferrosiliziumerzeugung. Stahl und Eisen 70 (1950), S. 369.

Sachverzeichnis.